T0281454

UNITEXT – La Matematica per il 3+2

Volume 123

Editor-in-Chief

Alfio Quarteroni, Politecnico di Milano, Milan, Italy; EPFL, Lausanne, Switzerland

Series Editors

Luigi Ambrosio, Scuola Normale Superiore, Pisa, Italy

Paolo Biscari, Politecnico di Milano, Milan, Italy

Ciro Ciliberto, Università Degli Studi di Roma "Tor Vergata", Rome, Italy

Camillo De Lellis, Institute for Advanced Study, Princeton, USA

Victor Panaretos, Institute of Mathematics, EPFL, Lausanne, Switzerland

The **UNITEXT – La Matematica per il 3+2** series is designed for undergraduate and graduate academic courses, and also includes advanced textbooks at a research level. Originally released in Italian, the series now publishes textbooks in English addressed to students in mathematics worldwide. Some of the most successful books in the series have evolved through several editions, adapting to the evolution of teaching curricula. Submissions must include at least 3 sample chapters, a table of contents, and a preface outlining the aims and scope of the book, how the book fits in with the current literature, and which courses the book is suitable for.
For any further information, please contact the Editor at Springer:
francesca.bonadei@springer.com
THE SERIES IS INDEXED IN SCOPUS

More information about this series at http://www.springer.com/series/5418

Andrea Pascucci

Teoria della Probabilità

Variabili aleatorie e distribuzioni

 Springer

Andrea Pascucci
Alma Mater Studiorum – Università di Bologna
Bologna, Italy

ISSN 2038-5714   ISSN 2532-3318 (versione elettronica)
UNITEXT
ISSN 2038-5722   ISSN 2038-5757 (versione elettronica)
La Matematica per il 3+2
ISBN 978-88-470-3999-5   ISBN 978-88-470-4000-7 (eBook)
https://doi.org/10.1007/978-88-470-4000-7

A Elena per la sua perseveranza,
a Giovanni che è un artista,
a Maria per la sua energia.

Prefazione

Questo libro fornisce un'introduzione concisa ma rigorosa alla Teoria della Probabilità. Fra i possibili approcci alla materia si è scelto di adottare il più moderno, basato sulla teoria della misura: pur richiedendo un grado di astrazione e sofisticazione matematica maggiore, esso è indispensabile a fornire le basi per l'eventuale studio successivo di argomenti più avanzati come i processi stocastici, il calcolo differenziale stocastico e l'inferenza statistica. Anche a livello introduttivo, la Teoria della Probabilità non è una materia facile e spesso appare ostica al primo impatto. Molti concetti si comprendono a fondo solo dopo aver esaminato un adeguato numero di esempi e svolto molti esercizi. Spesso occorre aver fiducia e "gettare il cuore oltre l'ostacolo", non bloccarsi su concetti che inizialmente appaiono oscuri e procedere confidando nel fatto che saranno chiariti in breve tempo. Nato dall'esperienza di insegnamento del corso di *Probabilità e Statistica Matematica* presso la Laurea Triennale in Matematica dell'Università di Bologna, il testo raccoglie materiale più che sufficiente per un insegnamento semestrale in corsi di studio scientifici (Matematica, Fisica, Ingegneria, Statistica...), assumendo come prerequisito il calcolo differenziale e integrale di funzioni di più variabili.

Un ringraziamento va a tutti coloro (studenti, colleghi ed amici) che hanno contribuito a questo libro con commenti, suggerimenti e segnalando errori: in particolare, ringrazio Cristina Di Girolami, Franco Flandoli, Claudio Fontana, Marco Fuhrman, Alberto Lanconelli, Marco Lenci, Stefano Pagliarani, Antonello Pesce, Michele Pignotti e in special modo Andrea Cosso. Il libro potrebbe contenere errori o imprecisioni di cui mi assumo la piena responsabilità: sarò grato a chiunque vorrà segnalarmeli e manterrò sulla mia pagina web una lista di correzioni.

Bologna   Andrea Pascucci
Febbraio 2020

Indice

1   Introduzione 1
  1.1   Una rivoluzione della matematica 1
  1.2   La probabilità nel passato 3
  1.3   La probabilità nel presente 6
  1.4   Nota bibliografica 8
  1.5   Simboli e notazioni usati frequentemente 8

2   Misure e spazi di probabilità 11
  2.1   Spazi misurabili e spazi di probabilità 12
      2.1.1   Spazi misurabili 12
      2.1.2   Spazi di probabilità 14
      2.1.3   Algebre e σ-algebre 18
      2.1.4   Additività finita e σ-additività 22
  2.2   Spazi finiti e problemi di conteggio 25
      2.2.1   Cardinalità di insiemi 25
      2.2.2   Tre esperimenti aleatori di riferimento: estrazioni da un'urna 26
      2.2.3   Metodo delle scelte successive 27
      2.2.4   Disposizioni e combinazioni 28
      2.2.5   Probabilità binomiale e ipergeometrica 34
      2.2.6   Esempi 37
  2.3   Probabilità condizionata e indipendenza di eventi 45
      2.3.1   Probabilità condizionata 45
      2.3.2   Indipendenza di eventi 52
      2.3.3   Prove ripetute e indipendenti 57
      2.3.4   Esempi 59
  2.4   Distribuzioni 63
      2.4.1 σ-algebra generata e completamento di uno spazio
              di probabilità 63
      2.4.2 σ-algebra di Borel 65
      2.4.3   Distribuzioni 66
      2.4.4   Distribuzioni discrete 68

2.4.5   Distribuzioni assolutamente continue   71
2.4.6   Funzioni di ripartizione (CDF)   74
2.4.7   Teorema di estensione di Carathéodory   79
2.4.8   Dalle CDF alle distribuzioni   79
2.4.9   Funzioni di ripartizione su $\mathbb{R}^d$ 84
2.4.10 Sintesi   88
2.5   Appendice   89
2.5.1   Dimostrazione della Proposizione 2.3.30   89
2.5.2   Dimostrazione della Proposizione 2.4.9   91
2.5.3   Dimostrazione del Teorema 2.4.29 di Carathéodory   92
2.5.4   Dimostrazione del Teorema 2.4.33   100

3   Variabili aleatorie   103
3.1   Variabili aleatorie   103
3.1.1   Variabili aleatorie e distribuzioni   109
3.1.2   Esempi di variabili aleatorie discrete   113
3.1.3   Esempi di variabili aleatorie assolutamente continue   118
3.1.4   Altri esempi di variabili aleatorie notevoli   123
3.2   Valore atteso   127
3.2.1   Integrale di variabili aleatorie semplici   127
3.2.2   Integrale di variabili aleatorie non-negative   130
3.2.3   Integrale di variabili aleatorie a valori in $\mathbb{R}^d$ 132
3.2.4   Integrazione con distribuzioni   135
3.2.5   Valore atteso e Teorema del calcolo della media   138
3.2.6   Disuguaglianza di Jensen   144
3.2.7   Spazi L^p e disuguaglianze notevoli   146
3.2.8   Covarianza e correlazione   149
3.2.9   Regressione lineare   151
3.2.10 Vettori aleatori: distribuzioni marginali e distribuzione
        congiunta   154
3.3   Indipendenza   157
3.3.1   Dipendenza deterministica e indipendenza stocastica   157
3.3.2   Misura prodotto e Teorema di Fubini   161
3.3.3   Indipendenza fra σ-algebre   164
3.3.4   Indipendenza fra vettori aleatori   165
3.3.5   Indipendenza e valore atteso   169
3.4   Distribuzione e valore atteso condizionato ad un evento   172
3.5   Funzione caratteristica   177
3.5.1   Il teorema di inversione   182
3.5.2   Distribuzione normale multidimensionale   187
3.5.3   Sviluppo in serie della funzione caratteristica e momenti . .   191
3.6   Complementi   194
3.6.1   Somma di variabili aleatorie   194
3.6.2   Esempi notevoli   196

4 Successioni di variabili aleatorie 201
  4.1 Convergenza per successioni di variabili aleatorie 201
      4.1.1 Disuguaglianza di Markov 204
      4.1.2 Relazioni fra le diverse definizioni di convergenza 205
  4.2 Legge dei grandi numeri 208
      4.2.1 Cenni al metodo Monte Carlo 212
      4.2.2 Polinomi di Bernstein 213
  4.3 Condizioni necessarie e sufficienti per la convergenza debole . . . 214
      4.3.1 Convergenza di funzioni di ripartizione 214
      4.3.2 Compattezza nello spazio delle distribuzioni 218
      4.3.3 Convergenza di funzioni caratteristiche e Teorema di
           continuità di Lévy 220
      4.3.4 Esempi notevoli di convergenza debole 222
  4.4 Legge dei grandi numeri e Teorema centrale del limite 224

5 Probabilità condizionata 231
  5.1 Il caso discreto 231
      5.1.1 Esempi 238
  5.2 Attesa condizionata 240
      5.2.1 Proprietà dell'attesa condizionata 243
      5.2.2 Funzione attesa condizionata 247
      5.2.3 Least Square Monte Carlo 249
  5.3 Probabilità condizionata 251
      5.3.1 Funzione distribuzione condizionata 255
      5.3.2 Il caso assolutamente continuo 256
  5.4 Appendice 262
      5.4.1 Dimostrazione del Teorema 5.3.4 262
      5.4.2 Dimostrazione della Proposizione 5.3.17 264

Appendice A 267

Appendice B: Esercizi di riepilogo 287

Appendice C: Tavole riassuntive delle principali distribuzioni 349

Bibliografia 351

Indice analitico 353

Capitolo 1
Introduzione

For over two millennia, Aristotle's logic has ruled over the thinking of western intellectuals. All precise theories, all scientific models, even models of the process of thinking itself, have in principle conformed to the straight-jacket of logic. But from its shady beginnings devising gambling strategies and counting corpses in medieval London, probability theory and statistical inference now emerge as better foundations for scientific models, especially those of the process of thinking and as essential ingredients of theoretical mathematics, even the foundations of mathematics itself. We propose that this sea change in our perspective will affect virtually all of mathematics in the next century.

D. Mumford, The Dawning of the Age of Stochasticity [33]

In conclusione, cosa ci hanno mostrato Tversky e Kahneman[1] con la loro convincente serie di esperimenti? Che l'essere umano, anche quello intelligente, colto e perfino con delle nozioni di statistica, non è un animale probabilistico. La teoria della probabilità si è sviluppata molto tardi nella storia del pensiero scientifico, non è insegnata nelle scuole, a volte non è capita molto bene neppure da coloro che dovrebbero applicarla.

V. D'Urso, F. Giusberti, Esperimenti di psicologia [17]

1.1 Una rivoluzione della matematica

Nella matematica "classica" (quella che tuttora costituisce la maggior parte dei contenuti insegnati nelle scuole superiori e università) i concetti matematici rappresentano e descrivono quantità *deterministiche*: quando si parla, per esempio, di una variabile reale o di un oggetto geometrico si pensa rispettivamente a un numero che può essere ben determinato e a una figura che può essere definita analiticamente

---

Materiale Supplementare Online È disponibile online un supplemento a questo capitolo (https://doi.org/10.1007/978-88-470-4000-7_1), contenente dati, altri approfondimenti ed esercizi.

[1] Premio Nobel per l'economia nel 2002.

© Springer-Verlag Italia S.r.l., part of Springer Nature 2020
A. Pascucci, *Teoria della Probabilità*, UNITEXT 123,
https://doi.org/10.1007/978-88-470-4000-7_1

e rappresentata in modo esatto. Da sempre, la matematica è ritenuto il linguaggio e lo strumento più potente con cui descrivere i fenomeni fisici e naturali in modo da interpretare e acquisire conoscenze su molteplici aspetti della realtà. Ma i modelli che la matematica può fornire sono sempre semplificazioni e non forniscono quasi mai una descrizione completa del fenomeno che si vuole studiare.

Consideriamo il seguente esempio banale: se vado al supermercato e compro un 1 Kg di farina, posso essere soddisfatto dal fatto di sapere che il pacco pesa 1 Kg perché c'è scritto sulla confezione; se non mi fido, posso pesarlo con la mia bilancia e scoprire che magari non è esattamente 1 Kg ma qualche grammo in più o in meno; poi potrei anche chiedermi se la mia bilancia sia veramente affidabile e precisa fino al grammo e quindi rassegnarmi al fatto che forse non saprò mai il *vero* peso del pacco di farina. In questo caso ovviamente poco importa... Tuttavia l'esempio aiuta a capire che molti fenomeni (o forse tutta la realtà) possono essere interpretati come la somma o combinazione di più fattori classificabili in *fattori deterministici* (nel senso di osservabili a livello macroscopico) e *fattori stocastici* (nel senso di casuali, aleatori, non osservabili o non prevedibili).

Il termine "stocastico" deriva dal greco στόχος che significa bersaglio (del tiro a segno) o, in senso figurato, congettura. A volte, come nell'esempio della farina, il fattore deterministico è *prevalente* nel senso che, per vari motivi, non val la pena considerare altri fattori e si preferisce trascurarli oppure non si hanno gli strumenti per includerli nella propria analisi: in questo modo forse semplicistico, per analogia, si potrebbe descrivere l'approccio della fisica classica e di tutte le teorie formulate prima del XX secolo che puntano a dare una descrizione a livello macroscopico e osservabile. D'altra parte, esistono molti fenomeni in cui il fattore stocastico non solo non è trascurabile ma è addirittura *dominante*: un esempio eclatante è fornito dalle principali teorie della fisica moderna, in particolare la meccanica quantistica. Rimanendo vicini alla realtà quotidiana, ormai non esiste ambito applicativo della matematica in cui si possa trascurare il *fattore stocastico*: dall'economia alla medicina, dall'ingegneria alla meteorologia, i modelli matematici devono necessariamente includere l'incertezza; infatti il fenomeno in oggetto può essere intrinsecamente aleatorio come il prezzo di un titolo azionario o il segnale in un sistema di riconoscimento vocale o guida automatica, oppure può non essere osservabile con precisione o di difficile interpretazione come un segnale radio disturbato, un'immagine tomografica o la posizione di una particella subatomica.

C'è anche un livello più generale in cui non si può ignorare il ruolo della probabilità nello sviluppo della società odierna: si tratta di quella che è ormai ritenuta un'emergenza educativa, l'esigenza sempre più pressante che si diffondano e rafforzino le conoscenze di tipo probabilistico. Una vera e propria opera di alfabetizzazione in questo campo può evitare che banali misconcezioni, come per esempio quella dei numeri "ritardatari" nel gioco del lotto, abbiano gli effetti devastanti a livello sociale ed economico che oggi osserviamo: basti pensare che, in base ai dati ufficiali dei Monopoli di Stato, i soldi spesi dagli italiani per giochi d'azzardo (e parliamo solo dei giochi legali) nel 2017 hanno superato il tetto dei 100 miliardi di euro, il quadruplo rispetto al 2004.

Un segnale positivo è dato dall'evoluzione dell'insegnamento della probabilità nelle scuole superiori: fino a pochi anni fa la probabilità era assente dai programmi scolastici ed ora sta velocemente incrementando la propria presenza nei libri di testo e nelle prove d'esame, provocando anche un certo sconcerto nel corpo docente a causa di un così rapido aggiornamento dei contenuti. È bene sottolineare che la matematica stocastica (la probabilità) non vuole destituire la matematica classica ma ha in quest'ultima le proprie fondamenta e la potenzia approfondendo i legami con le altre discipline scientifiche. Paradossalmente, il mondo della formazione superiore e universitaria sembra avere un'inerzia maggiore per cui tende a rallentare il processo di passaggio dal pensiero deterministico a quello stocastico. In parte questo è comprensibile: la difesa dello status quo è ciò che normalmente avviene di fronte ad ogni profonda rivoluzione scientifica e, a tutti gli effetti, stiamo parlando di *una vera e propria rivoluzione, silenziosa e irreversibile, che coinvolge tutti gli ambiti della matematica*. A questo riguardo è illuminante la frase, posta all'inizio di questa introduzione, del matematico anglo-statunitense David Mumford, medaglia Fields[2] nel 1974 per i suoi studi nel campo della geometria algebrica.

1.2 La probabilità nel passato

Il termine *probabilità* deriva dal latino *probabilitas* che descrive la caratteristica di una persona (per esempio, il testimone in un processo) di essere affidabile, credibile, onesto (*probus*). Questo differisce in parte dal significato moderno di *probabilità* intesa come studio di metodi per quantificare e stimare gli *eventi casuali*. Benché lo studio dei fenomeni in situazione d'incertezza abbia suscitato interesse in tutte le epoche (a partire dai giochi d'azzardo), la teoria della probabilità come disciplina matematica ha origini relativamente recenti. I primi studi di probabilità risalgono al XVI secolo: se ne occuparono, fra i primi, Gerolamo Cardano (1501–1576) e Galileo Galilei (1564–1642).

Tradizionalmente la nascita del concetto moderno di probabilità viene attribuita a Blaise Pascal (1623–1662) e Pierre de Fermat (1601–1665). In realtà il dibattito sulla natura stessa della probabilità è stato molto lungo e articolato; esso ha interessato trasversalmente i campi della conoscenza dalla matematica alla filosofia, e si è protratto fino ai giorni nostri producendo diverse interpretazioni e impostazioni. Per maggiore chiarezza e precisione, è opportuno anzitutto distinguere la *Teoria della Probabilità* (che si occupa della formalizzazione matematica dei concetti e dello sviluppo della teoria a partire da alcuni assunti) dalla *Statistica* (che si occupa della

---

[2] L'International Medal for Outstanding Discoveries in Mathematics, o più semplicemente medaglia Fields, è un premio riconosciuto a matematici che non abbiano superato l'età di 40 anni in occasione del Congresso internazionale dei matematici della International Mathematical Union (IMU), che si tiene ogni quattro anni. È spesso considerata come il più alto riconoscimento che un matematico possa ricevere: assieme al premio Abel è da molti definita il "Premio Nobel per la Matematica", sebbene l'accostamento sia improprio per varie ragioni, tra cui il limite di età insito nel conferimento della medaglia Fields (fonte Wikipedia).

determinazione o della stima della probabilità degli eventi aleatori, anche utilizzando i risultati della Teoria della Probabilità). In questa breve premessa ci limitiamo a riassumere in estrema sintesi alcune delle principali interpretazioni del concetto di probabilità: alcune di esse sono maggiormente motivate dal calcolo e altre dalla teoria della probabilità. Partiamo dal considerare alcuni eventi aleatori, posti in ordine crescente di complessità:

- E_1 = "lanciando una moneta, si ottiene testa";
- E_2 = "il sig. Rossi non avrà incidenti in auto nei prossimi 12 mesi";
- E_3 = "entro 10 anni ci saranno auto a guida completamente autonoma".

Esaminiamo tali eventi alla luce di alcune interpretazioni del concetto di probabilità:

- *definizione classica:* la probabilità di un evento è il rapporto tra il numero dei casi favorevoli e il numero dei casi possibili. Per esempio, nel caso E_1 la probabilità è pari a $\frac{1}{2}$ = 50%. È la definizione più antica di probabilità, attribuita a Pierre Simon Laplace (1749–1827). Questa definizione si limita a considerare i fenomeni che ammettono un numero *finito* di casi possibili e nei quali i casi siano *equiprobabili*: con questa interpretazione non è chiaro come studiare gli eventi E_2 e E_3;
- *definizione frequentista (o statistica):* si suppone che l'evento consista nel successo di un esperimento riproducibile un numero indefinito di volte (per esempio, se l'esperimento è il lancio di una moneta, l'evento potrebbe essere "ottenere testa"). Se S_n indica il numero di successi su n esperimenti, si definisce (sarebbe meglio dire, *si calcola*) la probabilità come

$$\lim_{n \to \infty} \frac{S_n}{n}.$$

Alla base di questa definizione c'è la Legge empirica del caso (che, in termini teorici, corrisponde alla Legge dei grandi numeri) per cui, per esempio, nel caso del lancio di una moneta si osserva empiricamente che $\frac{S_n}{n}$ approssima il valore 50% per n che tende all'infinito. La definizione frequentista amplia notevolmente il campo di applicazione a tutti gli ambiti (fisica, economia, medicina etc) in cui si posseggano dati statistici riguardanti eventi passati che si sono verificati in condizioni analoghe: per esempio, si può calcolare la probabilità dell'evento E_2 con una stima statistica in base a dati storici (come normalmente fanno le compagnie assicuratrici). L'approccio frequentista non permette di studiare il terzo evento che non è l'esito di un "esperimento aleatorio riproducibile";
- *definizione soggettiva (o Bayesiana[3]):* la probabilità è definita come una misura del grado di convinzione che un soggetto ha riguardo al verificarsi di un evento. In questo approccio, la probabilità non è una proprietà intrinseca e oggettiva dei fenomeni casuali ma dipende dalla valutazione di un soggetto. Operativamente[4], la probabilità di un evento è definita come *il prezzo che un individuo ritiene equo*

---

[3] Thomas Bayes (1701–1761).
[4] Per quantificare, ossia tradurre in numero, il grado di convinzione di un soggetto su un evento, l'idea è di esaminare come il soggetto agisce in una scommessa riguardante l'evento considerato.

pagare per ricevere 1 *se l'evento si verifica e* 0 *se l'evento non si verifica*: per esempio, la probabilità di un evento è pari al 70% per un individuo che ritiene equo scommettere 70 per ricevere 100 nel caso l'evento si verifichi e perdere tutto in caso contrario. La definizione è resa significativa assumendo un criterio di *coerenza* o razionalità dell'individuo che deve attribuire le probabilità in modo tale che non sia possibile ottenere una vincita o una perdita certa (nel gergo finanziario odierno, si parlerebbe di assenza di possibilità di arbitraggio); occorre poi porre particolare attenzione per evitare paradossi del tipo seguente: nell'esempio del lancio di una moneta, un individuo può essere disposto a scommettere 1 euro per riceverne 2 in caso di "testa" e 0 in caso di "croce" (e quindi attribuendo probabilità pari al 50% all'evento "testa") ma lo stesso individuo potrebbe non essere disposto a giocare 1 milione di euro sulla stessa scommessa. L'approccio soggettivo è stato proposto e sviluppato da Frank P. Ramsey (1903–1930), Bruno de Finetti (1906–1985) e successivamente da Leonard J. Savage (1917–1971): esso generalizza i precedenti e permette di definire anche la probabilità di eventi come E_3.

Il dibattito sulle possibili interpretazioni della probabilità si è protratto per lungo tempo ed è tuttora aperto. Ma nella prima metà del secolo scorso c'è stato un punto di svolta decisivo, dovuto al lavoro del matematico russo Andrej N. Kolmogorov (1903–1987). Egli per primo ha gettato le basi per la *formalizzazione matematica* della probabilità, inserendola a pieno titolo nel novero delle discipline matematiche. Kolmogorov ha messo in secondo piano i difficili problemi del fondamento logico e del dualismo fra la visione oggettiva e soggettiva, concentrandosi sullo sviluppo della probabilità come *teoria matematica*. Il contributo di Kolmogorov è fondamentale perché, aggirando i problemi epistemologici, ha sprigionato tutta la potenza del ragionamento astratto e logico-deduttivo applicato allo studio della probabilità e ha così agevolato il passaggio dal *calcolo della probabilità* alla *teoria della probabilità*. A partire dal lavoro di Kolmogorov e grazie al contributo di molti grandi matematici del secolo scorso, sono stati conseguiti risultati profondi e aperti campi di ricerca ancora completamente inesplorati.

Ora è bene sottolineare che la formalizzazione matematica della probabilità richiede un considerevole grado di astrazione. Pertanto, è assolutamente naturale che la teoria della probabilità risulti ostica, se non incomprensibile, al primo impatto. Kolmogorov utilizza il linguaggio della *teoria della misura*: un evento è identificato con un *insieme E* i cui elementi rappresentano singoli esiti possibili del fenomeno aleatorio considerato; la probabilità $P = P(E)$ è una *misura*, ossia una funzione d'insieme che gode di alcune proprietà: per fissare le idee, si pensi alla misura di Lebesgue. L'utilizzo del linguaggio astratto della teoria della misura è guardato da alcuni (anche da alcuni matematici) con sospetto perché sembra indebolire l'intuizione. Tuttavia questo è il prezzo inevitabile che si deve pagare per poter sfruttare tutta la potenza del ragionamento astratto e sintetico che è poi la vera forza dell'approccio matematico.

In queste libro presentiamo i primi rudimenti di teoria della probabilità secondo l'impostazione assiomatica di Kolmogorov. Ci limiteremo a introdurre ed esaminare i concetti di *spazio di probabilità, distribuzione* e *variabile aleatoria*. Facendo un parallelo fra probabilità e analisi matematica, il contenuto di questo testo corrisponde grossomodo all'introduzione dei numeri reali in un primo corso di analisi matematica: ciò significa che faremo solo i primissimi passi nel vasto campo della Teoria della Probabilità.

1.3 La probabilità nel presente

Come affermato nella frase di David Mumford posta all'inizio dell'introduzione, al giorno d'oggi la teoria della probabilità è considerata un ingrediente essenziale per lo *sviluppo teorico della matematica e per i fondamenti della matematica stessa*.

Dal punto di vista applicativo, la teoria della probabilità è *lo strumento* utilizzato per modellizzare e gestire il rischio in tutti gli ambiti in cui si studiano fenomeni in condizioni d'incertezza. Facciamo qualche esempio:

- **Fisica e Ingegneria** dove si fa ampio uso dei metodi numerici stocastici di tipo Monte Carlo, formalizzati fra i primi da Enrico Fermi e John von Neumann;
- **Economia e Finanza**, a partire dalla famosa formula di Black-Scholes-Merton per la quale gli autori hanno ricevuto il premio Nobel. La modellistica finanziaria richiede generalmente un background matematico-probabilistico-numerico avanzato: il contenuto di questo libro corrisponde grossomodo all'Appendice A.1 di [36];
- **Telecomunicazioni**: la NASA utilizza il metodo di Kalman-Bucy per filtrare i segnali provenienti da satelliti e sonde inviati nello spazio. Da [35], pag. 2: *"In 1960 Kalman and in 1961 Kalman and Bucy proved what is now known as the Kalman-Bucy filter. Basically the filter gives a procedure for estimating the state of a system which satisfies a "noisy" linear differential equation, based on a series of "noisy" observations. Almost immediately the discovery found applications in aerospace engineering (Ranger, Mariner, Apollo etc.) and it now has a broad range of applications. Thus the Kalman-Bucy filter is an example of a recent mathematical discovery which has already proved to be useful – it is not just "potentially" useful. It is also a counterexample to the assertion that "applied mathematics is bad mathematics" and to the assertion that "the only really useful mathematics is the elementary mathematics". For the Kalman-Bucy filter – as the whole subject of stochastic differential equations – involves advanced, interesting and first class mathematics"*.
- **Medicina e Botanica**: il più importante processo stocastico, il moto Browniano, prende il nome da Robert Brown, un botanico che verso il 1830 osservò il movimento irregolare di particelle colloidali in sospensione. Il moto Browniano è stato utilizzato da Louis Jean Baptist Bachelier nel 1900 nella sua tesi di dottorato di ricerca per modellare i prezzi delle azioni ed è stato oggetto di uno dei più famosi lavori di Albert Einstein pubblicato nel 1905. La prima definizione matematicamente rigorosa di moto Browniano è stata data da Norbert Wiener nel 1923.

- **Genetica**: è la scienza che studia la trasmissione dei caratteri e i meccanismi con i quali questi vengono ereditati. Gregor Johann Mendel (1822–1884), monaco agostiniano ceco considerato il precursore della moderna genetica, diede un fondamentale contributo di tipo metodologico applicando per la prima volta il calcolo delle probabilità allo studio dell'ereditarietà biologica.
- **Informatica**: i computer quantistici sfruttano le leggi della meccanica quantistica per l'elaborazione dei dati. In un computer attuale l'unità di informazione è il *bit*: mentre possiamo sempre determinare lo stato di un bit e stabilire con precisione se è 0 o 1, non possiamo determinare con altrettanta precisione lo stato di un *qubit*, l'unità di informazione quantistica, ma solo le probabilità che assuma i valori 0 e 1.
- **Giurisprudenza**: il verdetto emesso da un giudice di un tribunale si basa sulla probabilità di colpevolezza dell'imputato stimata a partire dalle informazioni fornite dalle indagini. In questo ambito il concetto di probabilità condizionata gioca un ruolo fondamentale e un suo uso non corretto è alla base di clamorosi errori giudiziari: per maggiori informazioni si veda, per esempio, [37].
- **Meteorologia**: per la previsione oltre il quinto giorno è fondamentale poter disporre di modelli meteorologici di tipo probabilistico; i modelli probabilistici girano generalmente nei principali centri meteo internazionali perché necessitano di procedure statistico-matematiche molto complesse e onerose a livello computazionale. A partire dal 2020 il Data Center del *Centro europeo per le previsioni meteorologiche a medio termine* (European Center Medium Weather Forecast, in sigla ECMWF) ha sede a Bologna.
- **Applicazioni militari**: da [42] p. 139: *"In 1938, Kolmogorov had published a paper that established the basic theorems for smoothing and predicting stationary stochastic processes. An interesting comment on the secrecy of war efforts comes from Norbert Wiener (1894–1964) who, at the Massachusetts Institute of Technology, worked on applications of these methods to military problems during and after the war. These results were considered so important to America's Cold War efforts that Wiener's work was declared top secret. But all of it, Wiener insisted, could have been deduced from Kolmogorov's early paper."*

Infine la probabilità è alla base dello sviluppo delle più recenti tecnologie di *Machine Learning* e tutte le relative applicazioni all'intelligenza artificiale, auto a guida autonoma, riconoscimento vocale e di immagini etc (si veda, per esempio, [23] e [39]). Al giorno d'oggi, una conoscenza avanzata di Teoria della Probabilità è il requisito minimo per chiunque voglia occuparsi di matematica applicata in uno degli ambiti sopra menzionati.

Per concludere, penso si possa convenire sul fatto che se studiamo matematica è anzitutto perché *ci piace* e non tanto perché ci garantirà un lavoro futuro. Certamente la matematica non ha bisogno di giustificarsi con le applicazioni. Ma è anche vero che non viviamo sulla luna e un lavoro prima o poi dovremo trovarlo. Allora è importante conoscere le applicazioni reali della matematica: esse sono numerose, richiedono conoscenze avanzate, assolutamente non banali tanto da poter soddisfare

anche il gusto estetico di un cosiddetto "matematico puro". Infine, per chi volesse
cimentarsi con la ricerca pura, la teoria della probabilità è certamente uno dei campi
più affascinanti e meno esplorati, in cui il contributo delle migliori giovani menti è
fondamentale e fortemente auspicabile.

1.4 Nota bibliografica

Esistono molti eccellenti testi di introduzione alla Teoria della Probabilità: fra i
miei preferiti, e che sono stati la maggiore fonte di ispirazione e di idee, ci sono
quelli di Bass [5], Durrett [16], Klenke [28] e Williams [48]. Di seguito elenco in
ordine alfabetico altri importanti testi di riferimento: Baldi [1], Bass [3], Bauer [7],
Biagini e Campanino [8], Billingsley [9], Caravenna e Dai Pra [11], Feller [19],
Jacod e Protter [25], Kallenberg [26], Letta [32], Neveu [34], Pintacuda [38], Shiryaev [43], Sinai [44]. Questo libro può essere considerato un ulteriore tentativo di
raccogliere in maniera ordinata, sintetica e completa le nozioni basilari di probabilità in modo da agevolare studi successivi più avanzati. Fra le numerose monografie
di introduzione alla ricerca nel campo della teoria dei processi stocastici e del calcolo differenziale stocastico, mi limito a citare Baldi [2], Bass [4], Baudoin [6],
Doob [14], Durrett [15], Friedman [20], Karatzas e Shreve [27], Stroock [45].

1.5 Simboli e notazioni usati frequentemente

- $A := B$ significa che A è, *per definizione*, uguale a B
- $\uplus$ indica l'unione *disgiunta*
- $A_n \nearrow A$ indica che $(A_n)_{n \in \mathbb{N}}$ è una successione *crescente* di insiemi tale che
  $A = \bigcup_{n \in \mathbb{N}} A_n$
- $A_n \searrow A$ indica che $(A_n)_{n \in \mathbb{N}}$ è una successione *decrescente* di insiemi tale che
  $A = \bigcap_{n \in \mathbb{N}} A_n$
- $\sharp A$ oppure $|A|$ indica la cardinalità dell'insieme A. $A \leftrightarrow B$ se $|A| = |B|$
- $\mathscr{B}_d = \mathscr{B}(\mathbb{R}^d)$ è la σ-algebra di Borel in $\mathbb{R}^d$; $\mathscr{B} := \mathscr{B}_1$
- $m\mathscr{F}$ (risp. $m\mathscr{F}^+, b\mathscr{F}$) la classe delle funzioni $\mathscr{F}$-misurabili (risp. $\mathscr{F}$-misurabili
  e non-negative, $\mathscr{F}$-misurabili e limitate)
- $\mathscr{N}$ famiglia degli insiemi trascurabili (cfr. Definizione 2.1.15)
- insiemi numerici:
  - numeri naturali: $\mathbb{N} = \{1, 2, 3, ...\}$, $\mathbb{N}_0 = \mathbb{N} \cup \{0\}$, $I_n := \{1, ..., n\}$ per $n \in \mathbb{N}$
  - numeri reali $\mathbb{R}$, reali estesi $\bar{\mathbb{R}} = \mathbb{R} \cup \{\pm\infty\}$, reali positivi $\mathbb{R}_{>0} =]0, +\infty[$,
    non-negativi $\mathbb{R}_{\geq 0} = [0, +\infty[$
- Leb_d indica la misura di Lebesgue d-dimensionale; $\text{Leb} := \text{Leb}_1$

- funzione indicatrice di un insieme A

$$\mathbb{1}_A(x) := \begin{cases} 1 & \text{se } x \in A \\ 0 & \text{altrimenti} \end{cases}$$

- prodotto scalare Euclideo:

$$\langle x, y \rangle = x \cdot y = \sum_{i=1}^{d} x_i y_i, \qquad x = (x_1, \ldots, x_d), \ y = (y_1, \ldots, y_d) \in \mathbb{R}^d$$

Nelle operazioni matriciali, il vettore d-dimensionale x viene identificato con la matrice colonna $d \times 1$.
- massimo e minimo di numeri reali:

$$x \wedge y = \min\{x, y\}, \qquad x \vee y = \max\{x, y\}$$

- parte positiva e negativa:

$$x^+ = x \vee 0, \qquad x^- = (-x) \vee 0$$

- argomento del massimo e del minimo di $f : A \longrightarrow \mathbb{R}$:

$$\arg\max_{x \in A} f(x) = \{y \in A \mid f(y) \geq f(x) \text{ per ogni } x \in A\}$$
$$\arg\min_{x \in A} f(x) = \{y \in A \mid f(y) \leq f(x) \text{ per ogni } x \in A\}$$

Abbreviazioni

v.a. = variabile aleatoria
q.c. = quasi certamente. Una certa proprietà vale q.c. se esiste $N \in \mathcal{N}$ (insieme trascurabile) tale che la proprietà è vera almeno per ogni $\omega \in \Omega \setminus N$
q.o. = quasi ovunque (rispetto alla misura di Lebesgue)

Segnaliamo l'importanza dei risultati con i seguenti simboli:

[!] significa che bisogna porre molta attenzione e cercare di capire bene, perché si sta introducendo un concetto importante, un'idea o una tecnica nuova
[!!] significa che il risultato è molto importante
[!!!] significa che il risultato è fondamentale

Capitolo 2
Misure e spazi di probabilità

The philosophy of the foundations of probability must be divorced from mathematics and statistics, exactly as the discussion of our intuitive space concept is now divorced from geometry.

William Feller

Si parla genericamente di Probabilità in riferimento a fenomeni incerti, il cui esito non è noto con sicurezza. Come sottolinea Costantini [12], non è semplice dare una definizione generale e negli ultimi secoli molti studiosi hanno cercato risposte a domande del tipo:

1) cos'è la Probabilità?
2) come si calcola[1] la Probabilità?
3) come "funziona"[2] la Probabilità?

D'altra parte, solo in tempi relativamente recenti si è iniziato a comprendere la differente natura di tali quesiti e il fatto che debbano essere indagati con metodi e strumenti specifici di discipline diverse e ben distinte:

1) in *Filosofia* si indaga il concetto di Probabilità e il suo possibile significato, cercando di darne una definizione e studiarne la natura da un punto di vista generale. L'approccio filosofico ha portato a interpretazioni e definizioni anche molto differenti;

Materiale Supplementare Online È disponibile online un supplemento a questo capitolo (https://doi.org/10.1007/978-88-470-4000-7_2), contenente dati, altri approfondimenti ed esercizi.

[1] Sono molti i casi in cui è importante calcolare o almeno stimare la probabilità di un evento incerto. Per esempio, un giocatore d'azzardo è interessato a conoscere la probabilità di ottenere una certa mano al gioco del Poker; una compagnia di assicurazioni deve stimare la probabilità che un proprio assicurato abbia uno o più incidenti nel corso di un anno; un'industria che produce auto vuole stimare la probabilità che il prezzo dell'acciaio non superi un certo valore; una compagnia aerea può fare overbooking in base alla probabilità che un certo numero di viaggiatori non si presenti all'imbarco.
[2] In altri termini, è possibile formalizzare i principi e le regole generali della Probabilità in termini matematici rigorosi, in analogia con quanto si fa per esempio nella geometria Euclidea?

© Springer-Verlag Italia S.r.l., part of Springer Nature 2020
A. Pascucci, *Teoria della Probabilità*, UNITEXT 123,
https://doi.org/10.1007/978-88-470-4000-7_2

2) la *Statistica* è la disciplina che studia i metodi per la stima e la valutazione della Probabilità a partire da osservazioni e dati disponibili sul fenomeno aleatorio considerato;
3) la *Teoria della Probabilità* è la disciplina puramente matematica che applica il ragionamento astratto e logico-deduttivo per formalizzare la Probabilità e le sue regole, partendo da assiomi e definizioni primitive (come lo sono, per analogia, i concetti di punto e di retta in Geometria).

Quando si affronta per la prima volta lo studio della Probabilità, confusione e frain-tendimenti possono derivare dal non distinguere adeguatamente i diversi approcci (filosofico, statistico e matematico). In questo testo *assumiamo esclusivamente il punto di vista matematico*: il nostro scopo è fornire un'introduzione alla Teoria della Probabilità.

2.1 Spazi misurabili e spazi di probabilità

La Teoria della Probabilità studia i fenomeni il cui esito è incerto: questi vengono detti *fenomeni aleatori* (o *esperimenti aleatori*). Esempi banali di fenomeni aleatori sono il lancio di una moneta o l'estrazione di una carta da un mazzo. Gli esiti di un fenomeno aleatorio non sono necessariamente tutti "equivalenti" nel senso che, per qualche motivo, un esito può essere più "probabile" (plausibile, verosimile, atteso etc) di un altro. Si noti che, poiché per definizione nessuno degli esiti possibili può essere scartato a priori, la Teoria della Probabilità non si propone di *prevedere* l'esi-to di un fenomeno aleatorio (cosa impossibile!) ma stimare, nel senso di *misurare*, il grado di attendibilità (la probabilità) dei singoli esiti possibili o della combinazione di alcuni di essi. Questo è il motivo per cui gli strumenti matematici e il linguag-gio su cui si basa la moderna Teoria della Probabilità sono quelli della *teoria della misura* che è anche il punto di partenza della nostra trattazione. La Sezione 2.1.1 è dedicata al richiamo delle prime definizioni e concetti di teoria della misura; nella successiva Sezione 2.1.2 ne diamo l'interpretazione probabilistica.

2.1.1 Spazi misurabili

Definizione 2.1.1 (Spazio misurabile)   Uno *spazio misurabile* è una coppia $(\Omega, \mathscr{F})$ dove:

i) Ω è un insieme non vuoto;
ii) $\mathscr{F}$ è una σ-*algebra* su Ω, ossia $\mathscr{F}$ è una famiglia *non vuota* di sottoinsiemi di Ω che soddisfa le seguenti proprietà:

    ii-a) se $A \in \mathscr{F}$ allora $A^c := \Omega \setminus A \in \mathscr{F}$;
    ii-b) l'unione numerabile di elementi di $\mathscr{F}$ appartiene ad $\mathscr{F}$.

La proprietà ii-a) si esprime dicendo che $\mathscr{F}$ è una famiglia *chiusa rispetto al passaggio al complementare*; la proprietà ii-b) si esprime dicendo che $\mathscr{F}$ è una famiglia σ-$\cup$-*chiusa (chiusa rispetto all'unione numerabile)*.

Osservazione 2.1.2 Dalla proprietà ii-b) segue anche che se $A, B \in \mathscr{F}$ allora $A \cup B \in \mathscr{F}$, ossia $\mathscr{F}$ è $\cup$-*chiusa (chiusa rispetto all'unione finita)*. Infatti dati $A, B \in \mathscr{F}$, si può costruire la successione $C_1 = A$, $C_n = B$ per ogni $n \geq 2$; allora

$$A \cup B = \bigcup_{n=1}^{\infty} C_n \in \mathscr{F}.$$

Una σ-algebra $\mathscr{F}$ è non vuota per definizione e quindi esiste $A \in \mathscr{F}$ e, per la ii-a), si ha $A^c \in \mathscr{F}$: allora anche $\Omega = A \cup A^c \in \mathscr{F}$ e, ancora per ii-a), $\emptyset \in \mathscr{F}$. Osserviamo che $\{\emptyset, \Omega\}$ è la più *piccola* σ-algebra su Ω; viceversa, l'insieme delle parti $\mathscr{P}(\Omega)$ è la più *grande* σ-algebra su Ω.

Notiamo anche che l'intersezione finita o numerabile di elementi di una σ-algebra $\mathscr{F}$ appartiene a $\mathscr{F}$: infatti se (A_n) è una famiglia finita o numerabile in $\mathscr{F}$, combinando le proprietà ii-a) e ii-b), si ha che

$$\bigcap_n A_n = \left(\bigcup_n A_n^c \right)^c \in \mathscr{F}.$$

Di conseguenza, si dice che $\mathscr{F}$ è $\cap$-chiusa e σ-$\cap$-chiusa.

Definizione 2.1.3 (Misura) Una *misura* sullo spazio misurabile $(\Omega, \mathscr{F})$ è una funzione

$$\mu : \mathscr{F} \longrightarrow [0, +\infty]$$

tale che:

iii-a) $\mu(\emptyset) = 0$;

iii-b) μ è σ-additiva su $\mathscr{F}$, ossia per ogni successione $(A_n)_{n \in \mathbb{N}}$ di elementi disgiunti di $\mathscr{F}$ vale[3]

$$\mu \left(\biguplus_{n=1}^{\infty} A_n \right) = \sum_{n=1}^{\infty} \mu(A_n).$$

Osservazione 2.1.4 Ogni misura μ è *additiva* nel senso che, per ogni famiglia finita $A_1, \ldots, A_n$ di insiemi disgiunti in $\mathscr{F}$, vale

$$\mu \left(\biguplus_{k=1}^{n} A_k \right) = \sum_{k=1}^{n} \mu(A_k).$$

---

[3] Ricordiamo che il simbolo $\biguplus$ indica l'unione disgiunta. Osserviamo che $\biguplus_{n \in \mathbb{N}} A_n \in \mathscr{F}$ poiché $\mathscr{F}$ è una σ-algebra.

Infatti, posto $A_k = \emptyset$ per $k > n$, si ha

$$\mu \left(\biguplus_{k=1}^{n} A_k \right) = \mu \left(\biguplus_{k=1}^{\infty} A_k \right) = \quad \text{(per la } \sigma\text{-additività)}$$

$$= \sum_{k=1}^{\infty} \mu(A_k) = \quad \text{(per il fatto che } \mu(\emptyset) = 0)$$

$$= \sum_{k=1}^{n} \mu(A_k).$$

Definizione 2.1.5   Una misura μ su $(\Omega, \mathscr{F})$ si dice *finita* se $\mu(\Omega) < \infty$ e si dice *σ-finita* se esiste una successione (A_n) in $\mathscr{F}$ tale che

$$\Omega = \bigcup_{n \in \mathbb{N}} A_n \quad \text{e} \quad \mu(A_n) < +\infty, \quad n \in \mathbb{N}.$$

Esempio 2.1.6   Il primo esempio di misura σ-finita che si incontra nei corsi di analisi matematica è la misura di Lebesgue; essa è definita sullo spazio Euclideo d-dimensionale, $\Omega = \mathbb{R}^d$, munito della σ-algebra degli insiemi misurabili secondo Lebesgue.

2.1.2   Spazi di probabilità

Definizione 2.1.7 (Spazio di probabilità)   Uno spazio con misura $(\Omega, \mathscr{F}, \mu)$ in cui $\mu(\Omega) = 1$ è detto *spazio di probabilità*: in questo caso, di solito utilizziamo la lettera P al posto di μ e diciamo che P è una *misura di probabilità* (o semplicemente una *probabilità*).

In uno spazio di probabilità $(\Omega, \mathscr{F}, P)$, ogni elemento $\omega \in \Omega$ è detto *esito;* ogni $A \in \mathscr{F}$ è chiamato *evento* e il numero $P(A)$ è detto *probabilità di A*. Inoltre diciamo che Ω è lo *spazio campionario* e $\mathscr{F}$ è la *σ-algebra degli eventi*.

Nel caso in cui Ω sia finito o numerabile, assumiamo sempre $\mathscr{F} = \mathscr{P}(\Omega)$ e diciamo che $(\Omega, \mathscr{P}(\Omega), P)$ (o, più semplicemente, (Ω, P)) è uno *spazio di probabilità discreto*. Se invece Ω non è numerabile, parliamo di *spazio di probabilità continuo (o generale)*.

Esempio 2.1.8   [!] Consideriamo il fenomeno aleatorio del lancio di un dado regolare a sei facce. Lo spazio campionario

$$\Omega = \{1, 2, 3, 4, 5, 6\}$$

rappresenta gli stati possibili (esiti) dell'esperimento aleatorio considerato. Intuitivamente, *un evento è un'affermazione relativa all'esito dell'esperimento*, per esempio:

i) A = "il risultato del lancio è un numero dispari";
ii) B = "il risultato del lancio è il numero 4";
iii) C = "il risultato del lancio è maggiore di 7".

Ad ogni affermazione corrisponde un sottoinsieme di Ω:

i) $A = \{1, 3, 5\}$;
ii) $B = \{4\}$;
iii) $C = \emptyset$.

Questo spiega perché matematicamente abbiamo definito un evento come un sottoinsieme di Ω. In particolare, B è detto un *evento elementare* poiché è costituito da un singolo esito. È bene porre attenzione nel distinguere l'*esito* 4 dall'*evento elementare* $\{4\}$.

Le *operazioni logiche* fra eventi hanno una traduzione in termini di *operazioni insiemistiche*, per esempio:

• "A oppure B" corrisponde a $A \cup B$;
• "A e B" corrisponde a $A \cap B$;
• "non A" corrisponde a $A^c = \Omega \setminus A$;
• "A ma non B" corrisponde a $A \setminus B$.

Esempio 2.1.9 Un corridore ha la probabilità del 30% di vincere la gara dei 100 metri, la probabilità del 40% di vincere la gara dei 200 metri e la probabilità del 50% di vincere almeno una delle due gare. Qual è la probabilità che vinca entrambe le gare?
    Posto

i) A = "il corridore vince la gara dei 100 metri",
ii) B = "il corridore vince la gara dei 200 metri",

i dati del problema sono: $P(A) = 30\%$, $P(B) = 40\%$ e $P(A \cup B) = 50\%$. Si chiede di determinare $P(A \cap B)$. Usando le operazioni insiemistiche (al riguardo si veda anche il successivo Lemma 2.1.23) si prova che

$$P(A \cap B) = P(A) + P(B) - P(A \cup B) = 20\%.$$

Osservazione 2.1.10 Lo spazio campionario Ω è, per definizione, un *generico insieme non vuoto*: è lecito domandarsi che senso abbia assumere un tale grado di generalità. In effetti vedremo che nei problemi più classici Ω sarà semplicemente un *insieme finito* oppure lo *spazio Euclideo* $\mathbb{R}^d$. Tuttavia, nelle applicazioni più interessanti può anche capitare che Ω sia uno *spazio funzionale* (come, per esempio, lo spazio delle funzioni continue). Spesso Ω avrà anche una certa struttura, per esempio quella di *spazio metrico*, per avere a disposizione alcuni strumenti utili allo sviluppo della teoria.

Esempio 2.1.11 (Probabilità uniforme discreta)   Sia Ω finito. Per ogni $A \subseteq \Omega$ indichiamo con $|A|$ la cardinalità di A e poniamo

$$P(A) = \frac{|A|}{|\Omega|}. \qquad (2.1.1)$$

Allora P è una misura di probabilità, detta *probabilità uniforme*, e per definizione vale

$$P(\{\omega\}) = \frac{1}{|\Omega|}, \qquad \omega \in \Omega,$$

ossia ogni esito è "equiprobabile". La probabilità uniforme corrisponde al concetto classico di probabilità secondo Laplace, come ricordato nella premessa. Per esempio, nel caso del lancio di un dado regolare a sei facce, è naturale considerare la probabilità uniforme

$$P(\{\omega\}) = \frac{1}{6}, \qquad \omega \in \Omega := \{1, 2, 3, 4, 5, 6\}.$$

Osservazione 2.1.12   Uno spazio di probabilità in cui ogni evento elementare è equiprobabile e ha probabilità positiva, è necessariamente finito. Di conseguenza, per esempio, *non è possibile definire la probabilità uniforme su* $\mathbb{N}$: infatti dovrebbe essere $P(\{n\}) = 0$ per ogni $n \in \mathbb{N}$ e di conseguenza, per la σ-additività, anche $P(\mathbb{N}) = 0$ che è assurdo.

Osservazione 2.1.13   [!] In uno spazio di probabilità discreto (Ω, P), consideriamo la funzione

$$p : \Omega \longrightarrow [0, 1], \qquad p(\omega) = P(\{\omega\}), \qquad \omega \in \Omega.$$

È chiaro che p è una funzione non-negativa che gode della proprietà

$$\sum_{\omega \in \Omega} p(\omega) = \sum_{\omega \in \Omega} P(\{\omega\}) = P(\Omega) = 1. \qquad (2.1.2)$$

Si noti che le somme in (2.1.2) sono serie a termini non-negativi e pertanto il loro valore non dipende dall'ordine degli addendi. La seconda uguaglianza in (2.1.2) è conseguenza della σ-additività di P.

Possiamo dire che *esiste una relazione biunivoca fra p e P* nel senso che, data una qualsiasi funzione non-negativa p tale che $\sum_{\omega \in \Omega} p(\omega) = 1$, e posto

$$P(A) := \sum_{\omega \in A} p(\omega), \qquad A \subseteq \Omega,$$

si ha che P è una probabilità discreta su Ω.

In altri termini, *una probabilità discreta è definita univocamente dalle probabilità dei singoli eventi elementari.* Dal punto di vista operativo, è molto più semplice definire la probabilità dei singoli eventi elementari (ossia p) che non definire esplicitamente P assegnando la probabilità di tutti gli eventi. Si pensi che, per esempio, se Ω ha cardinalità 100 allora p è definita dai cento valori $p(\omega)$, con $\omega \in \Omega$, mentre P è definita su $\mathscr{P}(\Omega)$ che ha cardinalità $2^{100} \approx 10^{30}$.

Osservazione 2.1.14 (Probabilità nella scuola secondaria) [!] L'osservazione precedente ci suggerisce un modo ragionevole e sintetico per introdurre il concetto di probabilità nella scuola secondaria: anzitutto, in base ai programmi ministeriali, almeno fino al quart'anno di scuola secondaria superiore è sufficiente considerare il caso di spazi campionari *finiti* (o, al massimo, numerabili)

$$\Omega = \{\omega_1, \ldots, \omega_N\},$$

con $N \in \mathbb{N}$, descrivendo i concetti di esito ed evento come nell'Esempio 2.1.8. Poi si può spiegare che introdurre una misura di probabilità P su Ω significa assegnare le probabilità dei singoli esiti: precisamente, si fissano alcuni numeri $p_1, \ldots, p_N$ tali che

$$p_1, \ldots, p_N \geq 0 \quad \text{e} \quad p_1 + \cdots + p_N = 1, \tag{2.1.3}$$

dove p_i indica la probabilità dell'i-esimo evento elementare, ossia

$$p_i = P(\{\omega_i\}), \qquad i = 1, \ldots, N.$$

Infine, per definizione, per ogni evento A si pone

$$P(A) = \sum_{\omega \in A} P(\{\omega\}). \tag{2.1.4}$$

Questa definizione di spazio di probabilità (Ω, P) è equivalente alla definizione generale (Definizione 2.1.7, ovviamente nel caso di Ω finito). La cosiddetta *probabilità classica* o uniforme è quella in cui gli esiti sono equiprobabili, $p_1 = p_2 = \cdots = p_N$, per cui dalla (2.1.3) si deduce che il loro valore comune è $\frac{1}{N}$. Dunque la probabilità classica è solo un caso molto particolare, anche se significativo, fra le infinite misure di probabilità che si possono scegliere: in quel caso, chiaramente la (2.1.4) si riduce alla formula dei "casi favorevoli su casi possibili".

Concludiamo la sezione con un paio di definizioni che useremo spesso in seguito.

Definizione 2.1.15 (Insiemi trascurabili e quasi certi) In uno spazio di probabilità $(\Omega, \mathscr{F}, P)$ diciamo che:

- un sottoinsieme N di Ω è *trascurabile* per P se $N \subseteq A$ con $A \in \mathscr{F}$ tale che $P(A) = 0$;
- un sottoinsieme C di Ω è *quasi certo* per P se il suo complementare è trascurabile o, equivalentemente, se esiste $B \in \mathscr{F}$ tale che $B \subseteq C$ e $P(B) = 1$.

Indichiamo con $\mathscr{N}$ la famiglia degli insiemi trascurabili in $(\Omega, \mathscr{F}, P)$.

Gli insiemi trascurabili e quasi certi *non sono necessariamente eventi* e quindi in generale la probabilità $P(A)$ non è definita per A trascurabile o quasi certo.

Definizione 2.1.16 (Spazio completo) Uno spazio di probabilità $(\Omega, \mathscr{F}, P)$ è *completo* se $\mathscr{N} \subseteq \mathscr{F}$.

Osservazione 2.1.17 In uno spazio completo gli insiemi trascurabili (e di conseguenza anche i quasi certi) per P sono eventi. Pertanto in uno spazio completo si ha che

- N è trascurabile se e solo se $P(N) = 0$;
- C è quasi certo se e solo se $P(C) = 1$.

Chiaramente la proprietà di completezza dipende dalla misura di probabilità considerata. Vedremo in seguito che è sempre possibile "completare" uno spazio di probabilità (cfr. Osservazione 2.4.3) e spiegheremo l'importanza della proprietà di completezza (si veda, per esempio, l'Osservazione 3.1.11).

2.1.3 Algebre e σ-algebre

Il suffisso "σ-" (per esempio, in σ-algebra o σ-additività) è usato per specificare che una definizione o una proprietà è valida per quantità *numerabili* e non solo *finite*. In analogia con il concetto di σ-algebra, diamo la seguente utile

Definizione 2.1.18 (Algebra) Un'*algebra* è una famiglia non vuota $\mathscr{A}$ di sottoinsiemi di Ω tale che:

i) $\mathscr{A}$ è chiusa rispetto al passaggio al complementare;
ii) $\mathscr{A}$ è $\cup$-chiusa (ossia chiusa rispetto all'unione finita).

Ogni σ-algebra è un'algebra. Se $A, B \in \mathscr{A}$ allora $A \cap B = (A^c \cup B^c)^c \in \mathscr{A}$ e di conseguenza $\mathscr{A}$ è $\cap$-chiusa.

Esempio 2.1.19 [!] In $\mathbb{R}$ si consideri la famiglia $\mathscr{A}$ formata dalle unioni *finite* di intervalli (non necessariamente limitati) del tipo

$$]a, b], \qquad -\infty \le a \le b \le +\infty,$$

dove per convenzione

$$]a, a] = \emptyset, \qquad]a, b] = \{x \in \mathbb{R} \mid x > a\} \quad \text{nel caso } b = +\infty.$$

Notiamo che $\mathscr{A}$ è un'algebra ma non una σ-algebra poiché, per esempio, $\bigcup_{n \ge 1}]0, 1 - \frac{1}{n}] =]0, 1[\notin \mathscr{A}$.

Poiché ci sarà utile considerare misure definite su algebre, diamo la seguente estensione del concetto di misura (cfr. Definizione 2.1.3).

Definizione 2.1.20 (Misura)   Sia $\mathscr{A}$ una famiglia di sottoinsiemi di Ω tale che $\emptyset \in \mathscr{A}$. Una *misura* su $\mathscr{A}$ è una funzione

$$\mu : \mathscr{A} \longrightarrow [0, +\infty]$$

tale che:

i) $\mu(\emptyset) = 0$;

ii) μ è σ-additiva su $\mathscr{A}$ nel senso che per ogni successione $(A_n)_{n \in \mathbb{N}}$ di elementi disgiunti di $\mathscr{A}$, *tale che* $A := \biguplus_{n \in \mathbb{N}} A_n \in \mathscr{A}$, vale

$$\mu(A) = \sum_{n=1}^{\infty} \mu(A_n).$$

Proviamo alcune proprietà basilari delle misure (e quindi, in particolare, delle misure di probabilità).

Proposizione 2.1.21   Sia μ una misura su un'algebra $\mathscr{A}$. Valgono le seguenti proprietà:

i) *Monotonia:* per ogni $A, B \in \mathscr{A}$ tali che $A \subseteq B$ vale

$$\mu(A) \leq \mu(B), \tag{2.1.5}$$

e, se inoltre $\mu(A) < \infty$, vale

$$\mu(B \setminus A) = \mu(B) - \mu(A). \tag{2.1.6}$$

In particolare, se P è una misura di probabilità si ha

$$P(A^c) = 1 - P(A); \tag{2.1.7}$$

ii) *σ-subadditività:* per ogni $A \in \mathscr{A}$ e $(A_n)_{n \in \mathbb{N}}$ successione in $\mathscr{A}$, vale

$$A \subseteq \bigcup_{n \in \mathbb{N}} A_n \quad \Longrightarrow \quad \mu(A) \leq \sum_{n=1}^{\infty} \mu(A_n).$$

Dimostrazione   Proviamo la i): se $A \subseteq B$ allora, per l'additività di μ ed essendo $B \setminus A \in \mathscr{A}$, si ha

$$\mu(B) = \mu(A \uplus (B \setminus A)) = \mu(A) + \mu(B \setminus A).$$

Dal fatto che $\mu(B \setminus A) \geq 0$ segue la (2.1.5) e, nel caso particolare in cui $\mu(A) < \infty$, segue anche la (2.1.6).

Per provare la ii), poniamo

$$\tilde{A}_1 := A_1 \cap A, \qquad \tilde{A}_{n+1} := A \cap A_{n+1} \setminus \bigcup_{k=1}^{n} A_k.$$

Osserviamo che $\tilde{A}_n \subseteq A_n$. Inoltre gli insiemi $\tilde{A}_n$ appartengono all'algebra $\mathscr{A}$ poiché sono ottenuti con operazioni finite da elementi di $\mathscr{A}$ e, per ipotesi, vale

$$\biguplus_{n \in \mathbb{N}} \tilde{A}_n = A \in \mathscr{A}.$$

Allora, per monotonia si ha

$$\mu(A) = \mu\left(\biguplus_{n \in \mathbb{N}} \tilde{A}_n\right) = \quad \text{(per } \sigma\text{-additività e poi ancora per monotonia)}$$

$$= \sum_{n=1}^{\infty} \mu(\tilde{A}_n) \leq \sum_{n=1}^{\infty} \mu(A_n). \ \square$$

Esempio 2.1.22 La (2.1.7) è utile per risolvere problemi del tipo seguente: calcoliamo la probabilità di ottenere almeno un 6 lanciando 8 volte un dado. Definiamo Ω come l'insieme delle possibili sequenze di lanci: allora $|\Omega| = 6^8$. Possiamo determinare la probabilità dell'evento che ci interessa (chiamiamolo A) più facilmente considerando A^c, ossia l'insieme delle sequenze che non contengono 6: infatti si avrà $|A^c| = 5^8$ e quindi per la (2.1.7)

$$P(A) = 1 - P(A^c) = 1 - \frac{5^8}{6^8}.$$

Lemma 2.1.23 Sia $\mathscr{A}$ un'algebra. Una funzione

$$\mu : \mathscr{A} \longrightarrow [0, +\infty]$$

tale che $\mu(\emptyset) = 0$, è additiva se e solo se vale

$$\mu(A \cup B) + \mu(A \cap B) = \mu(A) + \mu(B), \qquad A, B \in \mathscr{F}. \tag{2.1.8}$$

Dimostrazione Se μ è additiva allora

$$\mu(A \cup B) + \mu(A \cap B) = \mu(A) + \mu(B \setminus A) + \mu(A \cap B) = \mu(A) + \mu(B).$$

Viceversa, dalla (2.1.8) con A, B disgiunti si ha l'additività di μ. $\square$

Osservazione 2.1.24 Nel caso di misure di probabilità, la (2.1.8) si riscrive utilmente nella forma

$$P(A \cup B) = P(A) + P(B) - P(A \cap B) \qquad (2.1.9)$$

Esempio 2.1.25 Lanciando due dadi, qual è la probabilità che almeno uno dei due lanci abbia un risultato minore o uguale a 3?

Poniamo $I_n = \{k \in \mathbb{N} \mid k \leq n\}$ e consideriamo lo spazio campionario $\Omega = I_6 \times I_6$ delle possibili coppie di risultati dei lanci. Sia $A = I_3 \times I_6$ (e rispettivamente $B = I_6 \times I_3$) l'evento in cui il risultato del primo dado (rispettivamente del secondo dado) sia minore o uguale a 3. Ci è chiesto di calcolare la probabilità di $A \cup B$. Notiamo che A, B non sono disgiunti e nella probabilità uniforme P, contando gli elementi, abbiamo

$$P(A) = P(B) = \frac{3 \cdot 6}{6 \cdot 6} = \frac{1}{2}, \qquad P(A \cap B) = \frac{3 \cdot 3}{6 \cdot 6} = \frac{1}{4}.$$

Allora per la (2.1.9) otteniamo

$$P(A \cup B) = P(A) + P(B) - P(A \cap B) = \frac{3}{4}.$$

Osservazione 2.1.26 La (2.1.8) si generalizza facilmente al caso di tre insiemi $A_1, A_2, A_3 \in \mathscr{F}$:

$$\begin{aligned}
P(A_1 \cup A_2 \cup A_3) &= P(A_1) + P(A_2 \cup A_3) - P((A_1 \cap A_2) \cup (A_1 \cap A_3)) \\
&= P(A_1) + P(A_2) + P(A_3) \\
&\quad - P(A_1 \cap A_2) - P(A_1 \cap A_3) - P(A_2 \cap A_3) \\
&\quad + P(A_1 \cap A_2 \cap A_3).
\end{aligned}$$

In generale, si prova per induzione la seguente formula

$$P\left(\bigcup_{k=1}^{n} A_k\right) = \sum_{k=1}^{n} (-1)^{k-1} \sum_{\{i_1,\dots,i_k\} \subseteq \{1,\dots,n\}} P(A_{i_1} \cap \cdots \cap A_{i_k})$$

dove l'ultima somma è intesa su tutti i sottoinsiemi di $\{1, \dots, n\}$ con k elementi.

Esempio 2.1.27 Siano A, B eventi in $(\Omega, \mathscr{F}, P)$. Se $P(A) = 1$ allora $P(A \cap B) = P(B)$. Infatti per l'additività finita di P si ha

$$P(B) = P(A \cap B) + P(A^c \cap B) = P(A \cap B)$$

poiché, per la (2.1.5), $P(A^c \cap B) \leq P(A^c) = 0$.

2.1.4 Additività finita e σ-additività

In uno spazio di probabilità generale, la σ-additività è una proprietà più forte dell'additività. Capiremo fra poco, con la Proposizione 2.1.30, l'importanza di richiedere la σ-additività nella definizione di misura di probabilità: questo è un punto abbastanza delicato come vediamo nel prossimo esempio.

Esempio 2.1.28 (Probabilità uniforme continua) Supponiamo di voler definire il concetto di probabilità uniforme sull'intervallo reale $\Omega = [0, 1]$. Dal punto di vista intuitivo, risulta naturale porre

$$P([a, b]) = b - a, \qquad 0 \leq a \leq b \leq 1. \tag{2.1.10}$$

Allora ovviamente $P(\Omega) = 1$ e la probabilità dell'evento $[a, b]$ (che può essere interpretato come l'evento "un punto scelto a caso in $[0, 1]$ appartiene ad $[a, b]$") dipende solo dalla lunghezza di $[a, b]$ ed è invariante per traslazione. Notiamo che $P(\{x\}) = P([x, x]) = 0$ per ogni $x \in [0, 1]$, ossia ogni esito ha probabilità nulla, e P altro non è che la misura di Lebesgue. Giuseppe Vitali provò nel 1905 (cf. [47]) che non è possibile estendere la misura di Lebesgue a tutto l'insieme delle parti $\mathscr{P}(\Omega)$ o, in altri termini, non esiste P definita sull'insieme delle parti di $[0, 1]$, che sia σ-additiva e soddisfi la (2.1.10). Se questo è vero ne viene che, nel caso di spazi di probabilità generali, diventa *necessario* introdurre una σ-algebra di eventi su cui definire P: in generale, tale σ-algebra sarà *più piccola* dell'insieme delle parti di Ω.

Nel nostro contesto, il risultato di Vitali può essere enunciato nel modo seguente: non esiste una misura di probabilità P su $([0, 1], \mathscr{P}([0, 1]))$ che sia invariante per traslazioni, ossia tale che $P(A) = P(A_x)$ per ogni $A \subseteq [0, 1]$ e $x \in [0, 1]$, dove

$$A_x = \{y \in [0, 1] \mid y = a + x \text{ oppure } y = a + x - 1 \text{ per un certo } a \in A\}.$$

La dimostrazione procede per assurdo ed è basata sull'assioma della scelta. Consideriamo su $[0, 1]$ la relazione di equivalenza $x \sim y$ se e solo se $(x - y) \in \mathbb{Q}$: per l'assioma della scelta, da ogni classe di equivalenza è possibile selezionare un rappresentante e fatto ciò, indichiamo con A l'insieme formato da tali rappresentanti. Ora, per ipotesi, $P(A_q) = P(A)$ per ogni $q \in \mathbb{Q} \cap [0, 1]$ e inoltre $A_q \cap A_p = \emptyset$ per $q \neq p$ in $\mathbb{Q} \cap [0, 1]$. Dunque otteniamo

$$[0, 1] = \biguplus_{q \in \mathbb{Q} \cap [0,1]} A_q$$

e se P fosse σ-additiva, si avrebbe

$$1 = P([0, 1]) = \sum_{q \in \mathbb{Q} \cap [0,1]} P(A_q) = \sum_{q \in \mathbb{Q} \cap [0,1]} P(A).$$

Tuttavia l'ultima somma può solo assumere il valore 0 (nel caso in cui $P(A) = 0$) oppure divergere (nel caso in cui $P(A) > 0$) e ciò porta ad un assurdo. Si noti che l'assurdo è conseguenza della richiesta di additività *numerabile* (ossia σ-additività) di P.

Notazione 2.1.29 Nel seguito scriveremo

$$A_n \nearrow A \quad \text{e} \quad B_n \searrow B$$

per indicare che $(A_n)_{n \in \mathbb{N}}$ è una successione *crescente* di insiemi tale che $A = \bigcup_{n \in \mathbb{N}} A_n$, e $(B_n)_{n \in \mathbb{N}}$ è una successione *decrescente* di insiemi tale che $B = \bigcap_{n \in \mathbb{N}} B_n$.

La σ-additività ha le seguenti importanti caratterizzazioni.

Proposizione 2.1.30 [!] Sia $\mathscr{A}$ un'algebra su Ω e

$$\mu : \mathscr{A} \longrightarrow [0, +\infty]$$

una funzione additiva. Le seguenti proprietà sono equivalenti:

i) μ è σ-additiva;
ii) μ è σ-subadditiva[4];
iii) μ è continua dal basso, ossia per ogni successione $(A_n)_{n \in \mathbb{N}}$ in $\mathscr{A}$ tale che $A_n \nearrow A$, con $A \in \mathscr{A}$, vale

$$\lim_{n \to \infty} \mu(A_n) = \mu(A).$$

Inoltre, se vale i) allora si ha anche

iv) μ è continua dall'alto, ossia per ogni successione $(B_n)_{n \in \mathbb{N}}$ in $\mathscr{A}$, tale che $\mu(B_1) < \infty$ e $B_n \searrow B \in \mathscr{A}$, vale

$$\lim_{n \to \infty} \mu(B_n) = \mu(B).$$

Infine, se $\mu(\Omega) < \infty$ allora i), ii), iii) e iv) sono equivalenti.

Dimostrazione Preliminarmente osserviamo che μ è monotona: questo si prova come la Proposizione 2.1.21-i).
  [i) $\Rightarrow$ ii)] È il contenuto della Proposizione 2.1.21-ii).

---

[4] Per ogni $A \in \mathscr{A}$ e per ogni successione $(A_n)_{n \in \mathbb{N}}$ di elementi di $\mathscr{A}$ tale che $A \subseteq \bigcup_{n \in \mathbb{N}} A_n$, vale

$$\mu(A) \leq \sum_{n=1}^{\infty} \mu(A_n).$$

[ii) $\Rightarrow$ iii)] Sia $\mathscr{A} \ni A_n \nearrow A \in \mathscr{A}$. Per monotonia si ha

$$\lim_{n\to\infty} \mu(A_n) \leq \mu(A).$$

D'altra parte, poniamo

$$C_1 = A_1, \qquad C_{n+1} = A_{n+1} \setminus A_n, \quad n \in \mathbb{N}.$$

Allora (C_n) è una successione disgiunta in $\mathscr{A}$ e vale

$$\mu(A) = \mu\left(\biguplus_{k\geq 1} C_k\right) \leq \qquad \text{(per la σ-subadditività di μ)}$$

$$\leq \sum_{k=1}^{\infty} \mu(C_k) = \lim_{n\to\infty} \sum_{k=1}^{n} \mu(C_k) = \quad \text{(per l'additività finita di μ)}$$

$$= \lim_{n\to\infty} \mu(A_n).$$

[iii) $\Rightarrow$ i)] Sia $(A_n)_{n\in\mathbb{N}}$ una successione di elementi disgiunti di $\mathscr{A}$, tale che $A := \biguplus_{n\in\mathbb{N}} A_n \in \mathscr{A}$. Posto

$$\bar{A}_n = \bigcup_{k=1}^{n} A_k,$$

si ha $\bar{A}_n \nearrow A$ e $\bar{A}_n \in \mathscr{A}$ per ogni n. Allora, per l'ipotesi di continuità dal basso di μ, si ha

$$\mu(A) = \lim_{n\to\infty} \mu(\bar{A}_n) = \qquad \text{(per l'additività finita di μ)}$$

$$= \lim_{n\to\infty} \sum_{k=1}^{n} \mu(A_k) = \sum_{k=1}^{\infty} \mu(A_k),$$

osservando che il limite delle somme parziali esiste, finito o no, poiché μ ha valori non-negativi.

[iii) $\Rightarrow$ iv)] Supponiamo valga la iii). Se $B_n \searrow B$ allora $A_n := B_1 \setminus B_n$ è tale che $A_n \nearrow A := B_1 \setminus B$. Se $\mu(B_1) < \infty$, per la proprietà (2.1.6) che vale sotto la sola ipotesi di additività, si ha[5]

$$\mu(B) = \mu(B_1 \setminus A)$$
$$= \mu(B_1) - \mu(A) = \quad \text{(per l'ipotesi di continuità dal basso di μ)}$$
$$= \mu(B_1) - \lim_{n\to\infty} \mu(A_n) = \lim_{n\to\infty} (\mu(B_1) - \mu(A_n)) = \lim_{n\to\infty} \mu(B_n).$$

[iv) $\Rightarrow$ iii)] Sotto l'ipotesi che $\mu(\Omega) < \infty$, il fatto che iv) implichi iii) si dimostra come nel punto precedente ponendo $B_n = \Omega \setminus A_n$ e utilizzando il fatto che se $(A_n)_{n\in\mathbb{N}}$ è crescente allora $(B_n)_{n\in\mathbb{N}}$ è decrescente e ovviamente $\mu(B_1) < \infty$. $\square$

---

[5] Nel dettaglio: si ha $B_1 \setminus \bigcup_{n=1}^{\infty} A_n = B_1 \cap \bigcap_{n=1}^{\infty} A_n^c = \bigcap_{n=1}^{\infty} (B_1 \cap A_n^c) = \bigcap_{n=1}^{\infty} B_n$.

2.2 Spazi finiti e problemi di conteggio

In questa sezione assumiamo che Ω sia finito e consideriamo alcuni problemi in cui si usa la *probabilità discreta uniforme* dell'Esempio 2.1.11. Questi vengono detti *problemi di conteggio* perché, ricordando la (2.1.1), il calcolo delle probabilità si riconduce alla determinazione della cardinalità degli eventi.

Il calcolo combinatorio è lo strumento matematico che permette di svolgere questi calcoli. Sebbene si tratti di problemi che hanno una formulazione elementare (data in termini di monete, dadi, carte etc) spesso il calcolo può risultare molto complicato e può intimorire al primo impatto. Su questo aspetto è importante sdrammatizzare perché si tratta di una complicazione di tipo tecnico più che sostanziale, che non deve creare un'ingiustificata preoccupazione. Inoltre la probabilità uniforme discreta è soltanto un caso molto particolare il cui interesse è decisamente limitato e marginale rispetto alla teoria della probabilità nel suo complesso. Per questi motivi, a meno che non ci sia un interesse specifico per l'argomento, *questa sezione può essere saltata ad una prima lettura.*

2.2.1 Cardinalità di insiemi

Cominciamo col ricordare alcune nozioni di base sulla cardinalità di insiemi finiti. Nel seguito usiamo la seguente

Notazione 2.2.1

$$I_n = \{k \in \mathbb{N} \mid k \leq n\} = \{1, 2, \ldots, n\}, \qquad n \in \mathbb{N}.$$

Si dice che un insieme A ha cardinalità $n \in \mathbb{N}$, e si scrive $|A| = n$ oppure $\sharp A = n$, se esiste una funzione biettiva da I_n ad A. Inoltre per definizione $|A| = 0$ se $A = \emptyset$. Scriviamo $A \leftrightarrow B$ se $|A| = |B|$. In questa sezione consideriamo solo insiemi con cardinalità finita.

Provare per esercizio le seguenti proprietà:

i) $|A| = |B|$ se e solo se esiste una funzione biettiva da A a B;
ii) se A, B sono disgiunti allora

$$|A \uplus B| = |A| + |B|$$

e più in generale tale proprietà si estende al caso di un'unione disgiunta finita;
iii) per ogni A, B vale

$$|A \times B| = |A||B| \qquad (2.2.1)$$

La (2.2.1) si può provare usando la ii) ed il fatto che

$$A \times B = \biguplus_{x \in A} \{x\} \times B$$

dove l'unione è disgiunta e $|\{x\} \times B| = |B|$ per ogni $x \in A$;

iii) indichiamo con A^B l'insieme delle funzioni da B ad A. Allora si ha

$$\left|A^B\right| = |A|^{|B|} \tag{2.2.2}$$

poiché $A^B \leftrightarrow \underbrace{A \times \cdots \times A}_{|B| \text{ volte}}$.

2.2.2   Tre esperimenti aleatori di riferimento: estrazioni da un'urna

Quando si utilizza il calcolo combinatorio per lo studio di un esperimento aleatorio, la scelta dello spazio campionario è importante perché può semplificare il conteggio dei casi possibili e dei casi favorevoli. La scelta più conveniente, da questo punto di vista, dipende in generale dal fenomeno aleatorio in considerazione. Tuttavia, è spesso utile ripensare l'esperimento aleatorio (o, eventualmente, ciascun sotto-esperimento aleatorio in cui può essere scomposto) come un'opportuna estrazione di palline da un'urna (con remissione, senza reimmmissione, simultanea) che ora descriviamo.

Si consideri un'urna contenente n palline, etichettate con $e_1, e_2, \ldots, e_n$. Si estraggono k palline dall'urna in uno dei tre modi seguenti:

1) estrazione *con reimmissione*, con $k \in \mathbb{N}$, in cui, per l'estrazione successiva, la pallina estratta viene reinserita nell'urna;
2) estrazione *senza reimmissione*, con $k \in \{1, \ldots, n\}$, in cui la pallina estratta non viene reinserita nell'urna;
3) estrazione *simultanea*, con $k \in \{1, \ldots, n\}$, in cui le k palline vengono estratte simultaneamente.

Si noti che:

- nell'estrazione con reimmissione il numero totale di palline nell'urna e la sua composizione si mantengono costanti nelle successive estrazioni; dato che si estrae una pallina per volta, si tiene conto dell'*ordine di estrazione*; inoltre è possibile che ci siano delle *ripetizioni*, ovvero è possibile estrarre più volte la stessa pallina;
- nell'estrazione senza reimmissione ad ogni estrazione il numero totale di palline nell'urna si riduce di un'unità e quindi ogni volta si modifica la composizione dell'urna stessa; anche in questo caso si tiene conto dell'ordine di estrazione; invece le ripetizioni non sono più possibili (infatti una volta estratta, la pallina non viene più reinserita nell'urna);
- l'estrazione simultanea corrisponde all'estrazione senza reimmissione in cui *non* si tiene conto dell'ordine di estrazione.

Possiamo dunque riassumere quanto detto finora in Tabella 2.1.

	Ripetizione	
Ordine	*Senza* ripetizione	*Con* ripetizione
Si tiene conto dell'ordine	Estrazione *senza reimmissione*	Estrazione *con reimmissione*
Non si tiene conto dell'ordine	Estrazione *simultanea*	–

Tabella 2.1 Classificazione del tipo di estrazioni da un'urna

Torneremo in seguito sul quarto caso corrispondente alla casella vuota e, in particolare, sul perché non sia stato considerato (si veda l'Osservazione 2.2.16). Per ognuno dei tre tipi di estrazione descritti sopra vogliamo determinare uno spazio campionario Ω, con cardinalità più piccola possibile, che permetta di descrivere tale esperimento aleatorio. Affronteremo tale questione nella Sezione 2.2.4 in cui vedremo che Ω sarà dato rispettivamente da:

1) l'insieme $\mathbf{DR}_{n,k}$ delle *disposizioni con ripetizione di k elementi di* $\{e_1, \ldots, e_n\}$, nel caso dell'estrazione con reimmissione;
2) l'insieme $\mathbf{D}_{n,k}$ delle *disposizioni semplici di k elementi di* $\{e_1, \ldots, e_n\}$, nel caso dell'estrazione senza reimmissione;
3) l'insieme $\mathbf{C}_{n,k}$ delle *combinazioni di k elementi di* $\{e_1, \ldots, e_n\}$, nel caso dell'estrazione simultanea.

Prima di introdurre questi tre insiemi fondamentali, illustriamo un metodo generale che utilizzeremo per determinare la cardinalità di $\mathbf{DR}_{n,k}$, $\mathbf{D}_{n,k}$, $\mathbf{C}_{n,k}$ e di altri insiemi finiti.

2.2.3 Metodo delle scelte successive

In questa sezione illustriamo un algoritmo, noto come *metodo delle scelte successive* (o *schema delle scelte successive* o anche *principio fondamentale del calcolo combinatorio*), che permette di determinare la cardinalità di un insieme una volta caratterizzati univocamente i suoi elementi tramite un numero finito di scelte successive.

Metodo delle scelte successive *Dato un insieme finito A di cui si vuole determinare la cardinalità* $|A|$, *si procede come segue:*

1) al primo passo, si considera una partizione di A in $n_1 \in \mathbb{N}$ *sottoinsiemi* $A_1, \ldots, A_{n_1}$, *tutti aventi la* **stessa cardinalità**; *tale partizione è ottenuta facendo una "scelta", ovvero distinguendo gli elementi di A in base ad una proprietà che essi possiedono;*

2) al secondo passo, per ogni $i = 1, \ldots, n_1$, *si procede come al punto 1) con l'insieme* A_i *al posto di A, considerando una partizione* $A_{i,1}, \ldots, A_{i,n_2}$ *di* A_i *in* n_2 *sottoinsiemi tutti aventi la* **stessa cardinalità**, *con* $n_2 \in \mathbb{N}$ *che* **non dipende da** i;

3) si procede in questo modo fino a quando, dopo un numero finito $k \in \mathbb{N}$ di passi, gli elementi della partizione hanno cardinalità è pari a 1.

La cardinalità di A è allora data da

$$|A| = n_1 n_2 \cdots n_k.$$

Per esempio, applichiamo il metodo delle scelte successive per dimostrare la validità della formula

$$\left|A^B\right| = |A|^{|B|}.$$

Sia $n = |A|$ la cardinalità di A e indichiamo con $a_1, \ldots, a_n$ i suoi elementi. Analogamente, sia $k = |B|$ la cardinalità di B e indichiamo con $b_1, \ldots, b_k$ i suoi elementi. Dato che A^B è l'insieme delle funzioni da B ad A, possiamo caratterizzare univocamente ogni funzione in A^B tramite le seguenti $k = |B|$ scelte successive:

1) come prima scelta fissiamo il valore che le funzioni di A^B assumono in corrispondenza di b_1; abbiamo $n = |A|$ possibilità (quindi $n_1 = n$), ossia questa prima scelta determina una partizione di A in n sottoinsiemi (non serve scrivere quali sono questi sottoinsiemi, ma solo quanto vale n_1);
2) come seconda scelta fissiamo il valore che le funzioni di A^B assumono in corrispondenza di b_2; abbiamo $n = |A|$ possibilità (quindi $n_2 = n$);
3) $\cdots$
4) come k-esima e ultima scelta (con $k = |B|$) fissiamo il valore che le funzioni di A^B assumono in corrispondenza di b_k; abbiamo $n = |A|$ possibilità (quindi $n_k = n$).

Dal metodo delle scelte successive si deduce che

$$\left|A^B\right| = \underbrace{|A| \cdots |A|}_{k \,=\, |B| \text{ volte}} = |A|^{|B|}.$$

Nel seguito, quando applicheremo il metodo delle scelte successive, procederemo come nei punti 1)-4), limitandoci a dire quale scelta viene effettuata ad ogni passo e quante possibilità (o modi) ci sono per fare questa scelta; mentre non faremo riferimento alla partizione che ogni scelta determina, dato che è in generale chiaro quale essa sia.

2.2.4 Disposizioni e combinazioni

Definizione 2.2.2 (Disposizioni con ripetizione) Siano E un insieme con $|E| = n$ e $k \in \mathbb{N}$. Indichiamo con $\mathbf{DR}_{n,k}$ l'insieme delle *disposizioni con ripetizione di k elementi di E*, ossia l'insieme di tutte le funzioni $f: I_k \longrightarrow E$. Per la (2.2.2) vale

$$|\mathbf{DR}_{n,k}| = n^k.$$

Notiamo che

$$\mathbf{DR}_{n,k} \leftrightarrow \underbrace{E \times \cdots \times E}_{k \text{ volte}}.$$

Dunque $\mathbf{DR}_{n,k}$ esprime i modi in cui possiamo disporre, in maniera **ordinata** ed eventualmente **ripetuta**, un numero k di oggetti scelti da un insieme di n oggetti.

Si noti che scriviamo $\mathbf{DR}_{n,k}$ senza specificare l'insieme E, dato che ogni volta sarà chiaro dal contesto a quale insieme E ci stiamo riferendo.

Esempio 2.2.3 Sia $E = \{a, b, c\}$. Allora $|\mathbf{DR}_{3,2}| = 3^2$ e precisamente

$$\mathbf{DR}_{3,2} \leftrightarrow \{(a,a), (a,b), (a,c), (b,a), (b,b), (b,c), (c,a), (c,b), (c,c)\}.$$

Come preannunciato, l'insieme $\mathbf{DR}_{n,k}$ è lo spazio campionario naturale per descrivere l'estrazione con reimmissione di k palline da un'urna che ne contiene n, come affermato nel seguente

Esempio 2.2.4 [!] Si consideri un'urna contenente n palline, etichettate con $e_1, e_2, \ldots, e_n$, da cui si estraggono con reimmissione $k \in \mathbb{N}$ palline. Sia $E = \{e_1, e_2, \ldots, e_n\}$. Uno spazio campionario Ω, con cardinalità più piccola possibile, che descrive tale esperimento è

$$\Omega = \mathbf{DR}_{n,k}.$$

La quantità $|\mathbf{DR}_{n,k}| = n^k$ è dunque pari al numero totale degli esiti di questo esperimento aleatorio.

Esempio 2.2.5 Determiniamo i "casi possibili" dei seguenti esperimenti aleatori (le soluzioni sono a fondo pagina[6]).

i) Si sceglie a caso una parola (anche senza senso) composta da 8 lettere dell'alfabeto italiano (che ha 21 lettere).
ii) Si gioca una schedina al totocalcio, in cui per ognuna delle 13 partite si può scegliere tra 1, 2 o X.
iii) Si lancia 10 volte un dado (non truccato) a sei facce.

Definizione 2.2.6 (Disposizioni semplici) Siano E un insieme con $|E| = n$ e $k \le n$. Indichiamo con $\mathbf{D}_{n,k}$ l'insieme delle *disposizioni semplici di k elementi di E*, ossia l'insieme delle funzioni **iniettive** $f : I_k \longrightarrow E$. Si ha

$$|\mathbf{D}_{n,k}| = n(n-1)\cdots(n-k+1) = \frac{n!}{(n-k)!}. \tag{2.2.3}$$

---

[6] Soluzioni relative all'Esempio 2.2.5:
i) $|\mathbf{DR}_{21,8}| = 21^8$; ii) $|\mathbf{DR}_{3,13}| = 3^{13}$; iii) $|\mathbf{DR}_{6,10}| = 6^{10}$.

Notiamo che

$$\mathbf{D}_{n,k} \leftrightarrow \{(e_1, \ldots, e_k) \mid e_i \in E, \text{ distinti}\}.$$

Dunque $\mathbf{D}_{n,k}$ esprime i modi in cui possiamo disporre, in maniera **ordinata** e **non ripetuta**, un numero k di oggetti scelti da un insieme di n oggetti.

La formula (2.2.3) si può dimostrare tramite il metodo delle scelte successive, caratterizzando la generica funzione iniettiva $f : \{1, 2, \ldots, k\} \longrightarrow E$ di $\mathbf{D}_{n,k}$ come segue:

1) come prima scelta fissiamo il valore che f assume in corrispondenza di 1; abbiamo $n = |E|$ possibilità (quindi $n_1 = n$);
2) come seconda scelta fissiamo il valore che f assume in corrispondenza di 2; abbiamo $n - 1$ possibilità, dato che non possiamo scegliere il valore assunto in corrispondenza di 1 (quindi $n_2 = n - 1$);
3) $\cdots$
4) come k-esima e ultima scelta fissiamo il valore che f assume in corrispondenza di k; abbiamo $n - k + 1$ possibilità, dato che $k - 1$ valori di E li abbiamo già scelti (quindi $n_k = n - k + 1$).

Dal metodo delle scelte successive si deduce dunque la validità di (2.2.3).

Esempio 2.2.7 Sia $E = \{a, b, c\}$. Allora $|\mathbf{D}_{3,2}| = \frac{3!}{1!} = 6$ e precisamente

$$\mathbf{D}_{3,2} \leftrightarrow \{(a, b), (a, c), (b, a), (b, c), (c, a), (c, b)\}.$$

Come preannunciato, l'insieme $\mathbf{D}_{n,k}$ è lo spazio campionario naturale per descrivere l'estrazione senza reimmissione di k palline da un'urna che ne contiene n, come affermato nel seguente

Esempio 2.2.8 Si consideri un'urna contenente n palline, etichettate con $e_1, e_2, \ldots, e_n$, da cui si estraggono senza reimmissione $k \leq n$ palline. Sia $E = \{e_1, e_2, \ldots, e_n\}$. Uno spazio campionario Ω, con cardinalità più piccola possibile, che descrive tale esperimento è

$$\Omega = \mathbf{D}_{n,k}.$$

La quantità $|\mathbf{D}_{n,k}| = n(n - 1) \cdots (n - k + 1)$ è dunque pari al numero totale degli esiti di questo esperimento aleatorio.

Esempio 2.2.9 Qual è la probabilità di fare una cinquina *secca* (per cui conta l'ordine di estrazione) al gioco del lotto (in cui si estraggono senza reimmissione cinque numeri dai primi novanta naturali), supponendo di giocare un'unica cinquina (ad esempio la sequenza ordinata $13, 5, 45, 21, 34$)? Quanto vale invece la probabilità di fare una cinquina *semplice* (per cui non conta l'ordine di estrazione)?

Soluzione La probabilità di fare una cinquina secca è semplicemente $\frac{1}{|\mathbf{D}_{90,5}|} \approx$ $1.89 \cdot 10^{-10}$.

Se invece si considera una cinquina semplice, dobbiamo innanzitutto contare in quanti modi differenti si possono ordinare 5 numeri, pari a $|\mathbf{D}_{5,5}| = 5!$ Allora la probabilità di una cinquina semplice dopo 5 estrazioni è $\frac{|\mathbf{D}_{5,5}|}{|\mathbf{D}_{90,5}|} \approx 2.27 \cdot 10^{-8}$.

Definizione 2.2.10 (Permutazioni) Indichiamo con $\mathbf{P}_n \equiv \mathbf{D}_{n,n}$ l'insieme delle *permutazioni di n oggetti*, ossia $\mathbf{P}_n$ è l'insieme delle funzioni **biettive** $f : I_n \longrightarrow E$ dove E è un insieme con n elementi. Si ha

$$|\mathbf{P}_n| = n!$$

Dunque $\mathbf{P}_n$ esprime i modi in cui possiamo riordinare, ossia disporre in maniera **ordinata** e **non ripetuta**, un numero n di oggetti.

Definizione 2.2.11 (Combinazioni) Siano E un insieme con $|E| = n$ e $k \leq n$. Indichiamo con $\mathbf{C}_{n,k}$ l'insieme delle *combinazioni di k elementi di E*, ossia la famiglia dei sottoinsiemi di E di cardinalità k:

$$\mathbf{C}_{n,k} = \{A \subseteq F \mid |A| = k\}.$$

In altri termini, $\mathbf{C}_{n,k}$ esprime tutti i gruppi di k oggetti scelti da un insieme di n oggetti, in maniera **non ordinata** e **non ripetuta**.

Esempio 2.2.12 Sia $E = \{a, b, c\}$. Allora $|\mathbf{C}_{3,2}| = 3$ e precisamente

$$\mathbf{C}_{3,2} = \{\{a, b\}, \{a, c\}, \{b, c\}\}.$$

Proposizione 2.2.13 Si ha

$$|\mathbf{C}_{n,k}| = \frac{|\mathbf{D}_{n,k}|}{|\mathbf{P}_k|} = \frac{n!}{k!(n-k)!} = \binom{n}{k}. \tag{2.2.4}$$

Dimostrazione A differenza del calcolo di $|\mathbf{DR}_{n,k}|$ e $|\mathbf{D}_{n,k}|$, non è possibile scomporre il calcolo di $|\mathbf{C}_{n,k}|$ in una sequenza di scelte successive. Tuttavia, dimostrare la (2.2.4) equivale a dimostrare la seguente uguaglianza:

$$|\mathbf{D}_{n,k}| = |\mathbf{C}_{n,k}| |\mathbf{P}_k|. \tag{2.2.5}$$

Dimostriamo la (2.2.5) applicando il metodo delle scelte successive all'insieme $\mathbf{D}_{n,k}$, caratterizzando una generica funzione iniettiva $f : I_k \longrightarrow E$ di $\mathbf{D}_{n,k}$ in base al seguente schema:

1) come prima scelta fissiamo l'immagine $f(I_k)$ della funzione f, ovvero un sottoinsieme di E di cardinalità k (la cardinalità è necessariamente k per l'iniettività di f); abbiamo $|\mathbf{C}_{n,k}|$ possibilità (quindi $n_1 = |\mathbf{C}_{n,k}|$);

2) come seconda e ultima scelta fissiamo una permutazione dei k valori nell'immagine $f(I_k)$, che descrive come agisce la funzione f; abbiamo $|\mathbf{P}_k|$ possibilità (quindi $n_2 = |\mathbf{P}_k|$).

Dal metodo delle scelte successive si deduce la validità di (2.2.5) e dunque di (2.2.4). $\square$

Gli insiemi $\mathbf{DR}_{n,k}$, $\mathbf{D}_{n,k}$ (e dunque anche $\mathbf{P}_n = \mathbf{D}_{n,n}$) e $\mathbf{C}_{n,k}$ sono importanti non solo perché sono gli spazi campionari dei tre esperimenti aleatori introdotti nella Sezione 2.2.2 (per quanto riguarda $\mathbf{C}_{n,k}$ si veda l'Esempio 2.2.14), ma anche perché le cardinalità di tali insiemi spesso corrispondono ai numeri $n_1, n_2, \ldots, n_k$ del metodo delle scelte successive; per esempio, per il calcolo di $|\mathbf{D}_{n,k}|$ in (2.2.5) abbiamo scelto $n_1 = |\mathbf{C}_{n,k}|$ ed $n_2 = |\mathbf{P}_k|$.

Come preannunciato, l'insieme $\mathbf{C}_{n,k}$ è lo spazio campionario naturale per descrivere l'estrazione simultanea di k palline da un'urna che ne contiene n, come affermato nel seguente

Esempio 2.2.14 Si consideri un'urna contenente n palline, etichettate con $e_1, e_2, \ldots, e_n$, da cui si estraggono simultaneamente $k \leq n$ palline. Sia $E = \{e_1, e_2, \ldots, e_n\}$. Uno spazio campionario Ω, con cardinalità più piccola possibile, che descrive tale esperimento è

$$\Omega = \mathbf{C}_{n,k}.$$

La quantità $|\mathbf{C}_{n,k}| = \binom{n}{k}$ è dunque pari al numero totale degli esiti di questo esperimento aleatorio.

Possiamo dunque completare la tabella della Sezione 2.2.2, riportando anche gli spazi campionari e le loro cardinalità (ovvero i "casi possibili").

Riportiamo qui di seguito alcune osservazioni conclusive riguardanti la Tabella 2.2.

Tabella 2.2 Classificazione del tipo di estrazioni da un'urna e relazione con disposizioni e combinazioni

Ordine	Ripetizione	
	Senza ripetizione	*Con* ripetizione
Si tiene conto dell'ordine	Estrazione *senza reimmissione* $\Omega = \mathbf{D}_{n,k}$ $|\Omega| = \dfrac{n!}{(n-k)!}$	Estrazione *con reimmissione* $\Omega = \mathbf{DR}_{n,k}$ $|\Omega| = n^k$
Non si tiene conto dell'ordine	Estrazione *simultanea* $\Omega = \mathbf{C}_{n,k}$ $|\Omega| = \dfrac{|\mathbf{D}_{n,k}|}{k!} = \binom{n}{k}$	–

Osservazione 2.2.15 Nonostante gli esperimenti aleatori introdotti siano tre, in realtà sarebbe sufficiente considerare solamente i primi due: l'estrazione senza reimmissione e l'estrazione con reimmissione. Infatti l'estrazione simultanea può essere vista come un caso particolare dell'estrazione senza reimmissione in cui non si tiene conto dell'ordine. Più precisamente, ad ogni elemento di $\mathbf{C}_{n,k}$, ovvero ad ogni sottoinsieme di k palline scelta fra n, corrispondono $k!$ elementi (o k-uple) di $\mathbf{D}_{n,k}$, di conseguenza vale che

$$\frac{\text{casi favorevoli in } \mathbf{C}_{n,k}}{\text{casi possibili in } \mathbf{C}_{n,k}} = \frac{k!\,(\text{casi favorevoli in } \mathbf{C}_{n,k})}{k!\,(\text{casi possibili in } \mathbf{C}_{n,k})} = \frac{\text{casi favorevoli in } \mathbf{D}_{n,k}}{\text{casi possibili in } \mathbf{D}_{n,k}}.$$

Osservazione 2.2.16 La casella vuota nella tabella sopra riportata corrisponde all'insieme delle cosiddette combinazioni con ripetizione, ossia all'insieme di tutti i gruppi, non ordinati ed eventualmente ripetuti, di k oggetti scelti da un insieme di n oggetti. L'esperimento aleatorio corrispondente è l'estrazione con reimmissione in cui non si tiene conto dell'ordine: questo esperimento aleatorio può essere descritto anche dallo spazio campionario $\mathbf{DR}_{n,k}$ munito della probabilità uniforme discreta. Al contrario, sullo spazio delle combinazioni con ripetizione la probabilità non può essere quella uniforme discreta. Infatti ad ogni combinazione con ripetizione non corrisponde sempre lo stesso numero di elementi di $\mathbf{DR}_{n,k}$ (come invece accade nel caso di $\mathbf{C}_{n,k}$ e $\mathbf{D}_{n,k}$) e la costante di proporzionalità dipende da quante ripetizioni ci sono all'interno della combinazione: le combinazioni con più ripetizioni sono meno probabili. Per questa ragione su tale spazio non vale la formula "casi favorevoli/casi possibili", ovvero non si possono usare le tecniche del calcolo combinatorio.

Esempio 2.2.17 Riconsideriamo il calcolo della probabilità di una cinquina semplice al gioco del lotto: poiché non conta l'ordine di estrazione dei numeri, siamo nel caso dell'estrazione simultanea, quindi è naturale considerare $\Omega = \mathbf{C}_{90,5}$. In effetti la probabilità della cinquina è $\frac{1}{|\mathbf{C}_{90,5}|}$ che coincide con il risultato che avevamo già trovato usando le disposizioni semplici, ossia $\frac{5!}{|\mathbf{D}_{90,5}|}$.

Esercizio 2.2.18 Calcoliamo la probabilità di ottenere una cinquina semplice dopo $k \geq 5$ estrazioni.

Soluzione Poniamo $\Omega = \mathbf{C}_{90,k}$. Indichiamo con A l'evento che ci interessa, ossia la famiglia degli insiemi di k numeri in cui 5 sono fissati e i rimanenti $k - 5$ sono qualsiasi fra i restanti 85 numeri. Allora si ha

$$P(A) = \frac{|\mathbf{C}_{85,k-5}|}{|\mathbf{C}_{90,k}|}.$$

Per esempio, $P(A) \approx 6 \cdot 10^{-6}$ per $k = 10$ e $P(A) \approx 75\%$ per $k = 85$.

Esercizio 2.2.19   Consideriamo un mazzo di 40 carte. Calcoliamo la probabilità dell'evento A definito in ognuno dei modi seguenti:

1) in 5 estrazioni senza reimmissione si ottengono 5 denari;
2) in 5 estrazioni con reimmissione si ottengono 5 denari;
3) in 5 estrazioni senza reimmissione si ottengono nell'ordine i numeri da 1 a 5 di qualsiasi seme, anche diversi fra loro.

Soluzione   1) L'estrazione è senza reimmissione, ma l'evento $A =$ "si ottengono 5 denari" non tiene conto dell'ordine. Quindi tale estrazione può essere vista anche come un'estrazione simultanea. Perciò possiamo scegliere come spazio campionario $\Omega = \mathbf{C}_{40,5}$ (scegliere $\Omega = \mathbf{D}_{40,5}$ andrebbe comunque bene). L'esito $\omega = \{\omega_1, \omega_2, \omega_3, \omega_4, \omega_5\}$ corrisponde dunque all'insieme delle carte estratte. Allora $A \leftrightarrow \mathbf{C}_{10,5}$ (le possibile scelte, non ordinate e non ripetute, di 5 denari) e quindi

$$P(A) = \frac{\binom{10}{5}}{\binom{40}{5}} \approx 0.04\,\%.$$

2) Questa volta l'estrazione è con reimmissione, quindi occorre considerare $\Omega = \mathbf{DR}_{40,5}$ (in realtà, anche in questo caso l'evento A non tiene conto dell'ordine; tuttavia quando c'è ripetizione l'unico spazio che possiamo scegliere per poter utilizzare le tecniche del calcolo combinatorio è lo spazio delle disposizioni con ripetizione). L'esito ω può essere identificato con la sequenza $(\omega_1, \omega_2, \omega_3, \omega_4, \omega_5)$, ordinata e con possibili ripetizioni, delle carte estratte. In questo caso $A \leftrightarrow \mathbf{DR}_{10,5}$ (le possibile scelte, ordinate e ripetute, di 5 denari) e quindi

$$P(A) = \frac{10^5}{40^5} \approx 0.1\,\%.$$

3) In questo caso l'estrazione è senza reimmissione e l'evento $A =$ "si ottengono nell'ordine i numeri da 1 a 5 di qualsiasi seme, anche diversi fra loro" tiene conto dell'ordine, quindi lo spazio campionario naturale è $\Omega = \mathbf{D}_{40,5}$. Abbiamo che $A \leftrightarrow \mathbf{DR}_{4,5}$ (si sceglie in modo ordinato la sequenza dei semi delle 5 carte estratte) e quindi

$$P(A) = \frac{|\mathbf{DR}_{4,5}|}{|\mathbf{D}_{40,5}|} \approx 10^{-3}\,\%.$$

2.2.5   *Probabilità binomiale e ipergeometrica*

Presentiamo ora due esempi fondamentali che, come vedremo più avanti, sono legati a due misure di probabilità molto importanti, la binomiale e l'ipergeometrica. Cominciamo col ricordare alcune proprietà del coefficiente binomiale. Assumiamo per convenzione

$$0! = 1 \quad \text{e} \quad 0^0 = 1. \tag{2.2.6}$$

Ricordiamo che per $k, n \in \mathbb{N}_0$, con $k \leq n$,

$$\binom{n}{k} = \frac{n!}{k!(n-k)!}.$$

Dalla definizione segue direttamente che

$$\binom{n}{k} = \binom{n}{n-k}, \qquad \binom{n}{0} = \binom{n}{n} = 1, \qquad \binom{n}{1} = n.$$

Inoltre, per $k, n \in \mathbb{N}$ con $k < n$, vale

$$\binom{n}{k} = \binom{n-1}{k-1} + \binom{n-1}{k}. \tag{2.2.7}$$

Come esercizio, utilizzando la (2.2.7) provare per induzione la *formula binomiale* (o formula di Newton)[7]

$$(a+b)^n = \sum_{k=0}^{n} \binom{n}{k} a^k b^{n-k}, \qquad a, b \in \mathbb{R}. \tag{2.2.8}$$

Come casi particolari della (2.2.8):

- se $a = b = 1$ si ha

$$\sum_{k=0}^{n} \binom{n}{k} = 2^n. \tag{2.2.9}$$

Ricordando che se $|A| = n$ allora $\binom{n}{k} = |\mathbf{C}_{n,k}|$ è pari al numero di sottoinsiemi di A di cardinalità k, la (2.2.9) mostra che $|\mathscr{P}(A)| = 2^n$.
- ricordando la convenzione (2.2.6) per i casi $p = 0$ e $p = 1$, vale

$$\sum_{k=0}^{n} \binom{n}{k} p^k (1-p)^{n-k} = 1, \qquad p \in [0,1]. \tag{2.2.10}$$

---

[7] Una dimostrazione alternativa, di carattere combinatorio, della formula di Newton è la seguente: il prodotto $(a+b)(a+b)\cdots(a+b)$ di n fattori si sviluppa in una somma di monomi di grado n del tipo $a^{n-k}b^k$ con $0 \leq k \leq n$. Quanti sono i monomi di un certo tipo (cioè con k fisso)? Il monomio $a^{n-k}b^k$ si ottiene scegliendo il valore b da k degli n fattori disponibili nel prodotto $(a+b)(a+b)\cdots(a+b)$ (e, quindi, scegliendo a dai rimanenti $n-k$), ovvero in $\binom{n}{k}$ modi.

In altri termini, posto per semplicità

$$p_k := \binom{n}{k} p^k (1-p)^{n-k}, \qquad k = 0, \ldots, n,$$

si ha che $p_0, \ldots, p_n$ sono numeri non-negativi con somma pari a 1. Quindi, per l'Osservazione 2.1.13, ponendo $P(\{k\}) = p_k$ si definisce una misura di probabilità sullo spazio campionario $\Omega = \{0, \ldots, n\}$, detta *probabilità binomiale*.

Diamo un'interpretazione della probabilità binomiale nel seguente

Esempio 2.2.20 (Binomiale) [!] Consideriamo un'urna che contiene b palline bianche ed r palline rosse, con $b, r \in \mathbb{N}$. Effettuiamo n estrazioni *con* reimmissione. Calcoliamo la probabilità dell'evento A_k che consiste nell'estrazione di esattamente k palline bianche, con $0 \le k \le n$.

Determiniamo lo spazio campionario: a priori non importa l'ordine di estrazione, ma osservando che c'è il reinserimento (ossia la ripetizione di una possibile pallina già estratta), siamo portati a considerare $\Omega = \mathbf{DR}_{b+r,n}$. L'esito ω può essere identificato con la k-upla che identifica la sequenza, ordinata e con eventuali ripetizioni, delle palline estratte (supponendo di aver numerato le palline per identificarle). Caratterizziamo il generico esito $\omega \in A_k$ tramite le seguenti scelte successive:

i) scegliamo la sequenza (ordinata e con eventuali ripetizioni) delle k palline bianche estratte dalle b presenti nell'urna: ci sono $|\mathbf{DR}_{b,k}|$ modi possibili;
ii) scegliamo la sequenza (ordinata e con eventuali ripetizioni) delle $n - k$ palline rosse estratte dalle r presenti nell'urna: ci sono $|\mathbf{DR}_{r,n-k}|$ modi possibili;
iii) scegliamo in quali delle n estrazioni sono state estratte le k palline bianche; ci sono $|\mathbf{C}_{n,k}|$ modi possibili[8].

In definitiva

$$P(A_k) = |\mathbf{C}_{n,k}| \frac{|\mathbf{DR}_{b,k}||\mathbf{DR}_{r,n-k}|}{|\mathbf{DR}_{b+r,n}|} = \binom{n}{k} \frac{b^k r^{n-k}}{(b+r)^n},$$

o, equivalentemente,

$$P(A_k) = \binom{n}{k} p^k (1-p)^{n-k}, \qquad k = 0, 1, \ldots, n,$$

dove $p = \frac{b}{b+r}$ è la probabilità di estrarre una pallina bianca, secondo la probabilità uniforme.

---

[8] Infatti ogni sottoinsieme di cardinalità k di I_n identifica k estrazioni delle n, e viceversa. Ad esempio, se $n = 4$ e $k = 2$, il sottoinsieme $\{2, 3\}$ di $I_4 = \{1, 2, 3, 4\}$ corrisponde alla 2ª e alla 3ª estrazione, e viceversa.

Osservazione 2.2.21 Come spiegheremo meglio in seguito, la probabilità bino-miale si può interpretare come *la probabilità di avere k successi ripetendo n volte un esperimento che ha solo due esiti*: successo con probabilità p e insuccesso con probabilità $1 - p$. Per esempio, la probabilità di ottenere esattamente k teste lanciando n volte una moneta è pari a $\binom{n}{k}p^k(1-p)^{n-k}$ con $p = \frac{1}{2}$, ossia $\binom{n}{k}\frac{1}{2^n}$.

Esempio 2.2.22 (Ipergeometrica) Consideriamo un'urna che contiene b palli-ne bianche ed r palline rosse, con $b, r \in \mathbb{N}$. Effettuiamo $n \leq b + r$ estrazioni *senza* reimmissione. Calcoliamo la probabilità dell'evento A_k che consiste nell'e-strazione di esattamente k palline bianche, con $\max\{0, n - r\} \leq k \leq \min\{n, b\}$. La condizione $\max\{0, n - r\} \leq k \leq \min\{n, b\}$ equivale a richiedere che valgano simultaneamente le tre condizioni seguenti:

- $0 \leq k \leq n$;
- $k \leq b$, ovvero il numero di palline bianche estratte non superi b;
- $n - k \leq r$, ovvero il numero di palline rosse estratte non superi r.

Determiniamo lo spazio campionario: dato che non importa l'ordine di estrazio-ne possiamo considerare $\Omega = \mathbf{C}_{b+r,n}$ (alternativamente, possiamo scegliere $\Omega = \mathbf{D}_{b+r,n}$). L'esito ω corrisponde all'*insieme* delle palline estratte (supponendo di aver numerato le palline per identificarle). Caratterizziamo il generico esito $\omega \in A_k$ tramite le seguenti scelte successive:

i) scegliamo le k palline bianche estratte dalle b presenti nell'urna: ci sono $|\mathbf{C}_{b,k}|$ modi possibili;

ii) scegliamo le $n-k$ palline rosse estratte dalle r presenti nell'urna: ci sono $|\mathbf{C}_{r,n-k}|$ modi possibili.

In definitiva

$$P(A_k) = \frac{|\mathbf{C}_{b,k}||\mathbf{C}_{r,n-k}|}{|\mathbf{C}_{b+r,n}|} = \frac{\binom{b}{k}\binom{r}{n-k}}{\binom{b+r}{n}}, \qquad \max\{0, n - r\} \leq k \leq \min\{n, b\}.$$

2.2.6 Esempi

Proponiamo una serie di esempi utili a prendere familiarità con i problemi di con-teggio.

Esempio 2.2.23 Consideriamo un gruppo di $k \geq 2$ persone nate nello stesso anno (di 365 giorni). Calcolare la probabilità che almeno due persone del gruppo siano nate nello stesso giorno.

Soluzione Possiamo riformulare il problema come segue: un'urna contiene 365 palline numerate da 1 a 365; la pallina numero N corrisponde all'N-esimo gior-no dell'anno; si estraggono con reimmissione k palline; qual è la probabilità che di estrarre due volte lo stesso numero? Abbiamo dunque ricondotto il problema all'estrazione con reimmissione di k palline da un'urna che ne contiene 365. Sappiamo che lo spazio campionario naturale è $\Omega = \mathbf{DR}_{365,k}$. Sia A l'evento che ci interessa, ovvero $A =$ "almeno due persone sono nate nello stesso giorno". Allora $A^c \leftrightarrow \mathbf{D}_{365,k}$ e quindi

$$P(A) = 1 - P(A^c) = 1 - \frac{|\mathbf{D}_{365,k}|}{|\mathbf{DR}_{365,k}|} = 1 - \frac{365!}{(365-k)! \cdot 365^k}.$$

Si vede che $P(A) \approx 0.507 > \frac{1}{2}$ per $k = 23$ e $P(A) \approx 97\%$ per $k = 50$.

Esempio 2.2.24 Si estraggono (senza reimmissione) 2 carte da un mazzo di 40 carte identificate dal seme (spade, coppe, bastoni, denari) e dal tipo (asso, 2, 3, 4, 5, 6, 7, fante, cavallo, re). Calcoliamo la probabilità dell'evento A definito in ognuno dei modi seguenti:

1) le due carte sono, nell'ordine, una carta di denari e una di coppe;
2) le due carte sono, nell'ordine, una carta di denari e un 7;
3) le due carte sono una carta di denari e un 7, indipendentemente dall'ordine.

Soluzione 1) Poniamo $\Omega = \mathbf{D}_{40,2}$. L'esito $\omega = (\omega_1, \omega_2)$ corrisponde alla coppia delle carte estratte. Caratterizziamo il generico esito $\omega = (\omega_1, \omega_2) \in A$ tramite le seguenti scelte successive:

i) scegliamo la prima carta estratta (ovvero ω_1) fra le carte di denari: ci sono 10 scelte possibili;
ii) scegliamo la seconda carta estratta (ovvero ω_2) fra le carte di coppe: ci sono 10 scelte possibili.

In definitiva

$$P(A) = \frac{100}{|\mathbf{D}_{40,2}|} = \frac{5}{78} \approx 6.4\%.$$

Se invece non si fosse tenuto conto dell'ordine di estrazione, avremmo potuto considerare, in alternativa, lo spazio campionario $\Omega = \mathbf{C}_{40,2}$. In tal caso l'esito $\omega = \{\omega_1, \omega_2\}$ corrisponde all'insieme delle carte estratte. Quindi, procedendo come prima,

$$\frac{100}{|\mathbf{C}_{40,2}|} = \frac{5}{39} = 2P(A).$$

2) Poniamo $\Omega = \mathbf{D}_{40,2}$. Non possiamo determinare $|A|$ tramite le due scelte successive i)–ii) del punto 1), in quanto procedendo in questo modo conteremmo anche la coppia $(7D, 7D)$ che invece deve essere esclusa visto che le carte non vengono reinserite nel mazzo. Invece di applicare direttamente ad A il metodo delle scelte successive, notiamo che A è unione disgiunta di $A_1 = \mathbf{D}_{9,1} \times \mathbf{D}_{4,1}$ (la prima

carta è una carta di denari diversa da 7 e la seconda carta è uno dei quattro 7) e $A_2 = \mathbf{D}_{3,1}$ (la prima carta è il 7 di denari e la seconda carta è uno dei rimanenti tre 7). Dunque

$$P(A) = P(A_1) + P(A_2) = \frac{9 \cdot 4}{|\mathbf{D}_{40,2}|} + \frac{3}{|\mathbf{D}_{40,2}|} = \frac{1}{40}.$$

3) Poiché non conta l'ordine $P(A)$ è il doppio rispetto al caso 2), quindi $P(A) = \frac{1}{20}$.

Esempio 2.2.25 Si divida un mazzo di 40 carte in due mazzi da 20. Calcoliamo la probabilità dell'evento A definito in ognuno dei modi seguenti:

1) il primo mazzo contiene esattamente un 7;
2) il primo mazzo contiene almeno un 7.

Soluzione Poniamo $\Omega = \mathbf{C}_{40,20}$. L'esito ω può essere pensato come *l'insieme* delle carte del primo mazzo.

1) Caratterizziamo il generico esito $\omega \in A$ tramite le seguenti scelte successive:

i) scegliamo l'unico 7 che appartiene al primo mazzo: ci sono 4 modi possibili;
ii) scegliamo le rimanenti 19 carte del primo mazzo, che non devono essere dei 7: ci sono $|\mathbf{C}_{36,19}|$ modi possibili.

In definitiva

$$P(A) = \frac{4|\mathbf{C}_{36,19}|}{|\mathbf{C}_{40,20}|} = \frac{120}{481} \approx 25\%.$$

2) Abbiamo

$$P(A) = 1 - P(A^c) = 1 - \frac{|\mathbf{C}_{36,20}|}{|\mathbf{C}_{40,20}|} \approx 95.7\%. \qquad (2.2.11)$$

Per capire meglio, vediamo dei modi alternativi per risolvere il problema: potremmo tentare di caratterizzare il generico esito $\omega \in A$ tramite le seguenti scelte successive:

i) scegliamo un 7 che sicuramente appartiene al primo mazzo: ci sono 4 modi possibili;
ii) scegliamo le rimanenti 19 carte del primo mazzo fra le rimanenti 39: ci sono $|\mathbf{C}_{39,19}|$ modi possibili.

In questo caso troveremmo

$$P(A) = \frac{4|\mathbf{C}_{39,19}|}{|\mathbf{C}_{40,20}|} = 2$$

che è ovviamente un risultato sbagliato. L'errore sta nel fatto che le scelte successive non identificano univocamente ω, nel senso che lo stesso ω viene "contato" più di una volta: per esempio, un ω che contiene il 7D (7 di denari) e il 7S (7 di spade) viene individuato scegliendo 7D nella scelta i) e 7S nella scelta ii) ma anche invertendo i ruoli di 7D e 7S.

Se non vogliamo usare l'evento complementare, possiamo in alternativa calcolare $|A|$ tramite il principio di somma, esprimendo A come unione degli eventi disgiunti A_k ="il primo mazzo contiene esattamente un numero k di 7", per $k = 1, 2, 3, 4$. Il generico esito $\omega \in A_k$ è determinato univocamente dalle seguenti scelte successive:

i) fra i 7 ne scegliamo k che sono quelli che appartengono al primo mazzo: ci sono $|\mathbf{C}_{4,k}|$ modi possibili;
ii) scegliamo le rimanenti $20 - k$ del primo mazzo, che non devono essere dei 7: ci sono $|\mathbf{C}_{36,20-k}|$ modi possibili.

Quindi

$$P(A_k) = \frac{|\mathbf{C}_{4,k}||\mathbf{C}_{36,20-k}|}{|\mathbf{C}_{40,20}|}, \qquad k = 1, 2, 3, 4,$$

e come risultato finale riotteniamo la (2.2.11).

Esempio 2.2.26 Da un'urna che contiene b palline bianche ed r palline rosse, con $b, r \in \mathbb{N}$, vengono estratte senza reimmissione k palline, con $k \leq b + r$. Calcoliamo la probabilità dell'evento B_k che consiste nell'estrarre una pallina bianca alla k-esima estrazione.

Soluzione Poniamo $\Omega = \mathbf{D}_{b+r,k}$. L'esito ω può essere identificato con il *vettore* che indica la sequenza ordinata e senza ripetizioni delle k estrazioni (supponendo di aver numerato le palline per identificarle). Allora

$$B_k \leftrightarrow \{(\omega_1, \ldots, \omega_k) \mid \omega_k \text{ "bianca"}\}.$$

Per determinare $|B_k|$ utilizziamo il metodo delle scelte successive, caratterizzando una generica k-upla $(\omega_1, \ldots, \omega_k)$ tramite il seguente schema:

i) scegliamo la pallina bianca della k-esima estrazione, ossia ω_k: ci sono b modi possibili;
ii) scegliamo la sequenza (ordinata e senza ripetizioni) delle $k - 1$ estrazioni precedenti: ci sono $|\mathbf{D}_{b+r-1,k-1}|$ modi possibili.

In definitiva, posto $b + r = n$, si ha

$$P(B_k) = \frac{b|\mathbf{D}_{n-1,k-1}|}{|\mathbf{D}_{n,k}|} = \frac{b \frac{(n-1)!}{(n-k)!}}{\frac{n!}{(n-k)!}} = \frac{b}{n}.$$

Dunque $P(B_k) = \frac{b}{b+r}$ coincide con la probabilità di estrarre una pallina bianca alla prima estrazione, ovvero $P(B_k) = P(B_1)$. Questo fatto si può spiegare osservando che B_k è in corrispondenza biunivoca con l'insieme $\{(\omega_1, \ldots, \omega_k) \mid \omega_1 \text{ "bianca"}\}$.

Esempio 2.2.27 Si consideri un mazzo di 40 carte, da cui si estraggono senza reimmissione k carte, con $k \leq 40$. Calcoliamo la probabilità che alla k-esima estrazione venga estratta una carta di denari.

Soluzione L'esempio è simile al precedente: posto $\Omega = \mathbf{D}_{40,k}$ e $A_k =$ "si estrae una carta di denari alla k-esima estrazione", la probabilità di A_k è data da

$$P(A_k) = \frac{10|\mathbf{D}_{39,k-1}|}{|\mathbf{D}_{40,k}|} = \frac{1}{4}.$$

Esempio 2.2.28 Da un'urna che contiene b palline bianche ed r palline rosse, vengono estratte con reimmissione 2 palline. Calcoliamo la probabilità dell'evento A definito in ognuno dei modi seguenti:

1) le due palline hanno lo stesso colore;
2) almeno una delle due palline è rossa.

Soluzione Poniamo $\Omega = \mathbf{DR}_{b+r,2}$. L'esito ω può essere identificato con la coppia (ω_1, ω_2) che indica la sequenza ordinata (e con eventuale ripetizione) delle due estrazioni (supponendo di aver numerato le palline per identificarle).

1) Abbiamo che A è unione disgiunta di $A_1 = \mathbf{DR}_{b,2}$ (le due palline sono bianche) e $A_2 = \mathbf{DR}_{r,2}$ (le due palline sono rosse). Dunque

$$P(A) = P(A_1) + P(A_2) = \frac{|\mathbf{DR}_{b,2}|}{|\mathbf{DR}_{b+r,2}|} + \frac{|\mathbf{DR}_{r,2}|}{|\mathbf{DR}_{b+r,2}|} = \frac{b^2 + r^2}{(b+r)^2}.$$

2) Si ha $P(A) = 1 - P(A^c)$ con $A^c = \mathbf{DR}_{b,2}$ (le due palline sono bianche) e quindi

$$P(A) = 1 - \frac{b^2}{(b+r)^2}.$$

Esempio 2.2.29 Consideriamo un mazzo di carte da poker da 52 carte, identificate dal seme (cuori $\heartsuit$, quadri $\diamondsuit$, fiori $\clubsuit$, picche $\spadesuit$) e dal tipo (un numero da 2 a 10 oppure J, Q, K, A). Calcoliamo la probabilità di avere un tris servito, ovvero di ricevere dal mazziere 5 carte di cui 3 sono dello stesso tipo, mentre le altre due di tipo diverso tra loro e dalle prime tre.

Soluzione Poniamo $\Omega = \mathbf{C}_{52,5}$. Sia A l'evento di cui dobbiamo calcolare la probabilità, ovvero

$$A = \text{"avere un tris servito"}.$$

Caratterizziamo il generico esito $\omega \in A$ tramite le seguenti scelte successive:

i)   scegliamo il tipo delle carte che formano il tris: ci sono 13 tipi possibili;
ii) scegliamo i tre semi del tris: ci sono $|\mathbf{C}_{4,3}|$ scelte possibili;

iii) scegliamo i tipi delle altre 2 carte fra i rimanenti 12 tipi possibili: ci sono $|\mathbf{C}_{12,2}|$ scelte possibili;

iv) scegliamo il seme delle altre 2 carte fra i 4 possibili: ci sono $4 \cdot 4 = 16$ modi possibili.

In definitiva

$$P(A) = \frac{13 \cdot 4 \cdot |\mathbf{C}_{12,2}| \cdot 16}{|\mathbf{C}_{52,5}|} \approx 2.11\%.$$

Come abbiamo detto in precedenza, nonostante la maggior parte degli esperimenti aleatori descritti dalla probabilità uniforme discreta possa essere formulata su uno dei tre spazi campionari $\mathbf{DR}_{n,k}$, $\mathbf{D}_{n,k}$, $\mathbf{C}_{n,k}$, ci sono casi in cui questo non è possibile. Tuttavia, è sempre possibile scomporre l'esperimento aleatorio in opportuni sotto-esperimenti aleatori che possono essere formulati su $\mathbf{DR}_{n,k}$, $\mathbf{D}_{n,k}$ o $\mathbf{C}_{n,k}$, di modo che l'esperimento aleatorio di partenza possa essere descritto sul loro prodotto cartesiano. Vediamo più precisamente come si procede nei tre esempi che seguono.

Esempio 2.2.30   Consideriamo un mazzo di 30 carte (per esempio, denari, coppe e spade). Dopo averlo diviso in tre mazzi da 10 carte, calcoliamo la probabilità dell'evento A definito in ognuno dei modi seguenti:

1) i tre assi sono in mazzi differenti;
2) i tre assi sono nello stesso mazzo.

Soluzione   Poniamo $\Omega = \mathbf{C}_{30,10} \times \mathbf{C}_{20,10}$: l'esito $\omega = (\omega_1, \omega_2)$ può essere pensato come *la coppia* in cui ω_1 è l'insieme delle carte del primo mazzo e ω_2 è l'insieme delle carte del secondo mazzo.

1) Caratterizziamo il generico esito $\omega \in A$ tramite le seguenti scelte successive:

i)   scegliamo i mazzi in cui sono gli assi: ci sono $|\mathbf{P}_3| = 6$ modi possibili;

ii) scegliamo le rimanenti 9 carte del primo mazzo, che non devono essere degli assi: ci sono $|\mathbf{C}_{27,9}|$ modi possibili;

iii) scegliamo le rimanenti 9 carte del secondo mazzo, che non devono essere degli assi: ci sono $|\mathbf{C}_{18,9}|$ modi possibili.

In definitiva

$$P(A) = \frac{6|\mathbf{C}_{27,9}||\mathbf{C}_{18,9}|}{|\mathbf{C}_{30,10}||\mathbf{C}_{20,10}|} = \frac{50}{203} \approx 24.6\%.$$

2) In modo analogo caratterizziamo il generico esito $\omega \in A$ tramite le seguenti scelte successive:

i)   scegliamo il mazzo in cui sono gli assi: ci sono 3 modi possibili;

ii) scegliamo le rimanenti 7 carte del mazzo in cui sono gli assi, che non devono essere degli assi: ci sono $|\mathbf{C}_{27,7}|$ modi possibili;

iii) scegliamo le 10 carte di un secondo mazzo, che non devono essere degli assi: ci sono $|\mathbf{C}_{20,10}|$ modi possibili.

In definitiva

$$P(A) = \frac{3|\mathbf{C}_{27,7}||\mathbf{C}_{20,10}|}{|\mathbf{C}_{30,10}||\mathbf{C}_{20,10}|} = \frac{18}{203} \approx 8.8\%.$$

Esempio 2.2.31 Una moneta (non truccata) viene lanciata dieci volte. Dopodiché si lancia un dado a dieci facce (su cui sono riportati i numeri interi da 1 a 10). Calcoliamo la probabilità dell'evento

$$A = \text{"il lancio della moneta, il cui numero}$$
$$\text{è fornito dall'esito del dado, ha dato testa"}.$$

In altre parole, l'evento A si verifica se, dopo aver scelto a caso uno dei 10 lanci (tramite il lancio del dado), il risultato di quel lancio è testa.

Soluzione Intuitivamente la probabilità è $\frac{1}{2}$. Consideriamo $\Omega = \mathbf{DR}_{2,10} \times I_{10}$ (si noti che al posto dell'insieme I_{10} è possibile utilizzare indifferentemente $\mathbf{DR}_{10,1}$, $\mathbf{D}_{10,1}$ o $\mathbf{C}_{10,1}$, dato che $|I_{10}| = |\mathbf{DR}_{10,1}| = |\mathbf{D}_{10,1}| = |\mathbf{C}_{10,1}|$). L'esito $\omega = (\omega_1, \dots, \omega_{10}, k)$ corrisponde alla sequenza $\omega_1, \dots, \omega_{10}$ dei risultati dei lanci e alla scelta k del lancio fra i 10 effettuati. Caratterizziamo il generico esito $\omega \in A$ tramite le seguenti scelte successive:

i) scegliamo il numero k del lancio: ci sono 10 valori possibili;
ii) scegliamo il risultato degli altri 9 lanci: ci sono $|\mathbf{DR}_{2,9}|$ modi possibili.

In definitiva

$$P(A) = \frac{10|\mathbf{DR}_{2,9}|}{|\mathbf{DR}_{2,10} \times I_{10}|} = \frac{10 \cdot 2^9}{10 \cdot 2^{10}} = \frac{1}{2}.$$

Esempio 2.2.32

1) In quanti modi è possibile sistemare 3 monete (distinte: chiamiamole per esempio m_1, m_2 e m_3) in 10 scatole, sapendo che ogni scatola può contenere solo una moneta?
2) Una volta disposte le monete, qual è la probabilità che la prima scatola contenga una moneta?
3) Rispondere ai quesiti precedenti nel caso in cui ogni scatola possa contenere al più 2 monete.

Soluzione 1) Possiamo immaginare che l'esperimento si svolga come segue: un'urna contiene 10 palline numerate da 1 a 10; ogni pallina corrisponde ad una scatola (supponiamo che le scatole siano state anch'esse numerate da 1 a 10); quindi si estraggono senza reimmissione tre palline: il numero della i-esima pallina estratta indica la scatola in cui verrà messa la moneta m_i, con $i = 1, 2, 3$. Abbiamo dunque ricondotto l'esperimento all'estrazione senza reimmissione di 3 palline da un'urna che ne contiene 10. Sappiamo che lo spazio campionario naturale è $\Omega = \mathbf{D}_{10,3}$. Il punto 1) chiede di calcolare i "casi possibili", ovvero $|\mathbf{D}_{10,3}| = \frac{10!}{7!} = 720$.

2) Intuitivamente la probabilità è $\frac{3}{10}$. Per dimostrarlo, indichiamo con A l'evento di cui vogliamo calcolare la probabilità, ovvero

$$A = \text{"la prima scatola contiene una moneta"}$$
$$= \text{"la pallina numero 1 è stata estratta"}.$$

Si ha che

$$P(A) = \frac{|A|}{|\mathbf{D}_{10,3}|} = \frac{|A|}{720}$$

o, alternativamente,

$$P(A) = 1 - P(A^c) = 1 - \frac{|A^c|}{|\mathbf{D}_{10,3}|} = 1 - \frac{|A^c|}{720}.$$

Resta dunque da determinare $|A|$ oppure $|A^c|$. Si noti che A^c è l'evento in cui le tre monete non sono messe nella prima scatola e quindi equivale a disporre le 3 monete nelle rimanenti 9 scatole (equivalentemente, nelle tre estrazioni dall'urna, non esce la pallina numero 1), ossia $A^c \leftrightarrow \mathbf{D}_{9,3}$. Quindi $|A^c| = |\mathbf{D}_{9,3}|$, da cui

$$P(A) = 1 - \frac{|\mathbf{D}_{9,3}|}{|\mathbf{D}_{10,3}|} = 1 - \frac{7}{10} = \frac{3}{10}.$$

Alternativamente, $|A|$ può essere determinato con il metodo delle scelte successive procedendo come segue:

- scelgo la moneta da mettere nella prima scatola: 3 scelte possibili;
- scelgo dove mettere le restanti due monete nelle rimanenti nove scatole: $|\mathbf{D}_{9,2}|$ modi possibili.

Quindi $|A| = 3|\mathbf{D}_{9,2}|$, perciò

$$P(A) = \frac{3|\mathbf{DR}_{9,2}|}{720} = \frac{3}{10}.$$

3) Poniamo $\Omega = \Omega_1 \uplus \Omega_2$, dove:

- Ω_1 contiene i "casi possibili" in cui le prime due monete sono nella stessa scatola, e, di conseguenza, la terza moneta è in una delle rimanenti nove scatole: ci sono $10 \cdot 9$ casi possibili di questo tipo, quindi $|\Omega_1| = 10 \cdot 9$;
- Ω_2 contiene i "casi possibili" in cui le prime due monete sono in scatole diverse, mentre la terza moneta è in una qualsiasi delle dieci scatole: ci sono $|\mathbf{D}_{10,2}| \cdot 10$ casi possibili di questo tipo, quindi $|\Omega_2| = |\mathbf{D}_{10,2}| \cdot 10$.

Dato che $\Omega = \Omega_1 \uplus \Omega_2$, abbiamo che

$$|\Omega| = |\Omega_1| + |\Omega_2| = 10 \cdot 9 + |\mathbf{D}_{10,2}| \cdot 10 = 990.$$

Riassumendo, in questa sezione abbiamo esaminato la probabilità uniforme discreta che è essenzialmente definita come rapporto fra "casi favorevoli" e "casi possibili". Il calcolo della probabilità uniforme si riduce a un problema di conteggio che può essere risolto con gli strumenti del calcolo combinatorio. In tale contesto, un utile algoritmo per il conteggio di "casi favorevoli" e "casi possibili" è il cosiddetto "metodo delle scelte successive". Gli errori più comuni che si commettono nell'utilizzo di tale metodo sono:

- contare esiti che non esistono (vedi Esempio 2.2.24);
- contare più di una volta lo stesso esito (vedi Esempio 2.2.25);
- non contare tutti gli esiti.

Abbiamo anche visto che, nel caso della probabilità uniforme discreta, è spesso utile ripensare il fenomeno aleatorio come un esperimento (o, eventualmente, una sequenza di esperimenti) in cui si estraggono (con reimmissione, senza reimmissione, simultaneamente) k palline da un'urna che contiene n palline distinte. Nell'ambito di questo tipo di problemi abbiamo infine introdotto due esempi notevoli di probabilità: la binomiale e l'ipergeometrica.

2.3 Probabilità condizionata e indipendenza di eventi

I concetti di indipendenza e probabilità condizionata sono centrali nella Teoria della Probabilità. Potremmo dire che finora abbiamo semplicemente rivisto alcuni concetti di calcolo combinatorio e teoria della misura dandone l'interpretazione probabilistica. Ora, con l'indipendenza e la probabilità condizionata, introduciamo concetti completamente nuovi e peculiari della Teoria della Probabilità: essi permettono di analizzare come l'informazione riguardo al verificarsi di un evento *influenza la probabilità* di un altro evento.

2.3.1 *Probabilità condizionata*

Come già spiegato, la Teoria della Probabilità si occupa dei fenomeni il cui esito è incerto: ora l'incertezza su un fatto significa "mancanza di conoscenza, parziale o totale," del fatto stesso. In altri termini, l'incertezza è dovuta ad una *mancanza di informazioni* sul fenomeno poiché esso avverrà nel futuro (per esempio, il prezzo di domani di un titolo azionario) oppure poiché è già avvenuto ma non è stato possibile osservarlo (per esempio, l'estrazione di una carta che non ci viene mostrata oppure la traiettoria di un elettrone). Chiaramente può accadere che alcune informazioni diventino disponibili e in tal caso lo spazio di probabilità che descrive il fenomeno deve essere "aggiornato" per tener conto di esse. A questo scopo si introduce il concetto di probabilità condizionata. Consideriamo dapprima il seguente

Esempio 2.3.1 [!] Da un'urna che contiene 2 palline bianche e 2 palline nere, si estraggono in sequenza e senza reinserimento due palline:

i) calcolare la probabilità che la seconda pallina sia bianca;
ii) sapendo che la prima pallina estratta è nera, calcolare la probabilità che la seconda pallina sia bianca;
iii) sapendo che la seconda pallina estratta è nera, calcolare la probabilità che la prima pallina sia bianca.

Utilizzando il calcolo combinatorio, è abbastanza facile risolvere il quesito i). Consideriamo lo spazio campionario $\Omega = \mathbf{D}_{4,2}$ delle possibili estrazioni, tenendo conto del'ordine. Allora $|\Omega| = |\mathbf{D}_{4,2}| = 12$ e l'evento $A =$"la seconda pallina è bianca" ha 6 elementi, quindi $P(A) = \frac{1}{2}$.

Il quesito ii) è elementare dal punto di vista intuitivo: poiché abbiamo l'informazione che la prima pallina estratta è nera, alla seconda estrazione l'urna è composta da due palline bianche e una nera e quindi la probabilità cercata è $\frac{2}{3}$. Condizionatamente all'informazione data, l'evento A ha ora probabilità maggiore di $\frac{1}{2}$.

Al contrario, l'ultimo quesito non sembra avere una soluzione intuitiva. Si potrebbe pensare che la seconda estrazione non influisce sulla prima perché avviene dopo ma ciò non è corretto. Poiché ci viene data un'informazione sulla seconda estrazione, bisogna pensare che le due estrazioni siano già avvenute e in tal caso *l'informazione sull'esito della seconda estrazione influisce sulla probabilità dell'esito della prima*: infatti sapendo che la seconda estratta è una pallina nera, è come se nella prima estrazione tale pallina nera fosse stata "prenotata" e non potesse essere estratta; quindi ci sono due possibilità su tre di estrarre una pallina bianca. In effetti, anche utilizzando il calcolo combinatorio è facile provare che la probabilità cercata è $\frac{2}{3}$.

Ora formalizziamo le idee precedenti.

Definizione 2.3.2 (Probabilità condizionata) In uno spazio di probabilità $(\Omega, \mathscr{F}, P)$ sia B un evento non trascurabile, ossia tale che $P(B) > 0$. La probabilità di A condizionata a B è definita da

$$P(A \mid B) := \frac{P(A \cap B)}{P(B)}, \qquad A \in \mathscr{F}. \qquad (2.3.1)$$

Osservazione 2.3.3 La Definizione 2.3.2 si motiva nel modo seguente: se sappiamo che l'evento B è accaduto allora lo spazio campionario si "riduce" da Ω a B e, condizionatamente a tale informazione, è naturale definire la probabilità di A come in (2.3.1) poiché:

i) solo gli esiti di A che stanno anche in B possono accadere;
ii) poiché il nuovo spazio campionario è B, dobbiamo dividere per $P(B)$ in modo che $P(B \mid B) = 1$.

Proposizione 2.3.4   Nello spazio di probabilità $(\Omega, \mathscr{F}, P)$ sia B un evento non trascurabile. Si ha:

i) $P(\cdot \mid B)$ è una misura di probabilità su $(\Omega, \mathscr{F})$;
ii)   se $A \cap B = \emptyset$ allora $P(A \mid B) = 0$;
iii)   se $A \subseteq B$ allora $P(A \mid B) = \frac{P(A)}{P(B)}$ e di conseguenza $P(A \mid B) \geq P(A)$;
iv)   se $B \subseteq A$ allora $P(A \mid B) = 1$;
v)   se $P(A) = 0$ allora $P(A \mid B) = 0$.

Dimostrazione   Le proprietà seguono direttamente dalla Definizione 2.3.2: provare i dettagli è un esercizio molto utile e istruttivo. $\square$

Esempio 2.3.5   [!]   Riprendiamo il punto ii) dell'Esempio 2.3.1 e consideriamo gli eventi B = "la prima pallina estratta è nera" e A = "la seconda pallina estratta è bianca". Per via intuitiva avevamo detto che la probabilità di A condizionata a B è pari a $\frac{2}{3}$: ora calcoliamo $P(A \mid B)$ utilizzando la Definizione 2.3.2. Chiaramente $P(B) = \frac{1}{2}$, mentre sullo spazio campionario $\mathbf{D}_{4,2}$ ci sono 4 possibili estrazioni in cui la prima pallina è nera e la seconda è bianca e quindi $P(A \cap B) = \frac{4}{12} = \frac{1}{3}$. Ne viene che

$$P(A \mid B) = \frac{P(A \cap B)}{P(B)} = \frac{2}{3}$$

che conferma il risultato intuitivo.

Ora risolviamo il punto i) dell'Esempio 2.3.1 utilizzando il concetto di probabilità condizionata per evitare l'uso del calcolo combinatorio. La difficoltà del quesito è nel fatto che il risultato della seconda estrazione dipende dal risultato della prima estrazione e quest'ultimo è incognito: per questo motivo, a prima vista, sembra impossibile[9] calcolare la probabilità dell'evento A. L'idea è di partizionare lo spazio campionario e considerare separatamente i casi in cui B accade o meno per sfruttare la definizione di probabilità condizionata: abbiamo già provato che $P(A \mid B) = \frac{2}{3}$ e in modo analogo si vede che $P(A \mid B^c) = \frac{1}{3}$. Allora si ha

$$\begin{aligned} P(A) &= P(A \cap B) + P(A \cap B^c) \\ &= P(A \mid B)P(B) + P(A \mid B^c)P(B^c) \\ &= \frac{2}{3} \cdot \frac{1}{2} + \frac{1}{3} \cdot \frac{1}{2} = \frac{1}{2} \end{aligned}$$

che conferma quanto già visto.

---

[9] Un'indagine svolta al quarto anno di alcuni licei di Bologna ha evidenziato un numero significativo di studenti che, di fronte a questo quesito hanno risposto che *non è possibile* calcolare la probabilità dell'evento A. Per mettere in crisi questo tipo di convinzione si può far osservare agli studenti che non c'è ragione per cui le palline nere abbiano maggiore probabilità di essere estratte per seconde e quindi intuitivamente deve valere $P(A) = \frac{1}{2}$.

Proposizione 2.3.6 (Formula della probabilità totale) [!] Per ogni evento B tale che $0 < P(B) < 1$, vale

$$P(A) = P(A \mid B)P(B) + P(A \mid B^c)(1 - P(B)), \qquad A \in \mathscr{F}. \qquad (2.3.2)$$

Più in generale, se $(B_i)_{i \in I}$ è una partizione[10] finita o numerabile di Ω, con $P(B_i) > 0$ per ogni $i \in I$, allora vale

$$P(A) = \sum_{i \in I} P(A \mid B_i)P(B_i), \qquad A \in \mathscr{F} \qquad (2.3.3)$$

Dimostrazione Dimostriamo la (2.3.3), di cui la (2.3.2) è un caso particolare. Poiché

$$A = \biguplus_{i \in I}(A \cap B_i),$$

per la σ-additività di P si ha

$$P(A) = \sum_{i \in I} P(A \cap B_i) = \sum_{i \in I} P(A \mid B_i)P(B_i). \ \square$$

Vediamo un altro esempio tipico di applicazione della Formula della probabilità totale.

Esempio 2.3.7 Consideriamo due urne: l'urna α contiene 3 palline bianche e 1 rossa; l'urna β contiene 1 pallina bianca e 1 rossa. Calcoliamo la probabilità che, scelta a caso un'urna ed estratta una pallina, essa sia bianca.

Prima soluzione Indichiamo con A l'evento di cui vogliamo calcolare la probabilità e con B l'evento in cui viene scelta l'urna α. Sembra naturale porre

$$P(B) = \frac{1}{2}, \qquad P(A \mid B) = \frac{3}{4}, \qquad P(A \mid B^c) = \frac{1}{2}.$$

Allora per la (2.3.2) otteniamo

$$P(A) = \frac{3}{4} \cdot \frac{1}{2} + \frac{1}{2} \cdot \frac{1}{2} = \frac{5}{8}.$$

Notiamo che abbiamo formalmente calcolato $P(A)$ senza neppure specificare lo spazio di probabilità!

---

[10] Ossia $(B_i)_{i \in I}$ è una famiglia di eventi a due a due disgiunti, la cui unione è uguale a Ω. A volte $(B_i)_{i \in I}$ è chiamato un *sistema di alternative*.

Seconda soluzione Diamo ora una seconda soluzione più dettagliata: poniamo

$$\Omega = \{\alpha b_1, \alpha b_2, \alpha b_3, \alpha r, \beta b, \beta r\}$$

dove αb_1 è l'esito in cui viene scelta la prima urna ed estratta la prima pallina bianca e gli altri esiti sono definiti in modo analogo. Chiaramente

$$A = \{\alpha b_1, \alpha b_2, \alpha b_3, \beta b\}$$

ma in questo caso la probabilità corretta da utilizzare non è quella uniforme su Ω. Infatti B, l'evento in cui viene scelta l'urna α, deve avere probabilità $\frac{1}{2}$ e gli elementi di B sono equiprobabili: ne segue che $P(\{\omega\}) = \frac{1}{8}$ per ogni $\omega \in B$. Analogamente $P(B^c) = \frac{1}{2}$ e gli elementi di B^c sono equiprobabili da cui

$$P(\{\beta b\}) = P(\{\beta r\}) = \frac{1}{4}.$$

Possiamo dunque calcolare

$$P(A) = P(\{\alpha b_1\}) + P(\{\alpha b_2\}) + P(\{\alpha b_3\}) + P(\{\beta b\}) = \frac{5}{8}$$

in accordo con quanto precedentemente trovato.

Esercizio 2.3.8 Si lancia un dado e di seguito si lancia una moneta un numero di volte pari al risultato del lancio del dado. Qual è la probabilità di ottenere esattamente due teste?

Esempio 2.3.9 Un'urna contiene 6 palline bianche e 4 nere. Estraendo 2 palline senza reinserimento, qual è la probabilità che siano entrambe bianche (evento A)?

Possiamo interpretare il quesito come un problema di conteggio, utilizzando la probabilità uniforme P sullo spazio $\Omega = \mathbf{C}_{10,2}$ delle combinazioni di due palline estratte fra le 10 disponibili. Allora si ha

$$P(A) = \frac{|\mathbf{C}_{6,2}|}{|\mathbf{C}_{10,2}|} = \frac{\frac{6!}{2!4!}}{\frac{10!}{2!8!}} = \frac{6 \cdot 5}{10 \cdot 9}. \tag{2.3.4}$$

Ora notiamo che $\frac{6}{10} = P(A_1)$ dove A_1 è l'evento "la prima pallina estratta è bianca". D'altra parte, se A_2 è l'evento "la seconda pallina estratta è bianca", allora $\frac{5}{9}$ è la probabilità di A_2 condizionata ad A_1, ossia $\frac{5}{9} = P(A_2 \mid A_1)$. In definitiva, osservando anche che $A = A_1 \cap A_2$, la (2.3.4) equivale a

$$P(A_1 \cap A_2) = P(A_1)P(A_2 \mid A_1)$$

e quindi ritroviamo proprio la formula (2.3.1) che definisce la probabilità condizionata.

Più in generale, dalla definizione di probabilità condizionata si ottiene direttamente il seguente utile risultato.

Proposizione 2.3.10 (Formula di moltiplicazione) [!] Siano $A_1, \ldots, A_n$ eventi tali che $P(A_1 \cap \cdots \cap A_{n-1}) > 0$. Vale la formula

$$P(A_1 \cap \cdots \cap A_n) = P(A_1)P(A_2 \mid A_1) \cdots P(A_n \mid A_1 \cap \cdots \cap A_{n-1}) \qquad (2.3.5)$$

Esercizio 2.3.11 Utilizzare la formula (2.3.5) per calcolare la probabilità che, estratte 3 carte da un mazzo di 40, il valore di ognuna non sia superiore a 5.

Soluzione Indicato con A_i, $i = 1, 2, 3$, l'evento "la i-esima carta estratta è minore o uguale a 5", la probabilità cercata è uguale a

$$P(A_1 \cap A_2 \cap A_3) = P(A_1)P(A_2 \mid A_1)P(A_3 \mid A_1 \cap A_2) = \frac{20}{40} \cdot \frac{19}{39} \cdot \frac{18}{38}.$$

Risolvendo l'esercizio come un problema di conteggio, troveremmo la soluzione equivalente $\frac{|\mathbf{C}_{20,3}|}{|\mathbf{C}_{40,3}|}$.

Esempio 2.3.12 Calcoliamo la probabilità di fare un ambo al lotto con i numeri 1 e 3 (evento A), sapendo che l'estrazione è già avvenuta e tre dei cinque numeri estratti sono dispari (evento B).

Soluzione Poniamo $\Omega = \mathbf{C}_{90,5}$: l'esito $\omega = \{\omega_1, \ldots, \omega_5\}$ può essere pensato come *l'insieme* dei numeri estratti. Si ha che $\omega \in A$ se $1, 3 \in \omega$ e dunque $A \leftrightarrow \mathbf{C}_{88,3}$. Inoltre $B \leftrightarrow \mathbf{C}_{45,3} \times \mathbf{C}_{45,2}$ (corrispondente alla scelta di tre numeri dispari e due pari fra i 90) e $A \cap B \leftrightarrow \mathbf{C}_{43,1} \times \mathbf{C}_{45,2}$ (corrispondente alla scelta del terzo numero dispari, oltre a 1 e 3, e di due pari fra i 90). Allora si ha

$$P(A) = \frac{|\mathbf{C}_{88,3}|}{|\mathbf{C}_{90,5}|} \approx 0.25\% \qquad \text{e} \qquad P(A \mid B) = \frac{43|\mathbf{C}_{45,2}|}{|\mathbf{C}_{45,3}||\mathbf{C}_{45,2}|} \approx 0.3\%.$$

Osservazione 2.3.13 In base alla formula (2.3.2) della probabilità totale, se $0 < P(B) < 1$ *possiamo determinare univocamente* $P(A)$ *a partire da* $P(B)$, $P(A \mid B)$ *e* $P(A \mid B^c)$. Notiamo anche che la (2.3.2) implica che $P(A)$ *appartiene all'intervallo di estremi* $P(A \mid B)$ *e* $P(A \mid B^c)$: quindi, indipendentemente dalla conoscenza di $P(B)$, si ha che $P(A \mid B)$ e $P(A \mid B^c)$ forniscono delle stime del valore di $P(A)$. In particolare se $P(A \mid B) = P(A \mid B^c)$ allora vale anche $P(A) = P(A \mid B)$ o equivalentemente $P(A \cap B) = P(A)P(B)$.

Consideriamo ora un problema relativo alla *rilevazione dell'opinione degli studenti* sulla qualità della didattica. Definiamo i seguenti eventi aleatori:

- A: un professore riceve un giudizio positivo nella rilevazione dell'opinione degli studenti;
- B: un professore è "bravo" (ammesso di sapere cosa ciò significhi).

Generalmente gli eventi A e B non coincidono: allora possiamo interpretare le probabilità condizionate $P(A \mid B)$ e $P(B \mid A)$ nel modo seguente:

- $P(A \mid B)$ è la probabilità che un professore "bravo" riceva un giudizio positivo;
- $P(B \mid A)$ è la probabilità che un professore che riceve un giudizio positivo sia "bravo".

Riflettendo attentamente sul significato di queste due probabilità condizionate, risulta chiaro che a volte si può essere interessati a ricavarne una a partire dalla conoscenza dall'altra: tipicamente nella realtà, si può avere una stima generale (in base a dati storici) di $P(A \mid B)$ ed essere interessati a conoscere $P(B \mid A)$ in base al risultato della rilevazione appena effettuata. Una risposta a questo problema è data dal classico Teorema di Bayes.

Teorema 2.3.14 (Formula di Bayes) [!] Siano A, B eventi non trascurabili. Vale

$$P(B \mid A) = \frac{P(A \mid B)P(B)}{P(A)} \qquad (2.3.6)$$

Dimostrazione   La (2.3.6) equivale a

$$P(B \mid A)P(A) = P(A \mid B)P(B)$$

e segue direttamente dalla definizione di probabilità condizionata. $\square$

Esempio 2.3.15   Riprendiamo l'Esempio 2.3.7: sapendo che è stata estratta una pallina bianca, qual è la probabilità che sia stata scelta l'urna α?

Soluzione   Come prima indichiamo con A l'evento "viene estratta una pallina bianca" e con B l'evento "viene scelta l'urna α". Avevamo già calcolato $P(A) = \frac{5}{8}$, mentre assumiamo $P(A \mid B) = \frac{3}{4}$ e $P(B) = \frac{1}{2}$. Allora per la formula di Bayes abbiamo

$$P(B \mid A) = \frac{P(A \mid B)P(B)}{P(A)} = \frac{3}{5}.$$

Esercizio 2.3.16   Supposto $P(A \mid B) \neq P(A \mid B^c)$, provare che

$$P(B) = \frac{P(A) - P(A \mid B^c)}{P(A \mid B) - P(A \mid B^c)}, \qquad (2.3.7)$$

e quindi è possibile determinare univocamente $P(B)$ a partire da $P(A)$, $P(A \mid B)$ e $P(A \mid B^c)$.

Esercizio 2.3.17 (Rilevazione della didattica)   Supponiamo di sapere che storicamente i professori "bravi" ricevono un giudizio positivo nel 95% dei casi e i professori "meno bravi" ricevono un giudizio positivo nel 10% dei casi (alcuni professori sono furbi ...). Se i giudizi sul corso di laurea sono positivi all'80%, qual è la probabilità che

i) i professori che hanno ricevuto un giudizio positivo siano veramente "bravi"?
ii) i professori che hanno ricevuto un giudizio negativo in realtà siano "bravi"?

Si osservi che, combinando la formula di Bayes con la formula (2.3.7), otteniamo

$$P(B \mid A) = \frac{P(A \mid B)P(B)}{P(A)} = \frac{P(A \mid B)\,(P(A) - P(A \mid B^c))}{P(A)\,(P(A \mid B) - P(A \mid B^c))}.$$

2.3.2 Indipendenza di eventi

Definizione 2.3.18 In uno spazio di probabilità $(\Omega, \mathscr{F}, P)$, diciamo che due eventi A, B sono *indipendenti in P* se

$$P(A \cap B) = P(A)P(B). \qquad (2.3.8)$$

Il concetto di indipendenza è *relativo alla misura di probabilità considerata[11]*. Esso esprime il fatto che *l'informazione sull'accadere dell'evento B non influenza la probabilità di A:* infatti, se $P(B) > 0$, la (2.3.8) è *equivalente a*

$$P(A \mid B) = P(A),$$

ossia

$$\frac{P(A \cap B)}{P(B)} = \frac{P(A)}{P(\Omega)}$$

che può essere interpretata come una relazione di proporzionalità

$$P(A \cap B) : P(B) = P(A) : P(\Omega).$$

Analogamente, se

$$P(A \cap B) > P(A)P(B) \qquad (2.3.9)$$

allora A, B si dicono *positivamente correlati in P* poiché la (2.3.9) implica[12]

$$P(A \mid B) > P(A), \qquad P(B \mid A) > P(B),$$

ossia la probabilità di A *aumenta condizionatamente all'informazione sull'avvenire di B* e viceversa.

[11] A volte è necessario dichiarare esplicitamente la misura di probabilità P considerata. Infatti nelle applicazioni possono intervenire diverse misure di probabilità contemporaneamente: non è detto che due eventi indipendenti in una misura di probabilità lo siano in un'altra misura di probabilità.
[12] Nel caso in cui A, B non siano trascurabili in P.

Osservazione 2.3.19 Chiaramente, il fatto che A, B siano indipendenti non significa che siano disgiunti, anzi: se $P(A) > 0$, $P(B) > 0$ e vale la (2.3.8) allora anche $P(A \cap B) > 0$ e quindi $A \cap B \neq \emptyset$. D'altra parte, se $P(A) = 0$ allora anche $P(A \cap B) = 0$ (per la (2.1.5) e il fatto che $A \cap B \subseteq A$) e quindi la (2.3.8) vale per ogni B, ossia A è indipendente da ogni evento B.

Osservazione 2.3.20 Abbiamo definito il concetto di indipendenza ma non quello di *dipendenza*. Se due eventi A, B non sono indipendenti *non diciamo che sono dipendenti*: definiremo in seguito un concetto di dipendenza che è ben distinto e in qualche modo slegato da quello di indipendenza.

Esempio 2.3.21 Due atleti hanno rispettivamente la probabilità del 70% e 80% di battere un record in una gara. Qual è la probabilità che almeno uno dei due batta il record?

Se A è l'evento "il primo atleta batte il record", B è l'evento "il secondo atleta batte il record" e assumiamo che A e B siano indipendenti allora si ha

$$P(A \cup B) = P(A) + P(B) - P(A \cap B) = \quad \text{(per l'indipendenza)}$$
$$= P(A) + P(B) - P(A)P(B)$$
$$= 150\% - 70\% \cdot 80\% = 94\%.$$

Esempio 2.3.22 Il fatto che due eventi siano indipendenti non significa che "non hanno nulla a che fare". Si consideri il lancio di due dadi e gli eventi "la somma dei lanci è 7" (evento A) e "il risultato del primo lancio è 3". Allora A e B sono indipendenti nella probabilità uniforme.

Esempio 2.3.23 Vedremo tra breve che il concetto di indipendenza risulta naturale per descrivere un esperimento che viene ripetuto in modo che ogni ripetizione non influenzi la probabilità delle altre ripetizioni (per esempio, un sequenza di lanci di un dado o di una moneta). In questo caso risulta naturale utilizzare uno spazio campionario che sia un prodotto cartesiano. Per esempio, sia $\Omega = \Omega_1 \times \Omega_2$ finito, munito della probabilità uniforme P: consideriamo $A = E_1 \times \Omega_2$ e $B = \Omega_1 \times E_2$ con $E_i \subseteq \Omega_i$, $i = 1, 2$. Allora

$$P(A \cap B) = P(E_1 \times E_2) = \frac{|E_1||E_2|}{|\Omega|} = \frac{|E_1 \times \Omega_2||\Omega_1 \times E_2|}{|\Omega|^2} = P(A)P(B)$$

e quindi A e B sono indipendenti in P. Approfondiremo il legame fra i concetti di indipendenza e prodotto di misure a partire dalla Sezione 3.3.

Esercizio 2.3.24 Al cinema due persone α, β decidono quale film vedere, tra due disponibili, in maniera indipendente e con le seguenti probabilità:

$$P(\alpha_1) = \frac{1}{3}, \qquad P(\beta_1) = \frac{1}{4}$$

dove α_1 indica l'evento "α sceglie il primo film". Calcolare la probabilità che α e β vedano lo stesso film.

Prima soluzione Indichiamo con A l'evento di cui vogliamo calcolare la probabilità. Abbiamo

$$P(A) = P(\alpha_1 \cap \beta_1) + P(\alpha_2 \cap \beta_2) = \quad \begin{array}{l} \text{(per l'ipotesi di indipendenza} \\ \text{e poiché } P(\alpha_2) = 1 - P(\alpha_1)) \end{array}$$
$$= P(\alpha_1)P(\beta_1) + P(\alpha_2)P(\beta_2) = \frac{7}{12}.$$

Questo esempio elementare mostra che è possibile calcolare la probabilità di un evento che dipende da eventi indipendenti, a partire dalla conoscenza delle probabilità dei singoli eventi e, soprattutto, senza la necessità di costruire esplicitamente lo spazio di probabilità.

Seconda soluzione È anche utile procedere nel modo "classico", risolvendo l'esercizio come un problema di conteggio: in questo caso dobbiamo prima costruire lo spazio campionario

$$\Omega = \{(1,1), (1,2), (2,1), (2,2)\}$$

dove (i, j) indica l'esito "α sceglie il film i e β sceglie il film j" con $i, j = 1, 2$. Per ipotesi conosciamo le probabilità degli eventi

$$\alpha_1 = \{(1,1), (1,2)\}, \qquad \beta_1 = \{(1,1), (2,1)\},$$

tuttavia questo non è sufficiente a determinare univocamente la probabilità P, ossia a determinare le probabilità dei singoli esiti. In effetti per fare ciò, è necessario utilizzare anche l'ipotesi di indipendenza (in P) di α_1 e β_1, da cui ricaviamo per esempio

$$P(\{(1,1)\}) = P(\alpha_1 \cap \beta_1) = P(\alpha_1)P(\beta_1) = \frac{1}{12}.$$

Analogamente possiamo calcolare tutte le probabilità degli esiti e di conseguenza risolvere il problema. Notiamo che questa procedura basata sul conteggio risulta più laboriosa e meno intuitiva.

Proposizione 2.3.25 Se A, B sono indipendenti allora anche A, B^c sono indipendenti.

Dimostrazione Si ha

$$\begin{aligned} P(A \cap B^c) = P(A \setminus B) = P(A \setminus (A \cap B)) = & \quad \text{(per la (2.1.6))} \\ = P(A) - P(A \cap B) = & \quad \text{(per l'ipotesi di indipendenza di } A, B) \\ = P(A) - P(A)P(B) = & \ P(A)P(B^c). \ \square \end{aligned}$$

Esercizio 2.3.26   Al cinema due persone α, β decidono quale film vedere fra tre disponibili, nel modo seguente:

i) α sceglie un film a caso con le seguenti probabilità

$$P(\alpha_1) = \frac{1}{2}, \qquad P(\alpha_2) = \frac{1}{3}, \qquad P(\alpha_3) = \frac{1}{6}$$

dove α_i indica l'evento "α sceglie il film i-esimo" per $i = 1, 2, 3$;

ii) β lancia una moneta e se il risultato è "testa" allora sceglie lo stesso film di α, altrimenti sceglie un film a caso, indipendentemente da α.

Calcoliamo la probabilità $P(A)$ dove A è l'evento "α e β vedono lo stesso film".

Soluzione   Indichiamo con T l'evento "il risultato del lancio della moneta è testa". Si ha $P(T) = \frac{1}{2}$ e per ipotesi $P(A \mid T) = 1$ e $P(\beta_i \mid T^c) = \frac{1}{3}$ per $i = 1, 2, 3$. Inoltre, poiché $P(\cdot \mid T^c)$ è una misura di probabilità, si ha

$$P(A \mid T^c) = \sum_{i=1}^{3} P(\alpha_i \cap \beta_i \mid T^c) = \quad \begin{array}{l} \text{(per l'ipotesi di indipendenza della scelta} \\ \text{di } \alpha \text{ e } \beta \text{ condizionatamente all'evento } T^c) \end{array}$$

$$= \sum_{i=1}^{3} P(\alpha_i \mid T^c) P(\beta_i \mid T^c)$$

$$= \frac{1}{3} \sum_{i=1}^{3} P(\alpha_i \mid T^c) = \frac{1}{3},$$

poiché $\sum_{i=1}^{3} P(\alpha_i \mid T^c) = 1$ essendo $P(\cdot \mid T^c)$ una misura di probabilità. Allora per la (2.3.2) si ha

$$P(A) = P(A \mid T)P(T) + P(A \mid T^c)(1 - P(T)) = 1 \cdot \frac{1}{2} + \frac{1}{3} \cdot \frac{1}{2} = \frac{2}{3}.$$

Per esercizio, provare a calcolare la probabilità che α e β scelgano il primo film, ossia $P(\alpha_1 \cap \beta_1)$.

Consideriamo ora il caso di più di due eventi.

Definizione 2.3.27   Sia $(A_i)_{i \in I}$ una famiglia di eventi. Diciamo che tali eventi sono indipendenti se vale

$$P \left(\bigcap_{j \in J} A_j \right) = \prod_{j \in J} P(A_j)$$

per ogni $J \subseteq I$, con J finito.

Consideriamo tre eventi A, B, C: gli Esercizi 2.3.40 e 2.3.41 mostrano che in generale *non c'è implicazione* fra la proprietà

$$P(A \cap B \cap C) = P(A)P(B)P(C) \tag{2.3.10}$$

e le proprietà

$$P(A \cap B) = P(A)P(B),$$
$$P(A \cap C) = P(A)P(C),$$
$$P(B \cap C) = P(B)P(C). \tag{2.3.11}$$

In particolare, una famiglia di eventi a due a due indipendenti non è in generale una famiglia di eventi indipendenti.

Concludiamo la sezione con un utile risultato. Data una successione di eventi $(A_n)_{n \geq 1}$, indichiamo con[13]

$$(A_n \text{ i.o.}) := \bigcap_{n \geq 1} \bigcup_{k \geq n} A_k.$$

Si noti che

$$(A_n \text{ i.o.}) = \{\omega \in \Omega \mid \forall n \in \mathbb{N} \ \exists k \geq n \text{ tale che } \omega \in A_k\},$$

ossia $(A_n \text{ i.o.})$ è l'evento costituito dagli $\omega \in \Omega$ che *appartengono ad un numero infinito* di A_n.

Lemma 2.3.28 (Borel-Cantelli) [!] Sia $(A_n)_{n \geq 1}$ una successione di eventi nello spazio $(\Omega, \mathscr{F}, P)$:

i) se

$$\sum_{n \geq 1} P(A_n) < +\infty$$

allora $P(A_n \text{ i.o.}) = 0$;
ii) se gli A_n sono *indipendenti* e

$$\sum_{n \geq 1} P(A_n) = +\infty$$

allora $P(A_n \text{ i.o.}) = 1$.

Dimostrazione Per la continuità dall'alto di P si ha

$$P(A_n \text{ i.o.}) = \lim_{n \to \infty} P\left(\bigcup_{k \geq n} A_k\right) \leq \quad \text{(per } \sigma\text{-subadditività, Proposizione 2.1.21-ii))}$$

$$\leq \lim_{n \to \infty} \sum_{k \geq n} P(A_k) = 0$$

per ipotesi. Questo prova la prima parte della tesi.

---

[13] i.o. sta per *infinitely often*.

Per quanto riguarda ii), proviamo che

$$P\left(\bigcup_{k \geq n} A_k\right) = 1 \tag{2.3.12}$$

per ogni $n \in \mathbb{N}$, da cui seguirà la tesi. Fissati n, N con $n \leq N$, si ha

$$P\left(\bigcup_{k=n}^{N} A_k\right) = 1 - P\left(\bigcap_{k=n}^{N} A_k^c\right) = \qquad \text{(per indipendenza)}$$

$$= 1 - \prod_{k=n}^{N}(1 - P(A_k)) \geq \qquad \begin{array}{l}\text{(per la disuguaglianza elementare}\\ 1 - x \leq e^{-x} \text{ valida per } x \in \mathbb{R})\end{array}$$

$$\geq 1 - \exp\left(-\sum_{k=n}^{N} P(A_k)\right).$$

La (2.3.12) segue passando al limite per $N \to \infty$. □

Riassumendo, la *probabilità condizionata* e l'*indipendenza* sono i primi concetti veramente nuovi, esclusivi della teoria della probabilità e che non si incontrano in altre teorie matematicamente "affini" come la teoria della misura o il calcolo combinatorio.

Lo scopo di entrambi i concetti è quello di esprimere la probabilità $P(A \cap B)$ in termini di probabilità dei singoli eventi A e B. Ciò è ovviamente possibile se A, B sono indipendenti in P poiché in questo caso si ha

$$P(A \cap B) = P(A)P(B).$$

Più in generale, se non c'è indipendenza fra A e B possiamo scrivere

$$P(A \cap B) = P(A \mid B)P(B)$$

Molti problemi si risolvono molto più facilmente usando le precedenti identità (e altre utili formule come quella della probabilità totale, di moltiplicazione e di Bayes) invece del calcolo combinatorio.

2.3.3 Prove ripetute e indipendenti

Definizione 2.3.29 [!] In uno spazio di probabilità $(\Omega, \mathscr{F}, P)$, sia $(C_h)_{h=1,\dots,n}$ una famiglia finita di eventi indipendenti ed equiprobabili, ossia tali che $P(C_h) = p \in [0, 1]$ per ogni $h = 1, \dots, n$. Allora diciamo che $(C_h)_{h=1,\dots,n}$ è una *famiglia di n prove ripetute e indipendenti con probabilità p*.

Intuitivamente possiamo immaginare di ripetere n volte un esperimento che può avere due esiti, successo o insuccesso: C_h rappresenta l'evento "l'esperimento h-esimo ha successo". Per esempio, in una sequenza di n lanci di una moneta, C_h può rappresentare l'evento "al lancio numero h ottengo *testa*".

Per ogni $n \in \mathbb{N}$ e $p \in [0,1]$, è sempre possibile costruire *uno spazio discreto* (Ω, P) su cui è definita una famiglia $(C_h)_{h=1,\dots,n}$ di n prove ripetute e indipendenti con probabilità p. Il seguente risultato mostra anche che su uno spazio di probabilità discreto *non è possibile definire una successione* $(C_h)_{h\in\mathbb{N}}$ di prove ripetute e indipendenti a meno che non sia banale, ossia con $p = 0$ oppure $p = 1$.

Proposizione 2.3.30 Per ogni $n \in \mathbb{N}$ e $p \in [0,1]$, esiste uno spazio discreto (Ω, P) su cui è definita in modo canonico una famiglia $(C_h)_{h=1,\dots,n}$ di n prove ripetute e indipendenti con probabilità p.

Se $(C_h)_{h\in\mathbb{N}}$ è una successione di eventi indipendenti su uno spazio discreto (Ω, P), tali che $P(C_h) = p \in [0,1]$ per ogni $h \in \mathbb{N}$, allora necessariamente $p = 0$ oppure $p = 1$.

Dimostrazione Si veda la Sezione 2.5.1. □

Vediamo ora due esempi significativi.

Esempio 2.3.31 (Probabilità di primo successo alla prova k) [!] Sia $(C_h)_{h=1,\dots,n}$ una famiglia di n prove ripetute e indipendenti con probabilità p. L'evento "il primo successo è alla k-esima prova" è definito da

$$A_k := C_1^c \cap C_2^c \cap \cdots \cap C_{k-1}^c \cap C_k, \qquad 1 \le k \le n,$$

e per l'indipendenza vale

$$P(A_k) = (1-p)^{k-1}p, \qquad 1 \le k \le n. \tag{2.3.13}$$

Per esempio, A_k rappresenta l'evento secondo cui, in una sequenza di n lanci di una moneta, si ottiene *testa* per la prima volta al k-esimo lancio. Notiamo che $P(A_k)$ in (2.3.13) *non dipende da n*: intuitivamente, A_k dipende solo da ciò che è successo fino alla k-esima prova ed è indipendente dal numero totale n di prove.

Esempio 2.3.32 (Probabilità di k successi su n prove) [!] Consideriamo una famiglia $(C_h)_{h=1,\dots,n}$ di n prove ripetute e indipendenti con probabilità p. Calcoliamo la probabilità dell'evento A_k "esattamente k prove hanno successo".

1° *modo:* Con riferimento allo spazio canonico della Proposizione 2.3.30 e in particolare alla formula (2.5.1), abbiamo $A_k = \Omega_k$. Dunque

$$P(A_k) = \sum_{\omega\in\Omega_k} P(\{\omega\}) = |\Omega_k|p^k(1-p)^{n-k} = \binom{n}{k}p^k(1-p)^{n-k}, \quad 0 \le k \le n.$$

Vedremo che $P(A_k)$ è legato al concetto di *distribuzione binomiale* nell'Esempio 2.4.17.

$2°$ *modo:* L'evento A_k è del tipo

$$C_{i_1} \cap \cdots \cap C_{i_k} \cap C_{i_{k+1}}^c \cdots \cap C_{i_n}^c$$

al variare di $\{i_1, \ldots, i_k\}$, famiglia di indici di I_n: le possibili scelte di tali indici sono esattamente $|\mathbf{C}_{n,k}|$. Inoltre, per l'indipendenza, si ha

$$P\left(C_{i_1} \cap \cdots \cap C_{i_k} \cap C_{i_{k+1}}^c \cdots \cap C_{i_n}^c\right) = p^k (1-p)^{n-k}$$

e dunque ritroviamo il risultato

$$P(A_k) = \binom{n}{k} p^k (1-p)^{n-k}, \qquad 0 \le k \le n. \tag{2.3.14}$$

Osservazione 2.3.33 Ripensiamo all'Esempio 2.2.20 relativo al calcolo della probabilità di estrarre (con reinserimento) esattamente k palline bianche da un'urna che ne contiene b bianche e r rosse. Se C_h è l'evento "la pallina della h-esima estrazione è bianca" allora $p = P(C_h) = \frac{b}{b+r}$ e la (2.3.14) fornisce la probabilità cercata, in accordo con quanto avevamo ottenuto nell'Esempio 2.2.20 tramite il calcolo combinatorio.

Si noti che nell'approccio basato sul calcolo combinatorio si usa la *probabilità uniforme*, come sempre nei problemi di conteggio. Invece, nell'approccio basato sulla famiglia di prove ripetute e indipendenti, implicitamente utilizziamo lo spazio canonico della Proposizione 2.3.30 senza tuttavia la necessità di dichiarare esplicitamente lo spazio campionario e la misura di probabilità (che comunque non è quella uniforme).

2.3.4 Esempi

Proponiamo alcuni esempi ed esercizi riassuntivi su indipendenza e probabilità condizionata.

Esempio 2.3.34

- Il signor Rossi ha due figli: qual è la probabilità che entrambi i figli siano maschi (evento A)?
  Considerando come spazio campionario

$$\Omega = \{(M, M), (M, F), (F, M), (F, F)\} \tag{2.3.15}$$

con ovvio significato dei simboli, è chiaro che $P(A) = \frac{1}{4}$. La situazione è riassunta nella seguente tabella in cui le celle rappresentano i quattro casi possibili con a fianco le relative probabilità: si ha $A = \{(M, M)\}$.

	Maschio	Femmina
Maschio	(M, M) $\frac{1}{4}$	(M, F) $\frac{1}{4}$
Femmina	(F, M) $\frac{1}{4}$	(F, F) $\frac{1}{4}$

- Il signor Rossi ha due figli. Sapendo che uno di questi è maschio (evento B), qual è la probabilità che entrambi i figli siano maschi?
  La risposta "intuitiva" (la probabilità è pari a $\frac{1}{2}$) purtroppo è sbagliata. Per rendersene conto è sufficiente considerare ancora lo spazio campionario Ω: ora, avendo l'informazione che (F, F) non è possibile (ossia ha probabilità nulla "condizionatamente" all'informazione data che è il verificarsi dell'evento B) e supposto che gli esiti $(M, M), (M, F), (F, M)$ siano equiprobabili, se ne conclude che la probabilità cercata è pari a $\frac{1}{3}$. La tabella seguente mostra come si ridistribuisce la probabilità condizionatamente all'informazione che si verifica B.

	Maschio	Femmina
Maschio	(M, M) $\frac{1}{3}$	(M, F) $\frac{1}{3}$
Femmina	(F, M) $\frac{1}{3}$	(F, F) 0

- Il signor Rossi ha due figli. Sapendo che il primogenito è maschio (evento C, differente da B del punto precedente), qual è la probabilità che entrambi i figli siano maschi?
  La risposta "intuitiva" (la probabilità è pari a $\frac{1}{2}$) è corretta perché in questo caso FM e FF hanno entrambe probabilità nulla ("condizionatamente" all'informazione data che è il verificarsi dell'evento C). In altri termini, sapendo che il primogenito è maschio, tutto dipende dal fatto che il secondogenito sia maschio o femmina, ossia da due eventi equiprobabili con probabilità pari a $\frac{1}{2}$. La tabella seguente mostra come si ridistribuisce la probabilità condizionatamente all'informazione che si verifica C.

	Maschio	Femmina
Maschio	(M, M) $\frac{1}{2}$	(M, F) $\frac{1}{2}$
Femmina	(F, M) 0	(F, F) 0

Indicando con P la probabilità uniforme su Ω in (2.3.15), abbiamo

$$P(A) = P(\{MM\}) = \frac{1}{4},$$
$$P(B) = P(\{MM, MF, FM\}) = \frac{3}{4},$$
$$P(C) = P(\{MM, MF\}) = \frac{1}{2},$$

e quindi, in base alla Definizione 2.3.2, vale

$$P(A \mid B) = \frac{P(A)}{P(B)} = \frac{1}{3}, \qquad P(A \mid C) = \frac{P(A)}{P(C)} = \frac{1}{2},$$

in accordo con quanto avevamo congetturato sopra per via intuitiva.

Esercizio 2.3.35 Usando la formula di Bayes provare che

$$P(B \mid A) = \frac{P(A \mid B)P(B)}{P(A \mid B)P(B) + P(A \mid B^c)(1 - P(B))} \tag{2.3.16}$$

e quindi è possibile determinare univocamente $P(B \mid A)$ a partire da $P(B)$, $P(A \mid B)$ e $P(A \mid B^c)$.

Esercizio 2.3.36 Sappiamo che il 4% di una certa popolazione α è malato. Effettuando un test sperimentale per rilevare se un individuo di α è malato, si osserva che il test ha la seguente affidabilità:

i) se l'individuo è malato, il test dà esito positivo nel 99% dei casi;
ii) se l'individuo è sano, il test dà esito positivo nel 2% dei casi.

In base a questi dati, qual è la probabilità che un individuo di α, positivo al test, sia veramente malato? Supponiamo poi di utilizzare il test su un'altra popolazione β: considerando valide le stime di affidabilità i) e ii), e osservando che il test dà esito positivo sul 6% della popolazione β, qual è la probabilità che un individuo di β sia malato?

Soluzione Indichiamo con T l'evento "il test su un individuo dà esito positivo" e con M l'evento "l'individuo è malato". Per ipotesi, $P(M) = 4\%$, $P(T \mid M) = 99\%$ e $P(T \mid M^c) = 2\%$. Allora per la (2.3.16) con $B = M$ e $A = T$ vale

$$P(M \mid T) \approx 67.35\%$$

e dunque c'è un alto numero di "falsi positivi". Questo è dovuto al fatto che la percentuale dei malati è relativamente bassa: notiamo che in generale

$$P(M \mid T) = \frac{P(T \mid M)P(M)}{P(T \mid M)P(M) + P(T \mid M^c)(1 - P(M))} \to 0^+ \quad \text{per } P(M) \to 0^+$$

mentre $P(M \mid T) \to 1^-$ per $P(M) \to 1^-$. Osserviamo che in base ai dati possiamo anche calcolare, tramite la (2.3.2), la percentuale dei test positivi

$$P(T) = P(T \mid M)P(M) + P(T \mid M^c)(1 - P(M)) \approx 5.88\%.$$

Per quanto riguarda il secondo quesito, abbiamo che per ipotesi $P(T \mid M) = 99\%$ e $P(T \mid M^c) = 2\%$. Se il dato osservato è che $P(T) = 6\%$ allora dalla (2.3.7) ricaviamo

$$P(M) = \frac{P(T) - P(T \mid M^c)}{P(T \mid M) - P(T \mid M^c)} \approx 4.12\%$$

Il risultato si può interpretare dicendo che, prese per valide le stime di affidabilità i) e ii) del test, si ha che su un 6% di test positivi circa il 33% sono falsi positivi.

Esercizio 2.3.37   Provare nel dettaglio quanto affermato nell'Esempio 2.3.22.

Esercizio 2.3.38   In riferimento all'Esercizio 2.3.24, costruire una misura di probabilità Q su Ω, diversa da P, rispetto alla quale valga ancora

$$Q(\alpha_1) = \frac{1}{3}, \qquad Q(\beta_1) = \frac{1}{4}$$

ma α_1 e β_1 non siano indipendenti in Q.

Esercizio 2.3.39   Consideriamo un mazzo di 40 carte: verificare che, rispetto alla probabilità uniforme,

i) gli eventi "estrarre una carta dispari" (evento A) ed "estrarre un 7" (evento B) non sono indipendenti;
ii) gli eventi "estrarre una carta dispari" (evento A) ed "estrarre una carta di denari" (evento B) sono indipendenti.

Esercizio 2.3.40 ((2.3.11) **non implica** (2.3.10))   Consideriamo il lancio di tre dadi e gli eventi A_{ij} definiti da "il risultato del dado i-esimo è uguale a quello del dado j-esimo". Allora A_{12}, A_{13}, A_{23} sono a due a due indipendenti ma non sono indipendenti.

Esercizio 2.3.41 ((2.3.10) **non implica** (2.3.11))   Consideriamo il lancio di due dadi e, posto $\Omega = I_6 \times I_6$, gli eventi

$$A = \{(\omega_1, \omega_2) \mid \omega_2 \in \{1, 2, 5\}\},$$
$$B = \{(\omega_1, \omega_2) \mid \omega_2 \in \{4, 5, 6\}\},$$
$$C = \{(\omega_1, \omega_2) \mid \omega_1 + \omega_2 = 9\}.$$

Allora vale la (2.3.10) ma non la (2.3.11).

Esercizio 2.3.42 Supponiamo che n oggetti siano messi a caso in r scatole, con $r \geq 1$. Calcoliamo la probabilità che "esattamente k oggetti siano messi nella prima scatola" (evento A_k).

Soluzione Se C_h è l'evento "l'h-esimo oggetto viene messo nella prima scatola" allora $p = P(C_h) = \frac{1}{r}$. Inoltre $P(A_k)$ è data dalla (2.3.14).

2.4 Distribuzioni

In questa sezione ci occupiamo della costruzione e caratterizzazione delle misure sullo spazio Euclideo, con particolare attenzione alle misure di probabilità su $\mathbb{R}^d$, chiamate *distribuzioni*. Il risultato fondamentale in questa direzione è il Teorema di Carathéodory che enunciamo nella Sezione 2.4.7 e utilizzeremo spesso nel seguito. L'idea è di definire una distribuzione dapprima su una famiglia particolare $\mathscr{A}$ di sottoinsiemi dello spazio campionario Ω (per esempio, la famiglia degli intervalli nel caso $\Omega = \mathbb{R}$) e poi estenderla su un'opportuna σ-algebra che contiene $\mathscr{A}$. Il problema della scelta di tale σ-algebra è legato alla cardinalità di Ω: se Ω è finito o numerabile, dare una probabilità su Ω è equivalente ad assegnare le probabilità dei singoli esiti (cf. Osservazione 2.1.13); di conseguenza è naturale assumere $\mathscr{P}(\Omega)$ come σ-algebra degli eventi. Il caso generale, come abbiamo già visto nell'Esempio 2.1.28, è decisamente più complesso; infatti la cardinalità di $\mathscr{P}(\Omega)$ può essere "troppo grande" perché sia possibile definire su di essa una misura di probabilità[14].

2.4.1 *σ-algebra generata e completamento di uno spazio di probabilità*

Consideriamo un generico insieme non vuoto Ω. Osserviamo che se $(\mathscr{F}_i)_{i \in I}$ è una famiglia (non necessariamente numerabile) di σ-algebre su Ω allora l'intersezione

$$\bigcap_{i \in I} \mathscr{F}_i$$

è ancora una σ-algebra. Questo giustifica la seguente

Definizione 2.4.1 Data una famiglia $\mathscr{A}$ di sottoinsiemi di Ω, indichiamo con $\sigma(\mathscr{A})$ l'intersezione di tutte le σ-algebre che contengono $\mathscr{A}$. Poiché $\sigma(\mathscr{A})$ è *la*

---

[14] Se la cardinalità di Ω è finita, diciamo $|\Omega| = n$, allora $\mathscr{P}(\Omega) = 2^n$ e se Ω ha cardinalità numerabile allora $\mathscr{P}(\Omega)$ ha la cardinalità del continuo (di $\mathbb{R}$). Tuttavia se $\Omega = \mathbb{R}$, per il Teorema di Cantor la cardinalità di $\mathscr{P}(\mathbb{R})$ è strettamente maggiore della cardinalità di $\mathbb{R}$.

più piccola σ-algebra che contiene $\mathscr{A}$, diciamo che $\mathscr{A}$ *è la σ-algebra generata da* $\mathscr{A}$.

Esempio 2.4.2 Nel caso in cui $\mathscr{A} = \{A\}$ sia formata da un solo insieme $A \subseteq \Omega$, scriviamo $\sigma(A)$ invece di $\sigma(\{A\})$. Notiamo che vale

$$\sigma(A) = \{\emptyset, \Omega, A, A^c\}.$$

L'intersezione di σ-algebre è ancora una σ-algebra, ma un risultato analogo non vale per l'unione: date due σ-algebre $\mathscr{F}_1$ e $\mathscr{F}_2$, si ha $\mathscr{F}_1 \cup \mathscr{F}_2 \subseteq \sigma(\mathscr{F}_1 \cup \mathscr{F}_2)$ e inclusione può essere stretta.

In generale è difficile dare una rappresentazione esplicita della σ-algebra generata da una famiglia $\mathscr{A}$: chiaramente $\sigma(\mathscr{A})$ deve contenere i complementari e le unioni numerabili di elementi di $\mathscr{A}$ ma, come vedremo nella prossima sezione, ci sono casi in cui con queste operazioni non si ottengono tutti gli elementi di $\sigma(\mathscr{A})$. Per questo motivo è utile introdurre delle tecniche che permettano di dimostrare che se una certa proprietà vale per gli elementi di una famiglia $\mathscr{A}$ allora vale anche per tutti gli elementi di $\sigma(\mathscr{A})$: questo tipo di risultati sono l'oggetto dell'Appendice A.1.

Osservazione 2.4.3 (Completamento di uno spazio di probabilità) Ricordiamo che uno spazio di probabilità $(\Omega, \mathscr{F}, P)$ è completo se $\mathscr{N} \subseteq \mathscr{F}$ ossia gli insiemi trascurabili (e quelli quasi certi) sono eventi. Si può sempre "completare" uno spazio $(\Omega, \mathscr{F}, P)$ estendendo P alla σ-algebra $\sigma(\mathscr{F} \cup \mathscr{N})$ nel modo seguente. Anzitutto si prova[15] che $\sigma(\mathscr{F} \cup \mathscr{N}) = \hat{\mathscr{F}}$ dove

$$\hat{\mathscr{F}} := \{A \subseteq \Omega \mid A \bigtriangleup B \in \mathscr{N} \text{ per un certo } B \in \mathscr{F}\}.$$

Qui $A \bigtriangleup B = (A \setminus B) \cup (B \setminus A)$ indica la differenza simmetrica di insiemi. Dato $A \in \hat{\mathscr{F}}$, poniamo $\hat{P}(A) := P(B)$ dove $B \in \mathscr{F}$ è tale che $A \bigtriangleup B \in \mathscr{N}$. Non è difficile verificare che:

- tale definizione è ben posta (non dipende dalla scelta di B);
- $\hat{P}$ è una misura di probabilità su $(\Omega, \hat{\mathscr{F}})$;
- $\hat{P}(B) = P(B)$ per ogni $B \in \mathscr{F}$;
- $(\Omega, \hat{\mathscr{F}}, \hat{P})$ è uno spazio completo.

Il completamento di uno spazio dipende dalla σ-algebra e dalla misura di probabilità fissate: al riguardo, si veda l'Esercizio 2.4.14.

---

[15] È chiaro che $\mathscr{F} \cup \mathscr{N} \subseteq \hat{\mathscr{F}} \subseteq \sigma(\mathscr{F} \cup \mathscr{N})$ e quindi è sufficiente verificare che $\hat{\mathscr{F}}$ è una σ-algebra per provare che $\hat{\mathscr{F}} = \sigma(\mathscr{F} \cup \mathscr{N})$. Ciò segue dal fatto che:

i) $A^c \bigtriangleup B^c = A \bigtriangleup B$;

ii) $\left(\bigcup_{n \in \mathbb{N}} A_n \right) \bigtriangleup \left(\bigcup_{n \in \mathbb{N}} B_n \right) \subseteq \bigcup_{n \in \mathbb{N}} (A_n \bigtriangleup B_n)$.

2.4.2   σ-algebra di Borel

Introduciamo la σ-algebra che utilizzeremo sistematicamente quando lo spazio campionario è $\mathbb{R}^d$. In realtà, poiché non comporta alcuna difficoltà aggiuntiva e risulterà comodo in seguito, consideriamo il caso in cui lo spazio campionario sia un generico *spazio metrico* $(\mathbb{M}, \varrho)$: al di là degli spazi Euclidei, un esempio non banale è $\mathbb{M} = C[0, 1]$, lo spazio delle funzioni continue sull'intervallo $[0, 1]$, munito della distanza del massimo

$$\varrho_{\max}(f, g) = \max_{t \in [0,1]} |f(t) - g(t)|, \qquad f, g \in C[0, 1].$$

In uno spazio metrico $(\mathbb{M}, \varrho)$, la σ-algebra di Borel $\mathscr{B}_\varrho$ è la σ-algebra generata dalla topologia (la famiglia degli aperti) indotta da ϱ.

Definizione 2.4.4 (σ-algebra di Borel)   La *σ-algebra di Borel* $\mathscr{B}_\varrho$ è la più piccola σ-algebra che contiene gli aperti di $(\mathbb{M}, \varrho)$. Gli elementi di $\mathscr{B}_\varrho$ sono chiamati Boreliani.

Notazione 2.4.5   Nel seguito indicheremo con $\mathscr{B}_d$ la σ-algebra di Borel nello spazio Euclideo $\mathbb{R}^d$. È noto che $\mathscr{B}_d$ è strettamente contenuta nella σ-algebra $\mathscr{L}$ dei misurabili secondo Lebesgue[16]. Nel caso $d = 1$, scriviamo semplicemente $\mathscr{B}$ invece di $\mathscr{B}_1$.

Osservazione 2.4.6   [!]   Per definizione, $\mathscr{B}_\varrho$ contiene tutti i sottoinsiemi di $\mathbb{M}$ che si ottengono a partire dagli aperti mediante le operazioni di passaggio al complementare e unione numerabile: per esempio, *i singoletti sono Boreliani*[17], ossia $\{x\} \in \mathscr{B}_\varrho$ per ogni $x \in \mathbb{M}$.

Tuttavia, *con le sole operazioni di passaggio al complementare e unione numerabile non si ottengono tutti gli elementi di* $\mathscr{B}_\varrho$. Addirittura in [9] si mostra che anche con una successione numerabile di operazioni di passaggio al complementare e unione numerabile non si ottiene $\mathscr{B}_\varrho$. Più precisamente, data una famiglia $\mathscr{H}$ di sottoinsiemi di uno spazio Ω, indichiamo con $\mathscr{H}^*$ la famiglia che contiene gli elementi di $\mathscr{H}$, i complementari degli elementi di $\mathscr{H}$ e le unioni numerabili di elementi di $\mathscr{H}$. Inoltre definiamo $\mathscr{H}_0 = \mathscr{H}$ e, per ricorrenza, la successione *crescente* di famiglie

$$\mathscr{H}_n = \mathscr{H}_{n-1}^*, \qquad n \in \mathbb{N}.$$

---

[16] $(\mathbb{R}^d, \mathscr{L}, \mathrm{Leb}_d)$ è il completamento (cfr. Osservazione 2.4.3) rispetto alla la misura di Lebesgue Leb_d di $(\mathbb{R}^d, \mathscr{B}_d, \mathrm{Leb}_d)$.

[17] Infatti

$$\{x\} = \bigcap_{n \geq 1} D(x, 1/n)$$

dove i dischi $D(x, 1/n) := \{y \in \mathbb{M} \mid \varrho(x, y) < 1/n\} \in \mathscr{B}_\varrho$ essendo aperti per definizione.

Per induzione si vede che $\mathscr{H}_n \subseteq \sigma(\mathscr{H})$ per ogni $n \in \mathbb{N}$; tuttavia (cfr. [9] p. 30) nel caso in cui $\Omega = \mathbb{R}$ e $\mathscr{H}$ è come nell'Esercizio 2.4.7-ii), si ha che

$$\bigcup_{n=0}^{\infty} \mathscr{H}_n$$

è strettamente incluso in $\mathscr{B} = \sigma(\mathscr{H})$.

Esercizio 2.4.7 Sia $d = 1$. Provare che $\mathscr{B} = \sigma(\mathscr{H})$ dove $\mathscr{H}$ è una qualsiasi delle seguenti famiglie di sotto-insiemi di $\mathbb{R}$:

i) $\mathscr{H} = \{]a,b] \mid a,b \in \mathbb{R},\ a < b\}$;
ii) $\mathscr{H} = \{]a,b] \mid a,b \in \mathbb{Q},\ a < b\}$ (si noti che $\mathscr{H}$ è numerabile e pertanto si dice che la σ-algebra $\mathscr{B}$ è *numerabilmente generata*);
iii) $\mathscr{H} = \{]-\infty,a] \mid a \in \mathbb{R}\}$.

Un risultato analogo vale in dimensione maggiore di uno, considerando i pluri-intervalli.

2.4.3 Distribuzioni

Sia $\mathscr{B}_\varrho$ la σ-algebra di Borel su uno spazio metrico $(\mathbb{M}, \varrho)$. Chiaramente, il caso Euclideo $\mathbb{M} = \mathbb{R}^d$ è di particolare interesse e dovrà sempre essere tenuto come punto di riferimento.

Definizione 2.4.8 (Distribuzione)   Una *distribuzione* è una misura di probabilità su $(\mathbb{M}, \mathscr{B}_\varrho)$.

Per fissare le idee, è bene dare la seguente interpretazione "fisica" del concetto di distribuzione μ. Pensiamo allo spazio campionario $\mathbb{R}^d$ come all'insieme delle possibili posizioni nello spazio di una particella che non è osservabile con precisione: allora $H \in \mathscr{B}_d$ si interpreta come l'evento secondo cui "la particella è nel Boreliano H" e $\mu(H)$ è la probabilità che la particella sia in H.

Attenzione!   Il concetto di distribuzione sarà compreso pienamente solo quando avremo introdotto le variabili aleatorie: ora non abbiamo ancora le nozioni sufficienti per apprezzare fino in fondo le distribuzioni. Pertanto ci limitiamo ad accennare alcuni esempi che riprenderemo con più calma in seguito.

Cominciamo col provare alcune proprietà generali delle distribuzioni.

Proposizione 2.4.9 (Regolarità interna ed esterna)   Sia μ una distribuzione su $(\mathbb{M}, \mathscr{B}_\varrho)$. Per ogni $H \in \mathscr{B}_\varrho$ si ha

$$\mu(H) = \sup\{\mu(C) \mid C \subseteq H,\ C \text{ chiuso}\}$$
$$= \inf\{\mu(A) \mid A \supseteq H,\ A \text{ aperto}\}.$$

La dimostrazione della Proposizione 2.4.9 è rimandata alla Sezione 2.5.2. Una conseguenza immediata è il seguente

Corollario 2.4.10 Due distribuzioni μ_1 e μ_2 su $(\mathbb{M}, \mathscr{B}_\varrho)$ sono uguali se e solo se $\mu_1(H) = \mu_2(H)$ per ogni aperto H (oppure per ogni chiuso H).

Osservazione 2.4.11 Se μ è una distribuzione su $(\mathbb{M}, \mathscr{B}_\varrho)$ allora

$$A := \{ x \in \mathbb{M} \mid \mu(\{x\}) > 0 \}$$

è *finito o al più numerabile*. Infatti, poniamo

$$A_n = \{ x \in \mathbb{M} \mid \mu(\{x\}) > 1/n \}, \qquad n \in \mathbb{N}.$$

Allora, per ogni $x_1, \ldots, x_k \in A_n$ si ha

$$1 = \mu(\mathbb{M}) \geq \mu(\{x_1, \ldots, x_k\}) \geq \frac{k}{n}$$

e di conseguenza A_n ha al più n elementi. Allora la tesi segue dal fatto che $A = \bigcup_{n \geq 1} A_n$ dove l'unione è finita o numerabile.

Il caso "estremo" in cui μ concentra tutta la misura in un solo punto è illustrato nell'esempio seguente.

Esempio 2.4.12 Fissato $x_0 \in \mathbb{R}^d$, la distribuzione *delta di Dirac* δ_{x_0} *centrata in* x_0, è definita da

$$\delta_{x_0}(H) = \begin{cases} 1 & \text{se } x_0 \in H, \\ 0 & \text{se } x_0 \notin H, \end{cases} \qquad H \in \mathscr{B}_d.$$

Si noti in particolare che $\delta_{x_0}(\{x_0\}) = 1$ e si pensi all'interpretazione "fisica" di questo fatto.

Prima di considerare altri esempi notevoli di distribuzioni, osserviamo che combinando opportunamente delle distribuzioni si ottiene ancora una distribuzione.

Proposizione 2.4.13 Sia $(\mu_n)_{n \in \mathbb{N}}$ una successione di distribuzioni su $(\mathbb{M}, \mathscr{B}_\varrho)$ e $(p_n)_{n \in \mathbb{N}}$ una successione di numeri reali tali che

$$\sum_{n=1}^{\infty} p_n = 1 \quad \text{e} \quad p_n \geq 0,\, n \in \mathbb{N}. \tag{2.4.1}$$

Allora μ definita da

$$\mu(H) := \sum_{n=1}^{\infty} p_n \mu_n(H), \qquad H \in \mathscr{B}_\varrho,$$

è una distribuzione.

Dimostrazione È facile verificare che $\mu(\emptyset) = 0$ e $\mu(\mathbb{M}) = 1$. Rimane da provare la σ-additività: si ha

$$\mu\left(\biguplus_{k \in \mathbb{N}} H_k\right) = \sum_{n=1}^{\infty} p_n \mu_n \left(\biguplus_{k \in \mathbb{N}} H_k\right) = \quad \text{(per la } \sigma\text{-additività delle } \mu_n\text{)}$$

$$= \sum_{n=1}^{\infty} p_n \sum_{k=1}^{\infty} \mu_n(H_k) = \quad \begin{array}{l} \text{(riordinando i termini poiché si tratta} \\ \text{di una serie a termini non-negativi)} \end{array}$$

$$= \sum_{k=1}^{\infty} \sum_{n=1}^{\infty} p_n \mu_n(H_k) = \sum_{k=1}^{\infty} \mu(H_k). \quad \square$$

Esercizio 2.4.14 Ricordiamo il concetto di completamento di uno spazio, definito nell'Osservazione 2.4.3. Su $\mathbb{R}$ consideriamo la distribuzione delta di Dirac δ_x centrata in $x \in \mathbb{R}$, la σ-algebra banale $\{\emptyset, \mathbb{R}\}$ e la σ-algebra di Borel $\mathscr{B}$. Provare che lo spazio $(\mathbb{R}, \{\emptyset, \mathbb{R}\}, \delta_x)$ è completo mentre lo spazio $(\mathbb{R}, \mathscr{B}, \delta_x)$ non è completo. Il completamento di $(\mathbb{R}, \mathscr{B}, \delta_x)$ è lo spazio $(\mathbb{R}, \mathscr{P}(\mathbb{R}), \delta_x)$.

2.4.4 Distribuzioni discrete

D'ora in poi ci concentriamo sul caso $\mathbb{M} = \mathbb{R}^d$.

Definizione 2.4.15 Una *distribuzione discreta* è una distribuzione della forma

$$\mu(H) := \sum_{n=1}^{\infty} p_n \delta_{x_n}(H), \qquad H \in \mathscr{B}_d, \qquad (2.4.2)$$

dove (x_n) è una successione di punti distinti di $\mathbb{R}^d$ e (p_n) soddisfa le proprietà in (2.4.1).

Osservazione 2.4.16 Ad una distribuzione discreta della forma (2.4.2) è naturale associare la *funzione*

$$\bar{\mu} : \mathbb{R}^d \longrightarrow [0, 1],$$

definita da

$$\bar{\mu}(x) = \mu(\{x\}), \qquad x \in \mathbb{R}^d,$$

o più esplicitamente

$$\bar{\mu}(x) = \begin{cases} p_n & \text{se } x = x_n, \\ 0 & \text{altrimenti.} \end{cases}$$

Poiché

$$\mu(H) = \sum_{x \in H \cap \{x_n \mid n \in \mathbb{N}\}} \bar{\mu}(x), \qquad H \in \mathscr{B}_d, \qquad (2.4.3)$$

la distribuzione μ è univocamente associata alla funzione $\bar{\mu}$ che viene a volte chiamata *funzione di distribuzione di* μ. Come vedremo nei prossimi esempi, in generale è molto più semplice assegnare la funzione di distribuzione $\bar{\mu}$ che non la distribuzione stessa μ: infatti μ è una misura (ossia una funzione d'insieme) a differenza di $\bar{\mu}$ che è una funzione su $\mathbb{R}^d$.

Consideriamo alcuni esempi notevoli di distribuzioni discrete.

Esempio 2.4.17

i) **(Bernoulli)** Sia $p \in [0,1]$. La *distribuzione di Bernoulli di parametro p* si indica con Be_p ed è definita come combinazione lineare di due delta di Dirac:

$$\text{Be}_p = p\delta_1 + (1-p)\delta_0.$$

Esplicitamente si ha

$$\text{Be}_p(H) = \begin{cases} 0 & \text{se } 0, 1 \notin H, \\ 1 & \text{se } 0, 1 \in H, \\ p & \text{se } 1 \in H, \, 0 \notin H, \\ 1-p & \text{se } 0 \in H, \, 1 \notin H. \end{cases} \qquad H \in \mathscr{B},$$

e la funzione di distribuzione è semplicemente

$$\bar{\mu}(x) = \begin{cases} p & \text{se } x = 1, \\ 1-p & \text{se } x = 0. \end{cases}$$

ii) **(Uniforme discreta)** Sia $H = \{x_1, \ldots, x_n\}$ un sottoinsieme finito di $\mathbb{R}^d$. La *distribuzione uniforme discreta su H* si indica con Unif_H ed è definita da

$$\text{Unif}_H = \frac{1}{n} \sum_{k=1}^{n} \delta_{x_k},$$

ossia

$$\text{Unif}_H(\{x\}) = \begin{cases} \dfrac{1}{n} & \text{se } x \in H, \\ 0 & \text{altrimenti.} \end{cases}$$

iii) (**Binomiale**) Siano $n \in \mathbb{N}$ e $p \in [0, 1]$. La *distribuzione binomiale di parametri* n *e* p è definita su $\mathbb{R}$ da

$$\mathrm{Bin}_{n,p} = \sum_{k=0}^{n} \binom{n}{k} p^k (1-p)^{n-k} \delta_k,$$

ossia la funzione di distribuzione è

$$\bar{\mu}(k) = \mathrm{Bin}_{n,p}(\{k\}) = \begin{cases} \binom{n}{k} p^k (1-p)^{n-k} & \text{per } k = 0, 1, \ldots, n, \\ 0 & \text{altrimenti.} \end{cases}$$

Per un'interpretazione della distribuzione binomiale si ricordi l'Esempio 2.2.20.

iv) (**Geometrica**) Fissato $p \in\,]0, 1]$, la *distribuzione geometrica di parametro* p è definita da

$$\mathrm{Geom}_p = \sum_{k=1}^{\infty} p(1-p)^{k-1} \delta_k,$$

ossia la funzione di distribuzione è

$$\bar{\mu}(k) = \mathrm{Geom}_p(\{k\}) = \begin{cases} p(1-p)^{k-1} & \text{per } k \in \mathbb{N}, \\ 0 & \text{altrimenti.} \end{cases}$$

Notiamo che

$$\sum_{k=1}^{\infty} p(1-p)^{k-1} = p \sum_{h=0}^{\infty} (1-p)^h = \quad \text{(poiché per ipotesi } 0 < p \leq 1)$$

$$= \frac{p}{1-(1-p)} = 1.$$

Per un'interpretazione della distribuzione geometrica si ricordi l'Esempio 2.3.31.

iv) (**Poisson**) La *distribuzione di Poisson di parametro* $\lambda > 0$, *centrata in* $x \in \mathbb{R}$, è definita da

$$\mathrm{Poisson}_{x,\lambda} := e^{-\lambda} \sum_{k=0}^{\infty} \frac{\lambda^k}{k!} \delta_{x+k}.$$

Nel caso $x = 0$, si parla semplicemente di distribuzione di Poisson di parametro $\lambda > 0$ e la si indica con $\mathrm{Poisson}_\lambda$: in questo caso la funzione di distribuzione è

$$\bar{\mu}(k) = \mathrm{Poisson}_\lambda(\{k\}) = \begin{cases} \frac{e^{-\lambda}\lambda^k}{k!} & \text{per } k \in \mathbb{N}_0, \\ 0 & \text{altrimenti.} \end{cases}$$

2.4.5 Distribuzioni assolutamente continue

Consideriamo una funzione $\mathscr{B}_d$-misurabile[18]

$$\gamma : \mathbb{R}^d \longrightarrow [0, +\infty[\quad \text{tale che} \quad \int_{\mathbb{R}^d} \gamma(x)dx = 1. \qquad (2.4.4)$$

Allora μ definita da

$$\mu(H) = \int_H \gamma(x)dx, \qquad H \in \mathscr{B}_d, \qquad (2.4.5)$$

è una distribuzione. Infatti è ovvio che $\mu(\emptyset) = 0$ e $\mu(\mathbb{R}^d) = 1$. Inoltre se $(H_n)_{n \in \mathbb{N}}$ è una successione di Boreliani disgiunti allora, per le proprietà dell'integrale di Lebesgue[19], si ha

$$\mu\left(\biguplus_{n \geq 1} H_n\right) = \int_{\biguplus_{n \geq 1} H_n} \gamma(x)dx = \sum_{n \geq 1} \int_{H_n} \gamma(x)dx = \sum_{n \geq 1} \mu(H_n),$$

che prova che μ è σ-additiva.

Definizione 2.4.18 (Distribuzione assolutamente continua) Una funzione $\mathscr{B}_d$-misurabile γ che soddisfi le proprietà in (2.4.4) è detta *funzione di densità* (o, semplicemente, *densità*). Diciamo che μ è una *distribuzione assolutamente continua* su $\mathbb{R}^d$, e scriviamo $\mu \in$ AC, se esiste una densità γ per cui valga la (2.4.5).

Nel seguito utilizzeremo anche l'abbreviazione[20] PDF per le funzioni di densità. Si noti l'analogia fra le proprietà (2.4.4) di una densità γ e le proprietà (2.4.1).

Osservazione 2.4.19 [!] La PDF di una $\mu \in$ AC non è univocamente determinata: lo è a meno di insiemi di Borel che hanno misura di Lebesgue nulla; infatti il valore dell'integrale in (2.4.5) non cambia modificando γ su un insieme di misura nulla secondo Lebesgue.

Inoltre se γ_1, γ_2 sono PDF di $\mu \in$ AC allora $\gamma_1 = \gamma_2$ q.o. (rispetto alla misura di Lebesgue). Infatti poniamo

$$A_n = \{x \mid \gamma_1(x) - \gamma_2(x) \geq 1/n\} \in \mathscr{B}_d, \qquad n \in \mathbb{N}.$$

---

[18] Ossia tale che $\gamma^{-1}(H) \in \mathscr{B}_d$ per ogni $H \in \mathscr{B}$.

[19] In particolare, qui usiamo il Teorema di Beppo-Levi.

[20] PDF sta per "Probability Density Function" ed è anche il comando usato in Mathematica per le funzioni di densità.

Allora

$$\frac{\text{Leb}(A_n)}{n} \leq \int\limits_{A_n} (\gamma_1(x) - \gamma_2(x))\, dx = \int\limits_{A_n} \gamma_1(x)dx - \int\limits_{A_n} \gamma_2(x)dx$$

$$= \mu(A_n) - \mu(A_n) = 0,$$

da cui $\text{Leb}(A_n) = 0$ per ogni $n \in \mathbb{N}$. Ne segue che anche

$$\{x \mid \gamma_1(x) > \gamma_2(x)\} = \bigcup_{n=1}^{\infty} A_n$$

ha misura di Lebesgue nulla, ossia $\gamma_1 \leq \gamma_2$ q.o. Analogamente si prova che $\gamma_1 \geq \gamma_2$ q.o.

Osservazione 2.4.20 [!] Salvo diversamente specificato, quando considereremo un integrale di Lebesgue, assumeremo sempre che la funzione integranda sia $\mathscr{B}$-misurabile (e quindi, in particolare, misurabile secondo Lebesgue). Dunque nel seguito, a meno che non sia esplicitamente indicato, "misurabile" significa "$\mathscr{B}$-misurabile" e anche nella definizione di spazio L^p (spazio delle funzioni sommabili di ordine p) è assunta implicitamente la $\mathscr{B}$-misurabilità. Ciò risulta conveniente per molti motivi: per esempio, la composizione di funzioni $\mathscr{B}$-misurabili è ancora $\mathscr{B}$-misurabile (fatto non necessariamente vero per funzioni misurabili secondo Lebesgue).

Osservazione 2.4.21 [!] Se μ su $\mathbb{R}^d$ è assolutamente continua allora μ assegna probabilità nulla ai Boreliani trascurabili secondo Lebesgue: precisamente si ha

$$\text{Leb}_d(H) = 0 \quad \Longrightarrow \quad \mu(H) = \int\limits_H \gamma(x)dx = 0. \qquad (2.4.6)$$

In particolare, se H è finito o numerabile allora $\mu(H) = 0$. In un certo senso le distribuzioni in AC sono "complementari" alle distribuzioni discrete (ma attenzione all'Osservazione 2.4.23 seguente!): infatti queste ultime assegnano probabilità positiva proprio ai singoli punti o a infinità numerabili di punti di $\mathbb{R}^d$. La (2.4.6) è una condizione necessaria[21] affinché $\mu \in$ AC e fornisce un test pratico molto utile per verificare che μ *non* ammette densità: se esiste $H \in \mathscr{B}_d$ tale che $\text{Leb}_d(H) = 0$ e $\mu(H) > 0$ allora $\mu \notin$ AC.

Ogni funzione di densità identifica una distribuzione: in pratica, assegnare una funzione di densità è il modo più semplice e usato comunemente per definire una distribuzione assolutamente continua, come mostrano i seguenti esempi notevoli.

---

[21] In realtà, per il Teorema A.11 di Radon-Nikodym, la (2.4.6) è condizione necessaria e sufficiente per l'assoluta continuità.

Esempio 2.4.22

i) **(Uniforme)** La *distribuzione uniforme* Unif_K *su* K, dove $K \in \mathscr{B}_d$ ha misura di Lebesgue $0 < \text{Leb}_d(K) < \infty$, è la distribuzione con densità

$$\gamma = \frac{1}{\text{Leb}_d(K)}\mathbb{1}_K.$$

Allora

$$\text{Unif}_K(H) = \int\limits_{H \cap K} \frac{1}{\text{Leb}_d(K)}dx = \frac{\text{Leb}_d(H \cap K)}{\text{Leb}_d(K)}, \qquad H \in \mathscr{B}_d.$$

Cosa succede se $\text{Leb}_d(K) = \infty$? È possibile definire una probabilità uniforme su $\mathbb{R}^d$?

ii) **(Esponenziale)** La *distribuzione esponenziale* Exp_λ *di parametro* $\lambda > 0$ è la distribuzione con densità

$$\gamma(x) = \begin{cases} \lambda e^{-\lambda x} & \text{se } x \geq 0, \\ 0 & \text{se } x < 0. \end{cases}$$

Allora

$$\text{Exp}_\lambda(H) = \lambda \int\limits_{H \cap [0,+\infty[} e^{-\lambda x}dx, \qquad H \in \mathscr{B}.$$

Si noti che $\text{Exp}_\lambda(\mathbb{R}) = \text{Exp}_\lambda(\mathbb{R}_{\geq 0}) = 1$ per ogni $\lambda > 0$.

iii) **(Normale reale)** La *distribuzione normale reale* $\mathscr{N}_{\mu,\sigma^2}$ *di parametri* $\mu \in \mathbb{R}$ e $\sigma > 0$ è la distribuzione su $\mathscr{B}$ con densità

$$\gamma(x) = \frac{1}{\sqrt{2\pi\sigma^2}}e^{-\frac{1}{2}\left(\frac{x-\mu}{\sigma}\right)^2}, \qquad x \in \mathbb{R}.$$

Allora

$$\mathscr{N}_{\mu,\sigma^2}(H) = \frac{1}{\sqrt{2\pi\sigma^2}}\int\limits_H e^{-\frac{1}{2}\left(\frac{x-\mu}{\sigma}\right)^2}dx, \qquad H \in \mathscr{B}.$$

La $\mathscr{N}_{0,1}$, corrispondente a $\mu = 0$ e $\sigma = 1$, è detta *distribuzione normale standard*.

Osservazione 2.4.23 [!] Non tutte le distribuzioni sono del tipo analizzato finora (ossia discrete o assolutamente continue). Per esempio in $\mathbb{R}^2$ si consideri il "segmento"

$$I = \{(x,0) \mid 0 \leq x \leq 1\}$$

e la distribuzione

$$\mu(H) = \text{Leb}_1(H \cap I), \qquad H \in \mathscr{B}_2,$$

dove Leb_1 indica la misura di Lebesgue 1-dimensionale (o più precisamente la misura di Hausdorff[22] 1-dimensionale in $\mathbb{R}^2$). Chiaramente $\mu \notin \text{AC}$ poiché $\mu(I) = 1$ e I ha misura di Lebesgue nulla in $\mathbb{R}^2$; d'altra parte μ non è una distribuzione discreta perché $\mu(\{(x, y)\}) = 0$ per ogni $(x, y) \in \mathbb{R}^2$.

L'idea è che una distribuzione può concentrare la probabilità su sottoinsiemi di $\mathbb{R}^d$ di dimensione (nel senso di Hausdorff[23]) *minore* di d: per esempio, una superficie sferica (che ha dimensione di Hausdorff uguale a 2) in $\mathbb{R}^3$. Le cose possono complicarsi ulteriormente poiché la dimensione di Hausdorff può essere frazionaria (al riguardo si veda l'Esempio 2.4.36).

2.4.6 *Funzioni di ripartizione (CDF)*

Il concetto di densità visto nella sezione precedente permette di identificare una *distribuzione* (che, ricordiamolo, è una misura di probabilità) mediante una *funzione* su $\mathbb{R}^d$ (che, matematicamente, è più maneggevole rispetto ad una misura): ovviamente ciò è possibile se la distribuzione è assolutamente continua. Un risultato analogo vale per le distribuzioni discrete (cfr. Osservazione 2.1.13).

In questa sezione presentiamo un approccio molto più generale e introduciamo il concetto di *funzione di ripartizione* che ci permetterà di identificare una generica distribuzione tramite una funzione. Per ora ci limitiamo a considerare il caso uno-dimensionale: nella Sezione 2.4.9 tratteremo il caso multi-dimensionale.

Definizione 2.4.24 La *funzione di ripartizione* di una distribuzione μ su $(\mathbb{R}, \mathscr{B})$ è definita da

$$F_\mu(x) := \mu(]-\infty, x]), \qquad x \in \mathbb{R}.$$

Utilizziamo anche l'abbreviazione[24] CDF per le funzioni di ripartizione.

Esempio 2.4.25

i)   La CDF della delta di Dirac δ_{x_0} è

$$F(x) = \begin{cases} 0 & \text{se } x < x_0, \\ 1 & \text{se } x \geq x_0. \end{cases}$$

---

[22] Si veda, per esempio, il Capitolo 2 in [31].
[23] Cf. Capitolo 2.5 in [31].
[24] CDF sta per "Cumulative Distribution Function" ed è anche il comando usato in Mathematica per le funzioni di ripartizione.

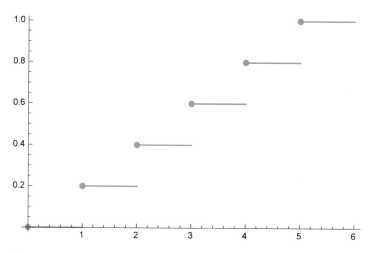

Figura 2.1 Grafico della CDF di una v.a. con distibuzione Unif$_5$

ii) La CDF della distribuzione discreta Unif$_n := \frac{1}{n} \sum_{k=1}^{n} \delta_k$ è

$$F(x) = \begin{cases} 0 & \text{se } x < 1, \\ \frac{k}{n} & \text{se } k \le x < k+1, \text{ per } 1 \le k \le n-1, \\ 1 & \text{se } x \ge n. \end{cases} \qquad (2.4.7)$$

Si veda la Figura 2.1 per il caso $n = 5$.

iii) Come mostrato in Figura 2.2, le funzioni di densità e di ripartizione della distribuzione Unif$_{[1,3]}$ sono rispettivamente

$$\gamma = \frac{1}{2} \mathbb{1}_{[1,3]} \qquad \text{e} \qquad F(x) = \begin{cases} 0 & x \le 1, \\ \frac{x-1}{2} & 1 < x \le 3, \\ 1 & x > 3. \end{cases}$$

iv) Come mostrato in Figura 2.3 (nel caso $\lambda = 2$), le funzioni di densità e di ripartizione della distribuzione Exp$_\lambda$ sono rispettivamente

$$\gamma(x) = \lambda e^{-\lambda x} \qquad \text{e} \qquad F(x) = 1 - e^{-\lambda x}, \qquad x \ge 0, \qquad (2.4.8)$$

e sono nulle per $x < 0$.

v) La CFD di $\mathcal{N}_{\mu,\sigma^2}$ è

$$F(x) = \frac{1}{\sqrt{2\pi\sigma^2}} \int_{-\infty}^{x} e^{-\frac{1}{2}\left(\frac{t-\mu}{\sigma}\right)^2} dt, \qquad x \in \mathbb{R}.$$

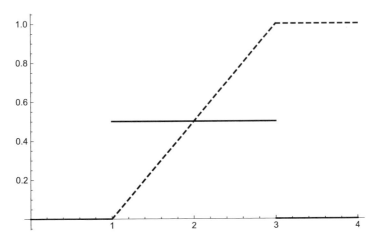

Figura 2.2 Funzione di densità (linea continua) e di ripartizione (linea tratteggiata) della distribuzione $\text{Unif}_{[1,3]}$

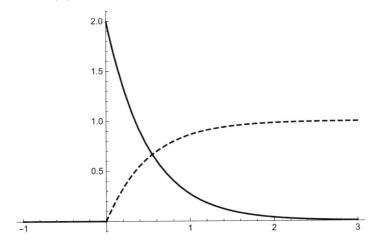

Figura 2.3 Funzione di densità (linea continua) e di ripartizione (linea tratteggiata) della distribuzione Exp_2

Per la normale standard si ha

$$F(x) = \frac{1}{2}\left(\text{erf}\left(\frac{x}{\sqrt{2}}\right) + 1\right), \qquad x \in \mathbb{R},$$

dove

$$\text{erf}(x) = \frac{2}{\sqrt{\pi}} \int\limits_{0}^{x} e^{-t^2} dt, \qquad x \in \mathbb{R},$$

è la *funzione errore*. La Figura 2.4 mostra la densità e la CDF della distribuzione normale standard.

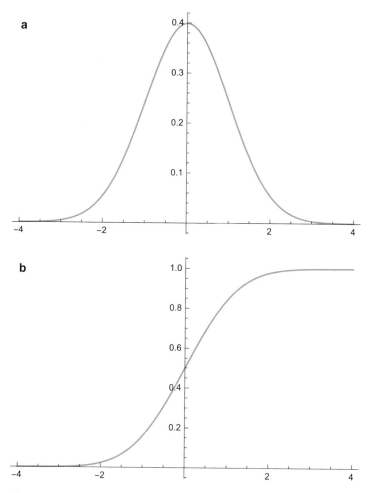

Figura 2.4 a Grafico della densità normale standard. **b** Grafico della CDF normale standard. Notare la scala differente nell'asse delle ordinate

Teorema 2.4.26 [!] La CDF F_μ di una distribuzione μ gode delle seguenti proprietà:

i) F_μ è monotona (debolmente) crescente;
ii) F_μ è continua a destra, ossia vale

$$F_\mu(x) = F_\mu(x+) := \lim_{y \to x^+} F_\mu(y);$$

iii) vale

$$\lim_{x \to -\infty} F_\mu(x) = 0 \qquad e \qquad \lim_{x \to +\infty} F_\mu(x) = 1;$$

Dimostrazione Per la i): se $x \leq y$ si ha $]-\infty, x] \subseteq]-\infty, y]$ e quindi, per la monotonia di μ, $F_\mu(x) \leq F_\mu(y)$.

Per la ii): consideriamo una successione decrescente $(x_n)_{n \in \mathbb{N}}$ che tende a x per $n \to \infty$: si ha

$$]-\infty, x] = \bigcap_{n \in \mathbb{N}}]-\infty, x_n]$$

e quindi per la continuità dall'alto di μ (cf. Proposizione 2.1.30-iii))

$$F_\mu(x) = \mu(]-\infty, x]) = \lim_{n \to \infty} \mu(]-\infty, x_n]) = \lim_{n \to \infty} F_\mu(x_n).$$

La tesi segue dall'arbitrarietà della successione $(x_n)_{n \in \mathbb{N}}$. I due limiti in iii) seguono rispettivamente dalla continuità dall'alto e dal basso di μ. $\square$

Osservazione 2.4.27 [!] Nelle ipotesi della proposizione precedente, data la monotonia di F_μ, esiste anche il limite da sinistra

$$F_\mu(x-) := \lim_{y \to x^-} F_\mu(y),$$

ma in generale vale solo

$$F_\mu(x-) \leq F_\mu(x), \qquad x \in \mathbb{R}.$$

Infatti per ogni successione *crescente* $(x_n)_{n \in \mathbb{N}}$ che tende a x per $n \to \infty$, si ha

$$\bigcup_{n \in \mathbb{N}}]-\infty, x_n] =]-\infty, x[$$

e dunque in questo caso, per la continuità dal basso di P (cf. Proposizione 2.1.30-ii)), si ha

$$F_\mu(x-) = \mu(]-\infty, x[) \quad \text{e} \quad \mu(\{x\}) = \Delta F_\mu(x) := F_\mu(x) - F_\mu(x-). \quad (2.4.9)$$

Dunque μ *assegna probabilità positiva nei punti in cui F_μ è discontinua e in tali punti la probabilità è uguale al salto di F_μ.* D'altra parte, è facile vedere che *una funzione monotona crescente*

$$F : \mathbb{R} \longrightarrow \mathbb{R}$$

ammette solo un'infinità al più numerabile di punti di discontinuità. Infatti, posto

$$A_n = \left\{ x \in \mathbb{R} \mid |x| \leq n, \ \Delta F(x) \geq \frac{1}{n} \right\}, \qquad n \in \mathbb{N},$$

si ha che la cardinalità $|A_n|$ è finita poiché

$$\frac{|A_n|}{n} \leq \sum_{x \in A_n} \Delta F(x) \leq F(n) - F(-n) < \infty.$$

Poiché l'insieme dei punti di discontinuità di F è uguale all'unione degli A_n al variare di $n \in \mathbb{N}$, si conferma quanto già detto nell'Osservazione 2.4.11 ossia che *per ogni distribuzione μ, l'insieme dei punti tali che $\mu(\{x\}) > 0$ è finito o al più numerabile.*

Esercizio 2.4.28 Provare che la CDF della distribuzione normale $\mathcal{N}_{\mu,\sigma^2}$ è strettamente monotona crescente.

2.4.7 Teorema di estensione di Carathéodory

Ricordiamo il concetto di misura (Definizione 2.1.20) su un'algebra (Definizione 2.1.18). Uno dei risultati su cui si fonda tutta la teoria della probabilità è il seguente

Teorema 2.4.29 (Teorema di Carathéodory) [!!!] Sia μ una misura σ-finita su un'algebra $\mathscr{A}$. Esiste ed è unica la misura σ-finita che estende μ alla σ-algebra generata da $\mathscr{A}$.

Dimostrazione La dimostrazione è lunga e articolata; nella Sezione 2.5.3 dimostriamo una versione più generale del Teorema 2.4.29, che sarà più facile da applicare in seguito. □

Il Teorema di Carathéodory è un risultato di *esistenza* dell'estensione di μ da $\mathscr{A}$ alla σ-algebra $\sigma(\mathscr{A})$ e di *unicità* dell'estensione. È notevole il fatto che non sia richiesta alcuna ipotesi su Ω che è un qualunque insieme non vuoto: infatti la dimostrazione è basata su argomenti puramente insiemistici.

2.4.8 Dalle CDF alle distribuzioni

La costruzione di un modello probabilistico su $\mathbb{R}$ (che rappresenti un fenomeno aleatorio, sia esso la posizione di una particella in un modello della fisica oppure il prezzo di un titolo rischioso in un modello della finanza oppure la temperatura in un modello meteorologico) consiste nell'assegnare una particolare distribuzione. Dal punto di vista pratico e intuitivo, il primo passo è stabilire come la distribuzione assegna la probabilità agli *intervalli* che sono gli eventi più semplici a cui pensare: avevamo fatto così nell'Esempio 2.1.28, quando avevamo definito la distribuzione uniforme. In realtà sappiamo (dal Corollario 2.4.10) che una distribuzione reale è identificata da come agisce sugli intervalli o equivalentemente, poiché

$$\mu(]a,b]) = F_\mu(b) - F_\mu(a),$$

dalla funzione di ripartizione. Allora sembra naturale domandarsi se, *data una funzione F che soddisfi le proprietà che una CDF deve avere, esista una distribuzione μ che abbia F come CDF.*

La risposta è affermativa ed è contenuta nel seguente Teorema 2.4.33 che dimostriamo come corollario del Teorema 2.4.29 di Carathéodory. Facciamo prima qualche richiamo preliminare.

Definizione 2.4.30 (Funzione assolutamente continua (AC)) Una funzione F è *assolutamente continua*[25] su $[a,b]$ (in simboli, $F \in AC[a,b]$) se si scrive nella forma

$$F(x) = F(a) + \int_a^x \gamma(t)dt, \qquad x \in [a,b], \qquad (2.4.10)$$

con $\gamma \in L^1([a,b])$.

Il seguente risultato, la cui dimostrazione è data in appendice (cfr. Proposizione A.19), afferma che le funzioni assolutamente continue sono derivabili quasi ovunque.

Proposizione 2.4.31 Sia $F \in AC[a,b]$ come in (2.4.10). Allora F è derivabile q.o. e vale $F' = \gamma$ q.o.: di conseguenza si ha

$$F(x) = F(a) + \int_a^x F'(t)dt, \qquad x \in [a,b]. \qquad (2.4.11)$$

In altri termini, *le funzioni assolutamente continue costituiscono la classe di funzioni per cui vale il teorema fondamentale del calcolo integrale* ossia, in parole povere, le fuzioni che sono uguali all'integrale della propria derivata. È bene osservare che anche se F è derivabile q.o. con $F' \in L^1([a,b])$, non è detto che valga la formula (2.4.11). Un semplice contro-esempio è dato dalla funzione $F = \mathbb{1}_{[1/2,1]}$: si ha $F' = 0$ q.o. su $[0,1]$ ma

$$1 = F(1) - F(0) \neq \int_0^1 F'(x)dx = 0.$$

Vedremo nell'Esempio 2.4.36, che F può anche essere continua, derivabile q.o. con $F' \in L^1([a,b])$ e questo ancora non assicura la validità della formula (2.4.11).

---

[25] La vera definizione di funzione assolutamente continua è data nell'Appendice A.2.4: in realtà, la Definizione 2.4.30 è una caratterizzazione equivalente dell'assoluta continuità.

Esercizio 2.4.32 Si verifichi che la funzione

$$F(x) = \begin{cases} 0 & x \leq 0, \\ \sqrt{x} & 0 < x < 1, \\ 1 & x \geq 1, \end{cases}$$

è assolutamente continua su $[0, 1]$.

Il principale risultato di questa sezione è il seguente

Teorema 2.4.33 [!!] Sia $F : \mathbb{R} \longrightarrow \mathbb{R}$ una funzione monotona (debolmente) crescente e continua a destra (ossia F gode delle proprietà i) e ii) della Teorema 2.4.26). Allora:

i) esiste ed è unica una misura μ_F su $(\mathbb{R}, \mathscr{B})$ che sia σ-finita e soddisfi

$$\mu_F(]a, b]) = F(b) - F(a), \qquad a, b \in \mathbb{R}, \ a < b; \qquad (2.4.12)$$

ii) se F verifica anche

$$\lim_{x \to -\infty} F(x) = 0 \qquad e \qquad \lim_{x \to +\infty} F(x) = 1,$$

(ossia F gode della proprietà iii) della Teorema 2.4.26) allora μ_F è una distribuzione;

iii) infine, F è assolutamente continua se e solo se $\mu_F \in$ AC: in tal caso, F' è una densità di μ_F.

Dimostrazione Si veda la Sezione 2.5.4. $\square$

Osservazione 2.4.34 È bene sottolineare che il Teorema 2.4.33 contiene anche un risultato di *unicità*, per cui ad una CDF è associata un'unica misura per cui valga la (2.4.12). Per esempio, la misura associata alla funzione $F(x) = x$ è la misura di Lebesgue e lo stesso vale prendendo $F(x) = x + c$ per ogni $c \in \mathbb{R}$.

Osservazione 2.4.35 Ci sono due casi particolarmente importanti nelle applicazioni:

1) se F è costante a tratti e indichiamo con x_n i punti di discontinuità di F (che, per l'Osservazione 2.4.27, sono una quantità finita o al più numerabile) allora, per la (2.4.9), μ_F è la distribuzione discreta

$$\mu_F = \sum_n \Delta F(x_n) \delta_{x_n}$$

dove $\Delta F(x_n)$ indica l'ampiezza del salto di F in x_n;
2) se F è assolutamente continua allora $\mu_F \in$ AC con densità uguale alla derivata F'.

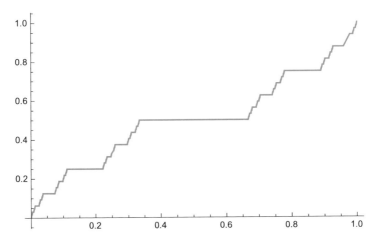

Figura 2.5 Grafico della funzione di Vitali

Esempio 2.4.36 La funzione di Vitali, rappresentata in Figura 2.5,

$$V : \mathbb{R} \longrightarrow [0, 1]$$

è continua, monotona crescente, tale che $V(x) = 0$ per $x \leq 0$, $V(x) = 1$ per $x \geq 1$ e con derivata prima V' che esiste quasi ovunque ed è uguale a zero: per una costruzione della funzione di Vitali si veda, per esempio, [31] pag. 192. Poiché V soddisfa le ipotesi del Teorema 2.4.33, esiste ed è unica la distribuzione μ_V tale che $\mu_V(]a, b]) = V(b) - V(a)$.

Poiché V è continua, si ha $\mu_V(\{x\}) = 0$ per ogni $x \in [0, 1]$ (cf. (2.4.9)) e quindi μ_V *non è una distribuzione discreta*. Se fosse $\mu_V \in$ AC esisterebbe una densità γ tale che

$$V(x) = \mu_V([0, x]) = \int_0^x \gamma(y)dy, \qquad x \geq 0.$$

Per la Proposizione 2.4.31 dovrebbe essere $\gamma = V' = 0$ quasi ovunque e ciò è assurdo. Dunque μ_V *non è neppure una distribuzione assolutamente continua*, benché la sua CDF V sia continua e derivabile quasi ovunque.

Per chi vuole approfondire la questione, il fatto è che μ_V assegna probabilità 1 all'*insieme di Cantor* (per maggiori dettagli si veda p. 37 in [31]) che è un sottoinsieme dell'intervallo $[0, 1]$, che ha misura di Lebesgue nulla e dimensione di Hausdorff pari a $\frac{\log 2}{\log 3}$.

Esercizio 2.4.37 Sia data la funzione

$$F(x) = \begin{cases} 0 & \text{per } x < 0, \\ \frac{x}{3} & \text{per } 0 \le x < 1, \\ 1 & \text{per } x \ge 1. \end{cases}$$

Si verifichi che F è una CDF. Se μ_F è la distribuzione associata, si calcoli $\mu_F([0,1])$, $\mu_F([0,1[)$ e $\mu_F(\mathbb{Q})$. Infine si verifichi che $\mu_F = \frac{2}{3}\delta_1 + \frac{1}{3}\text{Unif}_{[0,1]}$.

Esercizio 2.4.38 Per ogni $n \in \mathbb{N}$ sia

$$F_n(x) = \begin{cases} 0 & \text{per } x < 0, \\ x^n & \text{per } 0 \le x < 1, \\ 1 & \text{per } x \ge 1. \end{cases}$$

Si provi che F_n è una CDF assolutamente continua e si determini la densità γ_n della distribuzione μ_n associata. Posto

$$F(x) := \lim_{n \to \infty} F_n(x)$$

si verifichi che F è una CDF e si determini la distribuzione associata. Posto

$$\gamma(x) := \lim_{n \to \infty} \gamma_n(x),$$

la funzione γ è una densità?

Esercizio 2.4.39 Data una numerazione $(q_n)_{n \in \mathbb{N}}$ dei razionali di $[0,1]$, definiamo la distribuzione

$$\mu(\{x\}) = \begin{cases} 2^{-n} & \text{se } x = q_n, \\ 0 & \text{altrimenti.} \end{cases}$$

La CDF F_μ è continua nel punto 1? Determinare $F_\mu(1)$ e $F_\mu(1-)$.

Soluzione Se $\bar{n} \in \mathbb{N}$ è tale che $q_{\bar{n}} = 1$ allora $\Delta F_\mu(1) = \frac{1}{2^{\bar{n}}}$. Poiché $F_\mu(1) = 1$ allora $F_\mu(1-) = 1 - \frac{1}{2^{\bar{n}}}$.

2.4.9 Funzioni di ripartizione su $\mathbb{R}^d$

Il caso multi-dimensionale è analogo al caso scalare con qualche piccola differenza.

Definizione 2.4.40 La *funzione di ripartizione* di una distribuzione μ su $(\mathbb{R}^d, \mathscr{B}_d)$ è definita da

$$F_\mu(x) := \mu(]-\infty, x_1] \times \cdots \times]-\infty, x_d]), \qquad x = (x_1, \ldots, x_d) \in \mathbb{R}^d. \quad (2.4.13)$$

Esempio 2.4.41 Riportiamo i grafici di alcune CDF bidimensionali:

i)   Dirac centrata in $(1, 1)$ in Figura 2.6;
ii) Uniforme sul quadrato $[0, 1] \times [0, 1]$ in Figura 2.7. La densità è la funzione indicatrice $\gamma = \mathbb{1}_{[0,1]\times[0,1]}$;
iii) Normale standard bidimensionale in Figura 2.8, con densità

$$\gamma(x, y) = \frac{e^{-\frac{x^2}{2} - \frac{y^2}{2}}}{2\pi}, \qquad (x, y) \in \mathbb{R}^2.$$

Esempio 2.4.42 [!] Consideriamo la CDF bidimensionale

$$F(x, y) = \left(1 - e^{-y} + \frac{e^{-y(x+1)} - 1}{x + 1}\right) \mathbb{1}_{\mathbb{R}_{\geq 0} \times \mathbb{R}_{\geq 0}}(x, y),$$

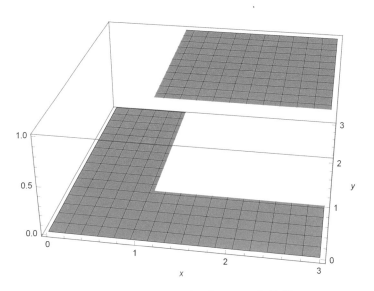

Figura 2.6 Grafico della CDF di Dirac bidimensionale centrata in $(1, 1)$

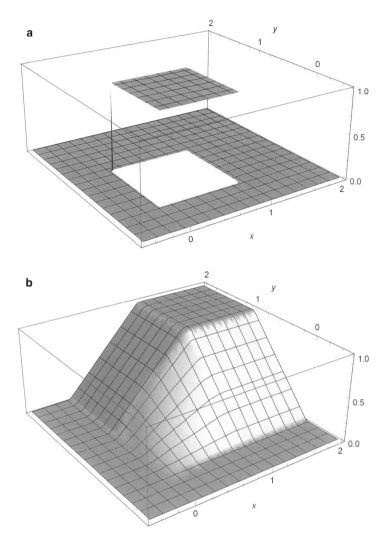

Figura 2.7 Distribuzione $\text{Unif}_{[0,1]\times[0,1]}$: grafico della densità (**a**) e della CDF (**b**)

e supponiamo di sapere che F è assolutamente continua, ossia

$$F(x, y) = \int\limits_{-\infty}^{x} \int\limits_{-\infty}^{y} \gamma(\xi, \eta)\,d\xi\,d\eta$$

per una certa $\gamma \in m\mathscr{B}^+$. Allora, come nel caso uno-dimensionale (cfr. Teorema 2.4.33-iii)), una densità per F si ottiene semplicemente differenziando:

$$\partial_x \partial_y F(x, y) = y e^{-xy}\, \mathbb{1}_{\mathbb{R}_{\geq 0} \times \mathbb{R}_{\geq 0}}(x, y).$$

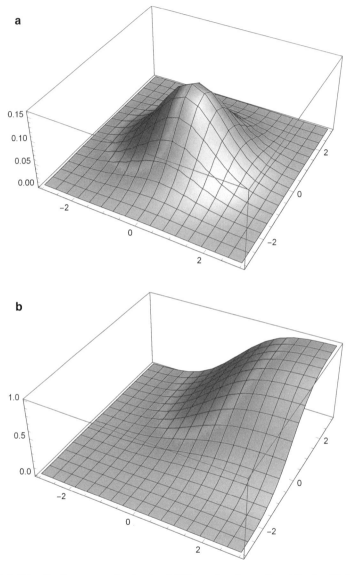

Figura 2.8 Distribuzione normale standard bidimensionale: grafico della densità (**a**) e della CDF (**b**)

Ora enunciamo un teorema che è la naturale estensione dei risultati visti in dimensione uno. Osserviamo prima che, fissati $k \in \{1, \ldots, d\}$, $a \leq b$ reali e $x \in \mathbb{R}^d$, vale

$$\mu(]-\infty, x_1] \times \cdots \times]-\infty, x_{k-1}] \times]a, b] \times]-\infty, x_{k+1}] \times \cdots \times]-\infty, x_d])$$
$$= F_\mu(x_1, \ldots, x_{k-1}, b, x_{k+1}, \ldots, x_d) - F_\mu(x_1, \ldots, x_{k-1}, a, x_{k+1}, \ldots, x_d)$$
$$=: \Delta^{(k)}_{]a,b]} F_\mu(x),$$

e più in generale

$$\mu(]a_1, b_1] \times \cdots \times]a_d, b_d]) = \Delta^{(1)}_{]a_1,b_1]} \cdots \Delta^{(d)}_{]a_d,b_d]} F_\mu(x). \qquad (2.4.14)$$

Teorema 2.4.43 La CDF F_μ di una distribuzione d-dimensionale μ gode delle seguenti proprietà:

i) *Monotonia:* per ogni scelta di $b_k > a_k \geq -\infty$, $1 \leq k \leq d$, si ha

$$\Delta^{(1)}_{]a_1,b_1]} \cdots \Delta^{(d)}_{]a_d,b_d]} F_\mu(x) \geq 0; \qquad (2.4.15)$$

ii) *Continuità a destra:* per ogni $x \in \mathbb{R}^d$ vale

$$\lim_{y \to x^+} F_\mu(y) = F_\mu(x),$$

dove $y \to x^+$ significa che $y_k \to x_k^+$ per ogni $k = 1, \ldots, d$;
iii) se $x_k \to -\infty$ per un $k = 1, \ldots, d$ allora $F_\mu(x) \to 0$ e se $x_k \to +\infty$ per ogni $k = 1, \ldots, d$ allora $F_\mu(x) \to 1$.

Viceversa, se

$$F : \mathbb{R}^d \longrightarrow [0, 1]$$

è una funzione che gode delle proprietà i), ii) e iii) allora esiste una distribuzione su $\mathbb{R}^d$ tale che $F = F_\mu$, ossia valga la (2.4.13).

Dimostrazione La dimostrazione è del tutto analoga al caso uno-dimensionale. Notiamo solo che la (2.4.15) segue direttamente dalla (2.4.14), essendo μ a valori non-negativi. $\square$

Osservazione 2.4.44 La proprietà (2.4.15) di monotonia non è del tutto banale. Nel caso $d = 2$, si scrive esplicitamente nel modo seguente

$$0 \leq \Delta^{(1)}_{]a_1,b_1]} \Delta^{(2)}_{]a_2,b_2]} F(x) = F(b_1, b_2) - F(b_1, a_2) - (F(a_1, b_2) - F(a_1, a_2))$$
$$= F(b_1, b_2) - F(a_1, b_2) - (F(b_1, a_2) - F(a_1, a_2))$$
$$= \Delta^{(2)}_{]a_2,b_2]} \Delta^{(1)}_{]a_1,b_1]} F(x).$$

Per esempio, la funzione

$$
F(x_1, x_2) = \begin{cases} 1 & \text{se } x_1, x_2 \geq 1, \\ 2/3 & \text{se } x_1 \geq 1 \text{ e } 0 \leq x_2 < 1, \\ 2/3 & \text{se } x_2 \geq 1 \text{ e } 0 \leq x_1 < 1, \\ 0 & \text{altrimenti,} \end{cases}
$$

pur essendo "monotona in ogni direzione", non verifica la i) del teorema precedente. In effetti si ha

$$
\Delta^{(1)}_{]1/2,1]} \Delta^{(2)}_{]1/2,1]} F(x) = -1/3,
$$

e quindi se esistesse la distribuzione relativa a F, essa assegnerebbe probabilità negativa al quadrato $]1/2, 1] \times]1/2, 1]$ e ciò è ovviamente assurdo.

Esercizio 2.4.45 Siano $I := [0,1] \times \{0\} \subseteq \mathbb{R}^2$ e μ la distribuzione uniforme su I, definita da

$$
\mu(H) = \text{Leb}_1(H \cap I), \qquad H \in \mathscr{B}_2,
$$

dove Leb_1 indica la misura di Lebesgue uno-dimensionale[26]. Si determini la CDF di μ.

2.4.10 Sintesi

Come si costruisce e definisce una misura di probabilità? Il primo strumento generale di teoria della misura è il Teorema di Carathéodory in base al quale ogni misura definita su un'algebra $\mathscr{A}$ si estende in modo unico alla σ-algebra generata da $\mathscr{A}$. Per esempio, in base a tale teorema, la misura definita per ogni intervallo $[a, b]$ come la lunghezza $b - a$, si estende in modo unico alla misura di Lebesgue sulla σ-algebra di Borel.

Un ruolo particolarmente importante giocano le misure di probabilità definite su $(\mathbb{R}^d, \mathscr{B}_d)$, chiamate anche *distribuzioni*. Fra di esse le distribuzioni *discrete* sono combinazioni lineari (anche numerabili) di delta di Dirac: esempi notevoli sono le distribuzioni di Bernoulli, uniforme discreta, binomiale e di Poisson. Altre importanti distribuzioni sono quelle *assolutamente continue*, ossia quelle che si rappresentano in termini di integrale di Lebesgue di una certa funzione, detta *densità*: esempi notevoli sono le distribuzioni uniforme, esponenziale e normale (ma ne vedremo tante altre...).

Le distribuzioni discrete e quelle assolutamente continue sono definite in termini di *funzioni reali*: la funzione di distribuzione nel primo caso e la densità nel secondo

---

[26] Un po' impropriamente, dato $A \in \mathscr{B}$, stiamo identificando $\text{Leb}_1(A)$ con $\text{Leb}_1(A \times \{0\})$.

caso. Questo è un fatto rilevante perché è molto più facile maneggiare una funzione di variabile reale (o, in generale, in $\mathbb{R}^d$) che non una distribuzione (che è una misura e ha come argomenti i Boreliani). D'altra parte esistono distribuzioni che non sono nè discrete nè assolutamente continue.

Per caratterizzare una generica distribuzione in termini di una funzione reale abbiamo introdotto il concetto di *funzione di ripartizione* (o CDF). Una CDF gode di alcune proprietà generali: nel caso uno-dimensionale, una CDF è monotona crescente (e di conseguenza derivabile q.o.), continua a destra e ha limite a $+\infty$ e $-\infty$ rispettivamente pari a 1 e 0. Abbiamo dimostrato che *è equivalente assegnare una distribuzione o la sua CDF*.

Infine il fatto che una distribuzione μ abbia densità è equivalente al fatto che la sua CDF F sia assolutamente continua, ossia al fatto che valga

$$\mu(]a, x]) = F(x) - F(a) = \int_a^x F'(t)dt, \qquad a < x,$$

e in tal caso F' è una densità di μ.

2.5 Appendice

2.5.1 Dimostrazione della Proposizione 2.3.30

Proposizione 2.3.30 Per ogni $n \in \mathbb{N}$ e $p \in [0, 1]$, esiste uno spazio discreto (Ω, P) su cui è definita in modo canonico una famiglia $(C_h)_{h=1,\ldots,n}$ di n prove ripetute e indipendenti con probabilità p.

Se $(C_h)_{h \in \mathbb{N}}$ è una successione di eventi indipendenti su uno spazio discreto (Ω, P), tali che $P(C_h) = p \in [0, 1]$ per ogni $h \in \mathbb{N}$, allora necessariamente $p = 0$ oppure $p = 1$.

Dimostrazione Poniamo

$$\Omega = \{\omega = (\omega_1, \ldots, \omega_n) \mid \omega_i \in \{0, 1\}\}$$

e consideriamo la *partizione*

$$\Omega = \bigcup_{k=0}^n \Omega_k, \qquad \Omega_k := \{\omega \in \Omega \mid \omega_1 + \cdots + \omega_n = k\}. \qquad (2.5.1)$$

Chiaramente ogni ω appartiene ad uno e un solo Ω_k e quindi $\Omega_k \cap \Omega_h = \emptyset$ per $k \neq h$, e inoltre $\Omega_k \leftrightarrow \mathbf{C}_{n,k}$ (l'elemento $(\omega_1, \ldots, \omega_n)$ di Ω_k è univocamente individuato dalla scelta delle k fra n componenti che sono uguali a 1) ossia

$$|\Omega_k| = \binom{n}{k}, \qquad k = 0, \ldots, n. \qquad (2.5.2)$$

Definiamo P ponendo

$$P(\{\omega\}) = p^k(1-p)^{n-k} \qquad \omega \in \Omega_k,\ k = 0, \dots, n.$$

Allora P è una probabilità poiché

$$P(\Omega) = \sum_{k=0}^{n} P(\Omega_k) = \sum_{k=0}^{n} \sum_{\omega \in \Omega_k} P(\{\omega\}) = \sum_{k=0}^{n} \binom{n}{k} p^k(1-p)^{n-k} = 1,$$

per la (2.2.10).

Proviamo che gli eventi

$$C_h = \{\omega \in \Omega \mid \omega_h = 1\}, \qquad h = 1, \dots, n,$$

formano una *famiglia di n prove ripetute e indipendenti* con probabilità p. Infatti siano $r \in \mathbb{N}$, $r \le n$, e $h_1, \dots, h_r \in I_n$ distinti. Si ha[27]

$$P\left(\bigcap_{i=1}^{r} C_{h_i}\right) = \sum_{k=r}^{n} P\left(\Omega_k \cap \left(\bigcap_{i=1}^{r} C_{h_i}\right)\right)$$

(osservando che, analogamente alla (2.5.2), la cardinalità di $\Omega_k \cap \left(\bigcap_{i=1}^{r} C_{h_i}\right)$ è esattamente uguale a $\binom{n-r}{k-r}$)

$$= \sum_{k=r}^{n} \left| \Omega_k \cap \left(\bigcap_{i=1}^{r} C_{h_i}\right) \right| p^k(1-p)^{n-k} =$$

$$= \sum_{k=r}^{n} \binom{n-r}{k-r} p^k(1-p)^{n-k} =$$

(col cambio di indice $j = k - r$)

$$= p^r \sum_{j=0}^{n-r} \binom{n-r}{j} p^j(1-p)^{n-j-r} = p^r.$$

Dunque abbiamo provato che, per $r = 1$,

$$P(C_h) = p, \qquad h = 1, \dots, n,$$

e per $1 < r \le n$ si ha

$$P\left(\bigcap_{i=1}^{r} C_{h_i}\right) = p^r = \prod_{i=1}^{r} P(C_{h_i}).$$

Quindi $(C_h)_{h=1,\dots,n}$ è una *famiglia di n prove ripetute e indipendenti* con probabilità p.

---

[27] Si noti che l'indice nella sommatoria parte da r poiché $\Omega_k \cap \left(\bigcap_{i=1}^{r} C_{h_i}\right) = \emptyset$ se $k < r$ (perché?).

Per quanto riguarda la seconda parte dell'enunciato: sia $(C_k)_{k \in \mathbb{N}}$ una successione di eventi indipendenti su uno spazio discreto (Ω, P), tali che $P(C_k) = p \in [0, 1]$ per ogni $k \in \mathbb{N}$. Non è restrittivo supporre $p \geq \frac{1}{2}$ perché altrimenti basta considerare la successione degli eventi complementari. In questo caso dimostriamo che necessariamente $p = 1$. Infatti supponiamo per assurdo che sia $p < 1$. Fissiamo un generico esito $\omega \in \Omega$: per ogni $n \in \mathbb{N}$ poniamo $\bar{C}_n = C_n$ oppure $\bar{C}_n = C_n^c$ a seconda che sia $\omega \in C_n$ oppure $\omega \in C_n^c$. Notiamo che $P(\bar{C}_n) \leq P(C_n)$ poiché abbiamo assunto $P(C_n) = p \geq \frac{1}{2}$. Per ogni $n \in \mathbb{N}$ gli eventi $\bar{C}_1, \ldots, \bar{C}_n$ sono indipendenti e

$$\{\omega\} \subseteq \bigcap_{k=1}^{n} \bar{C}_k$$

da cui

$$P(\{\omega\}) \leq \prod_{k=1}^{n} P(\bar{C}_k) \leq p^n.$$

Passando al limite in n otteniamo $P(\{\omega\}) = 0$ e questo è assurdo per l'arbitrarietà di $\omega \in \Omega$. $\square$

2.5.2 Dimostrazione della Proposizione 2.4.9

Proposizione 2.4.9 Sia μ una distribuzione su uno spazio metrico $(\mathbb{M}, \mathscr{B}_\varrho)$. Per ogni $H \in \mathscr{B}_\varrho$ si ha

$$\mu(H) = \sup\{\mu(C) \mid C \subseteq H, \ C \text{ chiuso}\} \tag{2.5.3}$$
$$= \inf\{\mu(A) \mid A \supseteq H, \ A \text{ aperto}\}. \tag{2.5.4}$$

A parole, si dice che ogni Boreliano è *regolare internamente* (per la (2.5.3)) ed *esternamente* (per la (2.5.4)) per μ.

Dimostrazione Indichiamo con $\mathscr{R}$ l'insieme dei Boreliani regolari (internamente ed esternamente) per μ. È chiaro che $H \in \mathscr{R}$ se e solo se per ogni $\varepsilon > 0$ esistono un chiuso C e un aperto A tali che

$$C \subseteq H \subseteq A, \qquad \mu(A \setminus C) < \varepsilon.$$

Proviamo anzitutto che $\mathscr{R}$ è una σ-algebra:

- poiché l'insieme vuoto è aperto e chiuso, si ha $\emptyset \in \mathscr{R}$;
- se $H \in \mathscr{R}$ allora per ogni $\varepsilon > 0$ esistono un chiuso C_ε e un aperto A_ε tali che $C_\varepsilon \subseteq H \subseteq A_\varepsilon$ e $\mu(A_\varepsilon \setminus C_\varepsilon) < \varepsilon$. Passando al complementare, si ha $A_\varepsilon^c \subseteq H^c \subseteq C_\varepsilon^c$, con A_ε^c chiuso, C_ε^c aperto e $C_\varepsilon^c \setminus A_\varepsilon^c = A_\varepsilon \setminus C_\varepsilon$. Questo prova che $H^c \in \mathscr{R}$;

- sia $(H_n)_{n \in \mathbb{N}}$ una successione in $\mathscr{R}$ e $H = \bigcup_{n \geq 1} H_n$. Allora, per ogni $\varepsilon > 0$ esi-
  stono due successioni, $(C_{n,\varepsilon})_{n \in \mathbb{N}}$ di chiusi e $(A_{n,\varepsilon})_{n \in \mathbb{N}}$ di aperti, tali che $C_{n,\varepsilon} \subseteq H_n \subseteq A_{n,\varepsilon}$ e $\mu(A_{n,\varepsilon} \setminus C_{n,\varepsilon}) < \frac{\varepsilon}{3^n}$. Posto $A_\varepsilon = \bigcup_{n \geq 1} A_{n,\varepsilon}$, si ha che A_ε è aperto e $H \subseteq A_\varepsilon$. D'altra parte, per la continuità dal basso di μ (cfr. Proposizione 2.1.30), esiste $k \in \mathbb{N}$ tale che $\mu(C \setminus C_\varepsilon) \leq \frac{\varepsilon}{2}$ dove

$$C := \bigcup_{n=1}^{\infty} C_{n,\varepsilon}, \qquad C_\varepsilon := \bigcup_{n=1}^{n} A_{n,\varepsilon}.$$

Chiaramente, C_ε è chiuso e $C_\varepsilon \subseteq H$. Infine si ha

$$\mu(A_\varepsilon \setminus C_\varepsilon) \leq \mu(A_\varepsilon \setminus C) + \mu(C \setminus C_\varepsilon)$$

$$\leq \sum_{n=1}^{\infty} \mu(A_{n,\varepsilon} \setminus C_{n,\varepsilon}) + \frac{\varepsilon}{2} \leq \sum_{n=1}^{\infty} \frac{\varepsilon}{3^n} + \frac{\varepsilon}{2} = \varepsilon.$$

Questo prova che $\mathscr{R}$ è una σ-algebra. Proviamo ora che $\mathscr{R}$ contiene tutti i chiusi: dato C chiuso poniamo $\varrho(x, C) = \inf_{y \in C} \varrho(x, y)$ e

$$A_n = \{x \in \mathbb{M} \mid \varrho(x, C) < 1/n\}, \qquad n \in \mathbb{N}.$$

Allora A_n è aperto e $A_n \searrow C$: infatti, se $x \in \bigcap_{n \geq 1} A_n$ allora $\varrho(x, C) = 0$ e quindi $x \in C$, essendo C chiuso. Allora, per la continuità dall'alto di μ si ha $\lim_{n \to \infty} \mu(A_n) = \mu(C)$.

La tesi segue dal fatto che $\mathscr{B}_\varrho$ è la più piccola σ-algebra che contiene gli aperti (e i chiusi) e quindi $\mathscr{B}_\varrho \subseteq \mathscr{R}$. $\square$

2.5.3 Dimostrazione del Teorema 2.4.29 di Carathéodory

Diamo una versione leggermente più generale (e decisamente più comoda da applicare) del Teorema 2.4.29: in questa sezione seguiamo la trattazione di [28]. Introduciamo la definizione di pre-misura su una generica famiglia di sottoinsiemi di Ω.

Definizione 2.5.1 (Pre-misura) Sia $\mathscr{A}$ una famiglia di sottoinsiemi di Ω tale che $\emptyset \in \mathscr{A}$. Una pre-misura su $\mathscr{A}$ è una funzione

$$\mu : \mathscr{A} \longrightarrow [0, +\infty]$$

tale che

i) $\mu(\emptyset) = 0$;
ii) μ è *additiva su* $\mathscr{A}$ nel senso che per ogni $A, B \in \mathscr{A}$, disgiunti e tali che $A \cup B \in \mathscr{A}$, vale

$$\mu(A \uplus B) = \mu(A) + \mu(B);$$

iii) μ è *σ-sub-additiva su* $\mathscr{A}$ nel senso che per ogni $A \in \mathscr{A}$ e $(A_n)_{n \in \mathbb{N}}$ successione di elementi in $\mathscr{A}$, vale

$$A \subseteq \bigcup_{n \in \mathbb{N}} A_n \quad \Longrightarrow \quad \mu(A) \leq \sum_{n \in \mathbb{N}} \mu(A_n).$$

Si dice che μ è *σ-finita* se esiste una successione $(A_n)_{n \in \mathbb{N}}$ in $\mathscr{A}$ tale che $\Omega = \bigcup_{n \in \mathbb{N}} A_n$ e $\mu(A_n) < \infty$ per ogni $n \in \mathbb{N}$.

Definizione 2.5.2 (Semianello) Una famiglia $\mathscr{A}$ di sottoinsiemi di Ω è un *semianello* se:

i) $\emptyset \in \mathscr{A}$
ii) $\mathscr{A}$ è $\cap$-chiusa;
iii) per ogni $A, B \in \mathscr{A}$ la differenza $B \setminus A$ è unione finita e disgiunta di insiemi di $\mathscr{A}$.

Esempio 2.5.3 [!] La famiglia $\mathscr{A}$ degli intervalli limitati del tipo

$$]a, b], \qquad a, b \in \mathbb{R}, \ a \leq b,$$

è un semianello (ma non è un'algebra). La famiglia formata dalle *unioni finite* di intervalli (anche illimitati) del tipo

$$]a, b], \qquad -\infty \leq a \leq b \leq +\infty,$$

è un'algebra (ma non è una σ-algebra). Tali famiglie generano la σ-algebra di Borel di $\mathbb{R}$.

Ricordiamo che una misura μ è una funzione σ-additiva e tale che $\mu(\emptyset) = 0$ (cfr. Definizione 2.1.20). Osserviamo che, per la Proposizione 2.1.30, μ è una pre-misura su un'algebra $\mathscr{A}$ se e solo se μ è una misura su $\mathscr{A}$. Inoltre il seguente lemma fornisce un risultato naturale la cui dimostrazione, che rinviamo alla fine della sezione, non è del tutto ovvia.

Lemma 2.5.4 Se μ è una misura su un semianello $\mathscr{A}$ allora μ è una pre-misura su $\mathscr{A}$.

Teorema 2.5.5 (Teorema di Carathéodory – versione generale) Sia μ una pre-misura σ-finita su un semianello $\mathscr{A}$. Esiste ed è unica la misura σ-finita che estende μ a $\sigma(\mathscr{A})$.

Osservazione 2.5.6 Il Teorema 2.4.29 è un corollario del Teorema 2.5.5: infatti ogni algebra è un semianello e, per il Lemma 2.5.4, ogni misura su un semianello è una pre-misura.

Dimostrazione del Teorema 2.5.5 L'unicità è un corollario del Teorema A.3 di Dynkin: per i dettagli, si vedano il Corollario A.5 e l'Osservazione A.6. Qui proviamo l'esistenza dell'estensione: in questa dimostrazione non utilizziamo l'ipotesi che μ sia σ-finita; d'altra parte se μ è σ-finita allora anche la sua estensione lo è. Dividiamo la prova in alcuni passi.

Passo 1 Introduciamo la famiglia dei ricoprimenti di $B \subseteq \Omega$ che siano finiti o numerabili e costituiti da elementi di $\mathscr{A}$:

$$\mathscr{U}(B) := \{\mathscr{R} \subseteq \mathscr{A} \mid \mathscr{R} \text{ al più numerabile e } B \subseteq \bigcup_{A \in \mathscr{R}} A\}.$$

Definiamo

$$\mu^* : \mathscr{P}(\Omega) \longrightarrow [0, +\infty]$$

ponendo

$$\mu^*(B) = \inf_{\mathscr{R} \in \mathscr{U}(B)} \sum_{A \in \mathscr{R}} \mu(A), \tag{2.5.5}$$

con la convenzione $\inf \emptyset = +\infty$.

Lemma 2.5.7 μ^* è una *misura esterna* ossia verifica le seguenti proprietà:

i) $\mu^*(\emptyset) = 0$;
ii) μ^* è monotona;
iii) μ^* è σ-sub-additiva.

Inoltre $\mu^*(A) = \mu(A)$ per ogni $A \in \mathscr{A}$.

Dimostrazione   Poiché $\emptyset \in \mathscr{A}$ la i) è ovvia. Se $B \subseteq C$ allora $\mathscr{U}(C) \subseteq \mathscr{U}(B)$ da cui segue che $\mu^*(B) \leq \mu^*(C)$ e questo prova la ii). Infine, data una successione $(B_n)_{n \in \mathbb{N}}$ di sottoinsiemi di Ω e posto $B = \bigcup_{n \in \mathbb{N}} B_n$, proviamo che

$$\mu^*(B) \leq \sum_{n \in \mathbb{N}} \mu^*(B_n).$$

È sufficiente considerare il caso $\mu^*(B_n) < \infty$ per ogni $n \in \mathbb{N}$, da cui segue in particolare che $\mathscr{U}(B_n) \neq \emptyset$. Allora, fissato $\varepsilon > 0$, per ogni $n \in \mathbb{N}$ esiste $\mathscr{R}_n \in \mathscr{U}(B_n)$ tale che

$$\sum_{A \in \mathscr{R}_n} \mu(A) \leq \mu^*(B_n) + \frac{\varepsilon}{2^n}.$$

Ora $\mathscr{R} := \bigcup_{n \in \mathbb{N}} \mathscr{R}_n \in \mathscr{U}(B)$ e quindi

$$\mu^*(B) \leq \sum_{A \in \mathscr{R}} \mu(A) \leq \sum_{n \in \mathbb{N}} \sum_{A \in \mathscr{R}_n} \mu(A) \leq \sum_{n \in \mathbb{N}} \mu^*(B_n) + \varepsilon$$

da cui la tesi per l'arbitrarietà di ε.

Infine proviamo che μ^* coincide con μ su $\mathscr{A}$. Per ogni $A \in \mathscr{A}$ si ha $\mu^*(A) \leq \mu(A)$ per definizione. Viceversa, poiché μ è σ-sub-additiva su $\mathscr{A}$, per ogni $\mathscr{R} \in \mathscr{U}(A)$ si ha

$$\mu(A) \leq \sum_{B \in \mathscr{R}} \mu(B)$$

da cui segue che $\mu(A) \leq \mu^*(A)$. □

Passo 2 Indichiamo con $\mathscr{M}(\mu^*)$ la famiglia degli $A \subseteq \Omega$ tali che

$$\mu^*(E) = \mu^*(E \cap A) + \mu^*(E \cap A^c), \qquad \forall E \subseteq \Omega.$$

Gli elementi di $\mathscr{M}(\mu^*)$ sono detti μ^*-misurabili. Proveremo che $\mathscr{M}(\mu^*)$ è una σ-algebra e μ^* è una misura su $\mathscr{M}(\mu^*)$. Cominciamo col seguente risultato parziale.

Lemma 2.5.8 $\mathscr{M}(\mu^*)$ è un'algebra.

Dimostrazione Chiaramente $\emptyset \in \mathscr{M}(\mu^*)$ e $\mathscr{M}(\mu^*)$ è chiusa rispetto al passaggio al complementare. Proviamo che l'unione di $A, B \in \mathscr{M}(\mu^*)$ appartiene a $\mathscr{M}(\mu^*)$: per ogni $E \subseteq \Omega$ si ha

$$\mu^*(E) = \mu^*(E \cap A) + \mu^*(E \cap A^c)$$
$$= \underbrace{\mu^*(E \cap A \cap B) + \mu^*(E \cap A \cap B^c) + \mu^*(E \cap A^c \cap B)}_{\geq \mu^*(E \cap A \cup B)}$$
$$+ \underbrace{\mu^*(E \cap A^c \cap B^c)}_{= \mu^*(E \cap (A \cup B)^c)}$$

poiché

$$(E \cap A \cup B) \subseteq (E \cap A \cap B) \cup (E \cap A \cap B^c) \cup (E \cap A^c \cap B).$$

Questo prova che

$$\mu^*(E) \geq \mu^*(E \cap (A \cup B)) + \mu^*(E \cap (A \cup B)^c).$$

D'altra parte μ^* è sub-additiva e quindi $A \cup B \in \mathscr{M}(\mu^*)$. □

Lemma 2.5.9 μ^* è una misura su $\mathcal{M}(\mu^*)$.

Dimostrazione È sufficiente provare che μ^* è σ-additiva su $\mathcal{M}(\mu^*)$. Per ogni $A, B \in \mathcal{M}(\mu^*)$ con $A \cap B = \emptyset$, si ha

$$\mu^*(A \uplus B) = \mu^*((A \uplus B) \cap A) + \mu^*((A \uplus B) \cap A^c) = \mu^*(A) + \mu^*(B).$$

Dunque μ^* è additiva su $\mathcal{M}(\mu^*)$. Inoltre, sappiamo già dal Punto 1 che μ^* è σ-sub-additiva e dunque la tesi segue dalla Proposizione 2.1.30. $\square$

Lemma 2.5.10 $\mathcal{M}(\mu^*)$ è una σ-algebra.

Dimostrazione Sappiamo già che $\mathcal{M}(\mu^*)$ è $\cap$-chiusa. Se verifichiamo che $\mathcal{M}(\mu^*)$ è una famiglia monotona (cfr. Definizione A.1) la tesi seguirà dal Lemma A.2. A tal fine è sufficiente provare che se $(A_n)_{n \in \mathbb{N}}$ è una successione in $\mathcal{M}(\mu^*)$ e $A_n \nearrow A$ allora $A \in \mathcal{M}(\mu^*)$. Grazie alla sub-additività di μ^*, basta provare che

$$\mu^*(E) \geq \mu^*(E \cap A) + \mu^*(E \cap A^c), \qquad E \subseteq \Omega. \tag{2.5.6}$$

Poniamo $A_0 = \emptyset$ e osserviamo che

$$\begin{aligned}
\mu^*(E \cap A_n) &= \mu^*((E \cap A_n) \cap A_{n-1}) + \mu^*((E \cap A_n) \cap A_{n-1}^c) \\
&= \mu^*(E \cap A_{n-1}) + \mu^*(E \cap (A_n \setminus A_{n-1})).
\end{aligned}$$

Di conseguenza si ha

$$\mu^*(E \cap A_n) = \sum_{k=1}^{n} \mu^*(E \cap (A_k \setminus A_{k-1})) \tag{2.5.7}$$

e, per la monotonia di μ^*,

$$\begin{aligned}
\mu^*(E) &= \mu^*(E \cap A_n) + \mu^*(E \cap A_n^c) \\
&\geq \mu^*(E \cap A_n) + \mu^*(E \cap A^c) = \qquad \text{(per la (2.5.7))} \\
&= \sum_{k=1}^{n} \mu^*(E \cap (A_k \setminus A_{k-1})) + \mu^*(E \cap A^c).
\end{aligned}$$

Mandando n all'infinito e usando la σ-sub-additività di μ^*, si ha

$$\mu^*(E) \geq \sum_{k=1}^{\infty} \mu^*(E \cap (A_k \setminus A_{k-1})) + \mu^*(E \cap A^c) \geq \mu^*(E \cap A) + \mu^*(E \cap A^c),$$

che prova la (2.5.6) e conclude la prova. $\square$

Passo 3 Come ultimo passo proviamo che

$$\sigma(\mathscr{A}) \subseteq \mathscr{M}(\mu^*).$$

Poiché $\mathscr{M}(\mu^*)$ è una σ-algebra, è sufficiente provare che $\mathscr{A} \subseteq \mathscr{M}(\mu^*)$: inoltre, essendo μ^* sub-additiva, basta provare che per ogni $A \in \mathscr{A}$ e $E \subseteq \Omega$, con $\mu^*(E) < \infty$, vale

$$\mu^*(E) \geq \mu^*(E \cap A) + \mu^*(E \cap A^c). \tag{2.5.8}$$

Fissato $\varepsilon > 0$, esiste un ricoprimento $(A_n)_{n \in \mathbb{N}}$ di E formato da elementi di $\mathscr{A}$ e tale che

$$\sum_{n \in \mathbb{N}} \mu(A_n) \leq \mu^*(E) + \varepsilon. \tag{2.5.9}$$

Poiché $\mathscr{A}$ è un semianello, si ha $A_n \cap A \in \mathscr{A}$ e quindi, per il Lemma 2.5.7,

$$\mu^*(A_n \cap A) = \mu(A_n \cap A). \tag{2.5.10}$$

D'altra parte, ancora per il fatto che $\mathscr{A}$ è un semianello, per ogni $n \in \mathbb{N}$ esistono $B_1^{(n)}, \ldots, B_{k_n}^{(n)} \in \mathscr{A}$ tali che

$$A_n \cap A^c = A_n \setminus A = \biguplus_{j=1}^{k_n} B_j^{(n)}.$$

Allora

$$\mu^*(A_n \cap A^c) = \mu^* \left(\biguplus_{j=1}^{k_n} B_j^{(n)} \right) \leq \quad \text{(essendo } \mu^* \text{ sub-additiva)}$$

$$\leq \sum_{j=1}^{k_n} \mu^*(B_j^{(n)}) = \quad \text{(poiché } \mu^* = \mu \text{ su } \mathscr{A} \text{ per il Lemma 2.5.7)}$$

$$= \sum_{j=1}^{k_n} \mu(B_j^{(n)}) = \quad \text{(essendo } \mu \text{ additiva)}$$

$$= \mu(A_n \cap A^c). \tag{2.5.11}$$

Ora proviamo la (2.5.8): per la σ-sub-additività di μ^* si ha

$$\mu^*(E \cap A) + \mu^*(E \cap A^c)$$

$$\leq \sum_{n \in \mathbb{N}} (\mu^*(A_n \cap A) + \mu^*(A_n \cap A^c)) \leq \quad \text{(per la (2.5.10) e la (2.5.11))}$$

$$\leq \sum_{n \in \mathbb{N}} (\mu(A_n \cap A) + \mu(A_n \cap A^c)) = \sum_{n \in \mathbb{N}} \mu(A_n) \leq \quad \text{(per la (2.5.9))}$$

$$\leq \mu^*(E) + \varepsilon.$$

La tesi segue dall'arbitrarietà di ε. Questo conclude la prova del Teorema 2.5.5.

Proviamo ora che la σ-algebra $\mathcal{M}(\mu^*)$, costruita nel Passo 2 della dimostrazione del Teorema di Carathéodory, contiene gli insiemi trascurabili. Notiamo che in generale $\mathcal{M}(\mu^*)$ è strettamente più grande di $\sigma(\mathcal{A})$: è questo il caso della misura di Lebesgue se $\mathcal{A}$ è la famiglia degli intervalli limitati del tipo

$$]a, b], \qquad a, b \in \mathbb{R}, \ a \leq b.$$

In questo caso, $\sigma(\mathcal{A})$ è la σ-algebra di Borel e $\mathcal{M}(\mu^*)$ è la σ-algebra dei misurabili secondo Lebesgue. D'altra parte, vediamo anche che gli elementi di $\mathcal{M}(\mu^*)$ differiscono da quelli di $\sigma(\mathcal{A})$ solo per insiemi μ^*-trascurabili. $\square$

Corollario 2.5.11 [!] Sotto le ipotesi del Teorema di Carathéodory, nello spazio con misura $(\Omega, \mathcal{M}(\mu^*), \mu^*)$ si ha:

i) se $\mu^*(M) = 0$ allora $M \in \mathcal{M}(\mu^*)$ e quindi $(\Omega, \mathcal{M}(\mu^*), \mu^*)$ è uno spazio con misura *completo*;

ii) per ogni $M \in \mathcal{M}(\mu^*)$, tale che $\mu^*(M) < \infty$, esiste $A \in \sigma(\mathcal{A})$ tale che $M \subseteq A$ e $\mu^*(A \setminus M) = 0$.

Dimostrazione Per la sub-additività e la monotonia di μ^*, se $\mu^*(M) = 0$ e $E \subseteq \Omega$ si ha

$$\mu^*(E) \leq \mu^*(E \cap M) + \mu^*(E \cap M^c) = \mu^*(E \cap M^c) \leq \mu^*(E),$$

e questo prova la i).

È chiaro che, per definizione di μ^*, per ogni $n \in \mathbb{N}$ esiste $A_n \in \sigma(\mathcal{A})$ tale che $M \subseteq A_n$ e

$$\mu^*(A_n) \leq \mu^*(M) + \frac{1}{n}. \tag{2.5.12}$$

Posto $A = \bigcap_{n \in \mathbb{N}} A_n \in \sigma(\mathcal{A})$, si ha $M \subseteq A$ e, passando al limite in (2.5.12) e grazie alla continuità dall'alto di μ^* su $\mathcal{M}(\mu^*)$, abbiamo $\mu^*(A) = \mu^*(M)$. Allora, poiché $M \in \mathcal{M}(\mu^*)$, si ha

$$\mu^*(A) = \mu^*(A \cap M) + \mu^*(A \cap M^c) = \mu^*(M) + \mu^*(A \setminus M)$$

da cui $\mu^*(A \setminus M) = 0$. $\square$

Concludiamo la sezione con la

Dimostrazione del Lemma 2.5.4 Se μ è una misura sul semianello $\mathcal{A}$ allora le proprietà i) e ii) di pre-misura sono ovvie. Proviamo che μ è monotona: se $A, B \in \mathcal{A}$ con $A \subseteq B$ allora, per la proprietà iii) di semianello, esistono $C_1, \ldots, C_n \in \mathcal{A}$ tali che

$$B \setminus A = \biguplus_{k=1}^{n} C_k.$$

Quindi si ha

$$\mu(B) = \mu(A \uplus (B \setminus A)) =$$
$$= \mu(A \uplus C_1 \uplus \cdots \uplus C_n) = \qquad \text{(per l'additività finita di } \mu\text{)}$$
$$= \mu(A) + \sum_{k=1}^{n} \mu(C_k) \geq \mu(A),$$

da cui la monotonia di μ.

La dimostrazione della proprietà iii), ossia la σ-sub-additività di μ, è una versione un po' più complicata della dimostrazione della Proposizione 2.1.21-ii): tutta la complicazione è dovuta al fatto che μ è definita su un semianello (invece che su un'algebra come nella Proposizione 2.1.21) e questo limita le operazioni insiemistiche che possiamo utilizzare. Siano $A \in \mathscr{A}$ e $(A_n)_{n \in \mathbb{N}}$ successione in $\mathscr{A}$ tali che

$$A \subseteq \bigcup_{n \in \mathbb{N}} A_n.$$

Poniamo $\tilde{A}_1 = A_1$ e

$$\tilde{A}_n = A_n \setminus \bigcup_{k=1}^{n-1} A_k = \bigcap_{k=1}^{n-1} (A_n \setminus (A_n \cap A_k)), \qquad n \geq 2. \qquad (2.5.13)$$

Allora, per le proprietà ii) e iii) di semianello, esistono $J_n \in \mathbb{N}$ e $C_1^{(n)}, \ldots, C_{J_n}^{(n)} \in \mathscr{A}$ tali che

$$\tilde{A}_n = \biguplus_{j=1}^{J_n} C_j^{(n)}.$$

Ora, $\tilde{A}_n \subseteq A_n$ e quindi, per monotonia e additività, si ha

$$\mu(A_n) \geq \mu(\tilde{A}_n) = \sum_{j=1}^{J_n} \mu(C_j^{(n)}). \qquad (2.5.14)$$

Inoltre, per la (2.5.13),

$$A \subseteq \bigcup_{n \in \mathbb{N}} A_n = \biguplus_{n \in \mathbb{N}} \tilde{A}_n = \biguplus_{n \in \mathbb{N}} \biguplus_{j=1}^{J_n} C_j^{(n)}$$

e quindi

$$
\mu(A) = \mu\left(\biguplus_{n\in\mathbb{N}} \biguplus_{j=1}^{J_n} \left(A \cap C_j^{(n)} \right) \right) = \qquad
\begin{array}{l}
\text{(poiché } A \cap C_j^{(n)} \in \mathscr{A} \text{ e, per ipotesi,} \\
\mu \text{ è una misura e quindi,} \\
\text{in particolare, } \sigma\text{-additiva)}
\end{array}
$$

$$
= \sum_{n\in\mathbb{N}} \sum_{j=1}^{J_n} \mu\left(A \cap C_j^{(n)} \right) \leq \qquad \text{(per monotonia)}
$$

$$
\leq \sum_{n\in\mathbb{N}} \sum_{j=1}^{J_n} \mu\left(C_j^{(n)} \right) = \qquad \text{(per la (2.5.14))}
$$

$$
\leq \sum_{n\in\mathbb{N}} \mu(A_n)
$$

e questo conclude la prova. □

2.5.4 Dimostrazione del Teorema 2.4.33

Teorema 2.4.33 [!!] Sia $F : \mathbb{R} \longrightarrow \mathbb{R}$ una funzione monotona (debolmente) crescente e continua a destra (ossia F gode delle proprietà i) e ii) della Teorema 2.4.26). Allora:

i)   esiste ed è unica una misura μ_F su $(\mathbb{R}, \mathscr{B})$ che sia σ-finita e soddisfi

$$
\mu_F(]a,b]) = F(b) - F(a), \qquad a,b \in \mathbb{R}, \ a < b;
$$

ii) se F verifica anche

$$
\lim_{x \to -\infty} F(x) = 0 \qquad \text{e} \qquad \lim_{x \to +\infty} F(x) = 1,
$$

(ossia F gode della proprietà iii) della Teorema 2.4.26) allora μ_F è una distribuzione;

iii) infine, F è assolutamente continua se e solo se $\mu_F \in$ AC: in tal caso, F' è densità di μ_F.

Dimostrazione [**Parte i)**] Consideriamo il semianello $\mathscr{A}$ dell'Esempio 2.5.3, formato dagli intervalli limitati del tipo

$$
]a,b], \qquad a,b \in \mathbb{R}, \ a \leq b,
$$

e su $\mathscr{A}$ definiamo μ_F ponendo

$$
\mu_F(]a,b]) = F(b) - F(a).
$$

La tesi segue dal Teorema 2.5.5 di Carathéodory una volta provato che μ_F è una pre-misura σ-finita (cfr. Definizione 2.5.1). Per definizione, $\mu_F(\emptyset) = 0$ e chiaramente μ_F è σ-finita. Inoltre μ_F è additiva poiché, se $]a, b],]c, d]$ sono intervalli disgiunti tali che la loro unione è un intervallo allora necessariamente[28] $b = c$, cosicché

$$\mu_F\left(]a, b] \uplus]b, d]\right) = \mu_F\left(]a, d]\right)$$
$$= F(d) - F(a) = (F(b) - F(a)) + (F(d) - F(b))$$
$$= \mu_F\left(]a, b]\right) + \mu_F\left(]b, d]\right).$$

Infine proviamo che μ_F è σ-sub-additiva. Basta considerare $]a, b] \in \mathscr{A}$ e una successione $(A_n)_{n \in \mathbb{N}}$ in $\mathscr{A}$, del tipo $A_n =]a_n, b_n]$, tale che $\bigcup_{n \in \mathbb{N}} A_n =]a, b]$ e provare che

$$\mu_F(A) \leq \sum_{n=1}^{\infty} \mu_F(A_n).$$

Fissiamo $\varepsilon > 0$: per la continuità a destra di F, esistono $\delta > 0$ e una successione di numeri positivi $(\delta_n)_{n \in \mathbb{N}}$ tali che

$$F(a + \delta) \leq F(a) + \varepsilon, \qquad F(b_n + \delta_n) \leq F(b_n) + \frac{\varepsilon}{2^n}. \qquad (2.5.15)$$

La famiglia $(]a_n, b_n + \delta_n[)_{n \in \mathbb{N}}$ è un ricoprimento[29] aperto del compatto $[a + \delta, b]$ e quindi ammette un sotto-ricoprimento finito: per fissare le idee, indichiamo con $(n_k)_{k=1,\dots,N}$ gli indici di tale sotto-ricoprimento. Allora, per la prima disuguaglianza in (2.5.15), si ha

$$F(b) - F(a) \leq \varepsilon + F(b) - F(a + \delta)$$
$$\leq \varepsilon + \mu_F\left(]a + \delta, b]\right) \leq \quad \text{(poiché } \mu_F \text{ è finitamente additiva}$$
$$\text{e quindi anche finitamente sub-additiva)}$$
$$\leq \varepsilon + \sum_{k=1}^{N} \mu_F\left(]a_{n_k}, b_{n_k} + \delta_{n_k}]\right)$$
$$\leq \varepsilon + \sum_{n=1}^{\infty} (F(b_n + \delta_n) - F(a_n)) \leq \quad \text{(per la seconda}$$
$$\text{disuguaglianza in (2.5.15))}$$
$$\leq \varepsilon + \sum_{n=1}^{\infty} \frac{\varepsilon}{2^n} + \sum_{n=1}^{\infty} (F(b_n) - F(a_n))$$
$$= 2\varepsilon + \sum_{n=1}^{\infty} (F(b_n) - F(a_n)),$$

e la tesi segue dall'arbitrarietà di $\varepsilon > 0$.

---

[28] Non è restrittivo assumere $a \leq d$.

[29] Poiché, per ogni $n \in \mathbb{N}$, $]a_n, b_n + \delta_n[$ contiene $]a_n, b_n]$.

[Parte ii)] Poiché

$$\mu_F(\mathbb{R}) = \lim_{x \to +\infty} F(x) - \lim_{x \to -\infty} F(x) = 1,$$

dove la prima uguaglianza è per costruzione e la seconda per ipotesi, allora μ_F è una misura di probabilità su $\mathbb{R}$, ossia una distribuzione.

[Parte iii)] Se F è assolutamente continua, per la Proposizione 2.4.31, per ogni $a < b$ si ha

$$\mu_F(]a,b]) = F(b) - F(a) = \int_a^b F'(x)dx.$$

Notiamo che $F' \geq 0$ q.o. perché limite del rapporto incrementale di una funzione monotona crescente: passando al limite per $a \to -\infty$ e $b \to +\infty$, per il Teorema di Beppo-Levi, si ha

$$1 = \mu_F(\mathbb{R}) = \int_{\mathbb{R}} F'(x)dx$$

e quindi F' è una densità. Consideriamo la distribuzione definita da

$$\mu(H) := \int_H F'(x)dx, \qquad H \in \mathscr{B}.$$

Allora μ_F coincide con μ sul semianello $\mathscr{A}$ degli intervalli limitati del tipo $]a,b]$. Poiché $\mathscr{A}$ genera $\mathscr{B}$, per il risultato di unicità del Teorema di Carathéodory, si ha $\mu_F = \mu$ su $\mathscr{B}$ e quindi $\mu_F \in AC$ con densità F'.

Viceversa, se $\mu_F \in AC$ con densità γ allora

$$F(x) - F(a) = \int_a^x \gamma(t)dt, \qquad a < x,$$

e quindi F è assolutamente continua e, per la Proposizione 2.4.31, $F' = \gamma$ q.o. □

Capitolo 3
Variabili aleatorie

*The theory of probability as a mathematical discipline can and
should be developed from axioms in exactly the same way as
geometry and algebra.*

Andrej N. Kolmogorov

Le variabili aleatorie descrivono *quantità che dipendono da un fenomeno o esperimento aleatorio*: per esempio, se l'esperimento è il *lancio di due dadi*, la quantità (variabile aleatoria) che interessa studiare potrebbe essere il *risultato della somma dei due lanci*. Il fenomeno aleatorio è modellizzato con uno spazio di probabilità $(\Omega, \mathscr{F}, P)$ (nell'esempio, lo spazio discreto $\Omega = I_6 \times I_6$ con la probabilità uniforme) e la quantità che interessa è descritta dalla variabile aleatoria X che ad ogni esito $\omega \in \Omega$ (ossia ad ogni possibile esito del fenomeno aleatorio) associa il valore $X(\omega)$: nell'esempio, $\omega = (\omega_1, \omega_2) \in I_6 \times I_6$ e $X(\omega) = \omega_1 + \omega_2$.

3.1 Variabili aleatorie

Consideriamo uno spazio di probabilità $(\Omega, \mathscr{F}, P)$ e fissiamo $d \in \mathbb{N}$. Dati $H \subseteq \mathbb{R}^d$ e una funzione $X : \Omega \longrightarrow \mathbb{R}^d$, indichiamo con

$$(X \in H) := \{\omega \in \Omega \mid X(\omega) \in H\} = X^{-1}(H)$$

la contro-immagine di H mediante X. Intuitivamente $(X \in H)$ rappresenta l'insieme degli esiti ω (ossia, gli stati del fenomeno aleatorio) tali che $X(\omega) \in H$. Riprendendo l'esempio del lancio dei dadi, se $H = \{7\}$ allora $(X \in H)$ rappresenta l'evento "il risultato della somma del lancio di due dadi è 7" ed è costituito da tutte le coppie (ω_1, ω_2) tali che $\omega_1 + \omega_2 = 7$. Nel caso $d = 1$, useremo anche le

---

Materiale Supplementare Online È disponibile online un supplemento a questo capitolo (https://doi.org/10.1007/978-88-470-4000-7_3), contenente dati, altri approfondimenti ed esercizi.

seguenti notazioni:

$$(X > c) := \{\omega \in \Omega \mid X(\omega) > c\},$$
$$(X = c) := \{\omega \in \Omega \mid X(\omega) = c\}, \qquad c \in \mathbb{R}.$$

Inoltre, se X, Y sono due funzioni da $(\Omega, \mathscr{F}, P)$ a valori in $\mathbb{R}^d$, scriviamo

$$(X = Y) := \{\omega \in \Omega \mid X(\omega) = Y(\omega)\}.$$

Si noti che non è detto che $(X \in H)$ sia un evento, ossia non è detto che $(X \in H) \in \mathscr{F}$ (a parte il caso banale degli spazi di probabilità discreti, in cui assumiamo che $\mathscr{F} = \mathscr{P}(\Omega)$ e quindi tutti i sottoinsiemi di Ω sono eventi). In particolare, senza ipotesi ulteriori non ha senso scrivere $P(X \in H)$. D'altra parte nelle applicazioni si è interessati a calcolare la probabilità di $(X \in H)$: ciò giustifica la seguente definizione di variabile aleatoria.

Definizione 3.1.1 Una *variabile aleatoria* (abbreviato in v.a.) su $(\Omega, \mathscr{F}, P)$ a valori in $\mathbb{R}^d$ è una funzione

$$X : \Omega \longrightarrow \mathbb{R}^d$$

tale che $(X \in H) \in \mathscr{F}$ per ogni $H \in \mathscr{B}_d$: scriviamo $X \in m\mathscr{F}$ e diciamo anche che X è $\mathscr{F}$-*misurabile*. Indichiamo con $m\mathscr{F}^+$ la classe delle funzioni $\mathscr{F}$-misurabili e non-negative; inoltre $b\mathscr{F}$ è la classe delle funzioni $\mathscr{F}$-misurabili e limitate. Nel caso particolare in cui $(\Omega, \mathscr{F}) = (\mathbb{R}^n, \mathscr{B}_n)$, X è semplicemente una funzione Borel-misurabile.

Osservazione 3.1.2 In questo capitolo ci limiteremo a considerare v.a. a valori in $\mathbb{R}^d$. Tuttavia è bene conoscere anche la seguente definizione generale: dato uno spazio misurabile $(E, \mathscr{E})$, una variabile aleatoria su $(\Omega, \mathscr{F}, P)$ a valori in E è una funzione

$$X : \Omega \longrightarrow E$$

$\mathscr{F}$-misurabile nel senso che $X^{-1}(\mathscr{E}) \subseteq \mathscr{F}$ ossia $(X \in H) \in \mathscr{F}$ per ogni $H \in \mathscr{E}$.

Come abbiamo spiegato sopra, *nel caso di spazi discreti* la condizione di misurabilità è automaticamente soddisfatta e *ogni funzione* $X : \Omega \longrightarrow \mathbb{R}^d$ *è una v.a.* In generale, la condizione $(X \in H) \in \mathscr{F}$ fa sì che $P(X \in H)$ sia ben definito e quindi si possa parlare della probabilità che X assuma valori nel Boreliano H.

Osservazione 3.1.3 [!] Se

$$X : \Omega \longrightarrow \mathbb{R}^d$$

è una funzione qualsiasi, $H \subseteq \mathbb{R}^d$ e $(H_i)_{i \in I}$ è una famiglia qualsiasi di sottoinsiemi di $\mathbb{R}^d$, allora si ha

$$X^{-1}(H^c) = (X^{-1}(H))^c, \qquad X^{-1}\left(\bigcup_{i \in I} H_i\right) = \bigcup_{i \in I} X^{-1}(H_i).$$

Come conseguenza, si ha che

$$\sigma(X) := X^{-1}(\mathscr{B}_d) = \{X^{-1}(H) \mid H \in \mathscr{B}_d\}$$

è una σ-algebra, chiamata σ-algebra generata da X. Osserviamo che $X \in m\mathscr{F}$ se e solo se $\sigma(X) \subseteq \mathscr{F}$.

Esempio 3.1.4 Consideriamo $X : I_6 \longrightarrow \mathbb{R}$ definita da

$$X(n) = \begin{cases} 1 & \text{se } n \text{ è pari,} \\ 0 & \text{se } n \text{ è dispari.} \end{cases}$$

Possiamo interpretare X come la v.a. che indica se il risultato del lancio di un dado è un numero pari o dispari. Allora si ha

$$\sigma(X) = \{\emptyset, \Omega, \{2, 4, 6\}, \{1, 3, 5\}\}$$

ossia $\sigma(X)$ contiene proprio gli eventi "significativi" per la v.a. X. Nei modelli probabilistici per le applicazioni, $\sigma(X)$ è chiamata *la σ-algebra delle informazioni su X* e viene utilizzata per rappresentare l'insieme delle informazioni riguardanti il valore aleatorio X. Ciò si spiega, almeno parzialmente, col fatto che $\sigma(X)$ contiene gli eventi del tipo $(X \in H)$ con $H \in \mathscr{B}$: questi sono gli eventi "rilevanti" ai fini di studiare la quantità aleatoria X, nel senso che conoscere la probabilità di questi eventi equivale a conoscere con quale probabilità X assuma i propri valori.

Lemma 3.1.5 Sia $\mathscr{H}$ è una famiglia di sottoinsiemi di $\mathbb{R}^d$ tale che $\sigma(\mathscr{H}) = \mathscr{B}_d$. Se $X^{-1}(\mathscr{H}) \subseteq \mathscr{F}$ allora $X \in m\mathscr{F}$.

Dimostrazione Sia

$$\mathscr{E} = \{H \in \mathscr{B}_d \mid X^{-1}(H) \in \mathscr{F}\}.$$

Allora $\mathscr{E}$ è una σ-algebra e poiché $\mathscr{E} \supseteq \mathscr{H}$ per ipotesi, allora $\mathscr{E} \supseteq \sigma(\mathscr{H}) = \mathscr{B}_d$ da cui la tesi. $\square$

Corollario 3.1.6 Siano $X_k : \Omega \longrightarrow \mathbb{R}$ con $k = 1, \dots, d$. Le seguenti proprietà sono equivalenti:

i) $X := (X_1, \dots, X_d) \in m\mathscr{F}$;
ii) $X_k \in m\mathscr{F}$ per ogni $k = 1, \dots, d$;
iii) $(X_k \leq x) \in \mathscr{F}$ per ogni $x \in \mathbb{R}$ e $k = 1, \dots, d$.

Dimostrazione È semplice provare che i) implica ii); il viceversa segue dal Lemma 3.1.5, dal fatto che

$$((X_1,\dots,X_d)\in H_1\times\cdots\times H_d)=\bigcap_{k=1}^{d}(X_k\in H_k)$$

e $\mathscr{H}:=\{H_1\times\cdots\times H_d\mid H_k\in\mathscr{B}\}$ è una famiglia di sottoinsiemi di $\mathbb{R}^d$ tale che $\sigma(\mathscr{H})=\mathscr{B}_d$.

Infine, ii) e iii) sono equivalenti ancora per il Lemma 3.1.5, poiché la famiglia degli intervalli del tipo $]-\infty,x]$ genera $\mathscr{B}$ (cfr. Esercizio 2.4.7-iii)). □

Presentiamo ora i primi semplici esempi di v.a., scrivendo anche esplicitamente la σ-algebra $\sigma(X)$ generata da X e l'immagine $X(\Omega)=\{X(\omega)\mid\omega\in\Omega\}$ che è *l'insieme dei valori possibili di X*.

Esempio 3.1.7

i) Dato $c\in\mathbb{R}^d$, consideriamo la funzione costante $X\equiv c$. Si ha

$$\sigma(X)=\{\emptyset,\Omega\}$$

e quindi X è una v.a. In questo caso $X(\Omega)=\{c\}$ e ovviamente c rappresenta l'unico valore che X può assumere. Dunque si tratta di una variabile "non proprio aleatoria".

ii) Dato un evento $A\in\mathscr{F}$, la *funzione indicatrice di A* è definita da

$$X(\omega)=\mathbb{1}_A(\omega)=\begin{cases}1 & \omega\in A,\\ 0 & \omega\in A^c.\end{cases}$$

X è una v.a. poiché

$$\sigma(X)=\{\emptyset,A,A^c,\Omega\},$$

e in questo caso $X(\Omega)=\{0,1\}$.

iii) Sia $(C_h)_{h=1,\dots,n}$ una famiglia di n prove ripetute e indipendenti. Consideriamo la v.a. S che conta il numero di successi fra le n prove: in altri termini

$$S(\omega)=\sum_{h=1}^{n}\mathbb{1}_{C_h}(\omega),\qquad\omega\in\Omega.$$

Con riferimento allo spazio canonico della Proposizione 2.3.30 si ha anche

$$S(\omega)=\sum_{h=1}^{n}\omega_h,\qquad\omega\in\Omega.$$

e, ricordando la formula (2.5.1), abbiamo $(S = k) = \Omega_k$ con $k = 0, 1, \dots, n$. Quindi $\sigma(X)$ contiene $\emptyset$ e tutte le unioni degli eventi $\Omega_0, \dots, \Omega_n$. In questo caso $S(\Omega) = \{0, 1, \dots, n\}$.

iv) Sia $(C_h)_{h=1,\dots,n}$ una famiglia di n prove ripetute e indipendenti. Consideriamo la v.a. T che indica il "primo tempo" di successo fra le n prove: in altri termini

$$T(\omega) = \min\{h \mid \omega \in C_h\}, \qquad \omega \in \Omega,$$

e poniamo per convenzione $\min \emptyset = n+1$. In questo caso $T(\Omega) = \{1, \dots, n, n+1\}$. Con riferimento allo spazio canonico della Proposizione 2.3.30, si ha anche

$$T(\omega) = \min\{h \mid \omega_h = 1\}, \qquad \omega \in \Omega.$$

$\sigma(X)$ contiene $\emptyset$ e tutte le unioni degli eventi $(T = 1), \dots, (T = n + 1)$. Notiamo che

$$(T = 1) = C_1, \qquad (T = n + 1) = C_1^c \cap \cdots \cap C_n^c$$

e, per $1 < k \leq n$,

$$(T = k) = C_1^c \cap \cdots \cap C_{k-1}^c \cap C_k.$$

Proposizione 3.1.8 Valgono le seguenti proprietà delle funzioni misurabili:

i) siano

$$X : \Omega \longrightarrow \mathbb{R}^d, \qquad f : \mathbb{R}^d \longrightarrow \mathbb{R}^n,$$

con X v.a. e $f \in m\mathscr{B}_d$. Allora si ha

$$\sigma(f \circ X) \subseteq \sigma(X), \tag{3.1.1}$$

e di conseguenza $f(X) \in m\mathscr{F}$;

ii) se $(X_n)_{n \in \mathbb{N}}$ è una successione in $m\mathscr{F}$ allora anche

$$\inf_n X_n, \qquad \sup_n X_n, \qquad \liminf_{n \to \infty} X_n, \qquad \limsup_{n \to \infty} X_n,$$

appartengono a $m\mathscr{F}$.

Dimostrazione La (3.1.1) segue da $f^{-1}(\mathscr{B}_n) \subseteq \mathscr{B}_d$ e il fatto che $f(X) \in m\mathscr{F}$ ne è immediata conseguenza.

La ii) segue dal fatto che, per ogni $a \in \mathbb{R}$, si ha

$$\left(\inf_n X_n < a\right) = \bigcup_n (X_n < a), \qquad \left(\sup_n X_n < a\right) = \bigcap_n (X_n < a),$$

e

$$\liminf_{n \to \infty} X_n = \sup_n \inf_{k \geq n} X_k, \qquad \limsup_{n \to \infty} X_n = \inf_n \sup_{k \geq n} X_k. \qquad \square$$

Osservazione 3.1.9 Dalla i) della Proposizione 3.1.8 segue in particolare che se $X, Y \in m\mathscr{F}$ e $\lambda \in \mathbb{R}$ allora $X + Y, XY, \lambda X \in m\mathscr{F}$. Infatti basta osservare che $X + Y, XY$ e λX sono funzioni continue (e quindi $\mathscr{B}$-misurabili) della coppia (X, Y) che è una v.a. per il Corollario 3.1.6.

Inoltre, per ogni successione $(X_n)_{n \in \mathbb{N}}$ di v.a. si ha

$$A := \{\omega \in \Omega \mid \text{esiste } \lim_{n \to \infty} X_n(\omega)\}$$
$$= \{\omega \in \Omega \mid \limsup_{n \to \infty} X_n(\omega) = \liminf_{n \to \infty} X_n(\omega)\} \in \mathscr{F}. \qquad (3.1.2)$$

Definizione 3.1.10 (Convergenza quasi certa) Se A in (3.1.2) è quasi certo, ossia $P(A) = 1$, allora si dice che $(X_n)_{n \in \mathbb{N}}$ *converge quasi certamente*.

Ricordiamo dall'Osservazione 2.4.3 che uno spazio $(\Omega, \mathscr{F}, P)$ è completo se $\mathscr{N} \subseteq \mathscr{F}$, ossia gli insiemi trascurabili (e quasi certi) sono eventi. L'ipotesi di completezza è spesso utile come mostrano i seguenti esempi.

Osservazione 3.1.11 (Proprietà quasi certe e completezza) Consideriamo una "proprietà" $\mathscr{P} = \mathscr{P}(\omega)$ la cui validità dipende da $\omega \in \Omega$: per fissare le idee, nell'Osservazione 3.1.9 $\mathscr{P}(\omega)$="esiste $\lim_{n \to \infty} X_n(\omega)$". Diciamo che $\mathscr{P}$ è *quasi certa* (o *vale q.c.*) se l'insieme

$$A := \{\omega \in \Omega \mid \mathscr{P}(\omega) \text{ è vera}\}$$

è quasi certo: ciò significa che esiste $C \in \mathscr{F}$ tale che $P(C) = 1$ e $C \subseteq A$ o, equivalentemente, esiste N trascurabile tale che $\mathscr{P}(\omega)$ è vera per ogni $\omega \in \Omega \setminus N$.

Nel caso di uno spazio completo, $\mathscr{P}$ vale q.c. se e solo se $P(A) = 1$. Se lo spazio non è completo, non è detto che $A \in \mathscr{F}$ e quindi $P(A)$ non è definita. Nel caso particolare dell'Osservazione 3.1.9, il fatto che $A \in \mathscr{F}$ è conseguenza della (3.1.2) e del fatto che le X_n sono v.a.

Definizione 3.1.12 (Uguaglianza quasi certa) Date due funzioni (non necessariamente variabili aleatorie)

$$X, Y : \Omega \longrightarrow \mathbb{R}^d,$$

diciamo che $X = Y$ quasi certamente, e scriviamo $X = Y$ q.c. (o $X \overset{q.c.}{=} Y$), se l'insieme $(X = Y)$ è quasi certo.

Osservazione 3.1.13 Per l'Osservazione 2.1.17, in uno spazio completo

$$X \overset{q.c.}{=} Y \iff P(X = Y) = 1.$$

Senza l'ipotesi di completezza, non è detto che $(X = Y)$ sia un evento (a meno che, per esempio, X e Y non siano entrambe v.a.). Di conseguenza $P(X = Y)$ non è ben definita e, senza l'ipotesi di completezza, non è corretto affermare che $X = Y$ q.c. equivale a $P(X = Y) = 1$. Notiamo anche che, in uno spazio completo, se $X = Y$ q.c. e Y è una v.a. allora anche X è una v.a.: ciò non è necessariamente vero se lo spazio non è completo.

3.1.1 Variabili aleatorie e distribuzioni

Sia

$$X : \Omega \longrightarrow \mathbb{R}^d$$

una variabile aleatoria sullo spazio di probabilità $(\Omega, \mathscr{F}, P)$. Ad X è associata in modo naturale la distribuzione definita da

$$\mu_X(H) := P(X \in H), \qquad H \in \mathscr{B}_d. \tag{3.1.3}$$

È facile verificare che μ_X in (3.1.3) è una distribuzione, ossia una misura di probabilità su $\mathbb{R}^d$: infatti si ha $\mu_X(\mathbb{R}^d) = P(X \in \mathbb{R}^d) = 1$ e inoltre, per ogni successione disgiunta $(H_n)_{n \in \mathbb{N}}$ in $\mathscr{B}_d$, si ha

$$\mu_X \left(\biguplus_{n=1}^{\infty} H_n \right) = P \left(X^{-1} \left(\biguplus_{n=1}^{\infty} H_n \right) \right)$$
$$= P \left(\biguplus_{n=1}^{\infty} X^{-1}(H_n) \right) = \qquad \text{(per la } \sigma\text{-additività di } P)$$
$$= \sum_{n=1}^{\infty} P \left(X^{-1}(H_n) \right) = \sum_{n=1}^{\infty} \mu_X(H_n).$$

Definizione 3.1.14 (Legge, CDF e densità di una v.a.) Data una v.a.

$$X : \Omega \longrightarrow \mathbb{R}^d$$

su $(\Omega, \mathscr{F}, P)$, la distribuzione μ_X definita da (3.1.3) è detta *distribuzione* (o *legge*) di X. Per indicare che X ha distribuzione μ_X scriveremo

$$X \sim \mu_X.$$

La funzione definita da[1]

$$F_X(x) := P(X \leq x), \qquad x \in \mathbb{R}^d,$$

---

[1] Al solito, $(X \leq x) = \bigcap_{k=1}^{d} (X_k \leq x_k)$.

è detta *funzione di ripartizione o CDF* di X. Notiamo che F_X è la CDF di μ_X.
Infine, se $\mu_X \in$ AC con densità γ_X, diremo che X è assolutamente continua e ha
densità γ_X: in tal caso vale

$$P(X \in H) = \int_H \gamma_X(x)dx, \qquad H \in \mathscr{B}_d.$$

Per comprendere la definizione precedente, suggeriamo di esaminare nel dettaglio il seguente

Esempio 3.1.15 [!] Sullo spazio di probabilità $(\Omega, \mathscr{F}, P) \equiv (\mathbb{R}, \mathscr{B}, \mathrm{Exp}_\lambda)$, dove
$\lambda > 0$ è fissato, consideriamo le v.a.

$$X(\omega) = \omega^2, \qquad Y(\omega) = \begin{cases} -1 & \text{se } \omega \leq 2, \\ 1 & \text{se } \omega > 2, \end{cases} \qquad Z(\omega) = \omega, \qquad \omega \in \mathbb{R}.$$

Per determinare la legge di X, calcoliamo la relativa CDF: per $x < 0$ si ha $P(X \leq x) = 0$, mentre per $x \geq 0$ si ha

$$F_X(x) = P(X \leq x) = \mathrm{Exp}_\lambda(\{\omega \in \mathbb{R} \mid \omega^2 \leq x\}) = \int_0^{\sqrt{x}} \lambda e^{-\lambda t}dt = 1 - e^{-\lambda\sqrt{x}}.$$

Ne segue che X è *assolutamente continua* con densità

$$\gamma_X(x) = \frac{dF_X(x)}{dx} = \frac{\lambda e^{-\lambda\sqrt{x}}}{2\sqrt{x}} \mathbb{1}_{\mathbb{R}_{\geq 0}}(x).$$

La v.a. Y assume solo due valori: -1 e 1. Inoltre

$$P(Y = -1) = \mathrm{Exp}_\lambda(]-\infty, 2]) = \int_0^2 \lambda e^{-\lambda t}dt = 1 - e^{-2\lambda},$$

$$P(Y = 1) = \mathrm{Exp}_\lambda(]2, +\infty]) = \int_2^{+\infty} \lambda e^{-\lambda t}dt = e^{-2\lambda}.$$

Ne segue che Y *è una v.a. discreta* con legge

$$Y \sim \left(1 - e^{-2\lambda}\right)\delta_{-1} + e^{-2\lambda}\delta_1.$$

Per esercizio, provare che $Z \sim \mathrm{Exp}_\lambda$.

Osservazione 3.1.16 (Esistenza) [!] Assegnata una distribuzione μ su $\mathbb{R}^d$, *esiste una v.a. X su uno spazio di probabilità $(\Omega, \mathscr{F}, P)$ tale che $\mu = \mu_X$*. Basta infatti considerare $(\mathbb{R}^d, \mathscr{B}_d, \mu)$ e la variabile aleatoria identità $X(\omega) \equiv \omega$, per ogni $\omega \in \mathbb{R}^d$. D'altra parte, la scelta di $(\Omega, \mathscr{F}, P)$ e X non è unica: in altri termini, variabili aleatorie differenti, anche definite su spazi di probabilità diversi, possono avere la medesima distribuzione. Per esempio, consideriamo:

i) Lancio di un dado: $\Omega_1 = I_6 := \{1, 2, 3, 4, 5, 6\}$ con probabilità uniforme e $X(\omega) = \omega$;

ii) Lancio di due dadi: $\Omega_2 = I_6 \times I_6$ con probabilità uniforme e $Y(\omega_1, \omega_2) = \omega_1$.

Allora X e Y hanno la stessa legge (che è la distribuzione uniforme discreta Unif_{I_6}) ma *sono variabili aleatorie differenti e definite su spazi di probabilità diversi*.

Dunque la legge di una v.a non fornisce la conoscenza completa della v.a. stessa. Conoscere la distribuzione di una v.a. X significa conoscere "come è distribuita la probabilità fra i vari valori che X può assumere" e questo, per molte applicazioni, è più che sufficiente; anzi, spesso *i modelli probabilistici sono definiti a partire dalla distribuzione* (o, equivalentemente, assegnando la CFD oppure la densità, nel caso assolutamente continuo) piuttosto che attraverso la definizione esplicita dello spazio di probabilità e della v.a. considerata.

Definizione 3.1.17 (Uguaglianza in legge) Siano X, Y variabili aleatorie (non necessariamente sullo stesso spazio di probabilità). Diciamo che X e Y *sono uguali in legge (o distribuzione)* se $\mu_X = \mu_Y$. In tal caso, scriviamo

$$X \stackrel{\mathrm{d}}{=} Y.$$

Esercizio 3.1.18 Provare le seguenti affermazioni:

i) se $X \stackrel{\mathrm{q.c.}}{=} Y$ allora $X \stackrel{\mathrm{d}}{=} Y$;

ii) esistono X, Y v.a. definite sullo stesso spazio $(\Omega, \mathscr{F}, P)$ tali che $X \stackrel{\mathrm{d}}{=} Y$ ma $P(X = Y) < 1$;

iii) se $X \stackrel{\mathrm{d}}{=} Y$ e $f \in m\mathscr{B}$ allora $f \circ X \stackrel{\mathrm{d}}{=} f \circ Y$.

Soluzione

i) Utilizziamo il fatto che $P(X = Y) = 1$ e, ricordando l'Esercizio 2.1.27, per ogni z abbiamo

$$\begin{aligned} P(X \in H) &= P\left((X \in H) \cap (X = Y)\right) \\ &= P\left((Y \in H) \cap (X = Y)\right) = P(Y \in H). \end{aligned}$$

ii) In uno spazio $(\Omega, \mathscr{F}, P)$ siano $A, B \in \mathscr{F}$ tali che $P(A) = P(B)$. Allora le v.a. indicatrici $X = \mathbb{1}_A$ e $Y = \mathbb{1}_B$ hanno entrambe distribuzione di Bernoulli uguale a

$$P(A)\delta_1 + (1 - P(A))\,\delta_0,$$

poiché assumono solo i valori 1 e 0 rispettivamente con probabilità $P(A)$ e $1 - P(A)$. Per quanto riguarda la CDF, si ha

$$F_Y(x) = F_X(x) = P(X \le x) = \begin{cases} 0 & \text{se } x < 0, \\ P(A^c) & \text{se } 0 \le x < 1, \\ 1 & \text{se } x \ge 1. \end{cases}$$

iii) Per ogni $H \in \mathscr{B}$ si ha

$$\begin{aligned} P\left((f \circ X)^{-1}(H)\right) = P\left(X^{-1}\left(f^{-1}(H)\right)\right) = \quad &\text{(poiché per ipotesi } X \stackrel{\mathrm{d}}{=} Y) \\ = P\left(Y^{-1}\left(f^{-1}(H)\right)\right) = P((f \circ Y)^{-1}(H)). \end{aligned}$$

Esaminiamo ora alcuni esempi di distribuzioni di v.a. con particolare riferimento al caso di v.a. *assolutamente continue* e *discrete*. Abbiamo già detto che X è *assolutamente continua* se

$$P(X \in H) = \int_H \gamma_X(x)dx, \qquad H \in \mathscr{B},$$

dove la densità γ_X è una funzione $\mathscr{B}$-misurabile, non-negativa (ossia $\gamma_X \in m\mathscr{B}^+$) e tale che $\int_{\mathbb{R}^d} \gamma_X(x)dx = 1$.

Diciamo che una v.a. X è *discreta* se la sua legge è una distribuzione discreta (cfr. Definizione 2.4.15), ossia è una combinazione finita o numerabile di Delta di Dirac:

$$\mu_X = \sum_{k \ge 1} p_k \delta_{x_k}, \tag{3.1.4}$$

dove (x_k) è una successione di punti distinti di $\mathbb{R}^d$ e (p_k) è una successione di numeri non-negativi con somma pari a uno. Se $\bar{\mu}_X$ indica la funzione di distribuzione di μ_X, allora si ha

$$P(X = x_k) = \bar{\mu}_X(x_k) = p_k, \qquad k \in \mathbb{N}.$$

Osservazione 3.1.19 I grafici della densità γ_X (nel caso di distribuzioni assolutamente continue) e della funzione di distribuzione $\bar{\mu}_X$ (nel caso di distribuzioni discrete) danno una rappresentazione semplice e immediata di come è distribuita la probabilità fra i valori possibili di X: illustriamo questo fatto nella sezione seguente con alcuni esempi.

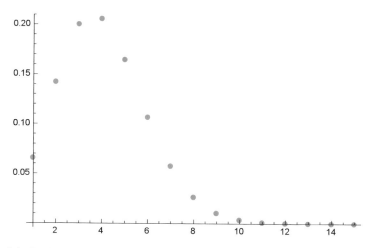

Figura 3.1 Grafico della funzione di distribuzione di una variabile aleatoria binomiale

3.1.2 Esempi di variabili aleatorie discrete

Esempio 3.1.20 (Binomiale) [!] Per una v.a S con distribuzione binomiale, $S \sim$ $\text{Bin}_{n,p}$ (si veda l'Esempio 2.4.17-iii)), si ha

$$P(S = k) = \binom{n}{k} p^k (1 - p)^{n-k}, \qquad k = 0, 1, \dots, n. \qquad (3.1.5)$$

S rappresenta il "numero di successi in n prove ripetute e indipendenti con probabilità p" (cfr. Esempio 3.1.7-iii)). Esempi di variabili aleatori binomiali sono:

i) con riferimento all'Esempio 2.2.20, in cui si considera l'estrazione con reinserimento da un'urna che contiene b palline bianche e r palline rosse, la v.a. S che rappresenta il "numero di palline bianche estratte in n estrazioni" ha distribuzione $\text{Bin}_{n,\frac{b}{b+r}}$;

ii) con riferimento all'Esempio 2.3.42, in cui si suppone di disporre a caso n oggetti in r scatole, la v.a. S che rappresenta il "numero di oggetti nella prima scatola" ha distribuzione $\text{Bin}_{n,\frac{1}{r}}$.

In Figura 3.1, riportiamo il grafico della funzione di distribuzione $k \mapsto P(X = k)$ di una v.a. $X \sim \text{Bin}_{n,p}$ con $n = 40$ e $p = 10\%$: tale grafico permette di visualizzare molto chiaramente *i valori possibili di X, ossia $X(\Omega)$, in ascissa e le corrispondenti probabilità in ordinata.*

Esempio 3.1.21 (Overbooking) Supponiamo che la probabilità che un viaggiatore non si presenti all'imbarco all'aeroporto sia pari al 10%, indipendentemente dagli altri viaggiatori. Quante prenotazioni per un volo da 100 passeggeri si possono accettare volendo che la probabilità che tutti i viaggiatori presenti all'imbarco trovino posto sia maggiore del 99%?

Soluzione Supponiamo di accettare n prenotazioni e consideriamo la v.a. X "numero di passeggeri presenti all'imbarco": allora $X \sim \text{Bin}_{n,p}$ dove $p = \frac{9}{10}$ è la probabilità che un viaggiatore si presenti. Dobbiamo determinare il valore massimo di n tale che

$$P(X > 100) = \sum_{k=101}^{n} P(X = k) < 1\%.$$

Si verifica direttamente[2] che $P(X > 100) = 0.57\%$ se $n = 104$ e $P(X > 100) = 1.67\%$ se $n = 105$. Dunque possiamo accettare 104 prenotazioni.

Esempio 3.1.22 (Poisson) Sia $\lambda > 0$ una costante fissata. Per ogni $n \in \mathbb{N}, n \geq \lambda$, poniamo $q_n = \frac{\lambda}{n}$ e consideriamo $X_n \sim \text{Bin}_{n,q_n}$. Per ogni $k = 0, 1, \ldots, n$, poniamo

$$p_{n,k} := P(X_n = k) = \binom{n}{k} q_n^k (1 - q_n)^{n-k} = \frac{n!}{k!(n-k)!} \left(\frac{\lambda}{n}\right)^k \left(1 - \frac{\lambda}{n}\right)^{n-k}$$
$$= \frac{\lambda^k}{k!} \cdot \frac{n(n-1)\cdots(n-k+1)}{n^k} \cdot \frac{\left(1 - \frac{\lambda}{n}\right)^n}{\left(1 - \frac{\lambda}{n}\right)^k}$$

$$(3.1.6)$$

e osserviamo che

$$\lim_{n \to \infty} p_{n,k} = \frac{e^{-\lambda} \lambda^k}{k!} =: p_k, \qquad k \in \mathbb{N}_0.$$

Ritroviamo quindi la distribuzione di Poisson

$$\text{Poisson}_\lambda = \sum_{k=0}^{\infty} p_k \delta_k$$

dell'Esempio 2.4.17-iv).

Intuitivamente $X \sim \text{Poisson}_\lambda$ può essere pensata come il limite di una successione di v.a. $X_n \sim \text{Bin}_{n,q_n}$. In altri termini, la distribuzione di Poisson di parametro np approssima per $n \to +\infty$ (e $p \to 0^+$) la distribuzione binomiale $\text{Bin}_{n,p}$ e pertanto scriviamo

$$\text{Bin}_{n,p} \approx \text{Poisson}_{np} \qquad n \to +\infty, \; p \to 0^+.$$

[2] Mostreremo più avanti (cfr. Osservazione 4.4.8) come è possibile semplificare il calcolo di $P(X > 100)$ nel caso di $X \sim \text{Bin}_{n,p}$ con n grande.

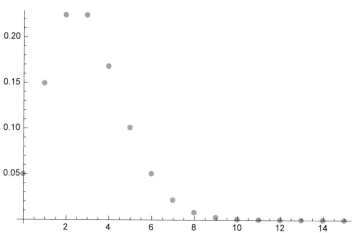

Figura 3.2 Grafico della funzione di distribuzione di una variabile aleatoria di Poisson

Questo risultato verrà formalizzato in seguito nell'Esempio 4.3.12. Notiamo che nella pratica, per n grande, il valore di $p_{n,k}$ in (3.1.6) è "difficile" da calcolare a causa della presenza dei fattoriali[3] nel coefficiente binomiale $\binom{n}{k}$. Pertanto risulta utile utilizzare la distribuzione di Poisson come approssimazione della binomiale.

In Figura 3.2, riportiamo il grafico della funzione di distribuzione $k \mapsto P(X = k)$ di una v.a. $X \sim \text{Poisson}_\lambda$ con $\lambda = 3$.

Esempio 3.1.23 Un macchinario produce bulloni e per ogni bullone prodotto c'è la probabilità dello 0.01% che sia difettoso (indipendentemente dagli altri). Calcolare la probabilità che in una scatola da 1000 bulloni ce ne siano meno di 3 difettosi.

Soluzione La v.a. X che indica il numero di bulloni difettosi in una scatola da 1000 bulloni, ha distribuzione binomiale $\text{Bin}_{1000,p}$ dove $p = 0.01\%$ è la probabilità che il singolo bullone sia difettoso. Allora

$$P(X < 3) = \sum_{k=0}^{2} P(X = k) = \sum_{k=0}^{2} \binom{1000}{k} p^k (1-p)^{1000-k} \approx 99.9846\%.$$

Utilizzando l'approssimazione con una v.a. di Poisson, diciamo $Y \sim \text{Poisson}_\lambda$ dove $\lambda = np = 0.1$, otteniamo

$$P(Y < 3) = \sum_{k=0}^{2} P(Y = k) = e^{-\lambda} \sum_{k=0}^{2} \frac{\lambda^k}{k!} \approx 99.9845\%.$$

---

[3] Per esempio $70! > 10^{100}$. Per calcolare $n!$ per $n \gg 1$ si può utilizzare l'approssimazione di Stirling

$$n! \approx \sqrt{2\pi n} \left(\frac{n}{e}\right)^n.$$

Esempio 3.1.24 (Geometrica) Per una v.a T con distribuzione geometrica di parametro p, $T \sim \text{Geom}_p$ con $p \in]0, 1]$, si ha[4]

$$P(T = k) = p(1 - p)^{k-1}, \qquad k \in \mathbb{N}.$$

La v.a. T rappresenta il "primo tempo di successo" in una famiglia di prove ripetute e indipendenti con probabilità p: al riguardo si ricordi l'Esempio 3.1.7-iv) e l'Esempio 2.3.31.

Proviamo ora una proprietà fondamentale della distribuzione geometrica, nota come *proprietà di assenza di memoria*.

Teorema 3.1.25 Se $T \sim \text{Geom}_p$ si ha

$$P(T > n) = (1 - p)^n, \qquad n \in \mathbb{N}, \tag{3.1.7}$$

e vale la seguente proprietà di assenza di memoria:

$$P(T > n + k \mid T > n) = P(T > k), \qquad k, n \in \mathbb{N}. \tag{3.1.8}$$

Viceversa, se T è una v.a. a valori in $\mathbb{N}$ e vale la (3.1.8) allora $T \sim \text{Geom}_p$ dove $p = P(T = 1)$.

Dimostrazione Se $T \sim \text{Geom}_p$ allora per ogni $n \in \mathbb{N}$ vale

$$P(T > n) = \sum_{k=n+1}^{\infty} P(T = k) = \sum_{k=n+1}^{\infty} p(1-p)^{k-1} = \sum_{h=n}^{\infty} p(1-p)^h$$

$$= p(1-p)^n \sum_{h=0}^{\infty} (1-p)^h = p(1-p)^n \frac{1}{1-(1-p)} = (1-p)^n,$$

e questo prova la (3.1.7). Allora, poiché $(T > k + n) \subseteq (T > n)$, si ha

$$P(T > n + k \mid T > n) = \frac{P(T > k + n)}{P(T > n)}$$

$$= \frac{(1-p)^{k+n}}{(1-p)^n} = (1-p)^k = P(T > k).$$

Viceversa, supponiamo che T sia una v.a. a valori in $\mathbb{N}$ per cui vale la (3.1.8). Notiamo che la (3.1.8) ha senso sotto l'ipotesi implicita che $P(T > n) > 0$ per ogni $n \in \mathbb{N}$ e per $k = 1$ si ha

$$P(T > 1) = P(T > n + 1 \mid T > n) = \frac{P(T > n + 1)}{P(T > n)}$$

---

[4] Per convenzione poniamo $0^0 = 1$.

da cui

$$P(T > n + 1) = P(T > n)P(T > 1)$$

e quindi

$$P(T > n) = P(T > 1)^n.$$

Inoltre, posto $p = P(T = 1) = 1 - P(T > 1)$, si ha

$$P(T = k) = P(T > k - 1) - P(T > k) = P(T > 1)^{k-1} - P(T > 1)^k$$
$$= P(T > 1)^{k-1}(1 - P(T > 1)) = p(1 - p)^{k-1},$$

che prova la tesi. □

Corollario 3.1.26 Siano $T \sim \text{Geom}_p$ e $n \in \mathbb{N}$. Vale

$$P(T = n + k \mid T > n) = P(T = k), \qquad k \in \mathbb{N},$$

ossia *la legge della v.a. T rispetto alla probabilità P è uguale alla legge della v.a.* $(T - n)$ *rispetto alla probabilità condizionata* $P(\cdot \mid T > n)$.

Dimostrazione Si ha

$$P(T = n + k \mid T > n) = P(T > n + k - 1 \mid T > n)$$
$$- P(T > n + k \mid T > n) = \quad \text{(per il Teorema 3.1.25)}$$
$$= P(T > k - 1) - P(T > k) = P(T = k). \ \square$$

Esercizio 3.1.27 In un gioco del lotto, una volta alla settimana si estraggono 5 numeri da un'urna che contiene 90 palline numerate. Qual è la probabilità che il numero 13 non venga estratto per 52 settimane consecutive? Sapendo che il 13 non è stato estratto per 52 settimane, qual è la probabilità che non sia estratto per la 53esima settimana consecutiva?

Soluzione Indichiamo con $p = \frac{|C_{89,4}|}{|C_{90,5}|} = \frac{5}{90}$ la probabilità che in un'estrazione venga estratto il 13. Se T indica la prima settimana in cui viene estratto il 13 allora per la (3.1.7) abbiamo

$$P(T > 52) = (1 - p)^{52} \approx 5.11\%$$

Equivalentemente avremmo potuto considerare la v.a. binomiale $X \sim \text{Bin}_{52,p}$ che indica il numero di volte in cui, fra 52 estrazioni, viene estratto il 13 e calcolare

$$P(X = 0) = \binom{52}{0} p^0 (1 - p)^{52}$$

che dà lo stesso risultato. Per la seconda domanda, dobbiamo calcolare

$$P(T > 53 \mid T > 52) = P(T > 1) = \frac{85}{90},$$

dove la prima uguaglianza segue dalla (3.1.8).

Esempio 3.1.28 (Ipergeometrica) Una variabile aleatoria X con distribuzione ipergeometrica rappresenta il numero di palline bianche estratte in n estrazioni *senza* reimmissione da un'urna che contiene N palline di cui b bianche: al riguardo si ricordi l'Esempio 2.2.22. In particolare, siano $n, b, N \in \mathbb{N}$ con $n, b \leq N$. Allora $X \sim \mathrm{Iper}_{n,b,N}$ se[5]

$$P(X = k) = \frac{\binom{b}{k}\binom{N-b}{n-k}}{\binom{N}{n}} \qquad k = 0, 1, \ldots, n \wedge b. \tag{3.1.9}$$

Esercizio 3.1.29 Sia $(b_N)_{N \in \mathbb{N}}$ una successione in $\mathbb{N}_0$ tale che

$$\lim_{N \to \infty} \frac{b_N}{N} = p \in \,]0, 1[.$$

Se γ_N, $N \in \mathbb{N}$, indica la funzione di distribuzione ipergeometrica di parametri n, b_N, N, e γ indica la funzione di distribuzione binomiale di parametri n e p, allora si ha

$$\lim_{N \to \infty} \mathrm{Iper}_{n,b_N,N}(\{k\}) = \mathrm{Bin}_{n,p}(\{k\})$$

per ogni $n \in \mathbb{N}$ e $k = 0, 1, \ldots, n$. Intuitivamente, se il numero di palline bianche b e il numero totale di palline N sono grandi, allora la reimmissione o meno di una pallina dopo l'estrazione modifica in modo trascurabile la composizione dell'urna.

Soluzione È un calcolo diretto: per maggiori dettagli si veda, per esempio, l'Osservazione 1.40 in [11].

3.1.3 *Esempi di variabili aleatorie assolutamente continue*

Esempio 3.1.30 (Esponenziale) Una v.a. con distribuzione esponenziale $X \sim \mathrm{Exp}_\lambda$ gode di una proprietà di *assenza di memoria* analoga a quella vista nel Teorema 3.1.25 per la distribuzione geometrica:

$$P(X > t + s \mid X > s) = P(X > t), \qquad t, s \geq 0. \tag{3.1.10}$$

---

[5] Per convenzione poniamo $\binom{n}{k} = 0$ per $k > n$.

Infatti, poiché $(X > t + s) \subseteq (X > s)$, si ha

$$P(X > t + s \mid X > s) = \frac{P(X > t + s)}{P(X > s)} = \quad \text{(per la (2.4.8))}$$

$$= \frac{e^{-\lambda(t+s)}}{e^{-\lambda s}} = e^{-\lambda t} = P(X > t).$$

La distribuzione esponenziale appartiene ad un'ampia famiglia di distribuzioni che introduciamo nell'Esempio 3.1.34.

Diamo un semplice ma utile risultato.

Proposizione 3.1.31 (Trasformazioni lineari e densità) Sia X una v.a. in $\mathbb{R}^d$, assolutamente continua con densità γ_X. Allora per ogni matrice A invertibile, di dimensione $d \times d$, e $b \in \mathbb{R}^d$, la v.a. $Z := AX + b$ è assolutamente continua con densità

$$\gamma_Z(z) = \frac{1}{|\det A|} \gamma_X \left(A^{-1}(z - b) \right).$$

Dimostrazione Per ogni $H \in \mathscr{B}_d$ si ha

$$P(Z \in H) = P\left(X \in A^{-1}(H - b) \right) =$$

$$= \int\limits_{A^{-1}(H-b)} \gamma_X(x)dx = \quad \text{(col cambio di variabili } z = Ax + b)$$

$$= \frac{1}{|\det A|} \int\limits_{H} \gamma_X\left(A^{-1}(z - b) \right) dz$$

e questo prova la tesi. $\square$

Esempio 3.1.32 (Uniforme) Consideriamo un esempio di v.a. con distribuzione uniforme su $K \in \mathscr{B}_d$ con misura di Lebesgue positiva come nell'Esempio 2.4.22-i). In particolare, sia K il triangolo in $\mathbb{R}^2$ di vertici $(0,0)$, $(1,0)$ e $(0,1)$. Sia $(X, Y) \sim$ Unif$_K$, con densità $\gamma_{(X,Y)}(x, y) = 2\mathbb{1}_K(x, y)$: con la Proposizione 3.1.31 possiamo facilmente calcolare la densità di $(X + Y, X - Y)$. Infatti, essendo

$$\begin{pmatrix} X + Y \\ X - Y \end{pmatrix} = A \begin{pmatrix} X \\ Y \end{pmatrix}, \qquad A = \begin{pmatrix} 1 & 1 \\ 1 & -1 \end{pmatrix},$$

si ha $\det A = -2$ e

$$\gamma_{(X+Y,X-Y)}(z, w) = \frac{2}{|\det A|} \mathbb{1}_K \left(A^{-1} \begin{pmatrix} z \\ w \end{pmatrix} \right) = \mathbb{1}_{AK}(z, w)$$

dove AK è il triangolo di vertici[6] $(0,0)$, $(1,1) = A \cdot (1,0)$ e $(1,-1) = A \cdot (0,1)$.

---

[6] Qui $A \cdot (1,0) \equiv A \begin{pmatrix} 1 \\ 0 \end{pmatrix}$.

Figura 3.3 Probabilità nella distribuzione normale

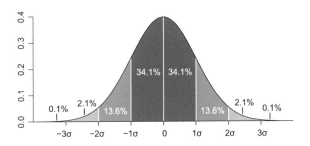

Esempio 3.1.33 (Normale) Ricordiamo che X ha distribuzione normale di parametri $\mu \in \mathbb{R}$ e $\sigma > 0$, ossia $X \sim \mathscr{N}_{\mu,\sigma^2}$, se

$$P(X \in H) = \int_H \frac{1}{\sqrt{2\pi\sigma^2}} e^{-\frac{1}{2}\left(\frac{x-\mu}{\sigma}\right)^2} dx, \qquad H \in \mathscr{B}.$$

Notiamo che $P(X \in H) > 0$ se e solo se $\mathrm{Leb}(H) > 0$, essendo la densità un esponenziale e quindi strettamente positiva. Ovviamente $P(X = x) = 0$ per ogni $x \in \mathbb{R}$ perché X è assolutamente continua.

Anche se X può assumere un qualsiasi valore reale, è bene sapere che la probabilità è sostanzialmente concentrata intorno al valore μ. Infatti, si ha

$$P(|X - \mu| \leq \sigma) \approx 68.27\%$$
$$P(|X - \mu| \leq 2\sigma) \approx 95.45\%$$
$$P(|X - \mu| \leq 3\sigma) \approx 99.73\% \qquad (3.1.11)$$

e questo significa che i valori estremi (neanche tanto lontani da μ) sono molto improbabili (si veda la[7] Figura 3.3). Per questo motivo si usa dire che la densità Gaussiana ha le "code sottili".

A prima vista, il fatto che i valori in (3.1.11) siano *indipendenti da μ e σ* può sembrare un po' strano. D'altra parte $P(|X - \mu| \leq \lambda\sigma) = P(|Z| \leq \lambda)$ dove $Z = \frac{X-\mu}{\sigma}$ e per la Proposizione 3.1.31 si ha

$$X \sim \mathscr{N}_{\mu,\sigma^2} \implies Z \sim \mathscr{N}_{0,1}.$$

In altre termini, si può sempre *standardizzare* una v.a. normale con una semplice trasformazione lineare.

Notiamo che la densità Gaussiana di $Z \sim \mathscr{N}_{0,1}$ è una funzione pari e quindi, per ogni $\lambda > 0$ si ha

$$P(Z \geq -\lambda) = P(-Z \leq \lambda) = P(Z \leq \lambda)$$

---

[7] La Figura 3.3 è tratta da commons.wikimedia.org/wiki/File:Standard_deviation_diagram.svg#/media/File:Standard_deviation_diagram.svg.

e di conseguenza

$$
\begin{aligned}
P(|Z| \leq \lambda) &= P(Z \leq \lambda) - P(Z \leq -\lambda) \\
&= P(Z \leq \lambda) - (1 - P(Z \geq -\lambda)) \\
&= 2F_Z(\lambda) - 1,
\end{aligned} \tag{3.1.12}
$$

dove F_Z indica la CDF di Z.

Esempio 3.1.34 (Gamma) Ricordiamo la definizione della funzione Gamma di Eulero:

$$
\Gamma(\alpha) := \int_0^{+\infty} x^{\alpha-1} e^{-x} dx, \qquad \alpha > 0. \tag{3.1.13}
$$

Osserviamo che Γ assume valori positivi, $\Gamma(1) = 1$ e $\Gamma(\alpha + 1) = \alpha\Gamma(\alpha)$ poiché, integrando per parti, si ha

$$
\Gamma(\alpha + 1) = \int_0^{+\infty} x^{\alpha} e^{-x} dx = \int_0^{+\infty} \alpha x^{\alpha-1} e^{-x} dx = \alpha\Gamma(\alpha).
$$

Ne segue in particolare che $\Gamma(n+1) = n!$ per ogni $n \in \mathbb{N}$. Un altro valore notevole si ha per $\alpha = \frac{1}{2}$:

$$
\begin{aligned}
\Gamma\left(\tfrac{1}{2}\right) &= \int_0^{+\infty} \frac{e^{-x}}{\sqrt{x}} dx = \quad \text{(col cambio di variabile } x = y^2\text{)} \\
&= 2 \int_0^{+\infty} e^{-y^2} dy = \sqrt{\pi}.
\end{aligned}
$$

Notiamo anche che, fissato $\lambda > 0$, col cambio di variabile $x = \lambda t$ in (3.1.13) otteniamo

$$
\Gamma(\alpha) := \lambda^{\alpha} \int_0^{+\infty} t^{\alpha-1} e^{-\lambda t} dt, \qquad \alpha > 0.
$$

Ne segue che la funzione

$$
\gamma_{\alpha,\lambda}(t) := \frac{\lambda^{\alpha}}{\Gamma(\alpha)} t^{\alpha-1} e^{-\lambda t} \mathbb{1}_{\mathbb{R}>0}(t), \qquad t \in \mathbb{R}, \tag{3.1.14}
$$

è una densità per ogni $\alpha > 0$ e $\lambda > 0$.

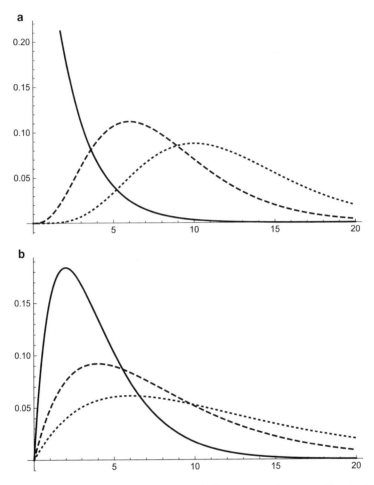

Figura 3.4 a Grafico della densità $\gamma_{\alpha,2}$ per $\alpha = 1$ (linea continua), $\alpha = 4$ (linea tratteggiata) $\alpha = 6$ (linea punteggiata). **b** Grafico della densità $\gamma_{2,\lambda}$ per $\lambda = \frac{1}{2}$ (linea continua), $\lambda = \frac{1}{4}$ (linea tratteggiata) $\lambda = \frac{1}{6}$ (linea punteggiata)

Definizione 3.1.35 La distribuzione con densità $\gamma_{\alpha,\lambda}$ in (3.1.14) è detta *distribuzione Gamma di parametri* $\alpha, \lambda > 0$:

$$\Gamma_{\alpha,\lambda}(H) = \frac{\lambda^\alpha}{\Gamma(\alpha)} \int\limits_{H \cap \mathbb{R}_{>0}} t^{\alpha-1} e^{-\lambda t}\, dt, \qquad H \in \mathscr{B}.$$

Notiamo che la distribuzione Esponenziale è un caso particolare della Gamma con $\alpha = 1$:

$$\Gamma_{1,\lambda} = \mathrm{Exp}_\lambda.$$

La distribuzione Gamma gode della seguente proprietà di invarianza di scala:

Lemma 3.1.36 Se $X \sim \Gamma_{\alpha,\lambda}$ e $c > 0$ allora $cX \sim \Gamma_{\alpha,\frac{\lambda}{c}}$. In particolare $\lambda X \sim \Gamma_{\alpha,1}$.

Dimostrazione Utilizziamo la funzione di ripartizione per determinare la distribuzione di cX:

$$P(cX \leq y) = P(X \leq y/c) =$$

$$= \int_0^{\frac{y}{c}} \frac{\lambda^\alpha e^{-\lambda t}}{\Gamma(\alpha)t^{1-\alpha}} dt = \quad \text{(col cambio di variabile } x = ct\text{)}$$

$$= \int_0^y \frac{\lambda^\alpha e^{-\frac{\lambda}{c}x}}{c^\alpha \Gamma(\alpha)x^{1-\alpha}} dx = \Gamma_{\alpha,\frac{\lambda}{c}}(]-\infty, y]). \quad \square$$

3.1.4 Altri esempi di variabili aleatorie notevoli

Esempio 3.1.37 (Distribuzione χ^2) Sia $X \sim \mathcal{N}_{0,1}$. Vogliamo determinare la distribuzione della v.a. $Z = X^2$ tramite lo studio della sua CDF F_Z. Poiché $Z \geq 0$ si ha $F_Z(x) = 0$ per $x \leq 0$, mentre per $x > 0$ si ha

$$F_Z(x) = P(X^2 \leq x) = P\left(-\sqrt{x} \leq X \leq \sqrt{x}\right) = \quad \text{(per simmetria)}$$

$$= 2 \int_0^{\sqrt{x}} \frac{1}{\sqrt{2\pi}} e^{-\frac{y^2}{2}} dy = 2\left(F_X(\sqrt{x}) - F_X(0)\right)$$

dove F_X è la CDF di X. Ne risulta che F_Z è assolutamente continua e quindi per il Teorema 2.4.33 la densità di Z è data da

$$\frac{d}{dx}F_Z(x) = 2\frac{d}{dx}F_X(\sqrt{x}) = F_X'(\sqrt{x})\frac{1}{\sqrt{x}} = \frac{1}{\sqrt{2\pi x}}e^{-\frac{x}{2}}, \qquad x > 0.$$

Riconosciamo allora che

$$Z \sim \Gamma_{\frac{1}{2},\frac{1}{2}}.$$

La distribuzione $\Gamma_{\frac{1}{2},\frac{1}{2}}$ viene detta *distribuzione chi-quadro* ed a volte è indicata col simbolo χ^2.

Proposizione 3.1.38 Siano

$$X : \Omega \longrightarrow I \quad e \quad f : I \longrightarrow J$$

una v.a. sullo spazio $(\Omega, \mathscr{F}, P)$ a valori nell'intervallo reale I e una funzione continua e monotona strettamente crescente (quindi invertibile) a valori nell'intervallo reale J. Allora la CDF della v.a. $Y := f(X)$ è

$$F_Y = F_X \circ f^{-1} \tag{3.1.15}$$

dove F_X indica la CDF di X.

Dimostrazione La (3.1.15) segue semplicemente da

$$P(Y \leq y) = P(f(X) \leq y) = P\left(X \leq f^{-1}(y)\right) = F_X(f^{-1}(y)), \qquad y \in J,$$

dove nella seconda uguaglianza abbiamo usato il fatto che f è monotona crescente. $\square$

Esercizio 3.1.39 Determinare la densità di $Y := e^X$ dove $X \sim \text{Unif}_{[0,1]}$.

Corollario 3.1.40 [!] Se X è una v.a. a valori in un intervallo I con CDF F_X continua e monotona strettamente crescente su I, allora

$$F_X(X) \sim \text{Unif}_{[0,1]}. \tag{3.1.16}$$

Dimostrazione Sia $Y := F_X(X)$. Chiaramente si ha $F_Y(y) = 0$ se $y \leq 0$ e $F_Y(y) = 1$ se $y \geq 1$ poiché F_X assume valori in $[0, 1]$ per definizione ed è continua. Inoltre per la Proposizione 3.1.38 si ha $F_Y(y) = y$ se $0 < y < 1$, da cui la tesi. $\square$

Il corollario precedente si applica per esempio a $X \sim \mathscr{N}_{\mu,\sigma^2}$ con $I = \mathbb{R}$ e a $X \sim \Gamma_{\alpha,\lambda}$ con $I = \mathbb{R}_{>0}$.

Esercizio 3.1.41 Sia $X \sim \frac{1}{2}(\delta_0 + \text{Unif}_{[0,1]})$. Si provi che $F_X(X) \sim \frac{1}{2}(\delta_{\frac{1}{2}} + \text{Unif}_{[\frac{1}{2},1]})$ e quindi l'ipotesi di continuità di F_X nel Corollario 3.1.40 non può essere rimossa.

Esempio 3.1.42 La Proposizione 3.1.38 viene solitamente utilizzata per costruire o simulare una v.a. con assegnata CDF a partire da una v.a. uniforme. Infatti, se $Y \sim \text{Unif}_{[0,1]}$ e F è una CDF monotona strettamente crescente, allora la v.a.

$$X := F^{-1}(Y)$$

ha CDF uguale a F.

Per esempio, supponiamo di voler costruire una v.a. esponenziale a partire da una v.a. uniforme: ricordando che

$$F(x) = 1 - e^{-\lambda x}, \qquad x \in \mathbb{R},$$

è la CDF della distribuzione Exp_λ, si ha

$$F^{-1}(y) = -\frac{1}{\lambda} \log(1 - y), \qquad y \in \ ]0, 1[.$$

Allora, per la Proposizione 3.1.38, se $Y \sim \text{Unif}_{]0,1[}$ si ha

$$-\frac{1}{\lambda} \log(1 - Y) \sim \text{Exp}_\lambda.$$

Il Corollario 3.1.40, e in particolare la (3.1.16), fornisce *un metodo per generare al computer numeri aleatori con un'assegnata CDF o densità a partire da numeri aleatori con distribuzione* $\text{Unif}_{[0,1]}$.

Il seguente risultato estende la Proposizione 3.1.31.

Proposizione 3.1.43 Se $X \in AC$ è una v.a. reale con densità γ_X e $f \in C^1$ con $f' \neq 0$ allora $Y := f(X) \in AC$ e ha densità

$$\gamma_Y = \frac{\gamma_X(f^{-1})}{|f'(f^{-1})|}. \qquad (3.1.17)$$

Dimostrazione Ricordiamo anzitutto che le ipotesi su f implicano che f è invertibile ed esiste

$$\left(f^{-1}\right)' = \frac{1}{f'(f^{-1})}. \qquad (3.1.18)$$

Inoltre per ogni $H \in \mathscr{B}$ si ha

$$P\left(Y \in H\right) = P\left(X \in f^{-1}(H)\right) =$$

$$= \int_{f^{-1}(H)} \gamma_X(x)dx = \qquad \text{(col cambio di variabili } y = f(x)\text{)}$$

$$= \int_H \gamma_X\left(f^{-1}(y)\right) \left|\left(f^{-1}\right)'(y)\right| dy = \qquad \begin{array}{l}\text{(per la (3.1.18) e con } \gamma_Y \\ \text{definita come in (3.1.17))}\end{array}$$

$$= \int_H \gamma_Y(y)dy,$$

e questo prova che $Y \in AC$ con densità γ_Y in (3.1.17). Si noti che se f è monotona strettamente crescente allora $f' > 0$ e il valore assoluto nella (3.1.17) è inutile. Tuttavia il risultato è valido anche per f monotona strettamente *decrescente* e in tal caso il valore assoluto è necessario. $\square$

Esempio 3.1.44 (Distribuzione log-normale) Siano $X \sim \mathcal{N}_{0,1}$ e $f(x) = e^x$.
Allora per la (3.1.17) la densità della v.a. $Y = e^X$ è

$$\gamma_Y(y) = \frac{1}{y\sqrt{2\pi}} e^{-\frac{(\log y)^2}{2}}, \qquad y \in \mathbb{R}_{>0}. \qquad (3.1.19)$$

La funzione γ_Y in (3.1.19) è detta *densità della distribuzione log-normale:* si noti
che se Y ha distribuzione log-normale allora $\log Y$ ha distribuzione normale.

Esempio 3.1.45 (Distribuzione normale bidimensionale) Siano X e Y v.a. che
rappresentano la variazione della temperatura a Bologna dall'inizio alla fine, rispettivamente, dei mesi di settembre e ottobre. Assumiamo che (X, Y) abbia densità
normale bidimensionale

$$\gamma(x, y) = \frac{1}{2\pi\sqrt{\det C}} e^{-\frac{1}{2}\langle C^{-1}(x,y),(x,y)\rangle}, \qquad (x, y) \in \mathbb{R}^2$$

dove

$$C = \begin{pmatrix} 2 & 1 \\ 1 & 3 \end{pmatrix}.$$

Determiniamo:

i) $P(Y < -1)$;
ii) $P(Y < -1 \mid X < 0)$.

Si ha $\gamma(x, y) = \frac{1}{2\sqrt{5}\pi} e^{-\frac{3x^2 - 2xy + 2y^2}{10}}$ e

$$P(Y < -1) = \int_{\mathbb{R}} \int_{-\infty}^{-1} \gamma(x, y)\, dy\, dx \approx 28\%,$$

$$P(Y < -1 \mid X < 0) = \frac{P((Y < -1) \cap (X < 0))}{P(X < 0)} \approx 39\%,$$

essendo

$$P((Y < -1) \cap (X < 0)) = \int_{-\infty}^{0} \int_{-\infty}^{-1} \gamma(x, y)\, dy\, dx \approx 19.7\%,$$

$$P(X < 0) = \int_{-\infty}^{0} \int_{\mathbb{R}} \gamma(x, y)\, dy\, dx = \frac{1}{2}.$$

3.2 Valore atteso

In questo paragrafo introduciamo il concetto di *valore atteso* o *media* di una variabile aleatoria. Se X è una v.a. con distribuzione discreta finita

$$X \sim \sum_{k=1}^{m} p_k \delta_{x_k},$$

ossia $P(X = x_k) = p_k$ per $k = 1, \ldots, m$, allora il valore atteso di X è semplicemente definito da

$$E[X] := \sum_{k=1}^{m} x_k P(X = x_k) = \sum_{k=1}^{m} x_k p_k. \qquad (3.2.1)$$

In altri termini, $E[X]$ è una media dei valori di X pesata secondo la probabilità che tali valori siano assunti. Se $m = \infty$ allora la somma in (3.2.1) diventa una serie ed occorre porre delle condizioni di convergenza. Infine, nel caso in cui X assuma un'infinità più che numerabile di valori allora non è più possibile definire $E[X]$ come serie: nel caso generale, il valore atteso $E[X]$ sarà definito come integrale di X rispetto alla misura di probabilità P e indicato indifferentemente con

$$\int_{\Omega} X dP \quad \text{oppure} \quad \int_{\Omega} X(\omega) P(d\omega) \quad \text{oppure} \quad \int_{\Omega} P(d\omega) X(\omega).$$

Per dare la definizione precisa di valore atteso richiamiamo alcuni elementi della cosiddetta *teoria dell'integrazione astratta* su uno spazio di probabilità $(\Omega, \mathscr{F}, P)$, ricordando che una v.a. altro non è che una funzione misurabile. Le dimostrazioni seguenti si adattano facilmente al caso di spazi misurabili σ-finiti (fra cui $\mathbb{R}^d$ con la misura di Lebesgue).

Ci occuperemo di dare:

- la definizione *teorica* di integrale astratto nelle Sezioni 3.2.1, 3.2.2 e 3.2.3;
- una caratterizzazione *operativa* dell'integrale astratto e un metodo di calcolo esplicito nelle Sezioni 3.2.4 e 3.2.5.

3.2.1 Integrale di variabili aleatorie semplici

Per introdurre l'integrale astratto procediamo per gradi, partendo dal caso di funzioni (o variabili aleatorie, nel caso di uno spazio di probabilità) "semplici" a valori reali fino al caso generale. Diciamo che una funzione X su uno spazio misurabile $(\Omega, \mathscr{F}, P)$ è *semplice* se è misurabile e assume solo un numero finito di valori

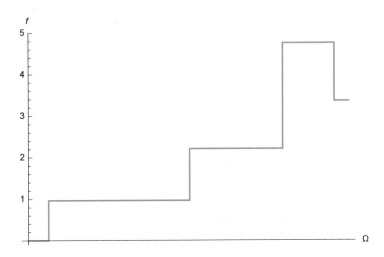

Figura 3.5 Interpretazione dell'integrale astratto come somma di Riemann

distinti $x_1, \ldots, x_m \in \mathbb{R}$: in tal caso possiamo scrivere

$$X = \sum_{k=1}^{m} x_k \, \mathbb{1}_{(X=x_k)},$$

dove $(X = x_1), \ldots, (X = x_m) \in \mathscr{F}$ sono disgiunti. In questo caso definiamo l'integrale astratto di X nel modo seguente

$$\int_{\Omega} X \, dP := \sum_{k=1}^{m} x_k \, P(X = x_k). \qquad (3.2.2)$$

Tale definizione corrisponde ad una somma di Riemann in cui ogni addendo $x_k P(X = x_k)$ rappresenta l'area di un rettangolo calcolata come "base"×"altezza" dove la misura della base è $P(X = x_k)$ e l'altezza x_k è il valore di X su $(X = x_k)$: si veda la Figura 3.5. Allora per definizione si ha

$$\int_{\Omega} \mathbb{1}_A \, dP = P(A) \qquad (3.2.3)$$

per ogni $A \in \mathscr{F}$. Per ogni X semplice e $A \in \mathscr{F}$, useremo anche la notazione

$$\int_A X \, dP := \int_{\Omega} X \, \mathbb{1}_A \, dP.$$

È chiaro che valgono le proprietà di

i) *linearità:* per ogni X, Y semplici e $\alpha, \beta \in \mathbb{R}$ si ha

$$\int_\Omega (\alpha X + \beta Y)\, dP = \alpha \int_\Omega X dP + \beta \int_\Omega Y dP; \qquad (3.2.4)$$

ii) *monotonia:* per ogni X, Y semplici tali che $X \leq Y$ P-q.c.[8] si ha

$$\int_\Omega X dP \leq \int_\Omega Y dP. \qquad (3.2.5)$$

Osserviamo che dalla proprietà ii) segue che se $X = Y$ P-q.c. allora

$$\int_\Omega X dP = \int_\Omega Y dP.$$

Prima di dare la definizione generale di integrale, proviamo alcuni risultati preliminari.

Lemma 3.2.1 (Beppo-Levi) Sia $(X_n)_{n \in \mathbb{N}}$ una successione di v.a. semplici tali che $0 \leq X_n \nearrow X$ P-q.c. Se X è semplice allora

$$\lim_{n \to \infty} \int_\Omega X_n dP = \int_\Omega X dP. \qquad (3.2.6)$$

Dimostrazione Per ipotesi esiste $A \in \mathscr{F}$ con $P(\Omega \setminus A) = 0$, tale che $0 \leq X_n(\omega) \nearrow X(\omega)$ per ogni $\omega \in A$. Fissato $\varepsilon > 0$ e posto

$$A_{n,\varepsilon} := (X - X_n \geq \varepsilon) \cap A, \qquad n \in \mathbb{N},$$

per ipotesi si ha che $A_{n,\varepsilon}$ è una successione decrescente con intersezione vuota, ossia $A_{n,\varepsilon} \searrow \emptyset$ per $n \to \infty$. Allora per la continuità dall'alto di P si ha $\lim_{n \to \infty} P(A_{n,\varepsilon}) = 0$ e di conseguenza

$$0 \leq \int_A (X - X_n) dP = \int_\Omega (X - X_n) dP$$

$$= \int_{\Omega \setminus A_{n,\varepsilon}} (X - X_n) dP + \int_{A_{n,\varepsilon}} (X - X_n) dP \leq \varepsilon P(\Omega) + P(A_{n,\varepsilon}) \max_\Omega X$$

da cui segue la (3.2.6). Notiamo esplicitamente che $\max_\Omega X < \infty$ poiché X è semplice per ipotesi. $\square$

---

[8] Nel senso che $P(X > Y) = 0$.

Lemma 3.2.2 Siano $(X_n)_{n\in\mathbb{N}}$ e $(Y_n)_{n\in\mathbb{N}}$ successioni di v.a. semplici tale che $0 \le X_n \nearrow X$ e $0 \le Y_n \nearrow Y$ P-q.c. Se $X \le Y$ P-q.c. allora

$$\lim_{n\to\infty} \int_\Omega X_n dP \le \lim_{n\to\infty} \int_\Omega Y_n dP.$$

Dimostrazione Fissato $k \in \mathbb{N}$, la successione di funzioni semplici $(X_k \wedge Y_n)_{n\in\mathbb{N}}$ è tale che $0 \le X_k \wedge Y_n \nearrow X_k$ P-q.c. per n che tende all'infinito. Pertanto abbiamo

$$\int_\Omega X_k dP = \lim_{n\to\infty} \int_\Omega X_k \wedge Y_n dP \le \lim_{n\to\infty} \int_\Omega Y_n dP$$

dove la prima uguaglianza segue dalla (3.2.6), mentre la disuguaglianza è dovuta al fatto che $X_k \wedge Y_n \le Y_n$. Questo conclude la prova. $\square$

3.2.2 Integrale di variabili aleatorie non-negative

Per estendere la definizione di integrale alle v.a. in $m\mathscr{F}^+$ utilizziamo il seguente

Lemma 3.2.3 Per ogni $X \in m\mathscr{F}^+$ esiste una successione *monotona crescente* $(X_n)_{n\in\mathbb{N}}$ in $m\mathscr{F}^+$ di v.a. *semplici*, tale che $X_n \nearrow X$ ossia vale

$$\lim_{n\to\infty} X_n(\omega) = X(\omega), \qquad \omega \in \Omega.$$

Dimostrazione Definiamo una successione di funzioni "a scala" su $[0, +\infty[$ nel modo seguente: per ogni $n \in \mathbb{N}$ consideriamo la partizione di $[0, +\infty[$ costituita dai punti

$$\frac{0}{2^n}, \frac{1}{2^n}, \frac{2}{2^n}, \dots, \frac{n2^n}{2^n}$$

e poniamo

$$\varphi_n(x) = \begin{cases} \frac{k-1}{2^n} & \text{se } \frac{k-1}{2^n} \le x < \frac{k}{2^n} \text{ per } 1 \le k \le n2^n, \\ n & \text{se } x \ge n. \end{cases} \qquad (3.2.7)$$

Notiamo che $0 \le \varphi_n \le \varphi_{n+1}$ per ogni $n \in \mathbb{N}$ e

$$x - \frac{1}{2^n} \le \varphi_n(x) \le x, \qquad x \in [0, n],$$

per cui

$$\lim_{n\to\infty} \varphi_n(x) = x, \qquad x \ge 0.$$

Allora la successione definita da $X_n = \varphi_n(X)$ verifica la tesi. $\square$

Grazie al Lemma 3.2.2, la seguente definizione è ben posta, ossia indipendente dalla successione approssimante $(X_n)_{n\in\mathbb{N}}$.

Definizione 3.2.4 (Integrale astratto di variabili aleatorie non-negative) Per ogni $X \in m\mathscr{F}^+$ definiamo

$$\int_\Omega X dP := \lim_{n\to\infty} \int_\Omega X_n dP \leq +\infty \qquad (3.2.8)$$

dove $(X_n)_{n\in\mathbb{N}}$ è una successione in $m\mathscr{F}^+$ di v.a. *semplici*, tale che $X_n \nearrow X$ P-q.c. Se il limite in (3.2.8) è finito diciamo che X è *sommabile* e scriviamo $X \in L^1(\Omega, P)$.

Osservazione 3.2.5 In base alla Definizione 3.2.4, le proprietà di linearità (3.2.4) e monotonia (3.2.5) si estendono facilmente all'integrale di $X \in m\mathscr{F}^+$.

La definizione di integrale astratto è del tutto analoga a quella dell'integrale di Lebesgue. Anche in questo caso il risultato centrale su cui si basa tutto lo sviluppo della teoria dell'integrazione è il fondamentale risultato sulla convergenza monotona.

Teorema 3.2.6 (Teorema di Beppo-Levi) [!!!] Se $(X_n)_{n\in\mathbb{N}}$ è una successione in $m\mathscr{F}$ tale che $0 \leq X_n \nearrow X$ P-q.c., allora si ha

$$\lim_{n\to\infty} \int_\Omega X_n dP = \int_\Omega X dP.$$

Dimostrazione Fissato $n \in \mathbb{N}$, costruiamo come nel Lemma 3.2.3 una successione $(X_{n,k})_{k\in\mathbb{N}}$ di v.a. semplici in $m\mathscr{F}^+$, tale che $X_{n,k} \nearrow X_n$ e $X_n - X_{n,n} \leq \frac{1}{n}$ P-q.c. Inoltre poniamo

$$Y_n = \max\{X_{1,n}, \ldots, X_{n,n}\}, \qquad n \in \mathbb{N}.$$

Notiamo che $(Y_n)_{n\in\mathbb{N}}$ è una successione di v.a. semplici in $m\mathscr{F}$ tale che $0 \leq Y_n \nearrow X$ P-q.c. e quindi per definizione

$$\lim_{n\to\infty} \int_\Omega Y_n d\mu = \int_\Omega X d\mu.$$

D'altra parte $Y_n \leq X_n \leq X$ P-q.c. per cui, per monotonia,

$$\int_\Omega Y_n dP \leq \int_\Omega X_n dP \leq \int_\Omega X dP,$$

e da questo segue la tesi. □

Lemma 3.2.7 (Lemma di Fatou) [!] Sia $(X_n)_{n \in \mathbb{N}}$ una successione di v.a. in $m\mathscr{F}^+$. Si ha

$$\int_\Omega \liminf_{n \to \infty} X_n \, dP \leq \liminf_{n \to \infty} \int_\Omega X_n \, dP.$$

Dimostrazione Ricordiamo che, per definizione,

$$\liminf_{n \to \infty} X_n := \sup_{n \in \mathbb{N}} Y_n, \qquad Y_n := \inf_{k \geq n} X_k,$$

e quindi $Y_n \nearrow X := \liminf_{n \to \infty} X_n$. Allora si ha

$$\int_\Omega \liminf_{n \to \infty} X_n \, dP = \int_\Omega \lim_{n \to \infty} Y_n \, dP = \qquad \text{(per il Teorema di Beppo-Levi)}$$

$$= \lim_{n \to \infty} \int_\Omega Y_n \, dP \leq \qquad \text{(per monotonia)}$$

$$\leq \lim_{n \to \infty} \inf_{k \geq n} \int_\Omega X_k \, dP = \liminf_{n \to \infty} \int_\Omega X_n \, dP,$$

da cui la tesi. $\square$

3.2.3 Integrale di variabili aleatorie a valori in $\mathbb{R}^d$

Definizione 3.2.8 (Integrale astratto) Se $X \in m\mathscr{F}$ è a valori reali consideriamo la parte positiva X^+ e la parte negativa X^- di X: se almeno uno fra $\int_\Omega X^+ dP$ e $\int_\Omega X^- dP$ è finito, allora diciamo che X è *integrabile* e poniamo

$$\int_\Omega X \, dP := \int_\Omega X^+ \, dP \quad \int_\Omega X^- \, dP \in [-\infty, +\infty].$$

Se entrambi $\int_\Omega X^+ dP$ e $\int_\Omega X^- dP$ sono finiti, allora diciamo che X è *sommabile* e scriviamo $X \in L^1(\Omega, P)$. In questo caso si noti che

$$\int_\Omega |X| \, dP = \int_\Omega X^+ \, dP + \int_\Omega X^- \, dP \in \mathbb{R}.$$

Infine, se $X = (X_1, \ldots, X_d)$ è a valori in $\mathbb{R}^d$, allora diciamo che X è integrabile se ogni componente X_i è integrabile e in tal caso poniamo

$$\int_\Omega X \, dP = \left(\int_\Omega X_1 \, dP, \ldots, \int_\Omega X_d \, dP \right) \in [-\infty, +\infty]^d.$$

Notiamo che vale la *disuguaglianza triangolare*: per ogni $X \in L^1(\Omega, P)$ a valori reali si ha

$$\left| \int_\Omega X \, dP \right| = \left| \int_\Omega X^+ dP - \int_\Omega X^- dP \right| \leq \int_\Omega X^+ dP + \int_\Omega X^- dP = \int_\Omega |X| \, dP.$$

Notazione 3.2.9 Useremo la notazione

$$\int_\Omega X(\omega) P(d\omega) := \int_\Omega X \, dP$$

nel caso in cui vogliamo mettere in evidenza la variabile d'integrazione. Per l'integrale rispetto alla misura di Lebesgue scriveremo semplicemente

$$\int_{\mathbb{R}^d} f(x) \, dx \quad \text{invece di} \quad \int_{\mathbb{R}^d} f \, d\text{Leb}.$$

Proposizione 3.2.10 Valgono le seguenti proprietà:

i) *Linearità:* per ogni $X, Y \in L^1(\Omega, P)$ e $\alpha, \beta \in \mathbb{R}$ si ha

$$\int_\Omega (\alpha X + \beta Y) \, dP = \alpha \int_\Omega X \, dP + \beta \int_\Omega Y \, dP.$$

ii) *Monotonia:* per ogni $X, Y \in L^1(\Omega, P)$ tali che $X \leq Y$ P-q.c. si ha

$$\int_\Omega X \, dP \leq \int_\Omega Y \, dP.$$

In particolare, se $X = Y$ P-q.c. allora $\int_\Omega X \, dP = \int_\Omega Y \, dP$.

iii) *σ-additività:* sia $A = \biguplus_{n \in \mathbb{N}} A_n$ dove $(A_n)_{n \in \mathbb{N}}$ è una successione disgiunta in $\mathscr{F}$.
Se $X \in m\mathscr{F}^+$ oppure $X \in L^1(\Omega, P)$ allora si ha

$$\int_A X \, dP = \sum_{n \in \mathbb{N}} \int_{A_n} X \, dP.$$

Dimostrazione La dimostrazione delle tre proprietà è simile e quindi proviamo in maniera dettagliata solo la i). Considerando separatamente la parte positiva e negativa delle v.a., è sufficiente considerare il caso $X, Y \in m\mathscr{F}^+$ e $\alpha, \beta \in \mathbb{R}_{\geq 0}$. Consideriamo le successioni approssimanti (X_n) e (Y_n) costruite come nel Lemma 3.2.3: sfruttando la linearità del valore atteso nel caso di v.a. semplici, otteniamo per il Teorema di Beppo-Levi

$$\int_\Omega (\alpha X + \beta Y)dP = \lim_{n\to\infty} \int_\Omega (\alpha X_n + \beta Y_n)dP = \lim_{n\to\infty} \left(\alpha \int_\Omega X_n dP + \beta \int_\Omega Y_n dP \right)$$

$$= \alpha \int_\Omega X dP + \beta \int_\Omega Y dP. \ \square$$

Concludiamo la sezione col classico

Teorema 3.2.11 (Teorema della convergenza dominata) [!!] Sia $(X_n)_{n\in\mathbb{N}}$ una successione di v.a. su $(\Omega, \mathscr{F}, P)$, tale che $X_n \to X$ P-q.c. e $|X_n| \leq Y \in L^1(\Omega, P)$ per ogni n. Allora si ha

$$\lim_{n\to\infty} \int_\Omega X_n dP = \int_\Omega X dP.$$

Dimostrazione Passando al limite in $|X_n| \leq Y$ si ha anche $|X| \leq Y$ P-q.c. Allora si ha

$$0 \leq \limsup_{n\to\infty} \left| \int_\Omega X_n dP - \int_\Omega X dP \right| \leq \qquad \text{(per la disuguaglianza triangolare)}$$

$$\leq \limsup_{n\to\infty} \int_\Omega |X_n - X|\, dP =$$

$$= \int_\Omega 2Y dP - \liminf_{n\to\infty} \int_\Omega (2Y - |X_n - X|)\, dP \leq \quad \text{(per il Lemma di Fatou)}$$

$$\leq \int_\Omega 2Y dP - \int_\Omega \liminf_{n\to\infty} (2Y - |X_n - X|)\, dP =$$

$$= \int_\Omega 2Y dP - \int_\Omega 2Y dP = 0. \ \square$$

Vedremo in seguito una generalizzazione del teorema della convergenza dominata, il Teorema A.26 di Vitali. Il seguente corollario del Teorema 3.2.11 si prova facilmente per assurdo.

Corollario 3.2.12 (Assoluta continuità dell'integrale) Sia $X \in L^1(\Omega, P)$. Per ogni $\varepsilon > 0$ esiste $\delta > 0$ tale che $\int_A |X|dP < \varepsilon$ per ogni $A \in \mathscr{F}$ tale che $P(A) < \delta$.

Diamo ora un semplice ma utile risultato.

Proposizione 3.2.13   [!] Data $X \in m\mathcal{F}$, poniamo $A = (X > 0)$. Se $\int_A X dP = 0$ allora $X \leq 0$ P-q.c.

Dimostrazione   Consideriamo la successione crescente definita da $A_n = \left(X \geq \frac{1}{n}\right)$ per $n \in \mathbb{N}$. Per la proprietà di monotonia dell'integrale, si ha

$$0 = \int_A X dP \geq \int_A X \mathbb{1}_{A_n} dP \geq \frac{1}{n} \int_A \mathbb{1}_{A_n} dP = \frac{P(A_n)}{n},$$

e quindi $P(A_n) = 0$ per ogni $n \in \mathbb{N}$. Per la continuità dal basso di P (cfr. Proposizione 2.1.30-ii)) ed essendo

$$(X > 0) = \bigcup_{n \in \mathbb{N}} A_n,$$

segue che $P(X > 0) = 0$. $\square$

Corollario 3.2.14   Se $X \in m\mathcal{F}^+$ è tale che $\int_\Omega X dP = 0$ allora $X = 0$ P-q.c.

3.2.4   Integrazione con distribuzioni

In questa sezione esaminiamo l'integrale astratto rispetto ad una distribuzione, con particolare attenzione al caso delle distribuzioni discrete e assolutamente continue (o combinazioni di esse). Cominciamo con un semplice

Esempio 3.2.15   [!] Consideriamo la distribuzione Delta di Dirac δ_{x_0} su $(\mathbb{R}^d, \mathcal{B}_d)$. Per ogni funzione $f \in m\mathcal{B}_d$ vale

$$\int_{\mathbb{R}^d} f(x)\delta_{x_0}(dx) = f(x_0).$$

Infatti f è uguale δ_{x_0}-quasi ovunque alla funzione semplice

$$\hat{f}(x) = \begin{cases} f(x_0) & \text{se } x = x_0, \\ 0 & \text{altrimenti.} \end{cases}$$

Ora, per la Proposizione 3.2.10-ii), se $f = g$ μ-q.o. allora $\int_\Omega f d\mu = \int_\Omega g d\mu$: quindi si ha

$$\int_{\mathbb{R}^d} f(x)\delta_{x_0}(dx) = \int_{\mathbb{R}^d} \hat{f}(x)\delta_{x_0}(dx) = \qquad \begin{array}{l}\text{(per definizione di integrale}\\ \text{di funzione semplice)}\end{array}$$

$$= \hat{f}(x_0)\delta_{x_0}(\{x_0\}) = f(x_0).$$

Proposizione 3.2.16   Sia

$$\mu = \sum_{n=1}^{\infty} p_n \delta_{x_n}$$

una distribuzione discreta su $(\mathbb{R}^d, \mathscr{B}_d)$ (cfr. Definizione 2.4.15). Se $f \in m\mathscr{F}^+$ oppure $f \in L^1(\mathbb{R}^d, \mu)$ allora si ha

$$\int_{\mathbb{R}^d} f d\mu = \sum_{n=1}^{\infty} f(x_n) p_n.$$

Dimostrazione   Segue direttamente applicando la Proposizione 3.2.10-iii) con $A_n = \{x_n\}$. $\square$

Esempio 3.2.17   Per la distribuzione di Bernoulli, $\mathrm{Be}_p = p\delta_1 + (1-p)\delta_0$ con $0 \le p \le 1$, (cf. Esempio 2.4.17-i)) si ha semplicemente

$$\int_{\mathbb{R}} f(x)\mathrm{Be}_p(dx) = pf(1) + (1-p)f(0).$$

Per la distribuzione Poisson$_\lambda$, con $\lambda > 0$, si ha

$$\int_{\mathbb{R}} f(x)\mathrm{Poisson}_\lambda(dx) = e^{-\lambda} \sum_{k=0}^{\infty} \frac{\lambda^k}{k!} f(k),$$

ammesso che f sia non-negativa oppure sommabile (ossia che la somma converga assolutamente).

Esercizio 3.2.18   Provare che se $\alpha, \beta > 0$, μ_1, μ_2 sono distribuzioni su $\mathbb{R}^d$ e $f \in L^1(\mathbb{R}^d, \mu_1) \cap L^1(\mathbb{R}^d, \mu_2)$ allora $f \in L^1(\mathbb{R}^d, \alpha\mu_1 + \beta\mu_2)$ e vale

$$\int_{\mathbb{R}^d} f d(\alpha\mu_1 + \beta\mu_2) = \alpha \int_{\mathbb{R}^d} f d\mu_1 + \beta \int_{\mathbb{R}^d} f d\mu_2.$$

Vediamo ora che nel caso di una distribuzione assolutamente continua, *il calcolo dell'integrale astratto si riconduce al calcolo di un integrale di Lebesgue pesato con la densità della distribuzione.*

Proposizione 3.2.19   [!] Sia μ una distribuzione assolutamente continua su $\mathbb{R}^d$ con densità γ. Allora $f \in L^1(\mathbb{R}^d, \mu)$ se e solo se[9] $f\gamma \in L^1(\mathbb{R}^d)$ e in tal caso si ha

$$\int_{\mathbb{R}^d} f(x)\mu(dx) = \int_{\mathbb{R}^d} f(x)\gamma(x)dx.$$

---

[9] $L^1(\mathbb{R}^d)$ indica l'usuale spazio delle funzioni sommabili su $\mathbb{R}^d$ rispetto alla misura di Lebesgue, ossia $L^1(\mathbb{R}^d) = L^1(\mathbb{R}^d, \mathrm{Leb})$.

Dimostrazione Consideriamo prima il caso in cui f è semplice su $\mathbb{R}$, ossia $f(\mathbb{R}) = \{\alpha_1, \ldots, \alpha_m\}$ cosicché

$$f = \sum_{k=1}^{m} \alpha_k \mathbb{1}_{H_k}, \qquad H_k := \{x \in \mathbb{R} \mid f(x) = \alpha_k\}, \ k = 1, \ldots, m,$$

allora per linearità

$$\int_{\mathbb{R}} f d\mu = \sum_{k=1}^{m} \alpha_k \int_{\mathbb{R}} \mathbb{1}_{H_k} d\mu = \qquad \text{(per la (3.2.3))}$$

$$= \sum_{k=1}^{m} \alpha_k \mu(H_k) = \qquad \text{(essendo } \mu \in \text{AC con densità } \gamma)$$

$$= \sum_{k=1}^{m} \alpha_k \int_{H_k} \gamma(x) dx =$$

$$= \sum_{k=1}^{m} \alpha_k \int_{\mathbb{R}} \mathbb{1}_{H_k}(x) \gamma(x) dx = \qquad \begin{array}{l}\text{(per la linearità} \\ \text{dell'integrale di Lebesgue)}\end{array}$$

$$= \int_{\mathbb{R}} f(x) \gamma(x) dx,$$

da cui la tesi.

Ora assumiamo $f \geq 0$ e consideriamo $f_n := \varphi_n(f)$ con φ_n come in (3.2.7). Per il Teorema di Beppo-Levi abbiamo

$$\int_{\mathbb{R}} f d\mu = \lim_{n \to \infty} \int_{\mathbb{R}} f_n d\mu = \qquad \begin{array}{l}\text{(per quanto appena provato,} \\ \text{essendo } f_n \text{ semplice per ogni } n \in \mathbb{N})\end{array}$$

$$= \lim_{n \to \infty} \int_{\mathbb{R}} f_n(x) \gamma(x) dx = \qquad \begin{array}{l}\text{(riapplicando il Teorema di Beppo-Levi} \\ \text{all'integrale di Lebesgue e utilizzando il} \\ \text{fatto che } \gamma \geq 0 \text{ per ipotesi e di conseguenza} \\ (f_n \gamma) \text{ è una successione monotona} \\ \text{crescente di funzioni non-negative)}\end{array}$$

$$= \int_{\mathbb{R}} f(x) \gamma(x) dx.$$

Infine se f è una generica funzione in $L^1(\mathbb{R}, \mu)$, allora è sufficiente considerarne la parte positiva e negativa alle quali si applica il risultato precedente. Allora la tesi segue dalla linearità dell'integrale e ragionando componente per componente si conclude la prova della tesi anche nel caso d-dimensionale. $\square$

Esempio 3.2.20 Consideriamo la distribuzione normale standard $\mathcal{N}_{0,1}$ e le funzioni $f(x) = x$ e $g(x) = x^2$. Allora $f, g \in L^1(\mathbb{R}, \mathcal{N}_{0,1})$ e vale

$$\int_{\mathbb{R}} f(x)\mathcal{N}_{0,1}(dx) = \frac{1}{\sqrt{2\pi}} \int_{\mathbb{R}} x e^{-\frac{x^2}{2}} dx = 0,$$

$$\int_{\mathbb{R}} g(x)\mathcal{N}_{0,1}(dx) = \frac{1}{\sqrt{2\pi}} \int_{\mathbb{R}} x^2 e^{-\frac{x^2}{2}} dx = 1.$$

Osservazione 3.2.21 [!] La prova della Proposizione 3.2.19 è esemplare di una procedura di dimostrazione spesso utilizzata nell'ambito della teoria dell'integrazione e della probabilità. Tale procedura, a volte chiamata *procedura standard*, consiste nel verificare la validità della tesi in 4 passi:

1) il caso di funzioni o v.a. indicatrici: di solito è una verifica diretta basata sulla definizione di integrale o valore atteso;
2) il caso di funzioni o v.a. semplici: si sfrutta la linearità dell'integrale o del valore atteso;
3) il caso di funzioni o v.a. non-negative: si usa un argomento di approssimazione basato sul Lemma 3.2.3 e sul Teorema di Beppo-Levi;
4) il caso di funzioni o v.a. sommabili: ci si riconduce al caso precedente per linearità, considerando parte positiva e negativa.

Una formulazione più generale di questa procedura è data dal secondo Teorema di Dynkin (cfr. Teorema A.8).

Concludiamo la sezione con un utile risultato che proveremo più avanti (cfr. Corollario 3.5.8).

Corollario 3.2.22 [!] Se μ, ν sono distribuzioni tali che

$$\int_{\mathbb{R}} f d\mu = \int_{\mathbb{R}} f d\nu$$

per ogni $f \in bC(\mathbb{R})$ allora $\mu \equiv \nu$. Qui $bC(\mathbb{R})$ indica lo spazio delle funzioni continue e limitate.

3.2.5 *Valore atteso e Teorema del calcolo della media*

In teoria della probabilità, il valore atteso di una variabile aleatoria altro non è che il suo integrale rispetto alla misura di probabilità. Diamo la definizione precisa.

Definizione 3.2.23 In uno spazio di probabilità $(\Omega, \mathscr{F}, P)$, il valore atteso di una v.a. integrabile X è definito da

$$E[X] := \int_{\Omega} X dP = \int_{\Omega} X(\omega) P(d\omega).$$

Esempio 3.2.24 [!] A partire dalla definizione (3.2.2) di integrale astratto, è facile calcolare il valore atteso in due casi particolari: le variabili aleatorie costanti e indicatrici. Si ha infatti

$$E[c] = c, \qquad c \in \mathbb{R}^d,$$
$$E[\mathbb{1}_A] = P(A), \qquad A \in \mathscr{F}.$$

Inoltre se X è una v.a. semplice della forma

$$X = \sum_{k=1}^{m} x_k \mathbb{1}_{(X=x_k)}$$

per linearità vale

$$E[X] = \sum_{k=1}^{m} x_k P(X = x_k).$$

Dunque in questo caso $E[X]$ rappresenta *una media dei valori di X pesata con le probabilità che questi valori vengano assunti.*

In generale, il calcolo di un valore atteso definito come integrale astratto (sullo spazio Ω) non è particolarmente agevole: il seguente risultato mostra che è possibile esprimere il valore atteso di una v.a. X come integrale (sullo spazio Euclideo $\mathbb{R}^d$) rispetto alla distribuzione μ_X della v.a. stessa.

Teorema 3.2.25 (Teorema del calcolo della media) [!] Siano

$$X : \Omega \longrightarrow \mathbb{R}^d \qquad e \qquad f : \mathbb{R}^d \longrightarrow \mathbb{R}^N$$

rispettivamente una v.a. su $(\Omega, \mathscr{F}, P)$ con legge μ_X e una funzione $\mathscr{B}_d$-misurabile, $f \in m\mathscr{B}_d$. Allora $f \circ X \in L^1(\Omega, P)$ se e solo se $f \in L^1(\mathbb{R}^d, \mu_X)$ e in tal caso vale

$$E[f(X)] = \int_{\mathbb{R}^d} f d\mu_X. \tag{3.2.9}$$

In particolare, se $\mu_X = \sum\limits_{k=1}^{\infty} p_k \delta_{x_k}$ è una distribuzione discreta allora

$$E\left[f(X)\right] = \sum_{k=1}^{\infty} f(x_k)p_k, \qquad (3.2.10)$$

mentre se μ_X è assolutamente continua con densità γ_X allora si ha

$$E\left[f(X)\right] = \int_{\mathbb{R}^d} f(x)\gamma_X(x)dx. \qquad (3.2.11)$$

Dimostrazione Proviamo la (3.2.9) nel caso $f = \mathbb{1}_H$ con $H \in \mathscr{B}_d$: si ha

$$E\left[f(X)\right] = E\left[\mathbb{1}_H(X)\right] = P(X \in H) = \mu_X(H) = \int_{\mathbb{R}^d} \mathbb{1}_H d\mu_X.$$

Il caso generale segue applicando la procedura standard dell'Osservazione 3.2.21. Infine, in base alla (3.2.9), la (3.2.10) segue dalla Proposizione 3.2.16 e la (3.2.11) segue dalla Proposizione 3.2.19. $\square$

Osservazione 3.2.26 Applicando il Teorema 3.2.25 nel caso particolare della funzione identità $f(x) = x$, si ha che se $X \in L^1(\Omega, P)$ allora

$$E[X] = \int_{\mathbb{R}^d} x\mu_X(dx).$$

Definizione 3.2.27 (Varianza) Sia $X \in L^2(\Omega, P)$ una v.a. reale. Si definisce *varianza di X* il numero reale non-negativo

$$\mathrm{var}(X) := E\left[(X - E[X])^2\right] = E\left[X^2\right] - E[X]^2.$$

La radice della varianza $\sqrt{\mathrm{var}(X)}$ è chiamata *deviazione standard*.

La deviazione standard è una media della distanza di X dal proprio valore atteso. Per esempio, vedremo nell'Esempio 3.2.30 che nel caso di una v.a. normale $X \in \mathcal{N}_{\mu,\sigma^2}$, la deviazione standard è uguale a σ: in effetti avevamo usato σ per definire gli intervalli di confidenza di X come in Figura 3.3.

Per linearità, per ogni $a, b \in \mathbb{R}$ si ha

$$\mathrm{var}(aX + b) = a^2\mathrm{var}(X).$$

Inoltre, per la Proposizione 3.2.13, si ha

$$\mathrm{var}(X) = 0 \quad \text{se e solo se} \quad X \overset{\mathrm{q.c.}}{=} E[X].$$

Calcoliamo ora media e varianza di alcune v.a. discrete.

Esempio 3.2.28 [!]

i) Se $X \sim \delta_{x_0}$ con $x_0 \in \mathbb{R}^d$ allora per le (3.2.9)–(3.2.10) si ha

$$E[X] = \int_{\mathbb{R}^d} y \, \delta_{x_0}(dy) = x_0,$$

$$\mathrm{var}(X) = \int_{\mathbb{R}^d} (y - x_0)^2 \, \delta_{x_0}(dy) = 0.$$

ii) Se $X \sim \mathrm{Unif}_n$ allora ha funzione di distribuzione $\gamma(k) = \frac{1}{n}$ per $k \in I_n$ e vale

$$E[X] = \sum_{k=1}^{n} k \gamma(k) = \frac{1}{n} \sum_{k=1}^{n} k = \frac{1}{n} \cdot \frac{n(n+1)}{2} = \frac{n+1}{2},$$

$$\mathrm{var}(X) = E[X^2] - E[X]^2$$

$$= \sum_{k=1}^{n} k^2 \gamma(k) - \left(\frac{n+1}{2}\right)^2 = \frac{1}{n} \sum_{k=1}^{n} k^2 - \left(\frac{n+1}{2}\right)^2$$

$$= \frac{1}{n} \cdot \frac{n(n+1)(2n+1)}{6} - \left(\frac{n+1}{2}\right)^2 = \frac{n^2 - 1}{12}.$$

iii) Se $X \sim \mathrm{Be}_p$ allora ha funzione di distribuzione γ definita da $\gamma(1) = p$, $\gamma(0) = 1 - p$ e vale

$$E[X] = \sum_{k \in \{0,1\}}^{n} k \gamma(k) = 0 \cdot (1 - p) + p = p,$$

$$\mathrm{var}(X) = E[X^2] - E[X]^2 = \sum_{k \in \{0,1\}} k^2 \gamma(k) - p^2 = p(1 - p).$$

iv) Se $X \sim \mathrm{Bin}_{n,p}$, con un conto diretto (si veda anche la Proposizione 3.6.3) si prova che

$$E[X] = np, \qquad \mathrm{var}(X) = np(1 - p). \qquad (3.2.12)$$

v) Se $X \sim \mathrm{Poisson}_\lambda$ allora ha funzione di distribuzione γ definita da $\gamma(k) = e^{-\lambda} \frac{\lambda^k}{k!}$ per $k \in \mathbb{N}_0$ e vale

$$E[X] = \sum_{k=0}^{\infty} k \gamma(k) = \sum_{k=1}^{\infty} k e^{-\lambda} \frac{\lambda^k}{k!} = \lambda e^{-\lambda} \sum_{k=1}^{\infty} \frac{\lambda^{k-1}}{(k-1)!} = \lambda. \qquad (3.2.13)$$

Provare per esercizio che $\mathrm{var}(X) = \lambda$.

vi) Se $X \sim \text{Geom}_p$ allora ha funzione di distribuzione γ definita da $\gamma(k) = p(1 - p)^{k-1}$ per $k \in \mathbb{N}$ e quindi vale

$$E[X] = \sum_{k=1}^{\infty} k\gamma(k) = p \sum_{k=1}^{\infty} k(1-p)^{k-1} = p \sum_{k=1}^{\infty} \left(-\frac{d}{dp}(1-p)^k \right)$$

$$= -p \frac{d}{dp} \sum_{k=1}^{\infty} (1-p)^k = -p \frac{d}{dp} \left(\frac{1}{1-(1-p)} \right) = \frac{1}{p},$$

dove abbiamo usato un teorema di scambio di derivata con serie. In maniera analoga si prova che $\text{var}(X) = \frac{1-p}{p^2}$.

Esempio 3.2.29 [!] Consideriamo un gioco d'azzardo in cui si lancia una moneta (non truccata): se viene testa si vince un euro e se viene croce si perde un euro. Se X è la variabile aleatoria che rappresenta il risultato della giocata, si ha

$$E[X] = 1 \cdot \frac{1}{2} + (-1) \cdot \frac{1}{2} = 0$$

e quindi si dice che il gioco è *equo*. Il gioco è equo anche se la vincita e la perdita fossero pari a 1000 euro, ma intuitivamente saremmo meno propensi a giocare perché percepiamo una rischiosità maggiore (di perdere molti soldi). Matematicamente, questo si spiega col fatto che

$$\text{var}(X) = E[X^2] = 1^2 \cdot \frac{1}{2} + (-1)^2 \cdot \frac{1}{2} = 1$$

mentre se Y rappresenta la v.a. nel caso in cui la posta in gioco è 1000 euro, si ha

$$\text{var}(Y) = E[Y^2] = 1000^2 \cdot \frac{1}{2} + (-1000)^2 \cdot \frac{1}{2} = 1000^2.$$

In pratica, se due scommesse hanno lo stesso valore atteso, quella con varianza minore limita l'entità delle potenziali perdite.

Consideriamo ora alcuni esempi di v.a. assolutamente continue.

Esempio 3.2.30 [!]

i) Se $X \sim \text{Unif}_{[a,b]}$ si ha

$$E[X] = \int_{\mathbb{R}} y \, \text{Unif}_{[a,b]}(dy) = \frac{1}{b-a} \int_a^b y \, dy = \frac{a+b}{2},$$

$$\text{var}(X) = \int_{\mathbb{R}} \left(y - \frac{a+b}{2} \right)^2 \text{Unif}_{[a,b]}(dy)$$

$$= \frac{1}{b-a} \int_a^b \left(y - \frac{a+b}{2} \right)^2 dy = \frac{(b-a)^2}{12}.$$

Confrontare questo risultato con l'analogo discreto visto nell'Esempio 3.2.28-i).

ii) Se $X \sim \mathcal{N}_{\mu,\sigma^2}$ con $\sigma > 0$ allora

$$E[X] = \int_{\mathbb{R}} y \mathcal{N}_{\mu,\sigma^2}(dy) =$$

$$= \frac{1}{\sqrt{2\pi\sigma^2}} \int_{\mathbb{R}} y e^{-\frac{(y-\mu)^2}{2\sigma^2}} dy = \qquad \text{(col cambio di variabili } z = \frac{y-\mu}{\sigma\sqrt{2}})$$

$$= \frac{1}{\sqrt{\pi}} \int_{\mathbb{R}} \left(\mu + z\sigma\sqrt{2}\right) e^{-z^2} dz = \frac{\mu}{\sqrt{\pi}} \int_{\mathbb{R}} e^{-z^2} dz = \mu.$$

In modo analogo si vede che

$$\mathrm{var}(X) = \int_{\mathbb{R}} (y - \mu)^2 \, \mathcal{N}_{\mu,\sigma^2}(dy) = \sigma^2.$$

iii) Se $X \sim \Gamma_{\alpha,1}$ si ha

$$E[X] = \int_0^\infty t \gamma_{\alpha,1}(t) dt = \frac{1}{\Gamma(\alpha)} \int_0^\infty t^\alpha e^{-\lambda t} dt = \frac{\Gamma(\alpha+1)}{\Gamma(\alpha)} = \alpha,$$

$$E[X^2] = \int_0^\infty t^2 \gamma_{\alpha,1}(t) dt = \frac{1}{\Gamma(\alpha)} \int_0^\infty t^{1+\alpha} e^{-\lambda t} dt = \frac{\Gamma(\alpha+2)}{\Gamma(\alpha)} = \alpha(\alpha+1)$$

da cui

$$\mathrm{var}(X) = E[X^2] - E[X]^2 = \alpha.$$

In generale, per il Lemma 3.1.36, se $X \sim \Gamma_{\alpha,\lambda}$ si ha

$$E[X] = \frac{\alpha}{\lambda}, \qquad \mathrm{var}(X) = \frac{\alpha}{\lambda^2}. \qquad (3.2.14)$$

In particolare, se $X \sim \mathrm{Exp}_\lambda = \Gamma_{1,\lambda}$ allora

$$E[X] = \int_{\mathbb{R}} y \mathrm{Exp}_\lambda(dy) = \lambda \int_0^{+\infty} y e^{-\lambda y} dy = \frac{1}{\lambda},$$

$$\mathrm{var}(X) = \int_{\mathbb{R}} \left(y - \frac{1}{\lambda}\right)^2 \mathrm{Exp}_\lambda(dy) = \lambda \int_0^{+\infty} \left(y - \frac{1}{\lambda}\right)^2 e^{-\lambda y} dy = \frac{1}{\lambda^2}.$$

3.2.6 Disuguaglianza di Jensen

Proviamo un'importante estensione alle funzioni convesse della disuguaglianza triangolare per il valore atteso. Esempi tipici di funzioni convesse che utilizzeremo in seguito sono

i) $f(x) = |x|^p$ con $p \in [1, +\infty[$,
ii) $f(x) = e^{\lambda x}$ con $\lambda \in \mathbb{R}$,
iii) $f(x) = -\log x$ per $x \in \mathbb{R}_{>0}$.

Teorema 3.2.31 (Disuguaglianza di Jensen) [!!] Siano $-\infty \leq a < b \leq +\infty$ e

$$X : \Omega \longrightarrow \,]a,b[\qquad e \qquad f : \,]a,b[\,\longrightarrow \mathbb{R}$$

rispettivamente una v.a. sullo spazio $(\Omega, \mathscr{F}, P)$ e una funzione convessa. Se $X, f(X) \in L^1(\Omega, P)$ allora si ha

$$f\left(E\left[X\right]\right) \leq E\left[f(X)\right].$$

Dimostrazione Ricordiamo che se f è convessa allora per ogni $z \in \,]a,b[$ esiste $m \in \mathbb{R}$ tale che

$$f(w) \geq f(z) + m(w - z), \qquad \forall w \in \,]a,b[. \tag{3.2.15}$$

Proviamo dopo la (3.2.15) e concludiamo prima la prova della disuguaglianza di Jensen. Posto $z = E\left[X\right]$ (si noti che $E\left[X\right] \in \,]a,b[$ poiché $X(\Omega) \subseteq \,]a,b[$ per ipotesi) si ha

$$f(X(\omega)) \geq f(E\left[X\right]) + m(X(\omega) - E\left[X\right]), \qquad \omega \in \Omega,$$

da cui, prendendo il valore atteso e usando la proprietà di monotonia,

$$E\left[f(X)\right] \geq E\left[f(E\left[X\right]) + m(X - E\left[X\right])\right] = \quad \begin{array}{l} \text{(per linearità e per il fatto che} \\ E\left[c\right] = c \text{ per ogni costante } c) \end{array}$$

$$= f(E\left[X\right]) + m E\left[X - E\left[X\right]\right] = f(E\left[X\right]).$$

Proviamo ora la (3.2.15). Ricordiamo che f è convessa se vale

$$f((1-\lambda)x + \lambda y) \leq (1-\lambda)f(x) + \lambda f(y), \qquad \forall x, y \in \,]a,b[, \; \lambda \in [0,1],$$

o equivalentemente, posto $z = (1-\lambda)x + \lambda y$,

$$(y - x)f(z) \leq (y - z)f(x) + (z - x)f(y), \qquad x < z < y. \tag{3.2.16}$$

Introduciamo la notazione

$$\Delta_{y,x} = \frac{f(y) - f(x)}{y - x}, \qquad a < x < y < b.$$

Non è difficile verificare[10] che la (3.2.16) è equivalente a

$$\Delta_{z,x} \leq \Delta_{y,x} \leq \Delta_{y,z}, \qquad x < z < y. \tag{3.2.17}$$

La (3.2.17) implica[11] che f è una funzione continua su $]a, b[$ ed anche che le funzioni

$$z \mapsto \Delta_{z,x}, \text{ per } z > x, \quad \text{e} \quad z \mapsto \Delta_{y,z}, \text{ per } z < y,$$

sono monotone crescenti. Di conseguenza esistono i limiti[12]

$$D^- f(z) := \lim_{x \to z^-} \Delta_{z,x} \leq \lim_{y \to z^+} \Delta_{y,z} =: D^+ f(z), \qquad z \in]a, b[. \tag{3.2.18}$$

Ora se $m \in [D^- f(z), D^+ f(z)]$ si ha

$$\Delta_{z,x} \leq m \leq \Delta_{y,z}, \qquad x < z < y,$$

che implica la (3.2.15). □

Osservazione 3.2.32 La dimostrazione della disuguaglianza di Jensen è basata, oltre alle proprietà delle funzioni convesse, soltanto sulle proprietà di monotonia, linearità e $E[1] = 1$ della media. In particolare il fatto che $E[1] = 1$ è fondamentale: a differenza della disuguaglianza triangolare, la disuguaglianza di Jensen non vale per un integrale o una somma generica.

---

[10] Proviamo per esempio la prima disuguaglianza:

$$\Delta_{z,x} \leq \Delta_{y,x} \iff \frac{f(z) - f(x)}{z - x} \leq \frac{f(y) - f(x)}{y - x}$$

$$\iff (f(z) - f(x))(y - x) \leq (f(y) - f(x))(z - x)$$

che equivale alla (3.2.16).

[11] Infatti da (3.2.17), in particolare da $\Delta_{z,x} \leq \Delta_{y,x}$, segue

$$f(z) \leq f(x) + (z - x)\frac{f(y) - f(x)}{y - x} \longrightarrow f(y) \quad \text{per } z \to y^-.$$

Inoltre, fissato $y_0 \in]y, b[$, ancora dalla (3.2.17), in particolare da $\Delta_{y,z} \leq \Delta_{y_0,y}$, segue

$$f(z) \geq f(y) - (y - z)\Delta_{y_0,y} \longrightarrow f(y) \quad \text{per } z \to y^-.$$

Combinando le due disuguaglianze, si prova la continuità a sinistra di f. Per la continuità a destra si procede in modo analogo.

[12] Per fissare le idee, si pensi a $f(x) = |x|$ per cui si ha $-1 = D^- f(0) < D^+ f(0) = 1$. Utilizzando la (3.2.18) si prova che l'insieme dei punti z in cui $D^- f(z) < D^+ f(z)$, ossia in cui f non è derivabile, è al più numerabile.

3.2.7 Spazi L^p e disuguaglianze notevoli

Definizione 3.2.33 Sia $(\Omega, \mathscr{F}, P)$ uno spazio di probabilità e $p \in [1, +\infty[$. La *p-norma* di una v.a. X è definita da

$$\|X\|_p := \left(E\left[|X|^p\right] \right)^{\frac{1}{p}}.$$

Indichiamo con

$$L^p(\Omega, P) = \{X \in m\mathscr{F} \mid \|X\|_p < \infty\}$$

lo spazio delle v.a. sommabili di ordine p.

In realtà $\|\cdot\|_p$ non è una norma perché $\|X\|_p = 0$ implica $X \overset{q.c.}{=} 0$ ma non $X \equiv 0$. In effetti vedremo nel Teorema 3.2.39 che $\|\cdot\|_p$ è una *semi-norma* sullo spazio $L^p(\Omega, P)$.

Esempio 3.2.34 Se $X \sim \mathscr{N}_{\mu,\sigma^2}$ allora $X \in L^p(\Omega, P)$ per ogni $p \geq 1$ poiché

$$E\left[|X|^p\right] = \int_{\mathbb{R}} |x|^p \frac{1}{\sqrt{2\pi\sigma^2}} e^{-\frac{1}{2}\left(\frac{x-\mu}{\sigma}\right)^2} dx < \infty.$$

È facile dare un esempio di $X, Y \in L^1(\Omega, P)$ tali che $XY \notin L^1(\Omega, P)$: è sufficiente considerare $X(\omega) = Y(\omega) = \frac{1}{\sqrt{\omega}}$ nello spazio $([0, 1], \mathscr{B}, \text{Leb})$. Diamo anche un esempio in uno spazio discreto.

Esempio 3.2.35 Consideriamo lo spazio di probabilità $\Omega = \mathbb{N}$ con la misura di probabilità definita da

$$P(\{n\}) = \frac{c}{n^3}, \qquad n \in \mathbb{N},$$

dove c è la costante positiva[13] che normalizza a 1 la somma dei $P(\{n\})$ in modo che P sia una misura di probabilità. La v.a. $X(n) = n$ è sommabile in P poiché

$$E[X] = \sum_{n=1}^{\infty} X(n) P(\{n\}) = \sum_{n=1}^{\infty} n \cdot \frac{c}{n^3} < +\infty.$$

D'altra parte $X \notin L^2(\Omega, P)$ poiché

$$E\left[X^2\right] = \sum_{n=1}^{\infty} n^2 \cdot \frac{c}{n^3} = +\infty,$$

o, in altri termini, posto $Y = X$ si ha che $XY \notin L^1(\Omega, P)$.

---

[13] Per precisione, $c = \text{Zeta}(3) \approx 1.20206$ dove Zeta indica la funzione zeta di Riemann.

Proposizione 3.2.36 Se $1 \leq p_1 \leq p_2$ allora vale

$$\|X\|_{p_1} \leq \|X\|_{p_2}$$

e quindi

$$L^{p_2}(\Omega, P) \subseteq L^{p_1}(\Omega, P).$$

L'Esempio 3.2.35 mostra che in generale l'inclusione è stretta.

Dimostrazione La tesi è diretta conseguenza della disuguaglianza di Jensen con $f(x) = x^q$, $x \in [0, +\infty[$, $q = \frac{p_2}{p_1} \geq 1$: infatti abbiamo

$$E\left[|X|^{p_1}\right]^{\frac{p_2}{p_1}} \leq E\left[|X|^{p_2}\right]. \quad \square$$

Teorema 3.2.37 (Disuguaglianza di Hölder) [!] Siano $p, q > 1$ esponenti coniugati, ossia tali che $\frac{1}{p} + \frac{1}{q} = 1$. Se $X \in L^p(\Omega, P)$ e $Y \in L^q(\Omega, P)$ allora $XY \in L^1(\Omega, P)$ e vale

$$\|XY\|_1 \leq \|X\|_p \|Y\|_q. \tag{3.2.19}$$

Dimostrazione Proviamo la tesi nel caso $\|X\|_p > 0$ altrimenti è banale. In questo caso, la (3.2.19) equivale a

$$E\left[\tilde{X}|Y|\right] \leq \|Y\|_q, \quad \text{dove } \tilde{X} = \frac{|X|}{\|X\|_p}.$$

Notiamo che $\tilde{X}^p \geq 0$ e $E\left[\tilde{X}^p\right] = 1$: quindi consideriamo la probabilità Q con densità $\tilde{X}^p$ rispetto a P, definita da

$$Q(A) = E\left[\tilde{X}^p \mathbb{1}_A\right], \qquad A \in \mathcal{F}.$$

Allora si ha

$$E^P\left[\tilde{X}|Y|\right]^q = E^P\left[\tilde{X}^p \frac{|Y|}{\tilde{X}^{p-1}} \mathbb{1}_{(\tilde{X}>0)}\right]^q =$$

$$= E^Q\left[\frac{|Y|}{\tilde{X}^{p-1}} \mathbb{1}_{(\tilde{X}>0)}\right]^q \leq \qquad \text{(per la disuguaglianza di Jensen)}$$

$$\leq E^Q\left[\frac{|Y|^q}{\tilde{X}^{q(p-1)}} \mathbb{1}_{(\tilde{X}>0)}\right] = \qquad \text{(poiché, essendo } p, q \text{ coniugati,}$$
$$\text{vale } q(p-1) = p\text{)}$$

$$= E^Q\left[\frac{|Y|^q}{\tilde{X}^p} \mathbb{1}_{(\tilde{X}>0)}\right] = E^P\left[|Y|^q \mathbb{1}_{(\tilde{X}>0)}\right] \leq \|Y\|_q^q,$$

che prova la tesi. $\square$

Corollario 3.2.38 (Disuguaglianza di Cauchy-Schwarz) [!] Si ha

$$|E\,[XY]| \leq \|X\|_2\|Y\|_2 \tag{3.2.20}$$

e nella (3.2.20) vale l'uguaglianza se e solo se esiste $a \in \mathbb{R}$ per cui $X \overset{\text{q.c.}}{=} aY$.

Dimostrazione La (3.2.20) segue da $|E\,[XY]| \leq E\,[|XY|]$ e dalla disuguaglianza di Hölder. Se $X \overset{\text{q.c.}}{=} aY$ per un certo $a \in \mathbb{R}$ è facile verificare che vale l'uguaglianza in (3.2.20). Viceversa, non è restrittivo assumere $E\,[XY] \geq 0$ (altrimenti basta considerare $-X$ al posto di X) e $\|X\|_2, \|Y\|_2 > 0$ (altrimenti la tesi è ovvia): in questo caso poniamo

$$\tilde{X} = \frac{X}{\|X\|_2}, \qquad \tilde{Y} = \frac{Y}{\|Y\|_2}.$$

Si ha $\|\tilde{X}\|_2 = \|\tilde{Y}\|_2 = 1$ e inoltre, per ipotesi, $E\left[\tilde{X}\tilde{Y}\right] = 1$. Allora

$$E\left[(\tilde{X} - \tilde{Y})^2\right] = E\left[\tilde{X}^2\right] + E\left[\tilde{Y}^2\right] - 2E\left[\tilde{X}\tilde{Y}\right] = 0$$

da cui $\tilde{X} \overset{\text{q.c.}}{=} \tilde{Y}$. $\square$

Teorema 3.2.39 Per ogni $p \geq 1$, $L^p(\Omega, P)$ è uno spazio vettoriale su cui $\|\cdot\|_p$ è una semi-norma, ossia vale

i) $\|X\|_p = 0$ se e solo se $X \overset{\text{q.c.}}{=} 0$;
ii) $\|\lambda X\|_p = |\lambda| \|X\|_p$ per ogni $\lambda \in \mathbb{R}$ e $X \in L^p(\Omega, P)$;
iii) vale la *disuguaglianza di Minkowski*

$$\|X + Y\|_p \leq \|X\|_p + \|Y\|_p,$$

per ogni $X, Y \in L^p(\Omega, P)$.

Dimostrazione Basta provare solo la iii). È chiaro che, se $X \in L^p(\Omega, P)$ e $\lambda \in \mathbb{R}$, allora $\lambda X \in L^p(\Omega, P)$. Inoltre, poiché

$$(a + b)^p \leq 2^p\,(a \vee b)^p \leq 2^p\,(a^p + b^p), \qquad a, b \geq 0, \ p \geq 1,$$

allora il fatto che $X, Y \in L^p(\Omega, P)$ implica che $(X + Y) \in L^p(\Omega, P)$. Dunque $L^p(\Omega, P)$ è uno spazio vettoriale. Le proprietà i) e ii) seguono facilmente dalle proprietà generali della media. Per la iii) è sufficiente considerare il caso $p > 1$: per la disuguaglianza triangolare si ha

$$
\begin{aligned}
E\left[|X + Y|^p\right] &\leq E\left[|X||X + Y|^{p-1}\right] && \text{(per la disuguaglianza di Hölder,} \\
&\quad + E\left[|Y||X + Y|^{p-1}\right] \leq && \text{indicando con } q \text{ l'esponente} \\
&&& \text{coniugato di } p > 1) \\
&\leq \left(\|X\|_p + \|Y\|_p\right) E\left[|X + Y|^{(p-1)q}\right]^{\frac{1}{q}} = && \text{(poiché } (p-1)q = p) \\
&\leq \left(\|X\|_p + \|Y\|_p\right) E\left[|X + Y|^p\right]^{1-\frac{1}{p}},
\end{aligned}
$$

da cui segue la disuguaglianza di Minkowski. $\square$

3.2.8 Covarianza e correlazione

Definizione 3.2.40 (Covarianza) La *covarianza* di due v.a. reali $X, Y \in L^2(\Omega, P)$ è il numero reale

$$\mathrm{cov}(X, Y) := E\left[(X - E[X])(Y - E[Y])\right].$$

Esempio 3.2.41 Sia (X, Y) con densità

$$\gamma_{(X,Y)}(x, y) = ye^{-xy}\mathbb{1}_{\mathbb{R}_{\geq 0}\times[1,2]}(x, y).$$

Allora si ha

$$E[X] = \iint_{\mathbb{R}^2} x\gamma_{(X,Y)}(x, y)dxdy = \log 2, \quad E[Y] = \iint_{\mathbb{R}^2} y\gamma_{(X,Y)}(x, y)dxdy = \frac{3}{2}$$

e

$$\mathrm{cov}(X, Y) = \iint_{\mathbb{R}^2} (x - \log 2)\left(y - \frac{3}{2}\right)\gamma_{(X,Y)}(x, y)dxdy = 1 - \frac{3}{2}\log 2.$$

In questa sezione usiamo le seguenti notazioni:

- $e_X := E[X]$ per l'attesa di X;
- $\sigma_{XY} := \mathrm{cov}(X, Y) := e_{(X-e_X)(Y-e_Y)} = e_{XY} - e_X e_Y$ per la covarianza di X, Y;
- $\sigma_X = \sqrt{\mathrm{var}(X)}$ per la deviazione standard di X, dove

$$\mathrm{var}(X) = \mathrm{cov}(X, X) = e_{(X-e_X)^2} = e_{X^2} - (e_X)^2.$$

Osserviamo che:

i) per ogni $c \in \mathbb{R}$ si ha

$$\mathrm{var}(X) = E\left[(X - E[X])^2\right] \leq E\left[(X - c)^2\right] \tag{3.2.21}$$

e vale l'uguaglianza se e solo se $c = E[X]$. Infatti

$$\begin{aligned} E\left[(X - c)^2\right] &= E\left[(X - e_X + e_X - c)^2\right] \\ &= \sigma_X^2 + 2\underbrace{E[X - e_X]}_{=0}(e_X - c) + (e_X - c)^2 \\ &= \sigma_X^2 + (e_X - c)^2 \geq \sigma_X^2. \end{aligned}$$

ii) Se $\sigma_X > 0$ si può sempre "normalizzare" la v.a. X ponendo

$$Z = \frac{X - e_X}{\sigma_X},$$

in modo che $E[Z] = 0$ e $\mathrm{var}(Z) = 1$.

iii) Vale

$$\mathrm{var}(X + Y) = \mathrm{var}(X) + \mathrm{var}(Y) + 2\mathrm{cov}(X, Y). \qquad (3.2.22)$$

Se $\mathrm{cov}(X, Y) = 0$ si dice che le v.a. X, Y sono *scorrelate*.

iv) La covarianza $\mathrm{cov}(\cdot, \cdot)$ è un *operatore bilineare e simmetrico su* $L^2(\Omega, P) \times L^2(\Omega, P)$, ossia per ogni $X, Y, Z \in L^2(\Omega, P)$ e $\alpha, \beta \in \mathbb{R}$ vale

$$\mathrm{cov}(X, Y) = \mathrm{cov}(Y, X) \quad \text{e} \quad \mathrm{cov}(\alpha X + \beta Y, Z) = \alpha \mathrm{cov}(X, Z) + \beta \mathrm{cov}(Y, Z).$$

v) Per la disuguaglianza di Cauchy-Schwarz (3.2.20) si ha

$$|\mathrm{cov}(X, Y)| \leq \sqrt{\mathrm{var}(X)\mathrm{var}(Y)}$$

ossia

$$|\sigma_{XY}| \leq \sigma_X \sigma_Y \qquad (3.2.23)$$

e si ha l'uguaglianza nella (3.2.23) se e solo se Y è funzione lineare di X nel senso che $Y \overset{\text{q.c.}}{=} \bar{a}X + \bar{b}$: nel caso in cui $\sigma_X > 0$, le costanti $\bar{a}$ e $\bar{b}$ sono date da

$$\bar{a} = \frac{\sigma_{XY}}{\sigma_X^2}, \qquad \bar{b} = e_Y - e_X \frac{\sigma_{XY}}{\sigma_X^2}. \qquad (3.2.24)$$

Come vedremo nella Sezione 3.2.9, la retta di equazione $y = \bar{a}x + \bar{b}$ è detta *retta di regressione*, e intuitivamente fornisce una rappresentazione della *dipendenza lineare* fra due campioni di dati.

Definizione 3.2.42 (Correlazione) Siano $X, Y \in L^2(\Omega, P)$ tali che $\sigma_X, \sigma_Y > 0$. Il *coefficiente di correlazione* di X, Y è definito da

$$\varrho_{XY} := \frac{\sigma_{XY}}{\sigma_X \sigma_Y}.$$

Dalla (3.2.23) segue che $\varrho_{XY} \in [-1, 1]$ e $|\varrho_{XY}| = 1$ se e solo se $Y \overset{\text{q.c.}}{=} \bar{a}X + \bar{b}$: si noti che $\bar{a} > 0$ se $\varrho_{XY} = 1$ e $\bar{a} < 0$ se $\varrho_{XY} = -1$. Dunque il coefficiente di correlazione misura il grado di dipendenza lineare fra X e Y.

Sia ora $X = (X_1, \ldots, X_d) \in L^2(\Omega, P)$ una v.a. a valori in $\mathbb{R}^d$. La *matrice di covarianza di X* è la matrice $d \times d$ simmetrica

$$\mathrm{cov}(X) = \big(\sigma_{X_i X_j}\big)_{i,j=1,\ldots,d} = E\Big[\underbrace{(X - E[X])}_{d \times 1}\underbrace{(X - E[X])^*}_{1 \times d}\Big],$$

dove M^* indica la trasposta della matrice M. Poiché

$$\langle \mathrm{cov}(X)y, y \rangle = E\Big[\big|(X - E[X])^* y\big|^2\Big] \geq 0, \qquad y \in \mathbb{R}^d,$$

la matrice di covarianza è *semi-definita positiva*. Si noti che gli elementi della diagonale sono le varianze $\sigma_{X_i}^2$ per $i = 1, \ldots, d$. Se $\sigma_{X_i} > 0$ per ogni $i = 1, \ldots, d$, definiamo la *matrice di correlazione* in modo analogo:

$$\varrho(X) = \left(\varrho_{X_i X_j} \right)_{i,j=1,\ldots,d}.$$

La matrice $\varrho(X)$ è simmetrica, semi-definita positiva e gli elementi della diagonale sono uguali a uno: per esempio nel caso $d = 2$, posto $\varrho = \varrho_{X_1 X_2}$ si ha

$$\varrho(X) = \begin{pmatrix} 1 & \varrho \\ \varrho & 1 \end{pmatrix} \qquad \mathrm{cov}(X) = \begin{pmatrix} \sigma_{X_1}^2 & \varrho \, \sigma_{X_1} \sigma_{X_2} \\ \varrho \, \sigma_{X_1} \sigma_{X_2} & \sigma_{X_2}^2 \end{pmatrix}.$$

Infine se A è una matrice costante $N \times d$ e $b \in \mathbb{R}^N$, allora la v.a. aleatoria $Z := AX + b$ a valori in $\mathbb{R}^N$ ha media

$$E[Z] = AE[X] + b,$$

e matrice di covarianza

$$\begin{aligned} \mathrm{cov}(Z) &= E\left[(AX + b - E[AX + b])(AX + b - E[AX + b])^* \right] \\ &= A \mathrm{cov}(X) A^*. \end{aligned}$$

Osservazione 3.2.43 (Decomposizione di Cholesky)   [!] Una matrice simmetrica e semi-definita positiva C si può fattorizzare nella forma $C = AA^*$: ciò segue dal fatto che, per il Teorema spettrale, $C = UDU^*$ con U ortogonale (ossia tale $U^{-1} = U^*$) e D matrice diagonale; dunque basta porre $A = U\sqrt{D}U^*$ dove $\sqrt{D}$ indica la matrice diagonale i cui elementi sono le radici quadrate degli elementi di D (che sono reali non-negativi, essendo C simmetrica e semi-definita positiva).

La fattorizzazione $C = AA^*$ non è unica: l'algoritmo di Cholesky permette di determinare una matrice triangolare inferiore A per cui valga $C = AA^*$. Per esempio, data la matrice di correlazione in dimensione due

$$C = \begin{pmatrix} 1 & \varrho \\ \varrho & 1 \end{pmatrix}$$

si ha la fattorizzazione di Cholesky $C = AA^*$ dove

$$A = \begin{pmatrix} 1 & 0 \\ \varrho & \sqrt{1 - \varrho^2} \end{pmatrix}.$$

3.2.9   *Regressione lineare*

In Statistica, si ha spesso a che fare con *serie storiche* (o *campioni*) di dati che forniscono la dinamica di un certo fenomeno nel tempo (per esempio, una temperatura, il prezzo di un titolo finanziario, il numero dei dipendenti di un'azienda etc.).

Nel caso di dati uno-dimensionali, una serie storica è un vettore $x = (x_1, \ldots, x_M)$ di $\mathbb{R}^M$. Possiamo pensare al vettore x come a una "realizzazione" di una variabile aleatoria discreta X definita nel modo seguente:

$$X : I_M \longrightarrow \mathbb{R}, \qquad X(i) := x_i, \quad i \in I_M.$$

Munendo lo spazio campionario I_M della probabilità uniforme, media e varianza di X sono date da

$$E[X] = \frac{1}{M} \sum_{i=1}^{M} x_i, \qquad \mathrm{var}(X) = \frac{1}{M} \sum_{i=1}^{M} (x_i - E[x])^2.$$

In Statistica, $E[X]$ e $\mathrm{var}(X)$ sono chiamate la *media campionaria* e la *varianza campionaria* della serie storica x e sono spesso indicate con $E[x]$ e $\mathrm{var}(x)$ rispettivamente.

Siano ora $x = (x_1, \ldots, x_M)$ e $y = (y_1, \ldots, y_M)$ due serie storiche. Un semplice strumento per visualizzare il grado di "dipendenza" fra x e y è il cosiddetto *grafico di dispersione*: in esso si rappresentano sul piano cartesiano i punti di coordinate $(x_i, y_i)_{i \in I_M}$. Un esempio è dato in Figura 3.6.

La *retta di regressione*, tracciata nel grafico di dispersione in Figura 3.6, è la retta di equazione $y = ax + b$ dove a, b minimizzano le differenze fra $ax_i + b$ e y_i nel senso che rendono minimo l'errore quadratico

$$Q(a,b) = \sum_{i=1}^{M} (ax_i + b - y_i)^2.$$

Annullando il gradiente

$$(\partial_a Q(a,b), \partial_b Q(a,b)) = \left(2 \sum_{i=1}^{M} (ax_i + b - y_i) x_i, \ 2 \sum_{i=1}^{M} (ax_i + b - y_i) \right)$$

si determinano a, b: precisamente un semplice conto mostra che

$$a = \frac{\sigma_{xy}}{\sigma_x^2}, \qquad b = E[y] - \frac{\sigma_{xy}}{\sigma_x^2} E[x], \qquad (3.2.25)$$

dove $\sigma_x^2 = \mathrm{var}(x)$ e

$$\sigma_{xy} = \mathrm{cov}(x, y) = \frac{1}{M} \sum_{i=1}^{M} (x_i - E[x])(y_i - E[y])$$

è la *covarianza campionaria* (o *empirica*) di x e y. Si noti l'analogia con le formule (3.2.24).

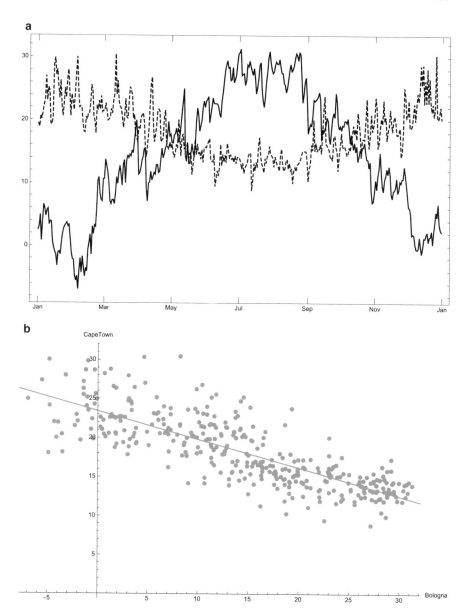

Figura 3.6 a Temperature nell'anno 2012 di Bologna (linea continua) e Città del Capo (linea tratteggiata). **b** Grafico di dispersione delle temperature nell'anno 2012 di Bologna (in ascissa) e Città del Capo (in ordinata)

La covarianza σ_{xy} è proporzionale e ha lo stesso segno del coefficiente angolare della retta di regressione. σ_{xy} è *un indicatore della dipendenza lineare fra x e y:* se $\sigma_{xy} = 0$, ossia x e y sono campioni *scorrelati*, non c'è dipendenza lineare (ma potrebbe esserci dipendenza di altro tipo); se $\sigma_{xy} > 0$ i campioni dipendono linearmente in modo positivo, la retta di regressione è crescente e questo indica che y tende a crescere al crescere di x.

La quantità

$$\varrho_{xy} = \frac{\sigma_{xy}}{\sigma_x \sigma_y}$$

è detta *correlazione campionaria* (o *empirica*) fra x e y. La correlazione ha il vantaggio di essere invariante per cambi di scala: per ogni $\alpha, \beta > 0$ la correlazione fra αx e βy è uguale alla correlazione fra x e y. Per la disuguaglianza di Cauchy-Schwarz, si ha $\varrho_{xy} \in [-1, 1]$. Inoltre $\varrho_{xy} = \pm 1$ se e solo se $Q(a, b) = 0$ con a, b come in (3.2.25).

3.2.10 *Vettori aleatori: distribuzioni marginali e distribuzione congiunta*

In questa sezione consideriamo un vettore di v.a. $X = (X_1, \ldots, X_n)$ sullo spazio $(\Omega, \mathscr{F}, P)$ ed esaminiamo la relazione fra X e le sue componenti. Assumiamo che

$$X_i : \Omega \longrightarrow \mathbb{R}^{d_i}, \qquad i = 1, \ldots, n,$$

con $d_i \in \mathbb{N}$ e poniamo $d = d_1 + \cdots + d_n$.

Notazione 3.2.44 Al solito indichiamo con μ_X e F_X rispettivamente la distribuzione e la funzione di ripartizione (CDF) di X. Esamineremo con particolare attenzione i casi in cui:

i) X è assolutamente continua: in tal caso indichiamo con γ_X la sua densità (che è definita univocamente a meno di insiemi Lebesgue-trascurabili);

ii) X è discreta: in tal caso indichiamo con $\bar{\mu}_X$ la sua funzione di distribuzione definita da $\bar{\mu}_X(x) = P(X = x)$.

Nel seguito useremo sempre notazioni vettoriali: in particolare, se $x, y \in \mathbb{R}^d$ allora $x \leq y$ significa $x_i \leq y_i$ per ogni $i = 1, \ldots, d$, e

$$]-\infty, x] := \,]-\infty, x_1] \times \cdots \times \,]-\infty, x_d].$$

Definizione 3.2.45 Si dice che μ_X e F_X sono rispettivamente la *distribuzione congiunta* e la *CDF congiunta* delle v.a. $X_1, \ldots, X_n$. Analogamente, nel caso esistano, γ_X e $\bar{\mu}_X$ sono la *densità congiunta* e la *funzione di distribuzione congiunta* di $X_1, \ldots, X_n$.

Viceversa, le distribuzioni μ_{X_i}, $i = 1, \ldots, n$, delle v.a. $X_1, \ldots, X_n$ sono dette *distribuzioni marginali* di X. Analogamente si parla di *CDF marginali*, *densità marginali* e *funzioni di distribuzione marginali di X*.

La seguente proposizione mostra che dalla congiunta si possono ricavare facilmente le marginali. Nell'enunciato, per semplificare le notazioni, consideriamo solo le marginali per la prima componente X_1 ma un risultato analogo è valido per ogni componente.

Proposizione 3.2.46 [!] Sia $X = (X_1, \ldots, X_n)$ una v.a. Si ha:

$$\mu_{X_1}(H) = \mu_X(H \times \mathbb{R}^{d-d_1}), \quad H \in \mathscr{B}_{d_1}, \tag{3.2.26}$$
$$F_{X_1}(x_1) = F_X(x_1, +\infty, \ldots, +\infty), \quad x_1 \in \mathbb{R}^{d_1}.$$

Inoltre, se $X \in AC$ allora $X_1 \in AC$ e

$$\gamma_{X_1}(x_1) := \int_{\mathbb{R}^{d-d_1}} \gamma_X(x_1, x_2, \ldots, x_n) dx_2 \cdots dx_n, \quad x_1 \in \mathbb{R}^{d_1} \tag{3.2.27}$$

è *una* densità di X_1. Se X è discreta allora X_1 è discreta e si ha

$$\bar{\mu}_{X_1}(x_1) = \sum_{(x_2, \ldots, x_n) \in \mathbb{R}^{d-d_1}} \bar{\mu}_X(x_1, x_2, \ldots, x_n), \quad x_1 \in \mathbb{R}^{d_1}. \tag{3.2.28}$$

Dimostrazione Basta osservare che

$$\mu_{X_1}(H) = P(X_1 \in H) = P(X \in H \times \mathbb{R}^{d-d_1}) = \mu_X(H \times \mathbb{R}^{d-d_1}), \quad H \in \mathscr{B}_{d_1}.$$

Prendendo $H =]-\infty, x_1]$ si dimostra la seconda uguaglianza. Inoltre, se $X \in AC$, per la (3.2.26) si ha

$$
\begin{aligned}
P(X_1 \in H) &= P(X \in H \times \mathbb{R}^{d-d_1}) \\
&= \int_{H \times \mathbb{R}^{d-d_1}} \gamma_X(x) dx = \\
&= \int_H \left(\int_{\mathbb{R}^{d-d_1}} \gamma_X(x_1, \ldots, x_n) dx_2 \cdots dx_n \right) dx_1
\end{aligned}
$$

(per il classico Teorema di Fubini per l'integrale di Lebesgue, essendo γ_X non-negativa)

che prova la (3.2.27). Infine si ha

$$
\begin{aligned}
\bar{\mu}_{X_1}(x_1) &= P(X_1 - x_1) = P(X \in \{x_1\} \times \mathbb{R}^{d-d_1}) = \quad \text{(per la (2.4.3))} \\
&= \sum_{x \in \{x_1\} \times \mathbb{R}^{d-d_1}} \bar{\mu}_X(x) = \sum_{(x_2, \ldots, x_n) \in \mathbb{R}^{d-d_1}} \bar{\mu}_X(x_1, x_2, \ldots, x_n). \quad \square
\end{aligned}
$$

Osservazione 3.2.47 (Criterio di Sylvester)   Ricordiamo che una matrice $\mathbf{C}$ di dimensione $d \times d$ è detta *definita positiva* se vale

$$\langle \mathbf{C}x, x \rangle > 0, \qquad x \in \mathbb{R}^d \setminus \{0\}.$$

In base all'utile *criterio di Sylvester*, una matrice reale simmetrica $\mathbf{C}$ è definita positiva se e solo se $\mathbf{d}_k > 0$ per ogni $k = 1, \ldots, d$, dove $\mathbf{d}_k$ indica il determinante della matrice ottenuta cancellando da $\mathbf{C}$ le ultime $d - k$ righe e le ultime $d - k$ colonne.

Esempio 3.2.48   [!] Consideriamo una matrice simmetrica e definita positiva

$$\mathbf{C} = \begin{pmatrix} v_1 & c \\ c & v_2 \end{pmatrix}.$$

Per il criterio di Sylvester si ha

$$v_1 > 0 \quad \text{e} \quad \det \mathbf{C} = v_1 v_2 - c^2 > 0.$$

Allora $\mathbf{C}$ è invertibile con

$$\mathbf{C}^{-1} = \frac{1}{v_1 v_2 - c^2} \begin{pmatrix} v_2 & -c \\ -c & v_1 \end{pmatrix}$$

e la funzione Gaussiana bidimensionale

$$\Gamma(x) = \frac{1}{2\pi \sqrt{\det \mathbf{C}}} e^{-\frac{1}{2}\langle \mathbf{C}^{-1} x, x \rangle}, \qquad x \in \mathbb{R}^2,$$

è una densità poiché è una funzione positiva e vale

$$\int_{\mathbb{R}^2} \Gamma(x) dx = 1.$$

La funzione Γ è detta *densità della distribuzione normale bidimensionale*: se $X = (X_1, X_2)$ ha densità Γ allora si dice che X ha distribuzione normale bidimensionale e si scrive $X \sim \mathcal{N}_{0,\mathbf{C}}$.

In base alla Proposizione 3.2.46 le densità marginali di X_1 e X_2 sono rispettivamente

$$\gamma_{X_1}(x_1) = \int_{\mathbb{R}} \Gamma(x_1, x_2) dx_2 = \frac{1}{\sqrt{2\pi v_1}} e^{-\frac{x_1^2}{2v_1}}, \qquad x_1 \in \mathbb{R},$$

$$\gamma_{X_2}(x_2) = \int_{\mathbb{R}} \Gamma(x_1, x_2) dx_1 = \frac{1}{\sqrt{2\pi v_2}} e^{-\frac{x_2^2}{2v_2}}, \qquad x_2 \in \mathbb{R},$$

ossia $X_1 \sim \mathcal{N}_{0,v_1}$ e $X_2 \sim \mathcal{N}_{0,v_2}$, *indipendentemente dal valore di* $c \in \mathbb{R}$. D'altra parte vale

$$\mathrm{cov}(X_1, X_2) = E\left[(X_1 - E[X_1])(X_2 - E[X_2])\right] = \int_{\mathbb{R}^2} x_1 x_2 \Gamma(x_1, x_2) dx_1 dx_2 = c.$$

Dunque la distribuzione congiunta fornisce informazioni non solo sulle singole distribuzioni marginali, ma anche *sulle relazioni fra le diverse componenti di* X. Al contrario, a partire dalla conoscenza delle distribuzioni marginali, $X_1 \sim \mathcal{N}_{0,v_1}$ e $X_2 \sim \mathcal{N}_{0,v_2}$, non si può dire nulla sulla covarianza di X_1, X_2: *in generale, non è possibile ricavare la distribuzione congiunta dalle marginali*. Al riguardo si veda anche l'Esempio 3.3.24.

3.3 Indipendenza

Nella teoria della probabilità, una delle questioni di maggior interesse teorico e applicativo riguarda l'esistenza e il grado di dipendenza fra quantità aleatorie. Per esempio, abbiamo già visto che la correlazione è un indice di un particolare tipo di dipendenza, quella *lineare*, fra variabili aleatorie. In questo paragrafo diamo una trattazione generale dell'argomento introducendo i concetti di *dipendenza deterministica* e *indipendenza stocastica*.

3.3.1 *Dipendenza deterministica e indipendenza stocastica*

In questa prima sezione, per semplicità, ci limitiamo a considerare il caso di due v.a. reali X, Y sullo spazio $(\Omega, \mathcal{F}, P)$. Poiché useremo sistematicamente il concetto di σ-algebra generata da X, ne ricordiamo la definizione:

$$\sigma(X) = X^{-1}(\mathcal{B}) = \{(X \in H) \mid H \in \mathcal{B}\}.$$

Definizione 3.3.1 Diciamo che:

i) X e Y sono *stocasticamente indipendenti in* P se gli eventi $(X \in H)$ e $(Y \in K)$ sono indipendenti in P per ogni $H, K \in \mathcal{B}$. In altri termini, X e Y sono indipendenti in P se lo sono le rispettive σ-algebre generate, nel senso che gli elementi di $\sigma(X)$ e $\sigma(Y)$ sono a due a due indipendenti in P;

ii) X *dipende in modo deterministico da* Y se sussiste la seguente inclusione

$$\sigma(X) \subseteq \sigma(Y), \qquad (3.3.1)$$

ossia se X è $\sigma(Y)$-*misurabile* e in tal caso si scrive $X \in m\sigma(Y)$.

Osservazione 3.3.2 [!] Siano Y una v.a. e $f \in m\mathscr{B}$. Come visto in (3.1.1), vale

$$\sigma(f(Y)) = (f \circ Y)^{-1}(\mathscr{B}) = Y^{-1}\left(f^{-1}(\mathscr{B})\right) \subseteq Y^{-1}(\mathscr{B}) = \sigma(Y).$$

da cui

$$\sigma(f(Y)) \subseteq \sigma(Y). \tag{3.3.2}$$

Quindi $X := f(Y)$ dipende in modo deterministico da Y. Dall'inclusione (3.1.9) si deduce anche il seguente utile risultato: *se $f, g \in m\mathscr{B}$ e X, Y sono v.a. indipendenti, allora anche le v.a. $f(X), g(Y)$ sono indipendenti.*

Il seguente teorema chiarisce il significato dell'inclusione (3.3.1), caratterizzandola in termini di dipendenza funzionale di X da Y.

Teorema 3.3.3 (Teorema di Doob) [!!] Siano X, Y v.a. reali su $(\Omega, \mathscr{F}, P)$. Allora $X \in m\sigma(Y)$ se e solo se esiste $f \in m\mathscr{B}$ tale che $X = f(Y)$.

Osservazione 3.3.4 Il Teorema di Doob rimane valido (con dimostrazione pressoché identica) nel caso in cui X sia a valori in $\mathbb{R}^d$ e Y sia a valori in un generico spazio misurabile $(E, \mathscr{E})$. L'enunciato generale è il seguente: $X \in m\sigma(Y)$ se e solo se esiste una funzione misurabile[14] $f : E \longrightarrow \mathbb{R}^d$ tale che $X = f(Y)$.

$$(\Omega, \mathscr{F}) \xrightarrow{\quad X \quad} \left(\mathbb{R}^d, \mathscr{B}_d\right)$$

$$Y \searrow \qquad \nearrow f$$

$$(E, \mathscr{E})$$

Dimostrazione del Teorema 3.3.3. Se $X = f(Y)$ con $f \in m\mathscr{B}$ allora $X \in m\sigma(Y)$: ciò segue direttamente dalla (3.3.2). Viceversa, sia $X \in m\sigma(Y)$. Utilizzando una trasformazione del tipo

$$Z = \frac{1}{2} + \frac{1}{\pi} \arctan X$$

non è restrittivo assumere che X sia a valori in $]0, 1[$.

Consideriamo prima il caso in cui X è semplice, ossia X assume solo i valori distinti $x_1, \ldots, x_m \in {]0, 1[}$ e quindi si scrive nella forma

$$X = \sum_{k=1}^{m} x_k \mathbb{1}_{(X=x_k)}.$$

Per ipotesi, si ha $(X = x_k) = (Y \in H_k)$ con $H_k \in \mathscr{B}$, $k = 1, \ldots, m$. Allora posto

$$f(y) = \sum_{k=1}^{m} x_k \mathbb{1}_{H_k}(y), \qquad y \in \mathbb{R},$$

---

[14] $f \in m\mathscr{E}$, ossia $f^{-1}(H) \in \mathscr{E}$ per ogni $H \in \mathscr{B}_d$.

si ha

$$f(Y) = \sum_{k=1}^{m} x_k \mathbb{1}_{H_k}(Y) = \sum_{k=1}^{m} x_k \mathbb{1}_{(Y \in H_k)} = \sum_{k=1}^{m} x_k \mathbb{1}_{(X = x_k)} = X.$$

Consideriamo ora il caso generale in cui X assume valori in $]0, 1[$: per il Lemma 3.2.3 esiste una successione $(X_n)_{n \geq 1}$ di v.a. semplici e $\sigma(Y)$-misurabili tali che

$$0 \leq X_n(\omega) \nearrow X(\omega), \qquad \omega \in \Omega. \tag{3.3.3}$$

Per quanto provato nel punto precedente, si ha $X_n = f_n(Y)$ con $f_n \in m\mathscr{B}$ a valori in $[0, 1[$. Definiamo

$$f(y) := \limsup_{n \to \infty} f_n(y), \qquad y \in \mathbb{R}.$$

Allora $f \in m\mathscr{B}$ (cfr. Proposizione 3.1.8) è limitata e per la (3.3.3) si ha

$$X(\omega) = \lim_{n \to \infty} X_n(\omega) = \lim_{n \to \infty} f_n(Y(\omega)) = f(Y(\omega)), \qquad \omega \in \Omega. \; \square$$

Corollario 3.3.5 Siano X, Y, Z v.a. reali su $(\Omega, \mathscr{F}, P)$ con $X \geq Z$. Se $X, Z \in m\sigma(Y)$ esistono $f, g \in m\mathscr{B}$ tali che $X = f(Y)$, $Z = g(Y)$ e $f \geq g$.

Dimostrazione Nel caso $Z \equiv 0$ la tesi è conseguenza della costruzione di f fatta nella dimostrazione del Teorema 3.3.3. Nel caso generale, poiché $0 \leq X - Z \in m\sigma(Y)$ esiste $0 \leq h \in m\mathscr{B}$ tale che $X - Z = h(Y)$. Inoltre esiste $f \in m\sigma(Y)$ tale che $Z + h(Y) = X = f(Y)$ e quindi $Z = (f - h)(Y)$ con $f \geq f - h \in m\sigma(Y)$. $\square$

Per capire il concetto di dipendenza deterministica si esamini attentamente il seguente

Esercizio 3.3.6 [!] Consideriamo $\Omega = \{1, 2, 3\}$ e le v.a. X, Y di Bernoulli definite su Ω nel modo seguente

$$X(\omega) = \begin{cases} 1 & \text{se } \omega \in \{1, 2\}, \\ 0 & \text{se } \omega = 3, \end{cases} \qquad Y(\omega) = \begin{cases} 1 & \text{se } \omega = 1, \\ 0 & \text{se } \omega \in \{2, 3\}. \end{cases}$$

Notiamo che

$$\sigma(X) = \{\varnothing, \Omega, \{1, 2\}, \{3\}\}, \qquad \sigma(Y) = \{\varnothing, \Omega, \{1\}, \{2, 3\}\}.$$

i) Verificare direttamente che *non esiste una funzione f tale che $X = f(Y)$*.
ii) Le v.a. X e Y sono indipendenti rispetto alla probabilità uniforme?
iii) Esiste una misura di probabilità su Ω rispetto alla quale X e Y sono indipendenti?

Soluzione i) Se esistesse una tale funzione f allora si avrebbe

$$1 = X(2) = f(Y(2)) = f(0) = f(Y(3)) = X(3) = 0$$

che è assurdo. Dunque fra X e Y non c'è dipendenza deterministica. Notiamo che, in accordo col Teorema 3.3.3, non sussistono relazioni di inclusione fra $\sigma(X)$ e $\sigma(Y)$.

ii) X e Y non sono indipendenti nella probabilità uniforme perché gli eventi $(X = 1) = \{1, 2\}$ e $(Y = 0) = \{2, 3\}$ non sono indipendenti in quanto

$$P\left((X = 1) \cap (Y = 0)\right) = P(\{2\}) = \frac{1}{3}$$

ma

$$P(X = 1)P(Y = 0) = \frac{4}{9}.$$

iii) Sì, per esempio la probabilità definita da $P(1) = P(3) = 0$ e $P(2) = 1$: più in generale, X e Y sono indipendenti rispetto ad una probabilità tipo Delta di Dirac centrata in 1 o 2 o 3 (si veda al riguardo il punto i) dell'esercizio seguente).

Osservazione 3.3.7 [!] L'Esercizio 3.3.6 ci permette di ribadire che *il concetto di indipendenza stocastica è sempre relativo ad una particolare misura di probabilità fissata.* Al contrario, *la dipendenza deterministica è una proprietà generale che non dipende dalla misura di probabilità considerata.* In particolare, i concetti di indipendenza stocastica e di dipendenza deterministica non sono "uno il contrario dell'altro". Fra l'altro, la dipendenza deterministica "va in una direzione": se X dipende in modo deterministico da Y non è detto che Y dipenda in modo deterministico da X.

Esercizio 3.3.8 Siano X, Y v.a. discrete su (Ω, P). Provare le seguenti affermazioni:

i) se X è costante quasi certamente, $X \overset{q.c.}{=} c$, allora X, Y sono indipendenti;
ii) sia

$$f : X(\Omega) \longrightarrow \mathbb{R}$$

una funzione iniettiva. Allora X e $f(X)$ sono indipendenti in P se e solo se X è costante q.c.

Soluzione i) Osservando che $P(X \in H) \in \{0, 1\}$ per ogni $H \in \mathscr{B}$, non è difficile provare la tesi.

ii) È sufficiente provare che se X e $f(X)$ sono indipendenti allora X è costante q.c. Sia $y \in X(\Omega)$: essendo f iniettiva si ha $(X = y) = (f(X) = f(y))$ o più esplicitamente

$$\{\omega \in \Omega \mid X(\omega) = y\} = \{\omega \in \Omega \mid f(X(\omega)) = f(y)\}.$$

Allora si ha

$$P(X = y) = P\big((X = y) \cap (f(X) = f(y))\big)$$
$$= P(X = y)P(f(X) = f(y)) = P(X = y)^2$$

da cui segue $P(X = y) \in \{0, 1\}$ e dunque la tesi.

3.3.2 Misura prodotto e Teorema di Fubini

Per studiare in maniera più approfondita il concetto di indipendenza stocastica fra due o più variabili aleatorie, presentiamo alcuni risultati preliminari sul prodotto di misure che svolgeranno un ruolo centrale nel seguito. Dati due spazi misurabili finiti $(\Omega_1, \mathscr{F}_1, \mu_1)$ e $(\Omega_2, \mathscr{F}_2, \mu_2)$, consideriamo il prodotto cartesiano

$$\Omega := \Omega_1 \times \Omega_2 = \{(x, y) \mid x \in \Omega_1, \ y \in \Omega_2\},$$

e la famiglia dei *rettangoli* definita nel modo seguente

$$\mathscr{R} := \{A \times B \mid A \in \mathscr{F}_1, \ B \in \mathscr{F}_2\}.$$

Indichiamo con

$$\mathscr{F}_1 \otimes \mathscr{F}_2 := \sigma(\mathscr{R})$$

la σ-algebra generata dai rettangoli, anche chiamata *σ-algebra prodotto di $\mathscr{F}_1$ e $\mathscr{F}_2$*. Vale la seguente generalizzazione del Corollario 3.1.6 e dell'Osservazione 3.1.9.

Corollario 3.3.9 Per $k = 1, 2$, siano $X_k : \Omega_k \longrightarrow \mathbb{R}$ funzioni sugli spazi misurabili $(\Omega_k, \mathscr{F}_k)$. Le seguenti proprietà sono equivalenti:

i) $(X_1, X_2) \in m(\mathscr{F}_1 \otimes \mathscr{F}_2)$;
ii) $X_k \in m\mathscr{F}_k$ per $k = 1, 2$.

Inoltre, se vale i) o ii) allora per ogni $f \in m\mathscr{B}_2$ si ha che $f(X_1, X_2) \in m(\mathscr{F}_1 \otimes \mathscr{F}_2)$.

Osservazione 3.3.10 Ogni disco di $\mathbb{R}^2$ è unione numerabile di rettangoli e di conseguenza $\mathscr{B} \otimes \mathscr{B} = \mathscr{B}_2$. Al contrario, se $\mathscr{L}_d$ indica la σ-algebra dei misurabili secondo Lebesgue in $\mathbb{R}^d$, allora $\mathscr{L}_1 \otimes \mathscr{L}_1$ è *strettamente incluso* in $\mathscr{L}_2$. Infatti, per esempio, se $H \subseteq \mathbb{R}$ non è misurabile secondo Lebesgue, allora $H \times \{0\} \in \mathscr{L}_2 \setminus (\mathscr{L}_1 \otimes \mathscr{L}_1)$.

Lemma 3.3.11 Sia

$$f : \Omega_1 \times \Omega_2 \longrightarrow \mathbb{R}$$

una funzione $\mathscr{F}_1 \otimes \mathscr{F}_2$-misurabile e limitata. Allora si ha:

i) $f(\cdot, y) \in m\mathscr{F}_1$ per ogni $y \in \Omega_2$;
ii) $f(x, \cdot) \in m\mathscr{F}_2$ per ogni $x \in \Omega_1$.

Dimostrazione Sia $\mathscr{H}$ la famiglia delle funzioni $\mathscr{F}_1 \otimes \mathscr{F}_2$-misurabili, limitate che verificano le proprietà i) e ii). Allora $\mathscr{H}$ è una famiglia monotona di funzioni (cfr. Definizione A.7). La famiglia $\mathscr{R}$ è $\cap$-chiusa, genera $\mathscr{F}_1 \otimes \mathscr{F}_2$ ed è chiaro che $\mathbb{1}_{A \times B} \in \mathscr{H}$ per ogni $(A \times B) \in \mathscr{R}$. Allora la tesi segue dal secondo Teorema di Dynkin (Teorema A.8). $\square$

Osservazione 3.3.12 Il classico Teorema di Fubini per l'integrale di Lebesgue afferma che se $f = f(x, y) \in m\mathscr{L}_2$ (ossia f è misurabile rispetto alla σ-algebra $\mathscr{L}_2$ dei Lebesgue-misurabili di $\mathbb{R}^2$) allora $f(x, \cdot) \in m\mathscr{L}_1$ per quasi ogni $x \in \mathbb{R}$. Si noti la differenza rispetto al Lemma 3.3.11 in cui si afferma che "$f(x, \cdot) \in m\mathscr{F}_2$ per ogni $x \in \Omega_1$". Ciò è dovuto al fatto che, come abbiamo già osservato, $\mathscr{L}_1 \otimes \mathscr{L}_1$ è *strettamente incluso* in $\mathscr{L}_2$. Per maggiori dettagli rimandiamo alla sezione "Completion of product measure", Cap. 8 in [41].

Lemma 3.3.13 Se f è una funzione $\mathscr{F}_1 \otimes \mathscr{F}_2$-misurabile e limitata allora si ha:

i) $x \mapsto \int\limits_{\Omega_2} f(x, y)\mu_2(dy) \in m\mathscr{F}_1$;
ii) $y \mapsto \int\limits_{\Omega_1} f(x, y)\mu_1(dx) \in m\mathscr{F}_2$;
iii) vale

$$\int\limits_{\Omega_1}\left(\int\limits_{\Omega_2} f(x, y)\mu_2(dy)\right)\mu_1(dx) = \int\limits_{\Omega_2}\left(\int\limits_{\Omega_1} f(x, y)\mu_1(dx)\right)\mu_2(dy).$$

Dimostrazione Come nel lemma precedente, la tesi segue dal secondo Teorema di Dynkin applicato alla famiglia $\mathscr{H}$ delle funzioni $\mathscr{F}_1 \otimes \mathscr{F}_2$-misurabili, limitate che verificano le proprietà i), ii) e iii). Infatti $\mathscr{H}$ è una famiglia monotona di funzioni e $\mathbb{1}_{A \times B} \in \mathscr{H}$ per ogni $(A \times B) \in \mathscr{R}$. $\square$

Proposizione 3.3.14 (Misura prodotto) La funzione definita da

$$\mu(H) := \int\limits_{\Omega_1}\left(\int\limits_{\Omega_2} \mathbb{1}_H d\mu_2\right)d\mu_1 = \int\limits_{\Omega_2}\left(\int\limits_{\Omega_1} \mathbb{1}_H d\mu_1\right)d\mu_2, \qquad H \in \mathscr{F}_1 \otimes \mathscr{F}_2,$$

è l'unica misura finita su $\mathscr{F}_1 \otimes \mathscr{F}_2$ tale che

$$\mu(A \times B) = \mu_1(A)\mu_2(B), \qquad A \in \mathscr{F}_1, \ B \in \mathscr{F}_2.$$

Scriviamo $\mu = \mu_1 \otimes \mu_2$ e diciamo che μ è *la misura prodotto di μ_1 e μ_2*.

Dimostrazione Il fatto che μ sia una misura segue dalla linearità dell'integrale e dal Teorema di Beppo-Levi. L'unicità segue dal Corollario A.5, poiché $\mathscr{R}$ è $\cap$-chiusa e genera $\mathscr{F}_1 \otimes \mathscr{F}_2$. $\square$

Teorema 3.3.15 (Teorema di Fubini) [!!!] Sullo spazio prodotto $(\Omega_1 \times \Omega_2, \mathscr{F}_1 \otimes \mathscr{F}_2, \mu_1 \otimes \mu_2)$, sia f una funzione $(\mathscr{F}_1 \otimes \mathscr{F}_2)$-misurabile a valori reali. Se f è non-negativa oppure sommabile (ossia, $f \in L^1(\Omega_1 \times \Omega_2, \mu_1 \otimes \mu_2)$) allora si ha:

$$\int_{\Omega_1 \times \Omega_2} f\, d(\mu_1 \otimes \mu_2) = \int_{\Omega_1} \left(\int_{\Omega_2} f(x,y)\mu_2(dy) \right) \mu_1(dx)$$

$$= \int_{\Omega_2} \left(\int_{\Omega_1} f(x,y)\mu_1(dx) \right) \mu_2(dy). \qquad (3.3.4)$$

Dimostrazione La (3.3.4) è vera se $f = \mathbb{1}_{A \times B}$ e quindi, per il secondo Teorema di Dynkin, anche per f misurabile e limitata. Il Teorema di Beppo-Levi e la linearità dell'integrale assicurano la validità di (3.3.4) rispettivamente per f non-negativa e $f \in L^1$. $\square$

Osservazione 3.3.16 Il Teorema 3.3.15 resta valido sotto l'ipotesi che gli spazi $(\Omega_1, \mathscr{F}_1, \mu_1)$ e $(\Omega_2, \mathscr{F}_2, \mu_2)$ siano σ-finiti. A partire dal Teorema 3.3.15, si definisce per induzione la misura prodotto di più di due misure

$$\mu_1 \otimes \cdots \otimes \mu_n.$$

Esempio 3.3.17 Sia $\mu = \mathrm{Exp}_\lambda \otimes \mathrm{Be}_p$ la misura prodotto su $\mathbb{R}^2$ delle distribuzioni esponenziale Exp_λ e di Bernoulli Be_p. Per il Teorema di Fubini, il calcolo dell'integrale di $f \in L^1(\mathbb{R}^2, \mu)$ si svolge nel modo seguente:

$$\iint_{\mathbb{R}^2} f(x,y)\mu(dx,dy) = \int_{\mathbb{R}} \left(\int_{\mathbb{R}} f(x,y)\mathrm{Be}_p(dy) \right) \mathrm{Exp}_\lambda(dx)$$

$$= \int_{\mathbb{R}} (pf(x,1) + (1-p)f(x,0))\, \mathrm{Exp}_\lambda(dx)$$

$$= p\lambda \int_0^{+\infty} f(x,1)e^{-\lambda x}dx + (1-p)\lambda \int_0^{+\infty} f(x,0)e^{-\lambda x}dx.$$

3.3.3 Indipendenza fra σ-algebre

Poiché la definizione generale di indipendenza di v.a. è data in termini di indipendenza delle relative σ-algebre generate, esaminiamo prima il concetto di indipendenza fra σ-algebre. Nel seguito $(\Omega, \mathscr{F}, P)$ è uno spazio di probabilità fissato e I è una qualsiasi famiglia di indici.

Definizione 3.3.18 Diciamo che le famiglie di eventi $\mathscr{F}_i$, con $i \in I$, sono *indipendenti in P* se vale

$$P \left(\bigcap_{k=1}^{n} A_k \right) = \prod_{k=1}^{n} P(A_k),$$

per ogni scelta di un numero finito di indici $i_1, \ldots, i_n$ e $A_k \in \mathscr{F}_{i_k}$ per $k = 1, \ldots, n$.

Esercizio 3.3.19 Sia $\sigma(A) = \{\emptyset, \Omega, A, A^c\}$ la σ-algebra generata da $A \in \mathscr{F}$. Dimostrare che $A_1, \ldots, A_n \in \mathscr{F}$ sono indipendenti in P (cfr. Definizione 2.3.27) se e solo se $\sigma(A_1), \ldots, \sigma(A_n)$ sono indipendenti in P.

A volte può essere utile il seguente corollario del Teorema di Dynkin.

Lemma 3.3.20 Siano $\mathscr{A}_1, \ldots, \mathscr{A}_n$ famiglie di eventi in $(\Omega, \mathscr{F}, P)$, chiuse rispetto all'intersezione. Allora $\mathscr{A}_1, \ldots, \mathscr{A}_n$ sono indipendenti in P se e solo se $\sigma(\mathscr{A}_1), \ldots, \sigma(\mathscr{A}_n)$ sono indipendenti in P.

Dimostrazione Proviamo il caso $n = 2$: la dimostrazione generale è analoga. Fissiamo $A \in \mathscr{A}_1$ e definiamo le misure finite

$$\mu(B) = P(A \cap B), \qquad \nu(B) = P(A)P(B), \qquad B \in \sigma(\mathscr{A}_2).$$

Per ipotesi $\mu = \nu$ su $\mathscr{A}_2$ e inoltre $\mu(\Omega) = P(A) = \nu(\Omega)$, quindi per il Corollario A.5 $\mu = \nu$ su $\sigma(\mathscr{A}_2)$ o, in altri termini

$$P(A \cap B) = P(A)P(B), \qquad B \in \sigma(\mathscr{A}_2).$$

Ora fissiamo $B \in \sigma(\mathscr{A}_2)$ e definiamo le misure finite

$$\mu(B) = P(A \cap B), \qquad \nu(B) = P(A)P(B), \qquad A \in \sigma(\mathscr{A}_1).$$

Abbiamo provato che $\mu = \nu$ su $\mathscr{A}_1$ e ovviamente $\mu(\Omega) = P(B) = \nu(\Omega)$, quindi ancora per il Corollario A.5 si ha $\mu = \nu$ su $\sigma(\mathscr{A}_1)$ che equivale alla tesi. $\square$

3.3.4 Indipendenza fra vettori aleatori

Assumiamo le ipotesi e notazioni della Sezione 3.2.10 e introduciamo l'importante concetto di indipendenza fra v.a.

Definizione 3.3.21 (Indipendenza di v.a.) Diciamo che le v.a. $X_1, \ldots, X_n$, definite sullo spazio $(\Omega, \mathscr{F}, P)$, sono indipendenti in P se le relative σ-algebre generate $\sigma(X_1), \ldots, \sigma(X_n)$ sono indipendenti in P o, equivalentemente, se vale

$$P\left(\bigcap_{i=1}^{n}(X_i \in H_i)\right) = \prod_{i=1}^{n} P(X_i \in H_i), \qquad H_i \in \mathscr{B}_{d_i}, \ i = 1, \ldots, n.$$

Osservazione 3.3.22 [!] Come conseguenza della (3.3.2), se $X_1, \ldots, X_n$ sono v.a. indipendenti su $(\Omega, \mathscr{F}, P)$ e $f_1, \ldots, f_n \in m\mathscr{B}$ allora anche le v.a. $f_1(X_1), \ldots, f_n(X_n)$ sono indipendenti in P: in altri termini, *la proprietà di indipendenza è invariante per trasformazioni di tipo deterministico* (nello specifico, l'operazione di composizione con funzioni misurabili).

Per esempio, supponiamo che $X_1, \ldots, X_n, Y_1, \ldots, Y_m$ siano v.a. *reali* e $X := (X_1, \ldots, X_n)$ e $Y := (Y_1, \ldots, Y_m)$ siano indipendenti. Allora sono indipendenti anche le seguenti coppie di variabili aleatorie[15]

i) X_i e Y_j per ogni i e j;
ii) $X_{i_1} + X_{i_2}$ e $Y_{j_1} + Y_{j_2}$ per ogni i_1, i_2, j_1, j_2;
iii) X_i^2 e Y per ogni i.

Il seguente risultato fornisce un'importante caratterizzazione della proprietà di indipendenza. Esso mostra anche che, *nel caso di v.a. indipendenti, la distribuzione congiunta può essere ricavata dalle distribuzioni marginali*. Per chiarezza d'esposizione, enunciamo prima il risultato nel caso particolare di due v.a. e in seguito diamo il risultato generale.

Teorema 3.3.23 [!!] Siano X_1, X_2 v.a. su $(\Omega, \mathscr{F}, P)$ a valori rispettivamente in $\mathbb{R}^{d_1}$ e $\mathbb{R}^{d_2}$. Le seguenti tre proprietà sono equivalenti:

i) X_1, X_2 sono indipendenti in P;
ii) $F_{(X_1, X_2)}(x_1, x_2) = F_{X_1}(x_1) F_{X_2}(x_2)$ per ogni $x_1 \in \mathbb{R}^{d_1}$ e $x_2 \in \mathbb{R}^{d_2}$;
iii) $\mu_{(X_1, X_2)} = \mu_{X_1} \otimes \mu_{X_2}$.

Inoltre, se $(X_1, X_2) \in AC$ allora le proprietà precedenti sono anche equivalenti a:

iv) per quasi ogni $(x_1, x_2) \in \mathbb{R}^{d_1} \times \mathbb{R}^{d_2}$ vale

$$\gamma_{(X_1, X_2)}(x_1, x_2) = \gamma_{X_1}(x_1)\gamma_{X_2}(x_2). \tag{3.3.5}$$

Infine, se (X_1, X_2) è discreta allora le proprietà i), ii) e iii) sono anche equivalenti a:

v) per ogni $(x_1, x_2) \in \mathbb{R}^{d_1} \times \mathbb{R}^{d_2}$ vale

$$\bar{\mu}_{(X_1, X_2)}(x_1, x_2) = \bar{\mu}_{X_1}(x_1)\bar{\mu}_{X_2}(x_2). \tag{3.3.6}$$

---

[15] Per esercizio determinare le funzioni misurabili con cui si compongono X e Y.

Dimostrazione [i) $\Longrightarrow$ ii)] Si ha

$$F_{(X_1,X_2)}(x_1,x_2) = P((X_1 \le x_1) \cap (X_2 \le x_2)) = \quad \text{(per l'ipotesi di indipendenza)}$$
$$= P(X_1 \le x_1)P(X_2 \le x_2) = F_{X_1}(x_1)F_{X_2}(x_2).$$

[ii) $\Longrightarrow$ iii)] L'ipotesi $F_{(X_1,X_2)} = F_{X_1}F_{X_2}$ implica che le distribuzioni $\mu_{(X_1,X_2)}$ e $\mu_{X_1} \otimes \mu_{X_2}$ coincidono sulla famiglia dei pluri-intervalli $]-\infty, x_1] \times]-\infty, x_2]$: la tesi segue dall'unicità dell'estensione della misura del Teorema 2.4.29 di Carathéodory (oppure si veda il Corollario A.5, poiché la famiglia dei pluri-intervalli è $\cap$-chiusa e genera $\mathscr{B}_{d_1+d_2}$).

[iii) $\Longrightarrow$ i)] Per ogni $H \in \mathscr{B}_{d_1}$ e $K \in \mathscr{B}_{d_2}$ si ha

$$P((X_1 \in H) \cap (X_2 \in K)) = \mu_{(X_1,X_2)}(H \times K) = \qquad \text{(poiché per ipotesi}$$
$$= \mu_{X_1}(H)\mu_{X_2}(K) \qquad \mu_{(X_1,X_2)} = \mu_{X_1} \otimes \mu_{X_2})$$
$$= P(X_1 \in H)P(X_2 \in K)$$

da cui l'indipendenza di X_1 e X_2.

Assumiamo ora che $(X_1, X_2) \in$ AC e quindi, per la Proposizione 3.2.46, anche $X_1, X_2 \in$ AC.

[i) $\Longrightarrow$ iv)] Per l'ipotesi di indipendenza, si ha

$$P((X_1, X_2) \in H \times K)$$
$$= P(X_1 \in H)P(X_2 \in K) =$$
$$= \int_H \gamma_{X_1}(x_1)dx_1 \int_K \gamma_{X_2}(x_2)dx_2 = \quad \text{(per il Teorema di Fubini e con la notazione}$$
$$\qquad\qquad\qquad\qquad\qquad\qquad\qquad x = (x_1, x_2) \text{ per il punto di } \mathbb{R}^{d_1+d_2})$$
$$= \int_{H \times K} \gamma_{X_1}(x_1)\gamma_{X_2}(x_2)dx$$

e quindi $\gamma_{X_1}\gamma_{X_2}$ è densità di (X_1, X_2).

[iv) $\Longrightarrow$ i)] Si ha

$$P((X_1, X_2) \in H \times K) = \int_{H \times K} \gamma_{(X_1,X_2)}(x)dx = \qquad \text{(per ipotesi)}$$
$$= \int_{H \times K} \gamma_{X_1}(x_1)\gamma_{X_2}(x_2)dx = \qquad \text{(per il Teorema di Fubini)}$$
$$= \int_H \gamma_{X_1}(x_1)dx_1 \int_K \gamma_{X_2}(x_2)dx_2 = P(X_1 \in H)P(X_2 \in K),$$

da cui l'indipendenza di X_1 e X_2.

Infine assumiamo che la v.a. (X_1, X_2) sia discreta e quindi, per la Proposizione 3.2.46, anche X_1, X_2 lo siano. La dimostrazione è del tutto analoga al caso precedente.

[i) $\Longrightarrow$ v)] Per l'ipotesi di indipendenza, si ha

$$\bar{\mu}_{(X_1,X_2)}(x_1,x_2) = P((X_1 = x_1) \cap (X_2 = x_2)) = P(X_1 = x_1)P(X_2 = x_2)$$
$$= \bar{\mu}_{X_1}(x_1)\bar{\mu}_{X_2}(x_2)$$

da cui la (3.3.6).

[v) $\Longrightarrow$ i)] Si ha

$$P((X_1, X_2) \in H \times K) = \sum_{(x_1,x_2) \in H \times K} \bar{\mu}_{(X_1,X_2)}(x_1,x_2) = \quad \text{(per ipotesi)}$$

$$= \sum_{(x_1,x_2) \in H \times K} \bar{\mu}_{X_1}(x_1)\bar{\mu}_{X_2}(x_2) = \quad \begin{array}{l}\text{(essendo i termini della}\\ \text{somma non-negativi)}\end{array}$$

$$= \sum_{x_1 \in H} \bar{\mu}_{X_1}(x_1) \sum_{x_2 \in K} \bar{\mu}_{X_2}(x_2) = P(X_1 \in H)P(X_2 \in K),$$

da cui l'indipendenza di X_1 e X_2. $\square$

Il seguente esempio mostra due coppie di v.a. con uguali distribuzioni marginali ma diverse distribuzioni congiunte.

Esempio 3.3.24 [!] Consideriamo un'urna contenente n palline numerate. Siano:

i) X_1, X_2 i risultati di due estrazioni successive *con reinserimento*;
ii) Y_1, Y_2 i risultati di due estrazioni successive *senza reinserimento*.

È naturale assumere che le v.a. X_1, X_2 abbiano distribuzione uniforme Unif_n e siano indipendenti: per il Teorema 3.3.23-v) la funzione di distribuzione congiunta è

$$\bar{\mu}_{(X_1,X_2)}(x_1,x_2) = \bar{\mu}_{X_1}(x_1)\bar{\mu}_{X_2}(x_2) = \frac{1}{n^2}, \qquad (x_1,x_2) \in I_n \times I_n,$$

dove, al solito, $I_n = \{1, \dots, n\}$.

La v.a. Y_1 ha distribuzione uniforme Unif_n ma non è indipendente da Y_2. Per ricavare la funzione di distribuzione congiunta utilizziamo la conoscenza della probabilità che la seconda estrazione sia y_2, condizionata al fatto che la prima pallina estratta sia y_1:

$$P(Y_2 = y_2 \mid Y_1 = y_1) = \begin{cases} \frac{1}{n-1} & \text{se } y_2 \in I_n \setminus \{y_1\}, \\ 0 & \text{se } y_2 = y_1. \end{cases}$$

Allora abbiamo

$$P\big((Y_1, Y_2) = (y_1, y_2)\big) = P\big((Y_1 = y_1) \cap (Y_2 = y_2)\big)$$
$$= P(Y_2 = y_2 \mid Y_1 = y_1)\, P(Y_1 = y_1) \qquad (3.3.7)$$

da cui

$$\bar{\mu}_{(Y_1,Y_2)}(y_1,y_2) = \begin{cases} \frac{1}{n(n-1)} & \text{se } y_1, y_2 \in I_n, \ y_1 \neq y_2, \\ 0 & \text{altrimenti.} \end{cases}$$

Sottolineiamo l'importanza del passaggio (3.3.7) in cui, non potendo sfruttare l'indipendenza, abbiamo usato la formula di moltiplicazione (2.3.5). Avendo $\bar{\mu}_{(Y_1,Y_2)}$, possiamo ora calcolare $\bar{\mu}_{Y_2}$ mediante la (3.2.28) della Proposizione 3.2.46: per ogni $y_2 \in I_n$ abbiamo

$$\bar{\mu}_{Y_2}(y_2) = \sum_{y_1 \in I_n} \bar{\mu}_{(Y_1,Y_2)}(y_1, y_2) = \sum_{y_1 \in I_n \setminus \{y_2\}} \frac{1}{n(n-1)} = \frac{1}{n},$$

ossia anche $Y_2 \sim \mathrm{Unif}_n$. In definitiva Y_1, Y_2 hanno distribuzioni marginali uniformi come X_1, X_2, ma differente distribuzione congiunta.

Il Teorema 3.3.23 si estende al caso di un numero finito di v.a. nel modo seguente:

Teorema 3.3.25 [!!] Siano $X_1, \dots, X_n$ v.a. su $(\Omega, \mathscr{F}, P)$ a valori rispettivamente in $\mathbb{R}^{d_1}, \dots, \mathbb{R}^{d_n}$. Posto $X = (X_1, \dots, X_n)$ e $d = d_1 + \cdots + d_n$, le seguenti tre proprietà sono equivalenti:

i) $X_1, \dots, X_n$ sono indipendenti in P;
ii) per ogni $x = (x_1, \dots, x_n) \in \mathbb{R}^d$ si ha

$$F_X(x_1, \dots, x_n) = \prod_{i=1}^n F_{X_i}(x_i); \qquad (3.3.8)$$

iii) vale

$$\mu_X = \mu_{X_1} \otimes \cdots \otimes \mu_{X_n}.$$

Inoltre, se $X \in AC$ allora le proprietà precedenti sono anche equivalenti a:

iv) per quasi ogni $x = (x_1, \dots, x_n) \in \mathbb{R}^d$ vale

$$\gamma_X(x) = \prod_{i=1}^n \gamma_{X_i}(x_i).$$

Infine, se X è discreta allora le proprietà i), ii) e iii) sono anche equivalenti a:

v) per ogni $x \in \mathbb{R}^d$ vale

$$\bar{\mu}_X(x) = \prod_{i=1}^n \bar{\mu}_{X_i}(x_i).$$

Nella Sezione 3.1.1 abbiamo provato che è possibile costruire uno spazio di probabilità su cui è definito un vettore aleatorio $(X_1, \dots, X_n)$ con distribuzione assegnata (cfr. Osservazione 3.1.16). Come semplice conseguenza si ha anche:

Corollario 3.3.26 (Esistenza di v.a. indipendenti) [!] Siano μ_k distribuzioni su $\mathbb{R}^{d_k}$, $k = 1, \dots, n$. Esiste uno spazio di probabilità $(\Omega, \mathscr{F}, P)$ su cui sono definite $X_1, \dots, X_n$ v.a. tali che $X_k \sim \mu_k$ per $k = 1, \dots, n$ e siano *indipendenti* in P.

Dimostrazione Consideriamo la distribuzione prodotto $\mu = \mu_1 \otimes \cdots \otimes \mu_n$ su $\mathbb{R}^d$ con $d = d_1 + \cdots + d_n$. Per l'Osservazione 3.1.16, la funzione identità $X(\omega) = \omega$ è una v.a. su $(\mathbb{R}^d, \mathscr{B}_d, \mu)$ con $X \sim \mu$. Per il Teorema 3.3.25, le componenti di X verificano la tesi. $\square$

Osservazione 3.3.27 Nella dimostrazione precedente la costruzione di numero n di variabili aleatorie indipendenti avviene prendendo come spazio campionario lo spazio Euclideo di dimensione almeno pari a n. Questo fatto fa intuire che il problema della costruzione di una *successione* (o, ancor peggio, di una famiglia non numerabile) di v.a. indipendenti non è altrettanto semplice perché, per analogia, lo spazio campionario dovrebbe avere dimensione infinita.

3.3.5 Indipendenza e valore atteso

Vediamo un'importante conseguenza del Teorema 3.3.23.

Teorema 3.3.28 [!!] Siano X, Y v.a. reali indipendenti sullo spazio $(\Omega, \mathscr{F}, P)$. Se $X, Y \geq 0$ oppure $X, Y \in L^1(\Omega, P)$ allora si ha

$$E[XY] = E[X]E[Y].$$

Dimostrazione Si ha

$$E[XY] = \int_{\mathbb{R}^2} xy \mu_{(X,Y)}(d(x,y)) \qquad \text{(per la iii) del Teorema 3.3.23)}$$

$$= \int_{\mathbb{R}^2} xy (\mu_X \otimes \mu_Y)(d(x,y)) \quad \text{(per il Teorema di Fubini)}$$

$$= \int_{\mathbb{R}} x \mu_X(dx) \int_{\mathbb{R}} y \mu_Y(dy) = E[X]E[Y]. \square$$

Osservazione 3.3.29 Si ricordi che, per l'Esercizio 3.2.35, in generale $X, Y \in L^1(\Omega, P)$ non implica $XY \in L^1(\Omega, P)$: tuttavia, per il Teorema 3.3.28, ciò è vero se X, Y sono indipendenti.

Corollario 3.3.30 Se $X, Y \in L^2(\Omega, P)$ sono indipendenti allora sono *scorrelate*, ossia si ha

$$\text{cov}(X, Y) = 0 \qquad e \qquad \text{var}(X + Y) = \text{var}(X) + \text{var}(Y). \tag{3.3.9}$$

Dimostrazione Se X, Y sono indipendenti anche $\tilde{X} := X - E[X]$ e $\tilde{Y} := Y - E[Y]$ lo sono, per l'Osservazione 3.3.22: quindi si ha

$$\text{cov}(X, Y) = E[\tilde{X}\tilde{Y}] = E[\tilde{X}]E[\tilde{Y}] = 0.$$

Ricordando la (3.2.22), si conclude che vale anche $\text{var}(X + Y) = \text{var}(X) + \text{var}(Y)$. □

Esempio 3.3.31 Un esempio di *v.a. scorrelate ma non indipendenti* è il seguente: sia $\Omega = \{0, 1, 2\}$ con la probabilità uniforme P. Poniamo

$$X(\omega) = \begin{cases} 1 & \omega = 0, \\ 0 & \omega = 1, \\ -1 & \omega = 2, \end{cases} \qquad Y(\omega) = \begin{cases} 0 & \omega = 0, \\ 1 & \omega = 1, \\ 0 & \omega = 2. \end{cases}$$

Allora si ha $E[X] = 0$ e $XY = 0$ da cui $\text{cov}(X, Y) = E[XY] - E[X]E[Y] = 0$, ossia X, Y sono scorrelate. Tuttavia

$$P((X = 1) \cap (Y = 1)) = 0 \quad \text{e} \quad P(X = 1) = P(Y = 1) = \frac{1}{3}$$

e quindi X, Y non sono indipendenti in P.

Esempio 3.3.32 [!] L'esempio precedente mostra che due v.a. scorrelate non sono necessariamente indipendenti. Tuttavia nel caso della distribuzione normale bidimensionale (cfr. Esempio 3.2.48) vale il seguente risultato: se $(X_1, X_2) \sim \mathcal{N}_{0,C}$ e $\text{cov}(X_1, X_2) = 0$ allora X_1, X_2 sono indipendenti. Questo segue dal Teorema 3.3.23-iv e dal fatto che se X_1, X_2 sono scorrelate allora la densità congiunta è uguale al prodotto delle densità marginali. Si noti che l'ipotesi che X_1, X_2 abbiano distribuzione congiunta normale è cruciale: al riguardo si veda l'Esempio 3.5.19.

Esempio 3.3.33 Consideriamo due v.a. indipendenti $X \sim \mathcal{N}_{0,1}$ e $Y \sim \text{Poisson}_\lambda$. Per il Teorema 3.3.25, la distribuzione congiunta di X, Y è

$$\mathcal{N}_{0,1} \otimes \text{Poisson}_\lambda$$

e quindi, per ogni funzione misurabile e limitata, si ha

$$E[f(X, Y)] = \int_{\mathbb{R}^2} f(x, y)(\mathcal{N}_{0,1} \otimes \text{Poisson}_\lambda)(dx, dy) = \text{(per il Teorema di Fubini)}$$

$$= \int_{\mathbb{R}} \int_{\mathbb{R}} f(x, y)\mathcal{N}_{0,1}(dx)\text{Poisson}_\lambda(dy)$$

$$= e^{-\lambda} \sum_{n=0}^{\infty} \frac{\lambda^n}{n!} \int_{\mathbb{R}} f(x, n)\frac{e^{-\frac{x^2}{2}}}{\sqrt{2\pi}}dx.$$

Per esercizio, calcolare $E[e^{X+Y}]$ e $E[e^{XY}]$.

Esempio 3.3.34 Consideriamo la distribuzione uniforme bidimensionale nel caso dei seguenti tre domini:

i) un quadrato: $Q = [0, 1] \times [0, 1]$;
ii) un cerchio: $C = \{(x, y) \in \mathbb{R}^2 \mid x^2 + y^2 \leq 1\}$;
iii) un triangolo: $T = \{(x, y) \in \mathbb{R}^2_{\geq 0} \mid x + y \leq 1\}$.

[Caso i)] La funzione di densità di $(X, Y) \sim \text{Unif}_Q$ è

$$\gamma_{(X,Y)} = \mathbb{1}_{[0,1] \times [0,1]}.$$

Quindi

$$E[X] = \int_{\mathbb{R}^2} x \, \mathbb{1}_{[0,1] \times [0,1]}(x, y) dx dy = \frac{1}{2},$$

$$\text{var}(X) = \int_{\mathbb{R}^2} \left(x - \frac{1}{2}\right)^2 \mathbb{1}_{[0,1] \times [0,1]}(x, y) dx dy = \frac{1}{12},$$

$$\text{cov}(X, Y) = \int_{\mathbb{R}^2} \left(x - \frac{1}{2}\right)\left(y - \frac{1}{2}\right) \mathbb{1}_{[0,1] \times [0,1]}(x, y) dx dy = 0,$$

e quindi X, Y sono *scorrelate*. Di più, siccome per la (3.2.27), la densità di X è

$$\gamma_X = \int_{\mathbb{R}} \mathbb{1}_{[0,1] \times [0,1]}(\cdot, y) dy = \mathbb{1}_{[0,1]}$$

e analogamente $\gamma_Y = \mathbb{1}_{[0,1]}$, si ha che X, Y sono *indipendenti* perché vale la (3.3.5).

[Caso ii)] La funzione di densità di $(X, Y) \sim \text{Unif}_C$ è

$$\gamma_{(X,Y)} = \frac{1}{\pi} \mathbb{1}_C.$$

Quindi

$$E[X] = \frac{1}{\pi} \int_{\mathbb{R}^2} x \, \mathbb{1}_C(x, y) dx dy = 0 = E[Y],$$

$$\text{var}(X) = \frac{1}{\pi} \int_{\mathbb{R}^2} x^2 \mathbb{1}_C(x, y) dx dy = \frac{1}{4},$$

$$\text{cov}(X, Y) = \frac{1}{\pi} \int_{\mathbb{R}^2} xy \, \mathbb{1}_C(x, y) dx dy = 0,$$

e quindi X, Y sono *scorrelate*. Tuttavia X, Y *non sono indipendenti* perché, per la (3.2.27), la densità di X è

$$\gamma_X(x) = \frac{1}{\pi} \int_{\mathbb{R}} \mathbb{1}_C(x, y) dy = \frac{2\sqrt{1 - x^2}}{\pi} \mathbb{1}_{[-1,1]}(x), \qquad x \in \mathbb{R},$$

e analogamente $\gamma_Y(y) = \frac{2\sqrt{1-y^2}}{\pi}\mathbb{1}_{[-1,1]}(y)$: quindi *la densità congiunta non è il prodotto delle marginali*. In alternativa, una verifica diretta mostra che

$$P\left(X \geq \frac{1}{2}\right) = \frac{1}{\pi}\int_{\mathbb{R}^2}\mathbb{1}_{\left[\frac{1}{2},+\infty\right[}(x)\mathbb{1}_C(x,y)dxdy = \frac{4\pi - 3\sqrt{3}}{12\pi} = P\left(Y \geq \frac{1}{2}\right),$$

$$P\left(\left(X \geq \frac{1}{2}\right) \cap \left(Y \geq \frac{1}{2}\right)\right) = \frac{3 - 3\sqrt{3} + \pi}{12\pi} \neq P\left(X \geq \frac{1}{2}\right)P\left(Y \geq \frac{1}{2}\right).$$

Questo esempio, come anche l'Esempio 3.3.31, mostra che la proprietà di indipendenza è più forte della proprietà di scorrelazione.

[Caso iii)] La funzione di densità di $(X,Y) \sim \text{Unif}_T$ è

$$\gamma_{(X,Y)} = 2\mathbb{1}_T.$$

Quindi

$$E[X] = 2\int_{\mathbb{R}^2} x\mathbb{1}_T(x,y)dxdy = \frac{1}{3} = E[Y],$$

$$\text{var}(X) = 2\int_{\mathbb{R}^2}\left(x - \frac{1}{3}\right)^2\mathbb{1}_T(x,y)dxdy = \frac{1}{18},$$

$$\text{cov}(X,Y) = 2\int_{\mathbb{R}^2}\left(x - \frac{1}{3}\right)\left(y - \frac{1}{3}\right)\mathbb{1}_T(x,y)dxdy = -\frac{1}{36},$$

e dunque X,Y sono *negativamente correlate* (e perciò *non indipendenti*). Per la (3.2.27), la densità di X è

$$\gamma_X(x) = 2\int_{\mathbb{R}}\mathbb{1}_T(x,y)dy = 2(1-x)\mathbb{1}_{[0,1]}(x), \qquad x \in \mathbb{R}. \;\square$$

3.4 Distribuzione e valore atteso condizionato ad un evento

In uno spazio di probabilità $(\Omega, \mathscr{F}, P)$ sia B un evento non trascurabile, $B \in \mathscr{F}$ con $P(B) > 0$. Ricordiamo che $P(\cdot \mid B)$ indica la *probabilità condizionata a B*, che è la misura di probabilità su $(\Omega, \mathscr{F})$ definita da

$$P(A \mid B) = \frac{P(A \cap B)}{P(B)}, \qquad A \in \mathscr{F}.$$

Definizione 3.4.1   Sia X una v.a. su $(\Omega, \mathscr{F}, P)$ a valori in $\mathbb{R}^d$:

i) *la distribuzione di X condizionata a B* è la distribuzione di X relativa alla probabilità condizionata $P(\cdot \mid B)$: essa è definita da

$$\mu_{X\mid B}(H) := P(X \in H \mid B), \qquad H \in \mathscr{B}_d;$$

ii) se $X \in L^1(\Omega, P)$, *l'attesa di X condizionata a B* è il valore atteso di X rispetto alla probabilità condizionata $P(\cdot \mid B)$: essa è definita da

$$E[X \mid B] := \int_\Omega X dP(\cdot \mid B).$$

Proposizione 3.4.2   [!] Per ogni $f \in m\mathscr{B}_d$ tale che $f(X) \in L^1(\Omega, P)$ vale

$$E[f(X) \mid B] = \frac{1}{P(B)} \int_B f(X) dP \qquad (3.4.1)$$

$$= \int_{\mathbb{R}^d} f(x) \mu_{X\mid B}(dx). \qquad (3.4.2)$$

Dimostrazione   È sufficiente provare la (3.4.1) per $f = \mathbb{1}_H$ con $H \in \mathscr{B}_d$: il caso generale segue dalla procedura standard dell'Osservazione 3.2.21. Essendo $\mathbb{1}_H(X) = \mathbb{1}_{(X \in H)}$, si ha

$$E\left[\mathbb{1}_{(X\in H)} \mid B\right] = P(X \in H \mid B) = \frac{P((X \in H) \cap B)}{P(B)} = \frac{1}{P(B)} \int_B \mathbb{1}_H(X) dP.$$

Per quanto riguarda la (3.4.2), notiamo che $f(X) \in L^1(\Omega, P(\cdot \mid B))$ poiché, per la (3.4.1), si ha

$$E[|f(X)| \mid B] \leq \frac{1}{P(B)} \int_\Omega |f(X)| \, dP < \infty$$

per ipotesi. Allora la (3.4.2) segue dal Teorema 3.2.25 del calcolo della media.

Esercizio 3.4.3   Verificare che se X e B sono indipendenti in P allora

$$\mu_{X\mid B} = \mu_X \qquad \text{e} \qquad E[X \mid B] = E[X].$$

Osservazione 3.4.4   Analogamente al concetto di distribuzione condizionata di X a B, si definisce la *densità condizionata di X a B* che indicheremo con $\gamma_{X\mid B}$ e la *CDF condizionata di X a B* che indicheremo con $F_{X\mid B}$.

La distribuzione condizionata è lo strumento naturale per studiare problemi del tipo seguente.

Esempio 3.4.5 Da un'urna che contiene 90 palline numerate, si estraggono in sequenza e senza reinserimento due palline. Siano X_1 e X_2 le v.a. che indicano rispettivamente il numero della prima e seconda pallina estratta. Chiaramente si ha $\mu_{X_1} = \text{Unif}_{I_{90}}$ e sappiamo che anche $\mu_{X_2} = \text{Unif}_{I_{90}}$ (cfr. Esempio 3.3.24).

Ora aggiungiamo l'informazione che la prima pallina estratta abbia il numero k, ossia condizioniamo all'evento $B = (X_1 = k)$: si ha

$$P(X_2 = h \mid X_1 = k) = \begin{cases} \frac{1}{89}, & \text{se } h, k \in I_{90}, \ h \neq k, \\ 0 & \text{altrimenti,} \end{cases}$$

e quindi

$$\mu_{X_2 \mid X_1 = k} = \text{Unif}_{I_{90} \setminus \{k\}}.$$

In definitiva, l'informazione aggiuntiva data dall'evento B, modifica la distribuzione di X_2.

Utilizzando la (3.4.2), per esercizio si calcoli $\text{var}(X_2 \mid X_1 = k)$ per verificare che $\text{var}(X_2 \mid X_1 = k) < \text{var}(X_2)$: intuitivamente ciò significa che l'incertezza sul valore di X_2 diminuisce aggiungendo l'informazione $(X_1 = k)$.

Il resto della sezione contiene altri esempi particolari.

Esempio 3.4.6 Siano $T \sim \text{Exp}_\lambda$ e $B = (T > t_0)$ con $\lambda, t_0 \in \mathbb{R}_{>0}$. Per determinare la distribuzione condizionata $\mu_{T\mid B}$, calcoliamo la CDF condizionata di T a B o equivalentemente

$$P(T > t \mid T > t_0) = \begin{cases} 1 & \text{se } t \leq t_0, \\ P(T > t - t_0) & \text{se } t > t_0, \end{cases}$$

che segue dalla proprietà di assenza di memoria (3.1.10). Ne viene che $\mu_{T\mid B}$ è la distribuzione esponenziale "traslata" che ha per densità

$$\gamma_{T\mid B}(t) = \lambda e^{-\lambda(t - t_0)} \mathbb{1}_{[t_0, +\infty[}(t).$$

Esempio 3.4.7 Siano $X \in \mathcal{N}_{0,1}$ e $B = (X \geq 0)$. Allora $P(B) = \frac{1}{2}$ e, per $H \in \mathcal{B}$, si ha

$$\mu_{X\mid B}(H) = P(X \in H \mid B) = \frac{P((X \in H) \cap B)}{P(B)}$$

$$= 2P(X \in H \cap \mathbb{R}_{\geq 0}) = 2 \int_{H \cap \mathbb{R}_{\geq 0}} \frac{1}{\sqrt{2\pi}} e^{-\frac{x^2}{2}} dx.$$

In altri termini, $\mu_{X|B}$ è una distribuzione assolutamente continua e per ogni $H \in \mathscr{B}$ si ha

$$\mu_{X|B}(H) = \int_H \gamma_{X|B}(x)dx, \qquad \gamma_{X|B}(x) := \sqrt{\frac{2}{\pi}}e^{-\frac{x^2}{2}}\mathbb{1}_{\mathbb{R}_{\geq 0}}(x);$$

per questo motivo la funzione $\gamma_{X|B}$ è anche detta *densità di X condizionata a B*. Infine per la (3.4.2) si ha

$$\begin{aligned}
E[X \mid B] &= \int_0^{+\infty} x\mu_{X|B}(dx) \\
&= \int_0^{+\infty} x\gamma_{X|B}(x)dx \\
&= \sqrt{\frac{2}{\pi}}\left[-e^{-\frac{x^2}{2}}\right]_{x=0}^{x=+\infty} = \sqrt{\frac{2}{\pi}}.
\end{aligned}$$

Esempio 3.4.8 Siano $X, Y \sim \mathrm{Be}_p$, con $0 < p < 1$, indipendenti e $B = (X + Y = 1)$. Determiniamo:

i) la distribuzione condizionata $\mu_{X|B}$;
ii) media e varianza condizionate, $E[X \mid B]$ e $\mathrm{var}(X \mid B)$.

Anzitutto sappiamo che $X + Y \sim \mathrm{Bin}_{2,p}$ e quindi $P(B) = 2p(1 - p) > 0$. Poiché X assume solo i valori 0 e 1, calcoliamo

$$\begin{aligned}
\mu_{X|B}(\{0\}) &= \frac{P((X = 0) \cap (X + Y = 1))}{2p(1 - p)} \\
&= \frac{P((X = 0) \cap (Y = 1))}{2p(1 - p)} \\
&= \frac{P(X = 0)P(Y = 1)}{2p(1 - p)} = \frac{1}{2}.
\end{aligned}$$

In definitiva $\mu_X = \mathrm{Be}_p$ ma, indipendentemente dal valore di p, $\mu_{X|B} = \mathrm{Be}_{\frac{1}{2}}$ ossia, *condizionatamente all'evento* $(X + Y = 1)$, *X ha distribuzione di Bernoulli di parametro* $\frac{1}{2}$. Allora, per la (3.4.2) e ricordando le formule (3.2.12) per media e varianza di una variabile binomiale, si conclude che

$$E[X \mid B] = \frac{1}{2}, \qquad \mathrm{var}(X \mid B) = \frac{1}{4}.$$

Un'interpretazione concreta è la seguente: come si può rendere equa una moneta truccata (senza peraltro conoscere la probabilità $p \in]0, 1[$ di ottenere testa)? Il risultato X di un lancio della moneta truccata ha distribuzione Be_p dove $T :=$

$(X = 1)$ è l'evento "testa". In base a quanto visto sopra, per rendere equa la moneta è sufficiente lanciarla due volte, considerando valido il lancio solo se si ottiene esattamente una testa: allora i due eventi TC oppure CT hanno probabilità $1/2$, qualsiasi sia $p \in]0, 1[$.

Esempio 3.4.9 Si effettuano tre estrazioni senza reinserimento da un'urna che contiene 3 palline bianche, 2 nere e 2 rosse. Siano X e Y rispettivamente il numero di palline bianche e di palline nere estratte. Determiniamo la distribuzione di X condizionata a $(Y = 0)$ e l'attesa condizionata $E[X \mid Y = 0]$. Si ha

$$P(X = 0 \mid Y = 0) = 0, \qquad P(X = 1 \mid Y = 0) = \frac{3}{10},$$

$$P(X = 2 \mid Y = 0) = \frac{6}{10}, \qquad P(X = 0 \mid Y = 0) = \frac{1}{10},$$

e

$$E[X \mid Y = 0] = \sum_{k=0}^{3} k P(X = k \mid Y = 0) = \frac{9}{5}.$$

Esempio 3.4.10 Sia (X, Y) un vettore aleatorio assolutamente continuo con densità $\gamma_{(X,Y)}$ e $B = (Y \in K)$ con $K \in \mathscr{B}$ tale che $P(B) > 0$. Allora, per ogni $H \in \mathscr{B}$, si ha

$$
\begin{aligned}
\mu_{X \mid Y \in K}(H) &= \frac{P((X \in H) \cap (Y \in K))}{P(Y \in K)} \\
&= \frac{\mu_{(X,Y)}(H \times K)}{\mu_Y(K)} \\
&= \frac{1}{P(Y \in K)} \iint_{H \times K} \gamma_{(X,Y)}(x, y) dx dy = \quad \text{(per il Teorema di Fubini)} \\
&= \int_H \left(\frac{1}{P(Y \in K)} \int_K \gamma_{(X,Y)}(x, y) dy \right) dx \qquad (3.4.3)
\end{aligned}
$$

da cui segue la formula

$$\gamma_{X \mid Y \in K}(x) = \frac{1}{P(Y \in K)} \int_K \gamma_{(X,Y)}(x, y) dy \qquad (3.4.4)$$

per la *densità di X condizionata all'evento* $(Y \in K)$. Notiamo che nel caso in cui $K = \mathbb{R}$ (e quindi $(Y \in K) = \Omega$) la (3.4.4) coincide con la formula (3.2.27) che esprime la densità marginale a partire dalla congiunta.

Come esempio particolare, consideriamo un vettore aleatorio normale bidimensionale $(X, Y) \sim \mathcal{N}_{0,C}$ con matrice di covarianza

$$C = \begin{pmatrix} 1 & 1 \\ 1 & 2 \end{pmatrix}$$

e poniamo $B = (Y > 0)$. Ricordando l'espressione (3.5.18) della densità Gaussiana bidimensionale, (X, Y) ha densità uguale a

$$\Gamma(x, y) = \frac{1}{2\pi} e^{-x^2 + xy - \frac{y^2}{2}}.$$

Allora come in (3.4.3) si ha

$$\mu_{X|Y>0}(H) = \int_H \left(\frac{1}{P(Y > 0)} \int_0^{+\infty} \Gamma(x, y) dy \right) dx, \qquad H \in \mathcal{B},$$

da cui si calcola l'espressione della densità di X condizionata a $(Y > 0)$:

$$\Gamma_{X|Y>0}(x) = \frac{1}{P(Y > 0)} \int_0^{+\infty} \Gamma(x, y) dy = \frac{e^{-\frac{x^2}{2}} \left(1 + \mathrm{erf} \frac{x}{\sqrt{2}} \right)}{\sqrt{2\pi}}, \qquad x \in \mathbb{R}.$$

Notiamo che $E[X] = 0$ ma

$$E[X \mid Y > 0] = \int_{\mathbb{R}} x \Gamma_{X|Y>0}(x) dx = \frac{1}{\sqrt{\pi}}.$$

3.5 Funzione caratteristica

Definizione 3.5.1 (Funzione caratteristica) Sia

$$X : \Omega \longrightarrow \mathbb{R}^d$$

una v.a. sullo spazio di probabilità $(\Omega, \mathcal{F}, P)$. La funzione

$$\varphi_X : \mathbb{R}^d \longrightarrow \mathbb{C}$$

definita da

$$\varphi_X(\eta) = E\left[e^{i\langle \eta, X \rangle} \right] = E[\cos\langle \eta, X \rangle] + i E[\sin\langle \eta, X \rangle], \qquad \eta \in \mathbb{R}^d,$$

è detta *funzione caratteristica della v.a.* X. Utilizziamo anche l'abbreviazione CHF per la funzione caratteristica.

Osservazione 3.5.2 Per semplicità, useremo anche la notazione $x \cdot \eta \equiv \langle x, \eta \rangle$ per il prodotto scalare in $\mathbb{R}^d$. Se $X \sim \mu_X$, per definizione si ha

$$\varphi_X(\eta) = \int_{\mathbb{R}^d} e^{i \eta \cdot x} \mu_X(dx).$$

Se X ha distribuzione discreta $\sum_{n=1}^{\infty} p_n \delta_{x_n}$ allora φ_X è data dalla serie di Fourier

$$\varphi_X(\eta) = \sum_{n=1}^{\infty} p_n e^{i \eta \cdot x_n}.$$

Ricordiamo che, data una funzione sommabile $f \in L^1(\mathbb{R}^d)$, solitamente si indica con[16]

$$\hat{f}(\eta) = \int_{\mathbb{R}^d} e^{i \eta \cdot x} f(x) dx, \qquad (3.5.1)$$

la *trasformata di Fourier della funzione* f. Se $X \in$ AC con densità γ_X allora

$$\varphi_X(\eta) = \int_{\mathbb{R}^d} e^{i \eta \cdot x} \gamma_X(x) dx,$$

ossia *la funzione caratteristica* $\varphi_X = \hat{\gamma}_X$ *è la trasformata di Fourier della densità di* X.

Proposizione 3.5.3 Valgono le seguenti proprietà:

i) $\varphi_X(0) = 1$;
ii) $|\varphi_X(\eta)| \leq E\left[\left|e^{i \eta \cdot X}\right|\right] = 1$ per ogni $\eta \in \mathbb{R}^d$;

---

[16] In realtà, a seconda dei campi di applicazione, si utilizzano diverse convenzioni per la definizione della trasformata di Fourier: per esempio, di solito nei corsi di analisi matematica si definisce

$$\hat{f}(\eta) = \int_{\mathbb{R}^d} e^{-i \eta \cdot x} f(x) dx$$

mentre nelle applicazioni all'ingegneria, a volte si usa la definizione

$$\hat{f}(\eta) = \frac{1}{(2\pi)^{\frac{d}{2}}} \int_{\mathbb{R}^d} e^{i \eta \cdot x} f(x) dx.$$

Quest'ultima è anche la definizione utilizzata nel software Mathematica. Noi useremo sempre la (3.5.1) che è la definizione usata abitualmente in teoria della probabilità. Occorre in particolare fare attenzione alla formula per l'inversione della trasformata di Fourier che è diversa in base alla notazione utilizzata.

iii) $|\varphi_X(\eta + h) - \varphi_X(\eta)| \leq E\left[\left|e^{ih \cdot X} - 1\right|\right]$ e quindi, per il Teorema della convergenza dominata, φ_X è uniformemente continua su $\mathbb{R}^d$;

iv) indicando con α^* la matrice trasposta di α, si ha

$$\varphi_{\alpha X+b}(\eta) = E\left[e^{i\langle \eta, \alpha X+b\rangle}\right] = e^{i\langle b, \eta\rangle} E\left[e^{i\langle \alpha^* \eta, X\rangle}\right] = e^{i\langle b, \eta\rangle} \varphi_X(\alpha^* \eta); \quad (3.5.2)$$

v) nel caso $d = 1$, $\varphi_X(-\eta) = \varphi_{-X}(\eta) = \overline{\varphi_X(\eta)}$ dove $\bar{z}$ indica il coniugato di $z \in \mathbb{C}$. Di conseguenza, se X ha distribuzione pari[17], ossia $\mu_X = \mu_{-X}$, allora φ_X assume valori reali e in tal caso vale

$$\varphi_X(\eta) = \int_{\mathbb{R}} e^{i\eta x} \mu_X(dx) = \int_{\mathbb{R}} \cos(x\eta) \mu_X(dx).$$

Consideriamo ora alcuni esempi notevoli.

i)   Se $X \sim \delta_{x_0}$, con $x_0 \in \mathbb{R}^d$, allora

$$\varphi_X(\eta) = e^{i\eta \cdot x_0}.$$

Osserviamo che in questo caso $\varphi_X \notin L^1(\mathbb{R}^d)$ perché $|\varphi_X(\eta)| \equiv 1$ per ogni $\eta \in \mathbb{R}^d$. Come caso particolare, se $X \sim \delta_0$ allora $\varphi_X \equiv 1$. Inoltre se $X \sim \frac{1}{2}(\delta_{-1} + \delta_1)$ allora $\varphi_X(\eta) = \cos \eta$.

ii) Se $X \sim \text{Be}_p$, con $p \in [0, 1]$, allora

$$\varphi_X(\eta) = 1 + p\left(e^{i\eta} - 1\right).$$

Inoltre, poiché $X \sim \text{Bin}_{n,p}$ è uguale in legge alla somma $X_1 + \cdots + X_n$ di n v.a. di Bernoulli indipendenti (cfr. Proposizione 3.6.3) allora

$$\varphi_X(\eta) = E\left[e^{i\eta(X_1 + \cdots + X_n)}\right] = \left(E\left[e^{i\eta X_1}\right]\right)^n = \left(1 + p\left(e^{i\eta} - 1\right)\right)^n. \quad (3.5.3)$$

iii) Se $X \sim \text{Poisson}_\lambda$, con $\lambda > 0$, allora

$$\varphi_X(\eta) = \sum_{k=0}^{\infty} e^{-\lambda} \frac{\lambda^k}{k!} e^{ik\eta} = \exp\left(\lambda\left(e^{i\eta} - 1\right)\right).$$

iv) Se $X \sim \text{Unif}_{[-1,1]}$ allora

$$\varphi_X(\eta) = \frac{\sin \eta}{\eta}, \qquad \eta \in \mathbb{R}. \quad (3.5.4)$$

Si veda la Figura 3.7 per il grafico della densità uniforme e della sua trasformata di Fourier. Anche in questo caso $\varphi_X \notin L^1(\mathbb{R})$ (si veda, per esempio, [29] Cap. 5 Sez. 12).

---

[17] Ciò è vero in particolare se X ha densità γ_X che è una funzione pari, ossia $\gamma_X(x) = \gamma_X(-x)$, $x \in \mathbb{R}$.

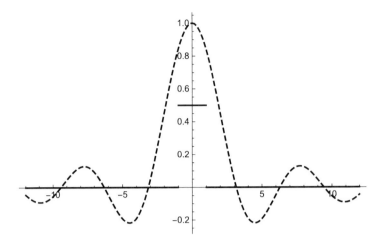

Figura 3.7 Grafico della densità uniforme su $[-1, 1]$ (linea continua) e della relativa funzione caratteristica (linea tratteggiata)

v) Se X è una v.a. con distribuzione di Cauchy, ossia X ha densità

$$\gamma_X(x) = \frac{1}{\pi\,(1 + x^2)}, \qquad x \in \mathbb{R}, \tag{3.5.5}$$

allora

$$\varphi_X(\eta) = e^{-|\eta|}, \qquad \eta \in \mathbb{R}. \tag{3.5.6}$$

Si veda la Figura 3.8 per il grafico della densità di Cauchy e della sua trasformata di Fourier. Si noti che in questo caso φ_X è una funzione continua *ma non differenziabile* nell'origine.

vi) Se $X \sim \mathcal{N}_{\mu,\sigma^2}$, con $\mu \in \mathbb{R}$ e $\sigma \geq 0$, allora

$$\varphi_X(\eta) = e^{i\eta\mu - \frac{1}{2}\sigma^2\eta^2}, \qquad \eta \in \mathbb{R}. \tag{3.5.7}$$

Osserviamo che per $\sigma = 0$ ritroviamo la CHF della delta di Dirac centrata in μ. Anzitutto proviamo la (3.5.7) nel caso standard $\mu = 0$ e $\sigma = 1$. Preliminarmente osserviamo che trattandosi della trasformata di Fourier di una funzione pari si ha (cfr. Proposizione 3.5.3-v))

$$\varphi_X(\eta) = \int_{\mathbb{R}} \cos(\eta x) \frac{e^{-\frac{x^2}{2}}}{\sqrt{2\pi}} dx.$$

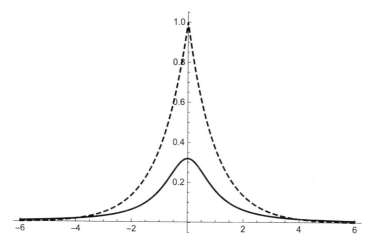

Figura 3.8 Grafico della densità di Cauchy (3.5.5) (linea continua) e della relativa funzione caratteristica (linea tratteggiata)

Ora calcoliamo la derivata di φ_X: utilizzando un teorema di scambio di segno di derivata-integrale nella prima uguaglianza, si ha

$$\frac{d}{d\eta}\varphi_X(\eta) = \int_{\mathbb{R}} \sin(\eta x)(-x)\frac{e^{-\frac{x^2}{2}}}{\sqrt{2\pi}}dx = \quad \text{(poiché } -xe^{-\frac{x^2}{2}} = \frac{d}{dx}e^{-\frac{x^2}{2}})$$

$$= \int_{\mathbb{R}} \sin(\eta x)\frac{d}{dx}\frac{e^{-\frac{x^2}{2}}}{\sqrt{2\pi}}dx = \quad \text{(integrando per parti)}$$

$$= \frac{1}{\sqrt{2\pi}}\left[\sin(\eta x)e^{-\frac{x^2}{2}}\right]_{x=-\infty}^{x=+\infty} - \int_{\mathbb{R}} \eta\cos(\eta x)\frac{e^{-\frac{x^2}{2}}}{\sqrt{2\pi}}dx$$

$$= -\eta\varphi_X(\eta).$$

In definitiva, φ_X è la soluzione del problema di Cauchy

$$\begin{cases} \frac{d}{d\eta}\varphi_X(\eta) = -\eta\varphi_X(\eta), \\ \varphi_X(0) = 1, \end{cases}$$

da cui si ha la tesi:

$$\varphi_X(\eta) = e^{-\frac{\eta^2}{2}}. \tag{3.5.8}$$

Per il caso generale in cui $Y \sim \mathscr{N}_{\mu,\sigma^2}$, basta considerare $X := \frac{Y-\mu}{\sigma} \sim \mathscr{N}_{0,1}$ e combinare la (3.5.8) con la (3.5.2).

vii) Se $X \sim \text{Exp}_\lambda$, con $\lambda \in \mathbb{R}_{>0}$, allora

$$\varphi_X(\eta) = \lambda \int\limits_0^{+\infty} e^{i\eta x - \lambda x} dx = \frac{\lambda}{\lambda - i\eta}.$$

Esempio 3.5.4 [!] Siano N e $Z_1, Z_2, \ldots$ v.a. indipendenti con $N \sim \text{Poisson}_\lambda$ e Z_n identicamente distribuite per $n \in \mathbb{N}$. Calcoliamo la CHF di

$$X := \begin{cases} 0 & \text{se } N = 0, \\ \sum\limits_{k=1}^N Z_k & \text{se } N \geq 1. \end{cases}$$

Si ha

$$\varphi_X(\eta) = E\left[e^{i\eta X}\right] =$$

$$= \sum_{n=0}^\infty E\left[e^{i\eta \sum\limits_{k=1}^n Z_k} \mathbb{1}_{(N=n)}\right] = \qquad \text{(per l'indipendenza di } N \text{ e } Z_k, \, k \geq 1)$$

$$= \sum_{n=0}^\infty E\left[e^{i\eta \sum\limits_{k=1}^n Z_k}\right] P(N = n) = \qquad \begin{array}{l} \text{(perchè le } Z_k \text{ sono indipendenti} \\ \text{e identicamente distribuite)} \end{array}$$

$$= e^{-\lambda} \sum_{n=0}^\infty E\left[e^{i\eta Z_1}\right]^n \frac{\lambda^n}{n!} = e^{\lambda(\varphi_{Z_1}(\eta)-1)}$$

dove φ_{Z_1} indica la CHF di Z_1.

3.5.1 Il teorema di inversione

In questa sezione dimostriamo l'importante formula di inversione della funzione caratteristica (Teorema 3.5.6). Cominciamo con un esercizio preliminare.

Esercizio 3.5.5 Proviamo che vale la seguente formula per l'integrale generalizzato di $\frac{\sin x}{x}$:

$$\int\limits_0^{+\infty} \frac{\sin x}{x} dx := \lim_{a \to +\infty} \int\limits_0^a \frac{\sin x}{x} dx = \frac{\pi}{2}. \qquad (3.5.9)$$

Consideriamo la funzione

$$f(x, y) = e^{-xy} \sin x, \qquad x > 0, \, y > 0.$$

Poiché per ogni $x, y, a > 0$ vale

$$\int_0^{+\infty} f(x, y)dy = \frac{\sin x}{x},$$

$$\int_0^a f(x, y)dx = \frac{1}{1 + y^2} - \frac{e^{-ay}}{1 + y^2}\cos a - \frac{ye^{-ay}}{1 + y^2}\sin a,$$

per il Teorema di Fubini si ha

$$\int_0^a \frac{\sin x}{x}dx = \frac{\pi}{2} - \cos a \int_0^{+\infty} \frac{e^{-ay}}{1 + y^2}dy - \sin a \int_0^{+\infty} \frac{ye^{-ay}}{1 + y^2}dy, \qquad a > 0,$$

e di conseguenza, poiché $\frac{1}{1+y^2} \le 1$,

$$\left| \int_0^a \frac{\sin x}{x} - \frac{\pi}{2} \right| \le \int_0^{+\infty} (1 + y)e^{-ay}dy = \frac{1 + a}{a^2}, \qquad a > 0.$$

Questo prova la (3.5.9). Osserviamo che $\frac{\sin x}{x}$ è integrabile in senso generalizzato ma non è una funzione sommabile.

Teorema 3.5.6 (Teorema di inversione) [!!] Sia μ una distribuzione su $(\mathbb{R}, \mathscr{B})$ e

$$\varphi(\eta) := \int_{\mathbb{R}} e^{ix\eta}\mu(dx), \qquad \eta \in \mathbb{R}. \tag{3.5.10}$$

Allora per ogni $a < b$ si ha

$$\mu(]a, b[) + \frac{\mu(\{a\}) + \mu(\{b\})}{2} = \lim_{R \to +\infty} \frac{1}{2\pi}\int_{-R}^R \frac{e^{-ia\eta} - e^{-ib\eta}}{i\eta}\varphi(\eta)d\eta. \tag{3.5.11}$$

Inoltre se $\varphi \in L^1(\mathbb{R})$ allora μ è assolutamente continua e ha per densità la funzione

$$\gamma(x) := \frac{1}{2\pi}\int_{\mathbb{R}} e^{-ix\eta}\varphi(\eta)d\eta, \qquad x \in \mathbb{R}. \tag{3.5.12}$$

Osservazione 3.5.7 Come conseguenza del Teorema 3.5.6, si ha che *la CHF di una v.a. identifica la sua legge*: in altri termini, se X e Y sono v.a. con funzioni caratteristiche uguali,

$$\varphi_X(\eta) = \varphi_Y(\eta), \qquad \eta \in \mathbb{R},$$

allora anche le relative leggi μ_X e μ_Y coincidono

$$\mu_X(H) = \mu_Y(H), \qquad H \in \mathscr{B}.$$

Corollario 3.5.8 [!] Se μ, ν sono distribuzioni tali che

$$\int_{\mathbb{R}} f d\mu = \int_{\mathbb{R}} f d\nu$$

per ogni $f \in bC(\mathbb{R})$ allora $\mu \equiv \nu$.

Dimostrazione Scegliendo f della forma $f(x) = \cos(x\eta)$ o $f(x) = \sin(x\eta)$, con $\eta \in \mathbb{R}$, dall'ipotesi si deduce che le CHF di μ e ν sono uguali. La tesi segue dal Teorema 3.5.6. $\square$

Osservazione 3.5.9 Sia μ una distribuzione con densità f tale che $\hat{f} \in L^1(\mathbb{R})$: per il Teorema 3.5.6 anche γ definita da (3.5.10)–(3.5.12) è densità di μ e quindi per l'Osservazione 2.4.19 si ha $f = \gamma$ q.o. ossia

$$f(x) = \frac{1}{2\pi} \int_{\mathbb{R}} e^{-ix\eta} \hat{f}(\eta) d\eta \quad \text{per quasi ogni } x \in \mathbb{R}, \qquad (3.5.13)$$

dove l'integrale nel membro a destra, come funzione di x, è limitato e uniformemente continuo su $\mathbb{R}$ (per la Proposizione 3.5.3). La (3.5.13) è la classica formula di inversione della trasformata di Fourier.

Si noti che una densità f non è necessariamente limitata e continua (anzi, si può modificare su ogni Boreliano Lebesgue-trascurabile, mantenendo invariata la sua trasformata di Fourier): tuttavia se $\hat{f} \in L^1(\mathbb{R})$ allora f *è necessariamente uguale q.o. a una funzione limitata e continua.*

Osservazione 3.5.10 In base al Teorema 3.5.6, se $\varphi_X \in L^1(\mathbb{R})$ allora $X \in$ AC e una densità di X è data dalla formula di inversione

$$\gamma_X(x) = \frac{1}{2\pi} \int_{\mathbb{R}} e^{-ix\eta} \varphi_X(\eta) d\eta, \qquad x \in \mathbb{R}.$$

La condizione $\varphi_X \in L^1(\mathbb{R})$ è solo *sufficiente ma non necessaria* per l'assoluta continuità di μ. Infatti, per l'Osservazione 3.5.9, se $\varphi_X \in L^1(\mathbb{R})$ allora necessariamente la densità di X è uguale q.o. a una funzione continua: tuttavia, per esempio, la distribuzione uniforme su $[-1, 1]$ è assolutamente continua ma ha densità $\gamma(x) = \frac{1}{2} \mathbb{1}_{[-1,1]}(x)$ che *non è uguale q.o. a una funzione continua;* in effetti, la sua CHF in (3.5.4) non è sommabile.

Dimostrazione del Teorema 3.5.6 Fissati $a, b \in \mathbb{R}$ con $a < b$, poniamo

$$g_{a,b}(\eta) := \int_a^b e^{-ix\eta} dx = \frac{e^{-ia\eta} - e^{-ib\eta}}{i\eta}, \qquad \eta \in \mathbb{R}. \qquad (3.5.14)$$

Osserviamo che, per la disuguaglianza triangolare, $|g_{a,b}(\eta)| \leq b - a$. Dunque per il Teorema di Fubini, per ogni $R > 0$ si ha

$$\int_{-R}^R g_{a,b}(\eta)\varphi(\eta) d\eta = \int_{\mathbb{R}} \left(\int_{-R}^R g_{a,b}(\eta) e^{ix\eta} d\eta \right) \mu(dx). \qquad (3.5.15)$$

Essendo coseno e seno rispettivamente funzioni pari[18] e dispari, si ha

$$\int_{-R}^R g_{a,b}(\eta) e^{ix\eta} d\eta = \int_0^R \left(\frac{\sin((x-a)\eta)}{\eta} - \frac{\sin((x-b)\eta)}{\eta} \right) d\eta$$

$$\longrightarrow G_{a,b}(x) := \begin{cases} \pi & \text{se } x = a \text{ oppure } x = b, \\ \frac{\pi}{2} & \text{se } a < x < b, \\ 0 & \text{se } x < a \text{ oppure } x > b, \end{cases} \qquad (3.5.16)$$

al limite per $R \to +\infty$: questo segue dal fatto che per la (3.5.9), vale[19]

$$\int_0^R \frac{\sin \lambda \eta}{\eta} d\eta = \int_0^{\lambda R} \frac{\sin \eta}{\eta} d\eta = \text{sgn}(\lambda) \int_0^{|\lambda| R} \frac{\sin \eta}{\eta} d\eta \longrightarrow \begin{cases} \frac{\pi}{2} & \text{se } \lambda > 0, \\ 0 & \text{se } \lambda = 0, \\ -\frac{\pi}{2} & \text{se } \lambda < 0. \end{cases}$$

---

[18] Di conseguenza l'integrale fra $-R$ e R della funzione pari $\cos \eta$ moltiplicata per la funzione dispari $\frac{1}{\eta}$ si annulla.

[19] Definiamo la funzione segno nel modo seguente

$$\text{sgn}(\lambda) = \begin{cases} 1 & \text{se } \lambda > 0, \\ 0 & \text{se } \lambda = 0, \\ -1 & \text{se } \lambda < 0. \end{cases}$$

Ora utilizziamo il Teorema 3.2.11 della convergenza dominata[20] per passare al
limite per $R \to +\infty$ in (3.5.15) si ha

$$\lim_{R \to +\infty} \frac{1}{2\pi} \int_{-R}^{R} g_{a,b}(\eta)\varphi(\eta)d\eta = \frac{1}{2\pi} \int_{\mathbb{R}} G_{a,b}(x)\mu(dx)$$

$$= \frac{1}{2} \int_{\{a\}} \mu(dx) + \int_{]a,b[} \mu(dx) + \frac{1}{2} \int_{\{b\}} \mu(dx)$$

e questo prova la (3.5.11).

Proviamo la seconda parte della tesi: se $\varphi \in L^1(\mathbb{R})$ allora, ricordando che
$|g_{a,b}(\eta)\varphi(\eta)| \leq (b-a)|\varphi(\eta)|$ e applicando il Teorema della convergenza dominata
per passare al limite in R nella (3.5.11), otteniamo

$$\frac{1}{2\pi} \int_{\mathbb{R}} g_{a,b}(\eta)\varphi(\eta)d\eta = \mu(]a,b[) + \frac{1}{2}\mu(\{a,b\}) \geq \mu(\{b\}). \qquad (3.5.17)$$

Ma la disuguaglianza in (3.5.17), ancora per il Teorema della convergenza dominata
e passando al limite per $a \to b^-$, implica che $\mu(\{b\}) = 0$ per ogni $b \in \mathbb{R}$ e quindi
vale

$$\mu(]a,b[) = \frac{1}{2\pi} \int_{\mathbb{R}} g_{a,b}(\eta)\varphi(\eta)d\eta = \quad \begin{array}{l} \text{(utilizzando la seconda uguaglianza} \\ \text{nella (3.5.14) e il Teorema di Fubini)} \end{array}$$

$$= \int_{a}^{b} \left(\frac{1}{2\pi} \int_{\mathbb{R}} e^{-ix\eta}\varphi(\eta)d\eta \right) dx = \int_{a}^{b} \gamma(x)dx,$$

e quindi γ in (3.5.12) è una densità di μ. $\square$

Sia $X = (X_1,\ldots,X_n)$ una v.a. La CHF di X è detta anche *funzione carat-
teristica congiunta delle v.a.* $X_1,\ldots,X_n$; viceversa, $\varphi_{X_1},\ldots,\varphi_{X_n}$ sono dette *CHF
marginali di* X.

Proposizione 3.5.11 Siano $X_1,\ldots,X_n$ v.a. su $(\Omega,\mathscr{F},P)$ a valori rispettivamente
in $\mathbb{R}^{d_1},\ldots,\mathbb{R}^{d_n}$. Posto $X = (X_1,\ldots,X_n)$, si ha:

i) $\varphi_{X_i}(\eta_i) = \varphi_X(0,\ldots,0,\eta_i,0,\ldots,0)$;
ii) $X_1,\ldots,X_n$ sono indipendenti se e solo se

$$\varphi_X(\eta) = \prod_{i=1}^{n} \varphi_{X_i}(\eta_i), \qquad \eta = (\eta_1,\ldots,\eta_n).$$

---

[20] Per la (3.5.16), il modulo dell'integrando in (3.5.15) è limitato da $2 \sup_{r>0} \int_0^r \frac{\sin \eta}{\eta} d\eta < +\infty$

Dimostrazione La proprietà i) è immediata conseguenza della definizione di funzione caratteristica. Proviamo la ii) solo nel caso $n = 2$. Se X_1, X_2 sono indipendenti allora lo sono anche le v.a. $e^{i\eta_1 \cdot X_1}, e^{i\eta_2 \cdot X_2}$ e quindi si ha

$$\varphi_X(\eta_1, \eta_2) = E\left[e^{i\eta_1 \cdot X_1 + i\eta_2 \cdot X_2}\right] = E\left[e^{i\eta_1 \cdot X_1}\right] E\left[e^{i\eta_2 \cdot X_2}\right] = \varphi_{X_1}(\eta_1)\varphi_{X_2}(\eta_2).$$

Viceversa, consideriamo due v.a. $\tilde{X}_1, \tilde{X}_2$ indipendenti e tali che $\tilde{X}_1 \overset{d}{=} X_1$ e $\tilde{X}_2 \overset{d}{=} X_2$. Allora si ha

$$\varphi_{(\tilde{X}_1, \tilde{X}_2)}(\eta_1, \eta_2) = \varphi_{\tilde{X}_1}(\eta_1)\varphi_{\tilde{X}_2}(\eta_2) = \varphi_{X_1}(\eta_1)\varphi_{X_2}(\eta_2) = \varphi_{(X_1, X_2)}(\eta_1, \eta_2).$$

Poiché (X_1, X_2) e $(\tilde{X}_1, \tilde{X}_2)$ hanno uguale CHF, per il Teorema 3.5.6, hanno anche uguale legge: da questo segue che X_1, X_2 sono indipendenti. $\square$

3.5.2 *Distribuzione normale multidimensionale*

Fissati $\mu \in \mathbb{R}^d$ e C, matrice $d \times d$, *simmetrica e definita positiva,* definiamo la funzione di densità Gaussiana d-dimensionale di parametri μ e C nel modo seguente:

$$\Gamma(x) = \frac{1}{\sqrt{(2\pi)^d \det C}} e^{-\frac{1}{2}\langle C^{-1}(x-\mu), x-\mu \rangle}, \qquad x \in \mathbb{R}^d. \tag{3.5.18}$$

Un calcolo diretto mostra che

$$\int_{\mathbb{R}^d} \Gamma(x)dx = 1, \tag{3.5.19}$$

$$\int_{\mathbb{R}^d} x_i \Gamma(x)dx = \mu_i, \tag{3.5.20}$$

$$\int_{\mathbb{R}^d} (x_i - \mu_i)(x_j - \mu_j) \Gamma(x)dx = C_{ij}, \tag{3.5.21}$$

per ogni $i, j = 1, \ldots, d$. La (3.5.19) mostra semplicemente che Γ è una densità; le (3.5.20) e (3.5.21) motivano la seguente

Definizione 3.5.12 Se X è una v.a. d-dimensionale con densità Γ in (3.5.18) allora diciamo che X ha distribuzione multi-normale con media μ e matrice di covarianza C e scriviamo $X \sim \mathcal{N}_{\mu, C}$.

Chiaramente, se $X \sim \mathcal{N}_{\mu, C}$ allora $E[X] = \mu$ per la (3.5.20) e $\text{cov}(X) = C$ per la (3.5.21).

Proposizione 3.5.13 [!] La CHF di $X \sim \mathcal{N}_{\mu,C}$ è data da

$$\varphi_X(\eta) = e^{i\langle\mu,\eta\rangle - \frac{1}{2}\langle C\eta,\eta\rangle}, \qquad \eta \in \mathbb{R}^d. \qquad (3.5.22)$$

Dimostrazione Si tratta del calcolo della trasformata di Fourier di Γ in (3.5.18): esso è analogo al caso uno-dimensionale (cfr. formula (3.5.7)). $\square$

Osserviamo che la CHF in (3.5.22) è una funzione Gaussiana in cui all'esponente appaiono *un termine lineare in η che dipende solo dal parametro di media μ* e *un termine quadratico in η che dipende solo dalla matrice di covarianza C*.

È notevole il fatto che, a differenza della densità Γ in cui compare l'inversa di C, nella funzione caratteristica φ_X compare la forma quadratica della matrice C stessa. Dunque affinché φ_X sia ben definita non è necessario che C sia strettamente definita positiva. In effetti in molte applicazioni capita di avere matrici di covarianza degeneri e pertanto risulta utile estendere la Definizione 3.5.12 nel modo seguente:

Definizione 3.5.14 Dati $\mu \in \mathbb{R}^d$ e C matrice $d \times d$, simmetrica e *semi-definita positiva*, diciamo che X ha distribuzione multi-normale e scriviamo $X \sim \mathcal{N}_{\mu,C}$, se la CHF di X è la φ_X in (3.5.22).

In base al Teorema 3.5.6, la definizione precedente è ben posta poiché la funzione caratteristica identifica univocamente la distribuzione. Inoltre la Definizione 3.5.14 non è vuota nel senso che una v.a. X, che abbia φ_X in (3.5.22) come funzione caratteristica, *esiste*: infatti per l'Osservazione 3.2.43, data C, matrice $d \times d$ simmetrica e semi-definita positiva, esiste α tale che $C = \alpha\alpha^*$; allora basta porre $X = \alpha Z + \mu$ dove Z è una v.a. multi-normale standard, ossia $Z \sim \mathcal{N}_{0,I}$ con I matrice identità $d \times d$. Infatti per la (3.5.2) si ha

$$\varphi_{\alpha Z + \mu}(\eta) = e^{i\eta\cdot\mu}\varphi_Z(\alpha^*\eta) = e^{i\eta\cdot\mu - \frac{|\alpha^*\eta|^2}{2}} = e^{i\langle\mu,\eta\rangle - \frac{1}{2}\langle C\eta,\eta\rangle}.$$

Utilizzando la funzione caratteristica è facile provare alcune proprietà fondamentali della distribuzione normale, come per esempio l'invarianza per trasformazioni lineari. Nel seguito, quando usiamo notazioni matriciali, il vettore aleatorio d-dimensionale X viene identificato con la matrice colonna $d \times 1$.

Proposizione 3.5.15 [!] Siano $X \sim \mathcal{N}_{\mu,C}$, una matrice α costante $N \times d$ e $\beta \in \mathbb{R}^N$ con $N \in \mathbb{N}$. Allora $\alpha X + \beta$ è una v.a. con distribuzione normale N-dimensionale:

$$\alpha X + \beta \sim \mathcal{N}_{\alpha\mu+\beta, \alpha C\alpha^*}. \qquad (3.5.23)$$

Dimostrazione Calcoliamo la CHF di $\alpha X + \beta$: per la Proposizione 3.5.3-iv) si ha

$$\varphi_{\alpha X + \beta}(\eta) = e^{i\langle\eta,\beta\rangle}\varphi_X(\alpha^*\eta) = \qquad \text{(per l'espressione (3.5.22) della}$$
$$\text{CHF di } X \text{ calcolata in } \alpha^*\eta)$$
$$= e^{i\langle\eta,\beta\rangle}e^{i\langle\mu,\alpha^*\eta\rangle - \frac{1}{2}\langle C\alpha^*\eta,\alpha^*\eta\rangle}$$
$$= e^{i\langle\alpha\mu+\beta,\eta\rangle - \frac{1}{2}\langle\alpha C\alpha^*\eta,\eta\rangle},$$

da cui la tesi. $\square$

Come conseguenze notevoli della (3.5.23) si ha che se (X, Y) ha distribuzione normale bidimensionale allora, per esempio, X e $X + Y$ sono v.a. con distribuzione normale.

Esempio 3.5.16 Siano $X, Y \sim \mathcal{N}_{0,1}$ indipendenti e $(u, v) \in \mathbb{R}^2$ tale che $u^2 + v^2 = 1$. Proviamo che

$$Z := uX + vY \sim \mathcal{N}_{0,1}.$$

Una semplice applicazione del Teorema 3.3.23 mostra che $(X, Y) \sim \mathcal{N}_{0,I}$ dove I indica la matrice identità 2×2; allora poiché

$$uX + vY = \alpha \begin{pmatrix} X \\ Y \end{pmatrix}, \qquad \text{con } \alpha = \begin{pmatrix} u & v \end{pmatrix},$$

la tesi segue dalla (3.5.23), essendo

$$\text{var}(Z) = \alpha\alpha^* = u^2 + v^2 = 1.$$

Esempio 3.5.17 Sia $(X, Y, Z) \sim \mathcal{N}_{\mu,C}$ con

$$\mu = (\mu_X, \mu_Y, \mu_Z), \qquad C = \begin{pmatrix} 1 & -1 & 1 \\ -1 & 2 & -2 \\ 1 & -2 & 2 \end{pmatrix}.$$

Si noti che $C \geq 0$ e $\det C = 0$ (le ultime due righe di C sono linearmente dipendenti): dunque (X, Y, Z) non ha densità. Tuttavia $Y \sim \mathcal{N}_{\mu_Y, 2}$ e $(X, Z) \sim \mathcal{N}_{(\mu_X, \mu_Z), \hat{C}}$ con

$$\hat{C} = \begin{pmatrix} 1 & 1 \\ 1 & 2 \end{pmatrix},$$

e quindi Y e (X, Z) hanno densità Gaussiana. Per completezza riportiamo la matrice α della fattorizzazione $C = \alpha\alpha^*$ di Cholesky (cfr. Osservazione 3.2.43):

$$\alpha = \begin{pmatrix} 1 & -1 & 1 \\ 0 & 1 & -1 \\ 0 & 0 & 0 \end{pmatrix}.$$

Proposizione 3.5.18 [!] Sia $X = (X_1, \ldots, X_d)$ una v.a. con distribuzione normale d-dimensionale. Le v.a $X_1, \ldots, X_d$ sono indipendenti se e solo se sono scorrelate, ossia $\text{cov}(X_h, X_k) = 0$ per ogni $h, k = 1, \ldots, d$.

Dimostrazione Se $X_1, \ldots, X_d$ sono v.a. indipendenti allora cov $(X_h, X_k) = 0$ per il Teorema 3.3.28. Viceversa, poniamo $\mu_h = E[X_h]$ e $C_{hk} = \mathrm{cov}(X_h, X_k)$: per la Proposizione 3.5.15, la v.a. X_h ha distribuzione normale con CHF data da

$$\varphi_{X_h}(\eta_h) = e^{i\mu_h \eta_h - \frac{1}{2} C_{hh} \eta_h^2}, \qquad \eta_h \in \mathbb{R}.$$

D'altra parte, per ipotesi $C_{hk} = C_{kh} = 0$ e quindi

$$\varphi_X(\eta) = e^{i\mu \cdot \eta - \frac{1}{2} \sum\limits_{h=1}^{d} C_{hh} \eta_h^2} = \prod_{h=1}^{d} \varphi_{X_h}(\eta_h), \qquad \eta = (\eta_1, \ldots, \eta_d) \in \mathbb{R}^d,$$

e quindi la tesi segue dalla Proposizione 3.5.11. $\square$

Esempio 3.5.19 In questo esempio mostriamo che, nella Proposizione 3.5.18, l'ipotesi che $X_1, \ldots, X_d$ abbiano distribuzione *congiunta* normale non si può rimuovere, dando un esempio di v.a. con distribuzioni marginali normali che sono scorrelate ma non indipendenti.

Consideriamo due v.a. *indipendenti*, rispettivamente con distribuzione normale standard, $X \sim \mathcal{N}_{0,1}$, e di Bernoulli, $Z \sim \mu_Z := \frac{1}{2}(\delta_{-1} + \delta_1)$. Posto $Y = ZX$, proviamo che $Y \sim \mathcal{N}_{0,1}$: infatti, per l'ipotesi di indipendenza, la distribuzione congiunta di X e Z è la distribuzione prodotto

$$\mathcal{N}_{0,1} \otimes \mu_Z$$

e quindi per ogni $f \in m\mathscr{B}$ e limitata si ha

$$E[f(ZX)] = \int_{\mathbb{R}^2} f(zx)\,(\mathcal{N}_{0,1} \otimes \mu_Z)\,(dx, dz) = \quad \text{(per il Teorema di Fubini)}$$

$$= \int_{\mathbb{R}} \left(\int_{\mathbb{R}} f(zx)\mathcal{N}_{0,1}(dx) \right) \mu_Z(dz)$$

$$= \frac{1}{2} \int_{\mathbb{R}} f(-x)\mathcal{N}_{0,1}(dx) + \frac{1}{2} \int_{\mathbb{R}} f(x)\mathcal{N}_{0,1}(dx)$$

$$= \int_{\mathbb{R}} f(x)\mathcal{N}_{0,1}(dx).$$

In particolare, se $f = \mathbb{1}_H$ con $H \in \mathscr{B}$, si ottiene

$$P(Y \in H) = \mathcal{N}_{0,1}(H),$$

ossia $Y \sim \mathcal{N}_{0,1}$.

Proviamo ora che $\text{cov}(X, Y) = 0$ ma X, Y *non sono indipendenti*. Si ha:

$$\text{cov}(X, Y) = E[XY] = E[ZX^2] = \quad \text{(per l'indipendenza di } X \text{ e } Z)$$
$$= E[Z]E[X^2] = 0.$$

Verifichiamo che X, Y non sono indipendenti:

$P((X \in [0, 1]) \cap (Y \in [0, 1]))$

$= P((X \in [0, 1]) \cap (ZX \in [0, 1])) = \quad$ (poiché sull'evento $(X \in [0, 1])$ si ha $(ZX \in [0, 1]) = (Z = 1) \cap (X \in [0, 1])$)

$= P((X \in [0, 1]) \cap (Z = 1)) = \quad$ (per l'indipendenza di X e Z)

$= \dfrac{1}{2} P(X \in [0, 1]).$

D'altra parte, essendo $Y \sim \mathscr{N}_{0,1}$, si ha $P(Y \in [0, 1]) < \frac{1}{2}$ e quindi $P((X \in [0, 1]) \cap (Y \in [0, 1])) < P(X \in [0, 1])P(Y \in [0, 1])$.

Questo esempio non contraddice la Proposizione 3.5.18 poiché X, Y non hanno distribuzione congiunta normale. Infatti la CHF congiunta è data da

$$\varphi_{(X,Y)}(\eta_1, \eta_2) = E\left[e^{i(\eta_1 X + \eta_2 Y)}\right]$$
$$= E\left[e^{iX(\eta_1 - \eta_2)}\mathbb{1}_{(Z=-1)}\right] + E\left[e^{iX(\eta_1 + \eta_2)}\mathbb{1}_{(Z=1)}\right] = \quad \text{(per l'indipendenza di } X \text{ e } Z)$$
$$= \frac{1}{2}E\left[e^{iX(\eta_1 - \eta_2)}\right] + \frac{1}{2}E\left[e^{iX(\eta_1 + \eta_2)}\right] = \quad \text{(poiché } X \sim \mathscr{N}_{0,1})$$
$$= \frac{1}{2}\left(e^{-\frac{(\eta_1 - \eta_2)^2}{2}} + e^{-\frac{(\eta_1 + \eta_2)^2}{2}}\right) = \frac{e^{\eta_1 \eta_2} + e^{-\eta_1 \eta_2}}{2}e^{-\frac{\eta_1^2 + \eta_2^2}{2}},$$

che non è la CHF di una normale bidimensionale. Incidentalmente questo prova anche che $\varphi_{(X,Y)}(\eta_1, \eta_2) \neq \varphi_X(\eta_1)\varphi_Y(\eta_2)$, ossia conferma che X, Y non sono indipendenti.

3.5.3 Sviluppo in serie della funzione caratteristica e momenti

Proviamo un interessante risultato che mostra che i *momenti di una v.a.* $X \in L^p(\Omega, P)$, ossia i valori attesi $E[X^k]$ delle potenze di X con $k \leq p$, possono essere ottenuti derivando la CHF di X (si veda in particolare l'Osservazione 3.5.21).

Teorema 3.5.20 [!] Sia X una v.a. reale appartenente a $L^p(\Omega, P)$ con $p \in \mathbb{N}$. Allora vale il seguente sviluppo della CHF di X intorno all'origine:

$$\varphi_X(\eta) = \sum_{k=0}^{p} \frac{E[(iX)^k]}{k!}\eta^k + o(\eta^p) \qquad \text{per } \eta \to 0. \tag{3.5.24}$$

Dimostrazione   Ricordiamo la formula di Taylor con resto di Lagrange per $f \in C^p(\mathbb{R})$: per ogni $\eta \in \mathbb{R}$ esiste $\lambda \in [0, 1]$ tale che

$$f(\eta) = \sum_{k=0}^{p-1} \frac{f^{(k)}(0)}{k!} \eta^k + \frac{f^{(p)}(\lambda \eta)}{p!} \eta^p.$$

Applichiamo tale formula alla funzione $f(\eta) = e^{i\eta X}$ e otteniamo

$$e^{i\eta X} = \sum_{k=0}^{p} \frac{(iX)^k}{k!} \eta^k + \frac{(iX)^p \left(e^{i\lambda \eta X} - 1\right)}{p!} \eta^p,$$

dove in questo caso $\lambda \in [0, 1]$ dipende da X e quindi è aleatorio. Applicando il valore atteso all'ultima identità otteniamo

$$\varphi_X(\eta) = \sum_{k=0}^{p} \frac{E\left[(iX)^k\right]}{k!} \eta^k + R(\eta)\eta^p$$

dove

$$R(\eta) = \frac{1}{p!} E\left[(iX^p)\left(e^{i\lambda \eta X} - 1\right)\right] \longrightarrow 0 \qquad \text{per } \eta \to 0,$$

per il Teorema della convergenza dominata, poiché per ipotesi

$$\left|(iX^p)\left(e^{i\lambda \eta X} - 1\right)\right| \leq 2|X|^p \in L^1(\Omega, P). \ \square$$

Osservazione 3.5.21   [!] Sia $X \in L^p(\Omega, P)$. La (3.5.24) implica che φ_X è derivabile p volte nell'origine e inoltre, per l'unicità dello sviluppo in serie di Taylor, vale

$$\frac{d^k \varphi_X(\eta)}{d\eta^k}\Big|_{\eta=0} = E\left[(iX)^k\right] \qquad (3.5.25)$$

per ogni $k = 0, \dots, p$.

Osservazione 3.5.22   Supponiamo che $X \in L^p(\Omega, P)$ per ogni $p \in \mathbb{N}$ e che φ_X sia una funzione analitica. Allora a partire dai momenti di X è possibile ricavare φ_X e quindi la legge di X.

Esempio 3.5.23   Sia X una v.a. con distribuzione di Cauchy come in (3.5.5). Allora $X \notin L^1(\Omega, P)$ e la CHF φ_X in (3.5.6) non è differenziabile nell'origine.

Esempio 3.5.24   Data $X \sim \mathcal{N}_{\mu,\sigma^2}$ si ha che $X \in L^p(\Omega, P)$ per ogni $p \in \mathbb{N}$. Poiché

$$\varphi_X(\eta) = e^{i\mu\eta - \frac{\sigma^2\eta^2}{2}}$$

allora con molta pazienza (oppure con un software di calcolo simbolico) possiamo calcolare:

$$\varphi'(\eta) = i\left(\mu + i\eta\sigma^2\right)\varphi(\eta),$$
$$\varphi^{(2)}(\eta) = i^2\left(\sigma^2 + \left(\mu + i\eta\sigma^2\right)^2\right)\varphi(\eta),$$
$$\varphi^{(3)}(\eta) = i^3\left(\mu + i\eta\sigma^2\right)\left(3\sigma^2 + \left(\mu + i\eta\sigma^2\right)^2\right)\varphi(\eta),$$
$$\varphi^{(4)}(\eta) = i^4\big(\mu^4 + 2\mu^2\sigma^2(3 + 2i\mu\eta) + 2\eta^2\sigma^6(-3 - 2i\mu\eta)$$
$$+ 3\sigma^4(1 - 2\mu\eta(\mu\eta - 2i)) + \eta^4\sigma^8\big)\varphi(\eta),$$

da cui

$$\varphi'(0) = i\mu,$$
$$\varphi^{(2)}(0) = -\left(\mu^2 + \sigma^2\right),$$
$$\varphi^{(3)}(0) = -i\left(\mu^3 + 3\mu\sigma^2\right),$$
$$\varphi^{(4)}(0) = \mu^4 + 6\mu^2\sigma^2 + 3\sigma^4.$$

Allora per la (3.5.25) si ha

$$E[X] = \mu,$$
$$E[X^2] = \mu^2 + \sigma^2,$$
$$E[X^3] = \mu^3 + 3\mu\sigma^2,$$
$$E[X^4] = \mu^4 + 6\mu^2\sigma^2 + 3\sigma^4.$$

Esempio 3.5.25   Data $X \sim \text{Exp}_\lambda$ si ha che $X \in L^p(\Omega, P)$ per ogni $p \in \mathbb{N}$. Poiché

$$\varphi_X(\eta) = \frac{\lambda}{\lambda - i\eta}$$

allora abbiamo:

$$\varphi^{(k)}(\eta) = \frac{i^k k! \lambda}{(\lambda - i\eta)^{k+1}}, \qquad k \in \mathbb{N},$$

da cui

$$\varphi^{(k)}(0) = \frac{i^k k!}{\lambda^k}.$$

Allora per la (3.5.25) si ha

$$E[X^k] = \frac{k!}{\lambda^k}.$$

3.6 Complementi

3.6.1 Somma di variabili aleatorie

Teorema 3.6.1 Siano $X, Y \in$ AC su $(\Omega, \mathcal{F}, P)$ a valori in $\mathbb{R}^d$, con densità congiunta $\gamma_{(X,Y)}$. Allora $X + Y \in$ AC e ha densità

$$\gamma_{X+Y}(z) = \int_{\mathbb{R}^d} \gamma_{(X,Y)}(x, z - x)dx, \qquad z \in \mathbb{R}^d. \qquad (3.6.1)$$

Inoltre se X, Y sono indipendenti allora

$$\gamma_{X+Y}(z) = (\gamma_X * \gamma_Y)(z) := \int_{\mathbb{R}^d} \gamma_X(x)\gamma_Y(z - x)dx, \qquad z \in \mathbb{R}^d. \qquad (3.6.2)$$

ossia la densità di $X + Y$ è la *convoluzione* delle densità di X e Y.

Analogamente, se X, Y sono v.a. discrete su (Ω, P) a valori in $\mathbb{R}^d$, con funzione di distribuzione congiunta $\bar{\mu}_{(X,Y)}$, allora $X + Y$ è una v.a. discreta con funzione di distribuzione

$$\bar{\mu}_{X+Y}(z) = \sum_{x \in X(\Omega)} \bar{\mu}_{(X,Y)}(x, z - x), \qquad z \in \mathbb{R}^d.$$

In particolare, se X, Y sono indipendenti allora

$$\bar{\mu}_{X+Y}(z) = (\bar{\mu}_X * \bar{\mu}_Y)(z) := \sum_{x \in X(\Omega)} \bar{\mu}_X(x)\bar{\mu}_Y(z - x), \qquad (3.6.3)$$

ossia $\bar{\mu}_{X+Y}$ è la convoluzione discreta delle funzioni di distribuzione $\bar{\mu}_X$ di X e $\bar{\mu}_Y$ di Y.

Dimostrazione Per ogni $H \in \mathcal{B}_d$ si ha

$$P(X + Y \in H) = E[\mathbb{1}_H(X + Y)] =$$

$$= \int_{\mathbb{R}^d \times \mathbb{R}^d} \mathbb{1}_H(x + y)\gamma_{(X,Y)}(x, y)dxdy = \quad \text{(col cambio di variabili } z = x + y\text{)}$$

$$= \int_{\mathbb{R}^d \times \mathbb{R}^d} \mathbb{1}_H(z)\gamma_{(X,Y)}(x, z - x)dxdz = \quad \text{(per il Teorema di Fubini)}$$

$$= \int_H \left(\int_{\mathbb{R}^d} \gamma_{(X,Y)}(x, z - x)dx \right) dz,$$

e questo prova che la funzione γ_{X+Y} in (3.6.1) è una densità di $X + Y$. Infine la (3.6.2) segue dalla (3.6.1) e dalla (3.3.5).

Per quanto riguarda il caso discreto, si ha

$$\bar{\mu}_{X+Y}(z) = P(X + Y = z) =$$

$$= P\left(\bigcup_{x \in X(\Omega)} ((X, Y) = (x, z - x))\right) = \quad \text{(per la } \sigma\text{-additività di } P)$$

$$= \sum_{x \in X(\Omega)} \bar{\mu}_{(X,Y)}(x, z - x) = \quad \begin{array}{l} \text{(nel caso in cui } X, Y \text{ siano} \\ \text{indipendenti, per la (3.3.6))} \end{array}$$

$$= \sum_{x \in X(\Omega)} \bar{\mu}_X(x)\bar{\mu}_Y(z - x). \quad \square$$

Esempio 3.6.2 Siano X, Y v.a. indipendenti su $(\Omega, \mathscr{F}, P)$ a valori in $\mathbb{R}^d$. Procedendo come nella dimostrazione del Teorema 3.6.1, si prova che se $X \in \text{AC}$ allora anche $(X + Y) \in \text{AC}$ e ha densità

$$\gamma_{X+Y}(z) = \int_{\mathbb{R}^d} \gamma_X(z - y)\mu_Y(dy), \qquad z \in \mathbb{R}^d. \tag{3.6.4}$$

Per esempio, siano $X \sim \mathscr{N}_{\mu,\sigma^2}$ e $Y \sim \text{Be}_p$ indipendenti. Allora $X + Y$ è assolutamente continua e, posto

$$\Gamma_{\mu,\sigma^2}(x) = \frac{1}{\sqrt{2\pi\sigma^2}}e^{-\frac{1}{2}\left(\frac{x-\mu}{\sigma}\right)^2},$$

per la (3.6.4), $X + Y$ ha densità

$$\gamma_{X+Y}(z) = \int_{\mathbb{R}^d} \Gamma_{\mu,\sigma^2}(z - y)\text{Be}_p(dy)$$

$$= p\Gamma_{\mu,\sigma^2}(z - 1) + (1 - p)\Gamma_{\mu,\sigma^2}(z)$$

$$= p\Gamma_{\mu+1,\sigma^2}(z) + (1 - p)\Gamma_{\mu,\sigma^2}(z)$$

Più in generale, se Y è una v.a. discreta con distribuzione del tipo (3.1.4), ossia

$$\sum_{n \geq 1} p_n \delta_{y_n},$$

allora $X + Y$ ha densità che è combinazione lineare di Gaussiane con la medesima varianza e con i poli traslati di y_n:

$$\gamma_{X+Y}(z) = \sum_{n \geq 1} p_n \Gamma_{\mu+y_n,\sigma^2}(z).$$

3.6.2 Esempi notevoli

Proposizione 3.6.3 (Somma di Bernoulli indipendenti)   Sia $(X_i)_{i=1,\ldots,n}$ una famiglia di v.a. indipendenti di Bernoulli, $X_i \sim \mathrm{Be}_p$. Allora

$$S := X_1 + \cdots + X_n \sim \mathrm{Bin}_{n,p}. \tag{3.6.5}$$

Di conseguenza se $X \sim \mathrm{Bin}_{n,p}$ allora $E[X] = E[S]$ e quindi

$$E[X] = nE[X_1] = np, \qquad \mathrm{var}(S) = n\mathrm{var}(X_1) = np(1-p). \tag{3.6.6}$$

Inoltre se $X \sim \mathrm{Bin}_{n,p}$ e $Y \sim \mathrm{Bin}_{m,p}$ sono v.a. indipendenti allora $X + Y \sim \mathrm{Bin}_{n+m,p}$.

Dimostrazione   Posto

$$C_i = (X_i = 1), \qquad i = 1,\ldots,n,$$

si ha che $(C_i)_{i=1,\ldots,n}$ è una famiglia di n prove ripetute e indipendenti con probabilità p. La v.a. S in (3.6.5) indica il numero di successi fra le n prove (come nell'Esempio 3.1.7-iii)) e quindi, come abbiamo già provato, $S \sim \mathrm{Bin}_{n,p}$. In alternativa, si può calcolare la funzione di distribuzione di S come convoluzione discreta mediante la (3.6.3), ma i calcoli sono un po' noiosi. Le formule (3.6.6) sono immediata conseguenza della linearità dell'integrale e del fatto che la varianza di v.a. indipendenti è uguale alla somma delle singole varianze (cfr. formula (3.3.9)).

Per provare la seconda parte dell'enunciato, consideriamo prima il caso in cui

$$X = X_1 + \cdots + X_n, \qquad Y = Y_1 + \cdots + Y_m$$

con $X_1,\ldots,X_n,Y_1,\ldots,Y_m \sim \mathrm{Be}_p$ indipendenti. Allora per quanto precedentemente provato si ha

$$X + Y = X_1 + \cdots + X_n + Y_1 + \cdots + Y_m \sim \mathrm{Bin}_{n+m,p}.$$

Consideriamo ora il caso generale in cui $X' \sim \mathrm{Bin}_{n,p}$ e $Y' \sim \mathrm{Bin}_{m,p}$ sono indipendenti: allora $X' \overset{\mathrm{d}}{=} X$, $Y' \overset{\mathrm{d}}{=} Y$ e la tesi segue dalla (3.6.3) poiché

$$\bar{\mu}_{X'+Y'} = \bar{\mu}_{X'} * \bar{\mu}_{Y'} = \bar{\mu}_X * \bar{\mu}_Y = \bar{\mu}_{X+Y}. \qquad \Box$$

Esempio 3.6.4 (Modello binomiale)   Uno dei più classici modelli utilizzati in finanza per descrivere l'evoluzione del prezzo di un titolo rischioso è il cosiddetto *modello binomiale*. Introduciamo una successione (X_k) di v.a. dove X_k rappresenta

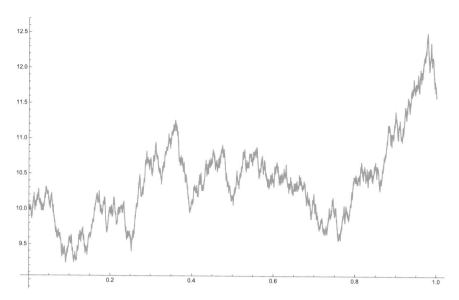

Figura 3.9 Grafico di una traiettoria del processo binomiale

il prezzo del titolo al tempo k, con $k = 0, 1, \ldots, n$: si assume che $X_0 \in \mathbb{R}_{>0}$ e, fissati due parametri $0 < d < u$, si definisce ricorsivamente

$$X_k = u^{\alpha_k} d^{1-\alpha_k} X_{k-1}, \qquad k = 1, \ldots, n,$$

dove le α_k sono v.a. indipendenti di Bernoulli, $\alpha_k \sim \mathrm{Be}_p$. In definitiva si ha

$$X_k = \begin{cases} u X_{k-1} & \text{con probabilità } p, \\ d X_{k-1} & \text{con probabilità } 1 - p, \end{cases}$$

e

$$X_n = u^{Y_n} d^{n-Y_n} S_0$$

dove $Y_n = \sum_{k=1}^{n} \alpha_k \sim \mathrm{Bin}_{n,p}$ per la Proposizione 3.6.3. Allora vale

$$P(X_n = u^k d^{n-k} X_0) = P(Y_n = k) = \binom{n}{k} p^k (1-p)^{n-k}, \qquad k = 0, \ldots, n,$$

sono le probabilità dei possibili prezzi al tempo n.

Esempio 3.6.5 (Somma di Poisson indipendenti) Siano $\lambda_1, \lambda_2 > 0$ e $X_1 \sim$ Poisson$_{\lambda_1}$, $X_2 \sim$ Poisson$_{\lambda_2}$ indipendenti. Allora $X_1 + X_2 \sim$ Poisson$_{\lambda_1+\lambda_2}$.

Infatti, se $\bar{\mu}_1, \bar{\mu}_2$ sono le funzioni di distribuzione di X_1, X_2, per il Teorema 3.6.1 si ha

$$\bar{\mu}_{X_1+X_2}(n) = (\bar{\mu}_1 * \bar{\mu}_2)(n)$$

$$= \sum_{k=0}^{n} \bar{\mu}_1(k)\bar{\mu}_2(n-k) =$$

$$= \sum_{k=0}^{n} e^{-\lambda_1} \frac{\lambda_1^k}{k!} e^{-\lambda_2} \frac{\lambda_2^{n-k}}{(n-k)!}$$

(gli estremi in cui varia k nella sommatoria sono determinati dal fatto che $\bar{\mu}_1(k) \neq 0$ solo se $k \in \mathbb{N}_0$ e $\bar{\mu}_2(n-k) \neq 0$ solo se $n - k \in \mathbb{N}_0$)

$$= \frac{e^{-\lambda_1-\lambda_2}}{n!} \sum_{k=0}^{n} \binom{n}{k} \lambda_1^k \lambda_2^{n-k} = \frac{e^{-(\lambda_1+\lambda_2)}}{n!} (\lambda_1 + \lambda_2)^n.$$

Esempio 3.6.6 (Somma di normali indipendenti) Se $X \sim \mathcal{N}_{\mu,\sigma^2}$ e $Y \sim \mathcal{N}_{\nu,\delta^2}$ sono v.a. reali indipendenti, allora

$$X + Y \sim \mathcal{N}_{\mu+\nu,\sigma^2+\delta^2}. \qquad (3.6.7)$$

Infatti, per la (3.6.2) e posto

$$\gamma_{\mu,\sigma^2}(x) := \frac{1}{\sigma\sqrt{2\pi}} e^{-\frac{1}{2}\left(\frac{x-\mu}{\sigma}\right)^2}, \qquad x \in \mathbb{R},$$

un calcolo diretto mostra che

$$\gamma_{\mu,\sigma^2} * \gamma_{\nu,\delta^2} = \gamma_{\mu+\nu,\sigma^2+\delta^2}.$$

Esempio 3.6.7 (Chi-quadro a n gradi di libertà) Come diretta conseguenza del Teorema 3.6.1, si verifica che se $X \sim \Gamma_{\alpha,\lambda}$ e $Y \sim \Gamma_{\beta,\lambda}$ v.a. reali indipendenti, allora

$$X + Y \sim \Gamma_{\alpha+\beta,\lambda}. \qquad (3.6.8)$$

Come caso particolare si ha che se $X, Y \sim \text{Exp}_\lambda = \Gamma_{1,\lambda}$ sono v.a. indipendenti, allora

$$X + Y \sim \Gamma_{2,\lambda}$$

con densità $\gamma_{X+Y}(t) = \lambda^2 t e^{-\lambda t} \mathbb{1}_{\mathbb{R}_{>0}}(t)$.

Ricordiamo l'Esempio 3.1.37: la distribuzione *chi-quadro* $\chi^2 := \Gamma_{\frac{1}{2},\frac{1}{2}}$ è la distribuzione della v.a. X^2 dove $X \sim \mathcal{N}_{0,1}$ è una normale standard. Più in generale, date $X_1, \ldots, X_n$ v.a. indipendenti con distribuzione $\mathcal{N}_{0,1}$ allora per la (3.6.8) si ha

$$Z := X_1^2 + \cdots + X_n^2 \sim \Gamma_{\frac{n}{2},\frac{1}{2}}. \qquad (3.6.9)$$

Le v.a. del tipo (3.6.9) intervengono in molte applicazioni e in particolare in statistica matematica (si veda, per esempio, il Capitolo 8 in [11]). La distribuzione $\Gamma_{\frac{n}{2},\frac{1}{2}}$ viene detta *distribuzione chi-quadro a n gradi di libertà* ed è indicata con $\chi^2(n)$: dunque $Z \sim \chi^2(n)$ se ha densità

$$\gamma_n(x) = \frac{1}{2^{\frac{n}{2}} \Gamma\left(\frac{n}{2}\right)} \frac{e^{-\frac{x}{2}}}{x^{1-\frac{n}{2}}} \mathbb{1}_{\mathbb{R}_{>0}}(x). \tag{3.6.10}$$

Più in generale, γ_n in (3.6.10) è una densità se n è un qualsiasi numero reale positivo, non necessariamente intero.

Esempio 3.6.8 Studiamo la v.a. Z uguale alla "somma del lancio di due dadi". Le v.a. che indicano il risultato del lancio di ognuno dei due dadi hanno distribuzione uniforme Unif$_6$ e sono indipendenti. Allora se $\bar{\mu}$ indica la funzione di distribuzione di Unif$_6$, ossia $\bar{\mu}(n) = \frac{1}{6}$ per $n \in I_6 = \{1, \ldots, 6\}$, per la (3.6.3) la funzione di distribuzione di Z è data dalla convoluzione $\bar{\mu} * \bar{\mu}$:

$$(\bar{\mu} * \bar{\mu})(n) = \sum_k \bar{\mu}(k)\bar{\mu}(n-k), \qquad 2 \leq n \leq 12,$$

dove, affinché $\bar{\mu}(k)$ e $\bar{\mu}(n-k)$ siano non nulli, deve valere $k \in I_6$ e $n - k \in I_6$ ossia

$$(n-6) \vee 1 \leq k \leq (n-1) \wedge 6.$$

Dunque

$$\begin{aligned} P(Z = n) = (\bar{\mu} * \bar{\mu})(n) &= \sum_{k=(n-6)\vee 1}^{(n-1)\wedge 6} \bar{\mu}(k)\bar{\mu}(n-k) \\ &= \frac{(n-1) \wedge 6 - (n-6) \vee 1 + 1}{36}. \end{aligned}$$

Proposizione 3.6.9 (Massimo e minimo di variabili indipendenti) Siano $X_1, \ldots, X_n$ v.a. reali indipendenti. Posto

$$X = \max\{X_1, \ldots, X_n\} \quad \text{e} \quad Y = \min\{X_1, \ldots, X_n\},$$

si ha la seguente relazione fra le funzioni di ripartizione[21]

$$F_X(x) = \prod_{k=1}^n F_{X_k}(x), \qquad x \in \mathbb{R}, \tag{3.6.11}$$

$$F_Y(y) = 1 - \prod_{k=1}^n \left(1 - F_{X_k}(y)\right), \qquad y \in \mathbb{R}.$$

---

[21] Attenzione a non confondere la (3.6.11) e la (3.3.8)!

Dimostrazione È sufficiente osservare che

$$(X \leq x) = \bigcap_{k=1}^{n}(X_k \leq x), \qquad x \in \mathbb{R},$$

e quindi, sfruttando l'ipotesi di indipendenza,

$$F_X(x) = P(X \leq x) = P\left(\bigcap_{k=1}^{n}(X_k \leq x)\right) = \prod_{k=1}^{n} P(X_k \leq x) = \prod_{k=1}^{n} F_{X_k}(x).$$

Per la seconda identità, si procede in maniera analoga utilizzando la relazione

$$(Y > x) = \bigcap_{k=1}^{n}(X_k > x), \qquad x \in \mathbb{R}. \ \square$$

Esempio 3.6.10 Se $X_k \sim \text{Exp}_{\lambda_k}, k = 1, \ldots, n$, sono v.a. indipendenti allora

$$Y := \min\{X_1, \ldots, X_n\} \sim \text{Exp}_{\lambda_1 + \cdots + \lambda_n}.$$

Infatti, ricordiamo che le funzioni di densità e di ripartizione della distribuzione Exp_λ sono rispettivamente

$$\gamma(t) = \lambda e^{-\lambda t} \qquad \text{e} \qquad F(t) = 1 - e^{-\lambda t}, \qquad t \geq 0,$$

e sono nulle per $t < 0$. Allora per la Proposizione 3.6.9 si ha che

$$F_Y(t) = 1 - \prod_{k=1}^{n}\left(1 - F_{X_k}(t)\right) = 1 - \prod_{k=1}^{n} e^{-\lambda_k t}, \qquad t \geq 0,$$

che è proprio la CDF di $\text{Exp}_{\lambda_1 + \cdots + \lambda_n}$.

Esercizio 3.6.11 Sia X il massimo fra il risultato del lancio di due dadi. Determinare $P(X \geq 4)$.

Soluzione Consideriamo le v.a. indipendenti $X_i \sim \text{Unif}_6$, $i = 1, 2$, dei risultati dei due lanci di dado. Allora $X = \max\{X_1, X_2\}$ e si ha

$$\begin{aligned}
P(X \geq 4) &= 1 - P(X \leq 3) = 1 - F_X(3) = &\text{(per la Proposizione 3.6.9)}\\
&= 1 - F_{X_1}(3)F_{X_1}(3) = &\text{(ricordando la (2.4.7))}\\
&= 1 - \frac{3}{6} \cdot \frac{3}{6} = \frac{3}{4}.
\end{aligned}$$

Esercizio 3.6.12 Provare che se $X_i \sim \text{Geom}_{p_i}$, $i = 1, 2$, sono indipendenti allora $\min\{X_1, X_2\} \sim \text{Geom}_p$ con $p = p_1 + p_2 - p_1 p_2$. Generalizzare il risultato al caso di n v.a. geometriche indipendenti.

Esercizio 3.6.13 Determinare la distribuzione di $\max\{X, Y\}$ e $\min\{X, Y\}$ dove X, Y sono v.a. indipendenti con distribuzione $X \sim \text{Unif}_{[0,2]}$ e $Y \sim \text{Unif}_{[1,3]}$.

Capitolo 4
Successioni di variabili aleatorie

*The new always happens against the overwhelming odds of
statistical laws and their probability, which for all practical,
everyday purposes amounts to certainty; the new therefore
always appears in the guise of a miracle.*

Hannah Arendt

L'oggetto di questo capitolo sono le successioni di variabili aleatorie. Il problema del-
l'esistenza e costruzione di tali successioni non è ovvio e richiede strumenti avanzati
che vanno al di là dello scopo del presente testo: pertanto, dando per assunta l'esistenza, ci occuperemo solo di studiare varie nozioni di convergenza per successioni
di variabili aleatorie. Inoltre proveremo alcuni risultati classici, la Legge dei grandi
numeri e il Teorema centrale del limite, e ne analizzeremo alcune applicazioni fra cui
l'importante metodo numerico stocastico noto come metodo Monte Carlo.

4.1 Convergenza per successioni di variabili aleatorie

In questa sezione riepiloghiamo e confrontiamo varie definizioni di convergenza di successioni di variabili aleatorie. Consideriamo uno spazio di probabilità
$(\Omega, \mathscr{F}, P)$ su cui sono definite una successione di v.a. $(X_n)_{n\in\mathbb{N}}$ e una v.a. X valori
in $\mathbb{R}^d$:

i) $(X_n)_{n\in\mathbb{N}}$ converge *quasi certamente* a X se[1]

$$P\left(\lim_{n\to\infty} X_n = X\right) = 1.$$

Materiale Supplementare Online È disponibile online un supplemento a questo capitolo
(https://doi.org/10.1007/978-88-470-4000-7_4), contenente dati, altri approfondimenti ed
esercizi.

[1] Si ricordi che, per l'Osservazione 3.1.9, l'insieme

$$\left(\lim_{n\to\infty} X_n = X\right) \equiv \{\omega \in \Omega \mid \lim_{n\to\infty} X_n(\omega) = X(\omega)\}$$

è un evento.

© Springer-Verlag Italia S.r.l., part of Springer Nature 2020
A. Pascucci, *Teoria della Probabilità*, UNITEXT 123,
https://doi.org/10.1007/978-88-470-4000-7_4

In tal caso scriviamo

$$X_n \xrightarrow{\text{q.c.}} X.$$

ii) Siano $(X_n)_{n \in \mathbb{N}}$ e X rispettivamente una successione e una v.a. in $L^p(\Omega, P)$ con $p \geq 1$. Diciamo che $(X_n)_{n \in \mathbb{N}}$ converge a X in L^p se

$$\lim_{n \to \infty} E\left[|X_n - X|^p\right] = 0.$$

In tal caso scriviamo

$$X_n \xrightarrow{L^p} X.$$

iii) (X_n) converge *in probabilità* a X se, per ogni $\varepsilon > 0$, vale

$$\lim_{n \to \infty} P\left(|X_n - X| \geq \varepsilon\right) = 0.$$

In tal caso scriviamo

$$X_n \xrightarrow{P} X.$$

iv) (X_n) converge *debolmente* (o *in legge* o *in distribuzione*) a X se vale

$$\lim_{n \to \infty} E\left[f(X_n)\right] = E\left[f(X)\right]$$

per ogni $f \in bC$ dove $bC = bC(\mathbb{R}^d)$ indica la famiglia delle funzioni continue e limitate da $\mathbb{R}^d$ a $\mathbb{R}$. In tal caso scriviamo

$$X_n \xrightarrow{d} X.$$

Osservazione 4.1.1 (Convergenza debole di distribuzioni) La convergenza debole non richiede che le variabili X_n siano definite sullo stesso spazio di probabilità, ma dipende solo dalle distribuzioni delle variabili stesse. Diciamo che una successione $(\mu_n)_{n \in \mathbb{N}}$ di distribuzioni su $\mathbb{R}^d$ converge *debolmente* alla distribuzione μ e scriviamo

$$\mu_n \xrightarrow{d} \mu,$$

se vale

$$\lim_{n \to \infty} \int_{\mathbb{R}^d} f d\mu_n = \int_{\mathbb{R}^d} f d\mu \qquad \text{per ogni } f \in bC. \qquad (4.1.1)$$

Poiché

$$E\left[f(X_n)\right] = \int_{\mathbb{R}^d} f d\mu_{X_n},$$

la convergenza debole di $(X_n)_{n \in \mathbb{N}}$ equivale alla convergenza debole della successione $(\mu_{X_n})_{n \in \mathbb{N}}$ delle corrispondenti distribuzioni: in altri termini, $X_n \xrightarrow{d} X$ se e solo se $\mu_{X_n} \xrightarrow{d} \mu_X$.

Esempio 4.1.2 [!] Sia $(x_n)_{n \in \mathbb{N}}$ una successione di numeri reali convergente a $x \in \mathbb{R}$. Allora $\delta_{x_n} \xrightarrow{d} \delta_x$ poiché, per ogni $f \in bC$, si ha

$$\int_{\mathbb{R}} f d\delta_{x_n} = f(x_n) \xrightarrow[n \to \infty]{} f(x) = \int_{\mathbb{R}} f d\delta_x.$$

Tuttavia non è vero che

$$\lim_{n \to \infty} \delta_{x_n}(H) = \delta_x(H)$$

per ogni $H \in \mathscr{B}$: per esempio, se $x_n = \frac{1}{n}$ e $H = \mathbb{R}_{>0}$. Questo spiega perché nella definizione (4.1.1) di convergenza di distribuzioni è naturale assumere $f \in bC$ e non $f = \mathbb{1}_H$ per ogni $H \in \mathscr{B}$.

Esempio 4.1.3 Siano date due successioni di numeri reali $(a_n)_{n \in \mathbb{N}}$ e $(\sigma_n)_{n \in \mathbb{N}}$ tali che $a_n \longrightarrow a \in \mathbb{R}$ e $0 < \sigma_n \longrightarrow 0$ per $n \to \infty$. Se $X_n \sim \mathscr{N}_{a_n, \sigma_n^2}$ allora $X_n \xrightarrow{d} X$ con $X \sim \delta_a$. Infatti, per ogni $f \in bC(\mathbb{R})$, si ha

$$
\begin{aligned}
E[f(X_n)] &= \int_{\mathbb{R}} f d\mathscr{N}_{a_n, \sigma_n^2} \\
&= \int_{\mathbb{R}} f(x) \frac{1}{\sqrt{2\pi\sigma_n^2}} e^{-\frac{1}{2}\left(\frac{x-a_n}{\sigma_n}\right)^2} dx = \quad \text{(col cambio} \\
&\qquad\qquad\qquad\qquad\qquad\qquad\qquad\qquad\quad \text{di variabili } z = \tfrac{x-a_n}{\sigma_n \sqrt{2}}) \\
&= \int_{\mathbb{R}} f\left(a_n + z\sigma_n\sqrt{2}\right) \frac{e^{-z^2}}{\sqrt{\pi}} dz,
\end{aligned}
$$

che tende ad $f(a) = E[f(X)]$ per il Teorema della convergenza dominata.

Notiamo che se le variabili X e X_n, per ogni $n \in \mathbb{N}$, sono definite sullo stesso spazio di probabilità $(\Omega, \mathscr{F}, P)$, si ha anche convergenza in L^2: infatti $X_n, X \in L^2(\Omega, P)$ e si ha

$$
\begin{aligned}
E\left[|X_n - X|^2\right] &\leq 2E\left[|X_n - a_n|^2\right] + 2E\left[|a_n - X|^2\right] \\
&= 2E\left[|X_n - a_n|^2\right] + 2|a_n - a|^2 \\
&= 2\sigma_n^2 + 2|a_n - a|^2 \xrightarrow[n \to \infty]{} 0.
\end{aligned}
$$

4.1.1 *Disuguaglianza di Markov*

Teorema 4.1.4 (Disuguaglianza di Markov) [!] Per ogni X v.a. a valori in $\mathbb{R}^d$, $\lambda > 0$ e $p \in [0, +\infty[$, vale la *disuguaglianza di Markov*:

$$P(|X| \geq \lambda) \leq \frac{E\left[|X|^p\right]}{\lambda^p}. \tag{4.1.2}$$

In particolare, se $Y \in L^2(\Omega, P)$ è una v.a. reale, vale la *disuguaglianza di Chebyschev*:

$$P\left(|Y - E\left[Y\right]| \geq \lambda\right) \leq \frac{\mathrm{var}(Y)}{\lambda^2}. \tag{4.1.3}$$

Dimostrazione Per quanto riguarda la (4.1.2), se $E\left[|X|^p\right] = +\infty$ non c'è nulla da provare, altrimenti per la proprietà di monotonia si ha

$$E\left[|X|^p\right] \geq E\left[|X|^p \mathbb{1}_{(|X|\geq\lambda)}\right] \geq \lambda^p E\left[\mathbb{1}_{(|X|\geq\lambda)}\right] = \lambda^p P\left(|X| \geq \lambda\right).$$

La (4.1.3) segue dalla (4.1.2) ponendo $p = 2$ e $X = Y - E\left[Y\right]$, infatti

$$P\left(|Y - E\left[Y\right]| \geq \lambda\right) \leq \frac{E\left[|Y - E\left[Y\right]|^2\right]}{\lambda^2} = \frac{\mathrm{var}(Y)}{\lambda^2}. \;\square$$

La disuguaglianza di Markov fornisce una stima per i valori estremi di X in termini della sua norma L^p. Viceversa, si ha la seguente

Proposizione 4.1.5 Siano X una v.a. e $f \in C^1(\mathbb{R}_{\geq 0})$ tale che $f' \geq 0$ o $f' \in L^1(\mathbb{R}_{\geq 0}, \mu_{|X|})$. Allora

$$E\left[f(|X|)\right] = f(0) + \int_0^{+\infty} f'(\lambda) P(|X| \geq \lambda) d\lambda. \tag{4.1.4}$$

Dimostrazione Si ha

$$E\left[f(|X|)\right] = \int_0^{+\infty} f(y) \mu_{|X|}(dy)$$

$$= \int_0^{+\infty} \left(f(0) + \int_0^y f'(\lambda) d\lambda\right) \mu_{|X|}(dy) = \quad \text{(per il Teorema di Fubini)}$$

$$= f(0) + \int_0^{+\infty} f'(\lambda) \int_\lambda^{+\infty} \mu_{|X|}(dy) d\lambda$$

$$= f(0) + \int_0^{+\infty} f'(\lambda) P(|X| \geq \lambda) d\lambda. \;\square$$

Esempio 4.1.6 Per $f(x) = x^p$, $p \geq 1$, dalla (4.1.4) abbiamo

$$E\left[|X|^p\right] = p \int_0^{+\infty} \lambda^{p-1} P\left(|X| \geq \lambda\right) d\lambda.$$

Di conseguenza, per provare che $X \in L^p$ è sufficiente avere una buona stima di $P\left(|X| \geq \lambda\right)$, almeno per $\lambda \gg 1$.

Esercizio 4.1.7 Provare la seguente generalizzazione della disuguaglianza di Markov: per ogni X v.a. a valori in $\mathbb{R}^d$, $\varepsilon > 0$ e f funzione reale su $[0, +\infty[$ monotona (debolmente) crescente, vale

$$P(|X| \geq \varepsilon) f(\varepsilon) \leq E\left[f(|X|)\right].$$

4.1.2 Relazioni fra le diverse definizioni di convergenza

Lemma 4.1.8 Sia $(a_n)_{n \in \mathbb{N}}$ una successione in uno spazio topologico $(E, \mathcal{T})$. Se ogni sotto-successione $(a_{n_k})_{k \in \mathbb{N}}$ ammette una sotto-successione $(a_{n_{k_i}})_{i \in \mathbb{N}}$ convergente al medesimo $a \in E$, allora anche $(a_n)_{n \in \mathbb{N}}$ converge ad a.

Dimostrazione Per assurdo, se $(a_n)_{n \in \mathbb{N}}$ non convergesse ad a allora esisterebbe $U \in \mathcal{T}$ tale che $a \in U$ e una sotto-successione $(a_{n_k})_{k \in \mathbb{N}}$ tale che $a_{n_k} \notin U$ per ogni $k \in \mathbb{N}$. In questo caso nessuna sotto-successione di $(a_{n_k})_{k \in \mathbb{N}}$ convergerebbe ad a, contraddicendo l'ipotesi. □

Il seguente risultato riassume le relazioni fra i vari tipi di convergenza di successioni di v.a.: queste sono rappresentate schematicamente nella Figura 4.1.

Teorema 4.1.9 Siano $(X_n)_{n \in \mathbb{N}}$ una successione di v.a. e X una v.a. definite sullo stesso spazio di probabilità $(\Omega, \mathcal{F}, P)$, a valori in $\mathbb{R}^d$. Valgono le seguenti implicazioni:

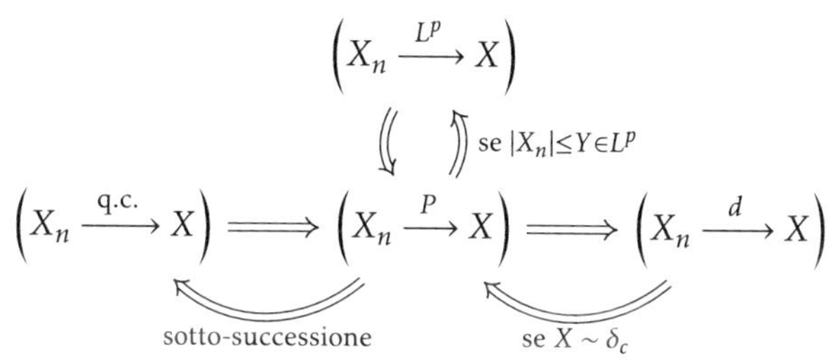

$$\left(X_n \xrightarrow{L^p} X\right)$$

$$\Updownarrow \quad \text{se } |X_n| \leq Y \in L^p$$

$$\left(X_n \xrightarrow{\text{q.c.}} X\right) \implies \left(X_n \xrightarrow{P} X\right) \implies \left(X_n \xrightarrow{d} X\right)$$

$$\underbrace{\qquad}_{\text{sotto-successione}} \qquad \underbrace{\qquad}_{\text{se } X \sim \delta_c}$$

Figura 4.1 Relazioni fra i vari tipi di convergenza di v.a.

i)   se $X_n \xrightarrow{\text{q.c.}} X$ allora $X_n \xrightarrow{P} X$;

ii) se $X_n \xrightarrow{L^p} X$ per qualche $p \geq 1$ allora $X_n \xrightarrow{P} X$;

iii) se $X_n \xrightarrow{P} X$ allora esiste una sotto-successione $(X_{n_k})_{k \in \mathbb{N}}$ tale che $X_{n_k} \xrightarrow{\text{q.c.}} X$;

iv) se $X_n \xrightarrow{P} X$ allora $X_n \xrightarrow{d} X$;

v)   se $X_n \xrightarrow{P} X$ ed esiste $Y \in L^p(\Omega, P)$ tale che $|X_n| \leq Y$ q.c., per ogni $n \in \mathbb{N}$, allora $X_n, X \in L^p(\Omega, P)$ e $X_n \xrightarrow{L^p} X$;

vi) se $X_n \xrightarrow{d} X$, con $X \sim \delta_c$, $c \in \mathbb{R}^d$, allora $X_n \xrightarrow{P} X$.

Dimostrazione i) Fissato $\varepsilon > 0$, se $X_n \xrightarrow{\text{q.c.}} X$ allora

$$\mathbb{1}_{(|X_n - X| \geq \varepsilon)} \xrightarrow{\text{q.c.}} 0$$

e quindi per il Teorema della convergenza dominata si ha

$$P(|X_n - X| \geq \varepsilon) = E\left[\mathbb{1}_{(|X_n - X| \geq \varepsilon)}\right] \longrightarrow 0.$$

ii) Fissato $\varepsilon > 0$, per la disuguaglianza di Markov (4.1.2) si ha

$$P(|X_n - X| \geq \varepsilon) \leq \frac{E[|X_n - X|^p]}{\varepsilon^p}$$

da cui la tesi.

iii) Per ipotesi esiste una successione di indici $(n_k)_{k \in \mathbb{N}}$, con $n_k \to +\infty$, tale che $P(A_k) \leq \frac{1}{k^2}$ dove

$$A_k := \left(|X - X_{n_k}| \geq 1/k\right).$$

Poiché

$$\sum_{k > 1} P(A_k) < \infty,$$

per il Lemma 2.3.28-i) di Borel-Cantelli si ha $P(A_k \text{ i.o.}) = 0$. Dunque l'evento $(A_k \text{ i.o.})^c$ ha probabilità uno: per definizione[2], per ogni $\omega \in (A_k \text{ i.o.})^c$ esiste $\bar{k} = \bar{k}(\omega) \in \mathbb{N}$ tale che

$$|X(\omega) - X_{n_k}(\omega)| < \frac{1}{k}, \qquad k \geq \bar{k}$$

e di conseguenza vale

$$\lim_{k \to \infty} X_{n_k}(\omega) = X(\omega)$$

che prova la tesi.

---

[2] Gli elementi di $(A_k \text{ i.o.})^c$ sono quelli che appartengono solo ad un numero finito di A_k.

iv) Sia $f \in bC$. Per il punto iii), ogni sotto-successione $(X_{n_k})_{k \in \mathbb{N}}$ ammette una sotto-successione $(X_{n_{k_i}})_{i \in \mathbb{N}}$ tale che $X_{n_{k_i}} \xrightarrow{\text{q.c.}} X$. Poiché f è continua, si ha anche $f(X_{n_{k_i}}) \xrightarrow{\text{q.c.}} f(X)$ e poiché f è limitata si applica il Teorema della convergenza dominata per avere

$$\lim_{i \to \infty} E\big[f\big(X_{n_{k_i}}\big)\big] = E\left[f(X)\right].$$

Ora per il Lemma 4.1.8 (applicato alla successione $a_n := E\left[f(X_n)\right]$ in $\mathbb{R}$ munito della topologia Euclidea) si ha anche

$$\lim_{n \to \infty} E\left[f(X_n)\right] = E\left[f(X)\right]$$

da cui la tesi.

v) Dato che $|X_n| \leq Y$ q.c. e $Y \in L^p(\Omega, P)$, è chiaro che $X_n \in L^p(\Omega, P)$. Per quanto riguarda X, dal punto iii) sappiamo che esiste una sotto-successione $(X_{n_k})_{k \in \mathbb{N}}$ tale che $X_{n_k} \xrightarrow{\text{q.c.}} X$. Dato che $|X_{n_k}| \leq Y$ q.c., per $k \to \infty$ si ottiene $|X| \leq Y$ q.c., quindi $X \in L^p(\Omega, P)$. Infine, mostriamo che $X_n \xrightarrow{L^p} X$. Sempre per il punto iii), ogni sotto-successione $(X_{n_k})_{k \in \mathbb{N}}$ ammette una sotto-successione $(X_{n_{k_i}})_{i \in \mathbb{N}}$ tale che $X_{n_{k_i}} \xrightarrow{\text{q.c.}} X$. Per il Teorema della convergenza dominata si ha che $X_{n_{k_i}} \xrightarrow{L^p} X$. Dal Lemma 4.1.8 segue che $X_n \xrightarrow{L^p} X$.

vi) Dati $c \in \mathbb{R}^d$ ed $\varepsilon > 0$, sia $f_\varepsilon \in bC$, non-negativa e tale che $f_\varepsilon(x) \geq 1$ se $|x - c| > \varepsilon$ e $f_\varepsilon(c) = 0$. Si ha

$$P(|X_n - X| > \varepsilon) = P(|X_n - c| \geq \varepsilon) = E\left[\mathbb{1}_{(|X_n - c| \geq \varepsilon)}\right]$$
$$\leq E\left[f_\varepsilon(X_n)\right] \xrightarrow[n \to \infty]{} f_\varepsilon(c) = 0. \ \square$$

Diamo alcuni controesempi relativi alle implicazioni studiate nel Teorema 4.1.9. Nei primi due esempi consideriamo $\Omega = [0, 1]$ con la misura di Lebesgue.

Esempio 4.1.10 La successione $X_n(\omega) = n^2 \mathbb{1}_{[0, \frac{1}{n}]}(\omega)$, per ogni $\omega \in [0, 1]$, converge a zero quasi certamente (e di conseguenza anche in probabilità), ma $E\left[|X_n|^p\right] = n^{2p-1}$ diverge per ogni $p \geq 1$.

Esempio 4.1.11 Diamo un esempio di successione (X_n) che converge in L^p (e quindi anche in probabilità) con $1 \leq p < \infty$, ma non quasi certamente. Rappresentiamo ogni intero positivo n come $n = 2^k + \ell$, con $k = 0, 1, 2, \ldots$ e $\ell = 0, \ldots, 2^k - 1$. Notiamo che la rappresentazione è unica. Poniamo

$$J_n = \left[\frac{\ell}{2^k}, \frac{\ell + 1}{2^k}\right] \subseteq [0, 1] \qquad \text{e} \qquad X_n(\omega) = \mathbb{1}_{J_n}(\omega), \qquad \omega \in [0, 1].$$

Per ogni $p \geq 1$, vale

$$E\left[|X_n|^p\right] = E[X_n] = \mathrm{Leb}(J_n) = \frac{1}{2^k},$$

e quindi $X_n \xrightarrow{L^p} 0$ dato che $k \to \infty$ quando $n \to \infty$. D'altra parte, ciascun $\omega \in [0,1]$ appartiene ad un numero infinito di intervalli J_n e quindi la successione reale $X_n(\omega)$ non converge per ogni $\omega \in [0,1]$.

Osservazione 4.1.12 Non esiste una topologia che induce la convergenza quasi certa di variabili aleatorie: in caso contrario si potrebbe combinare il Lemma 4.1.8 con il punto iii) del Teorema 4.1.9 per concludere che se $X_n \xrightarrow{P} X$ allora $X_n \xrightarrow{q.c.} X$, in contraddizione con l'Esempio 4.1.11.

Esempio 4.1.13 Data una variabile aleatoria $X \sim \mathrm{Be}_{\frac{1}{2}}$, poniamo

$$X_n = \begin{cases} X, & \text{se } n \text{ pari,} \\ 1 - X, & \text{se } n \text{ dispari.} \end{cases}$$

Poiché $(1 - X) \sim \mathrm{Be}_{\frac{1}{2}}$ allora chiaramente $X_n \xrightarrow{d} X$. Tuttavia $|X_{n+1} - X_n| = |2X - 1| = 1$ per ogni $n \in \mathbb{N}$: allora $P(|X_{n+1} - X_n| \geq 1/2) = 1$ per ogni n e quindi X_n non converge a X in probabilità (e, di conseguenza, nemmeno in L^p o quasi certamente).

4.2 Legge dei grandi numeri

In questa sezione dimostriamo due versioni della Legge dei grandi numeri. Tale legge riguarda successioni di v.a. reali $(X_n)_{n\in\mathbb{N}}$, definite sullo stesso spazio di probabilità $(\Omega, \mathscr{F}, P)$, con l'ulteriore ipotesi che siano *indipendenti e identicamente distribuite* (abbreviato in *i.i.d.*). Denotiamo con

$$S_n = X_1 + \cdots + X_n, \qquad M_n = \frac{S_n}{n}, \qquad (4.2.1)$$

rispettivamente la somma e la media aritmetica di $X_1, \ldots, X_n$.

Teorema 4.2.1 (Legge debole dei grandi numeri) Sia $(X_n)_{n\in\mathbb{N}}$ una successione di v.a. reali i.i.d. in $L^2(\Omega, P)$, con valore atteso $\mu := E[X_1]$ e varianza $\sigma^2 := \mathrm{var}(X_1)$. Allora si ha

$$E\left[(M_n - \mu)^2\right] = \frac{\sigma^2}{n} \qquad (4.2.2)$$

e di conseguenza la *media aritmetica* M_n converge *in norma* $L^2(\Omega, P)$ alla v.a. costante uguale μ:

$$M_n \xrightarrow{L^2} \mu.$$

Osservazione 4.2.2 Combinando la (4.2.2) con la disuguaglianza di Markov si ha

$$P(|M_n - \mu| \geq \varepsilon) \leq \frac{\sigma^2}{n\varepsilon^2}, \qquad \varepsilon > 0, \ n \in \mathbb{N},$$

e quindi M_n converge anche *in probabilità* a μ. Inoltre, dal Teorema 4.1.9-iv) segue che M_n converge anche *debolmente*:

$$M_n \xrightarrow{d} \mu.$$

Dimostrazione Per linearità, si ha

$$E[M_n] = \frac{1}{n} \sum_{k=1}^{n} E[X_k] = \mu,$$

e quindi

$$
\begin{aligned}
E\left[(M_n - \mu)^2\right] = \operatorname{var}(M_n) &= \\
&= \frac{\operatorname{var}(X_1 + \cdots + X_n)}{n^2} = && \text{(per l'indipendenza,} \\
&&& \text{ricordando la (3.2.22))} \\
&= \frac{\operatorname{var}(X_1) + \cdots + \operatorname{var}(X_n)}{n} = \frac{\sigma^2}{n}. \ \square
\end{aligned}
\tag{4.2.3}
$$

La convergenza di M_n in $L^2(\Omega, P)$ implica la convergenza q.c. di una sotto-successione di M_n, per il Teorema 4.1.9-iii). In realtà, con un po' di lavoro in più è possibile verificare che la successione stessa M_n converge q.c.: riportiamo la prova data in [25].

Teorema 4.2.3 (Legge forte dei grandi numeri) Nelle ipotesi del Teorema 4.2.1 si ha anche

$$M_n \xrightarrow{\text{q.c.}} \mu.$$

Dimostrazione A meno di traslare le variabili X_n non è restrittivo assumere $\mu = 0$. Cominciamo col provare che la sotto-successione M_{n^2} converge q.c.: infatti, per la (4.2.3), si ha

$$E\left[\sum_{n=1}^{N} M_{n^2}^2\right] = \sum_{n=1}^{N} E\left[M_{n^2}^2\right] = \sum_{n=1}^{N} \frac{\sigma^2}{n^2}, \qquad N \in \mathbb{N},$$

e per il Teorema di Beppo-Levi

$$E\left[\sum_{n=1}^{\infty} M_{n^2}^2\right] = \sum_{n=1}^{\infty} \frac{\sigma^2}{n^2} < \infty$$

da cui

$$M_{n^2} \xrightarrow{\text{q.c.}} 0. \tag{4.2.4}$$

Ora cerchiamo di controllare *tutti* i termini della successione M_n con termini del tipo M_{n^2}. Per ogni $n \in \mathbb{N}$ indichiamo con $p_n = [\sqrt{n}]$ la parte intera della radice di n, cosicché si ha

$$p_n^2 \le n < (p_n + 1)^2.$$

Per definizione di M_n vale

$$M_n - \frac{p_n^2}{n} M_{p_n^2} = \frac{1}{n} \sum_{k=p_n^2+1}^{n} X_k$$

da cui, come per la (4.2.3), si ha

$$E\left[\left(M_n - \frac{p_n^2}{n} M_{p_n^2}\right)^2\right] = \frac{n - p_n^2}{n^2}\sigma^2 \le \quad \begin{array}{l}(\text{poiché } 0 \ge n - (p_n+1)^2\\ = n - p_n^2 - 2p_n - 1)\end{array}$$

$$\le \frac{2p_n + 1}{n^2}\sigma^2 \le \frac{2\sqrt{n}+1}{n^2}\sigma^2 \le \frac{3\sigma^2}{n^{\frac{3}{2}}}.$$

Ancora per il Teorema di Beppo-Levi si ha

$$E\left[\sum_{n=1}^{\infty}\left(M_n - \frac{p_n^2}{n} M_{p_n^2}\right)^2\right] \le \sum_{n=1}^{\infty} \frac{3\sigma^2}{n^{\frac{3}{2}}} < \infty$$

da cui

$$M_n - \frac{p_n^2}{n} M_{p_n^2} \xrightarrow{\text{q.c.}} 0.$$

Ora $M_{p_n^2} \xrightarrow{\text{q.c.}} 0$ per la (4.2.4) e d'altra parte $\frac{p_n^2}{n} \to 1$ per $n \to \infty$: di conseguenza anche $M_n \xrightarrow{\text{q.c.}} 0$ e questo conclude la prova. $\square$

Esempio 4.2.4 (Strategia del raddoppio) Nel gioco della roulette si lancia una pallina che si può fermare in una fra le 37 posizioni possibili, composte da 18 numeri rossi, 18 numeri neri e lo zero che è verde. Consideriamo la strategia di gioco che consiste nel puntare sul rosso (la vincita è il doppio della giocata) e raddoppiare la giocata ogni volta che si perde. Dunque alla prima giocata si punta 1 (ossia 2^0)

Euro e, in caso di perdita, alla seconda giocata si puntano 2 (ossia 2^1) Euro e così via fino alla n-esima giocata in cui, se si è sempre perso, si puntano 2^{n-1} Euro. A questo punto (ossia alla n-esima giocata avendo sempre perso), l'ammontare giocato è pari a[3]

$$1 + 2 + \cdots + 2^{n-1} = 2^n - 1,$$

e ci sono due casi:

i) si perde e in tal caso la perdita complessiva è pari a $2^n - 1$;
ii) si vince e si incassano $2 \cdot 2^{n-1}$ Euro. Il bilancio totale è dunque positivo ed è pari alla differenza fra la vincita e l'ammontare giocato:

$$2^n - (2^n - 1) = 1.$$

La probabilità di perdere per n volte consecutive è pari a p^n, dove $p = \frac{19}{37}$ è la probabilità che la pallina si fermi sul nero o sul verde. Di conseguenza, la probabilità di vincere almeno una volta su n giocate è pari a $1 - p^n$.

Consideriamo ora il caso in cui decidiamo di attuare la strategia del raddoppio fino ad un massimo di 10 giocate. Precisamente indichiamo con X il guadagno/perdita che otteniamo giocando al raddoppio e incassando 1 Euro se vinciamo entro la decima giocata oppure perdendo $2^{10} - 1 = 1023$ Euro nel caso di 10 perdite consecutive. Allora X è una v.a. di Bernoulli che assume i valori -1023 con probabilità $p^{10} \approx 0.13\%$ e 1 con probabilità $1 - p^{10} \approx 99.87\%$. Dunque attuando la strategia del raddoppio abbiamo che vinciamo 1 Euro con grande probabilità a fronte di una perdita rilevante (1023 Euro) in casi molto rari.

Potremmo pensare allora di attuare la strategia del raddoppio ripetutamente per N volte: per capire se è conveniente possiamo calcolare la media

$$E[X] \approx -1023 \cdot \frac{0.13}{100} + 1 \cdot \frac{99.87}{100} \approx -0.3$$

e interpretare tale risultato alla luce della Legge dei grandi numeri. Il fatto che $E[X]$ sia pari a -0.3 significa che se $X_1, \ldots, X_N$ indicano i singoli guadagni/perdite allora complessivamente

$$X_1 + \cdots + X_N$$

molto probabilmente sarà vicino a $-0.3N$. Questo è dovuto al fatto che il *gioco non è equo* per la presenza dello zero (verde) per cui la probabilità di vincere puntando sul rosso è leggermente minore di $\frac{1}{2}$. In realtà si può provare che se anche fosse $p = \frac{1}{2}$ allora la strategia del raddoppio, col vincolo di raddoppiare al massimo n volte, produrrebbe un guadagno medio nullo. Lo studio di questo tipo di problemi legati ai giochi d'azzardo è all'origine di un ampio settore della Probabilità, la cosiddetta *teoria delle martingale*, che insieme alle numerose applicazioni ha fondamentali e profondi risultati teorici.

---

[3] Si ricordi che $\sum_{k=0}^{n} a^k = \frac{a^{n+1}-1}{a-1}$ per $a \neq 1$.

4.2.1 Cenni al metodo Monte Carlo

La Legge dei grandi numeri è alla base di un metodo numerico probabilistico molto
importante, noto come *metodo Monte Carlo*. In molte applicazioni si è interessati
a calcolare (o almeno approssimare numericamente) il valore atteso $E[f(X)]$ dove
X è una v.a. in $\mathbb{R}^d$ e $f \in L^2(\mathbb{R}^d, \mu_X)$ (e quindi $f(X) \in L^2(\Omega, P)$). Per esempio,
nel caso $d = 1$, se $X \sim \text{Unif}_{[0,1]}$ e $f \in L^2([0,1])$, allora

$$\int_0^1 f(x)dx = E[f(X)].$$

Dunque un integrale (anche multi-dimensionale) ammette una rappresentazione
probabilistica e il calcolo di esso può essere ricondotto al calcolo di un valore atteso.
Ora supponiamo che $(X_n)_{n \in \mathbb{N}}$ sia una successione di v.a. reali i.i.d. con la medesima distribuzione[4] di X. Per la Legge forte dei grandi numeri vale

$$E[f(X)] = \lim_{m \to \infty} \frac{f(X_1) + \cdots + f(X_m)}{m} \qquad \text{q.c.}$$

Questo risultato può essere tradotto in termini "pratici" nel modo seguente. Supponiamo di poter estrarre casualmente un valore x_n dalla v.a. X_n, per ogni $n = 1, \ldots, m$ con $m \in \mathbb{N}$ fissato, sufficientemente grande: diciamo che x_n è una *realizzazione* o *simulazione* della v.a. X_n. Allora un'approssimazione di $E[f(X)]$ è data
dalla media aritmetica

$$\frac{1}{m} \sum_{n=1}^m f(x_n). \tag{4.2.5}$$

In (4.2.5) $x_1, \ldots, x_m$ rappresentano m *realizzazioni (simulazioni) indipendenti* di
X: in altri termini, x_n è un numero (non una v.a.) che è *un particolare valore della
v.a. X_n generato in modo indipendente da X_h per $h \neq n$.* La maggior parte dei software di calcolo scientifico possiede *generatori di numeri aleatori* per le principali
distribuzioni (uniforme, esponenziale, normale etc...). In definitiva, *il metodo Monte Carlo permette di approssimare numericamente il valore atteso di una funzione
di una v.a. di cui si sia in grado di generare (simulare) dei valori casuali in modo
indipendente.*
I principali vantaggi rispetto ai metodi *deterministici* di integrazione numerica
sono i seguenti:

i) per la convergenza del metodo *non si richiedono ipotesi di regolarità* sulla funzione f se non la sommabilità;
ii) l'ordine di convergenza del metodo è *indipendente dalla dimensione d* e l'implementazione in dimensione maggiore di uno non comporta alcuna difficoltà
aggiuntiva.

---

[4] Si dice $(X_n)_{n \in \mathbb{N}}$ è una successione di copie indipendenti di X.

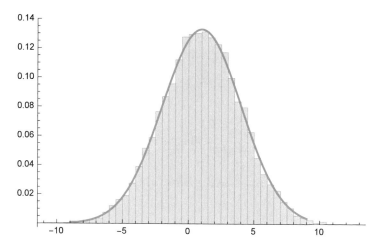

Figura 4.2 Istogramma di un vettore di 10.000 numeri casuali estratti dalla distribuzione $\mathcal{N}_{1,3}$ e grafico della densità Gaussiana di $\mathcal{N}_{1,3}$

Le questioni della convergenza e della stima dell'errore numerico del metodo Monte Carlo saranno brevemente discusse nell'Osservazione 4.4.7. Il metodo Monte Carlo può anche essere applicato alla risoluzione numerica di vari tipi di equazioni alle derivate parziali. *Al momento il Monte Carlo è l'unico metodo numerico conosciuto per risolvere problemi di grandi dimensioni che tipicamente sorgono nelle applicazioni reali.* Esistono molte monografie dedicate al Monte Carlo, fra cui segnaliamo [21]; una presentazione sintetica del metodo si trova anche in [36].

La Figura 4.2 rappresenta l'istogramma di un vettore di 10.000 numeri casuali generati da una distribuzione $\mathcal{N}_{1,3}$: si vede in figura come l'istogramma "approssima" il grafico (la linea continua) della densità Gaussiana di $\mathcal{N}_{1,3}$.

4.2.2 Polinomi di Bernstein

Forniamo una dimostrazione probabilistica del noto risultato di densità dei polinomi nello spazio $C([0, 1])$ delle funzioni continue sull'intervallo $[0, 1]$, rispetto alla norma uniforme.

Proposizione 4.2.5 Data $f \in C([0, 1])$, definiamo il *polinomio di Bernstein di grado n associato a* f nel modo seguente

$$f_n(p) = \sum_{k=0}^{n} \binom{n}{k} p^k (1-p)^{n-k} f(k/n), \qquad p \in [0, 1]. \qquad (4.2.6)$$

Allora si ha

$$\lim_{n \to \infty} \| f - f_n \|_\infty = 0,$$

dove $\| f \|_\infty = \max_{p \in [0,1]} |f(p)|$.

Dimostrazione   Sia $(X_n)_{n \in \mathbb{N}}$ una successione di v.a. reali i.i.d. aventi distribuzione Be_p. Poniamo $M_n = \frac{X_1 + \cdots + X_n}{n}$. Ricordiamo che, per la Proposizione 3.6.3, $X_1 + \cdots + X_n \sim Bin_{n,p}$. Allora l'interpretazione probabilistica della formula (4.2.6) è

$$f_n(p) = E[f(M_n)], \qquad p \in [0, 1].$$

Ora osserviamo che

$$\mathrm{var}(M_n) = \frac{p(1 - p)}{n} \leq \frac{1}{4n},$$

ed essendo $E[M_n] = p$, per la disuguaglianza di Markov (4.1.3) si ha

$$P(|M_n - p| \geq \lambda) \leq \frac{1}{4n\lambda^2}, \qquad \lambda > 0. \tag{4.2.7}$$

Poiché f è *uniformemente continua* su $[0, 1]$, per ogni $\varepsilon > 0$ esiste λ_ε tale che $|f(x) - f(y)| \leq \varepsilon$ se $|x - y| \leq \lambda_\varepsilon$. Allora si ha

$$
\begin{aligned}
|f(p) - f_n(p)| = |f(p) - E[f(M_n)]| \leq & \quad \text{(per la disuguaglianza di Jensen)} \\
\leq & \; E[|f(p) - f(M_n)|] \\
\leq & \; \varepsilon + E\left[|f(p) - f(M_n)| \, \mathbb{1}_{(|M_n - p| \geq \lambda_\varepsilon)}\right] \\
\leq & \; \varepsilon + 2\|f\|_\infty P(|M_n - p| \geq \lambda_\varepsilon).
\end{aligned}
$$

Utilizzando la (4.2.7) si ottiene

$$\limsup_{n \to \infty} \|f - f_n\|_\infty \leq \varepsilon$$

e la tesi segue dall'arbitrarietà di ε. □

4.3 Condizioni necessarie e sufficienti per la convergenza debole

In questa sezione forniamo due condizioni necessarie e sufficienti per la convergenza debole di una successione $(X_n)_{n \in \mathbb{N}}$ di v.a. reali: la prima è espressa in termini delle CDF $(F_{X_n})_{n \in \mathbb{N}}$ e la seconda in termini delle CHF $(\varphi_{X_n})_{n \in \mathbb{N}}$.

4.3.1 Convergenza di funzioni di ripartizione

Poiché ogni distribuzione è identificata dalla propria CDF, è naturale chiedersi se ci sia una relazione fra la convergenza debole e la convergenza puntuale delle relative CDF. Consideriamo un paio di semplici esempi.

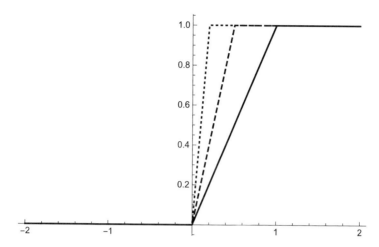

Figura 4.3 CDF delle distribuzioni $\text{Unif}_{[0,1]}$ (linea continua), $\text{Unif}_{[0,\frac{1}{2}]}$ (linea tratteggiata) e $\text{Unif}_{[0,\frac{1}{5}]}$ (linea punteggiata)

Esempio 4.3.1 La successione delle distribuzioni uniformi $\text{Unif}_{[0,\frac{1}{n}]}$, con $n \in \mathbb{N}$, converge debolmente alla delta di Dirac δ_0 poiché, per ogni $f \in bC$, si ha

$$\int_{\mathbb{R}} f \, d\,\text{Unif}_{[0,\frac{1}{n}]} = n \int_0^{\frac{1}{n}} f(x)dx \xrightarrow[n\to\infty]{} f(0) = \int_{\mathbb{R}} f \, d\delta_0.$$

D'altra parte, la successione delle CDF $F_{\text{Unif}_{[0,\frac{1}{n}]}}$, rappresentata in Figura 4.3, converge puntualmente a F_{δ_0} solo su $\mathbb{R} \setminus \{0\}$: notiamo che 0 è l'unico punto di discontinuità di F_{δ_0}.

Esempio 4.3.2 Non è difficile verificare che:

- se $x_n \nearrow x_0$ allora $F_{\delta_{x_n}}(x) \longrightarrow F_{\delta_{x_0}}(x)$ per ogni $x \in \mathbb{R}$;
- se $x_n \searrow x_0$ allora $F_{\delta_{x_n}}(x) \longrightarrow F_{\delta_{x_0}}(x)$ per ogni $x \in \mathbb{R} \setminus \{x_0\}$.

Teorema 4.3.3 Siano $(\mu_n)_{n\in\mathbb{N}}$ una successione di distribuzioni reali e μ una distribuzione reale. Sono equivalenti le seguenti affermazioni:

i) $\mu_n \xrightarrow{d} \mu$;

ii) $F_{\mu_n}(x) \xrightarrow[n\to\infty]{} F_\mu(x)$ per ogni x punto di continuità di F_μ.

Dimostrazione Ovviamente l'enunciato ha la seguente formulazione equivalente in termini di variabili aleatorie: siano $(X_n)_{n\in\mathbb{N}}$ una successione di v.a. reali e X una v.a. reale. Sono equivalenti le seguenti affermazioni:

i) $X_n \xrightarrow{d} X$;

ii) $F_{X_n}(x) \xrightarrow[n\to\infty]{} F_X(x)$ per ogni x punto di continuità di F_X.

[i) $\Longrightarrow$ ii)] Fissiamo x, punto di continuità di F_X: allora per ogni $\varepsilon > 0$ esiste $\delta > 0$ tale che $|F_X(x) - F_X(y)| \leq \varepsilon$ se $|x - y| \leq \delta$. Sia $f \in bC$ tale che $|f| \leq 1$ e

$$f(y) = \begin{cases} 1 & \text{per } y \leq x, \\ 0 & \text{per } y \geq x + \delta. \end{cases}$$

Notiamo che

$$E\left[f(X_n)\right] \geq E\left[f(X_n)\mathbb{1}_{(X_n \leq x)}\right] = P(X_n \leq x) = F_{X_n}(x).$$

Allora abbiamo

$$\limsup_{n \to \infty} F_{X_n}(x) \leq \limsup_{n \to \infty} E\left[f(X_n)\right] = \qquad (\text{per ipotesi, poiché } X_n \xrightarrow{d} X)$$

$$= E\left[f(X)\right] \leq F_X(x + \delta) \leq F_X(x) + \varepsilon.$$

Analogamente, se $f \in bC$ è tale che $|f| \leq 1$ e

$$f(y) = \begin{cases} 1 & \text{per } y \leq x - \delta, \\ 0 & \text{per } y \geq x. \end{cases}$$

allora

$$E\left[f(X_n)\right] \leq E\left[\mathbb{1}_{\{X_n \leq x\}}\right] = F_{X_n}(x).$$

Quindi abbiamo

$$\liminf_{n \to \infty} F_{X_n}(x) \geq \liminf_{n \to \infty} E\left[f(X_n)\right] = \qquad (\text{per ipotesi})$$

$$= E\left[f(X)\right] \geq F_X(x - \delta) \geq F_X(x) - \varepsilon.$$

La tesi segue dall'arbitrarietà di ε.

[ii) $\Longrightarrow$ i)] Dati a, b punti di continuità di F_X, per ipotesi si ha

$$E\left[\mathbb{1}_{]a,b]}(X_n)\right] = F_{X_n}(b) - F_{X_n}(a) \xrightarrow[n \to \infty]{} F_X(b) - F_X(a) = E\left[\mathbb{1}_{]a,b]}(X)\right].$$

Fissiamo $R > 0$ e $f \in bC$ col supporto contenuto nel compatto $[-R, R]$. Poiché i punti di discontinuità di F_X sono al più un'infinità numerabile, f può essere approssimata *uniformemente* (in norma L^∞) mediante combinazioni lineari di funzioni del tipo $\mathbb{1}_{]a,b]}$ con a, b punti di continuità di F_X. Ne viene che anche per tale f vale

$$\lim_{n \to \infty} E\left[f(X_n)\right] = E\left[f(X)\right].$$

Infine, fissiamo $\varepsilon > 0$ e consideriamo R abbastanza grande in modo che $F_X(-R) \leq \varepsilon$ e $F_X(R) \geq 1 - \varepsilon$: assumiamo inoltre che R e $-R$ siano punti di continuità di F_X. Allora per ogni $f \in bC$ vale

$$E\left[f(X_n) - f(X)\right] = J_{1,n} + J_{2,n} + J_3$$

dove

$$
\begin{aligned}
J_{1,n} &= E\left[f(X_n)\mathbb{1}_{]-R,R]}(X_n)\right] - E\left[f(X)\mathbb{1}_{]-R,R]}(X)\right], \\
J_{2,n} &= E\left[f(X_n)\mathbb{1}_{]-R,R]^c}(X_n)\right], \\
J_3 &= -E\left[f(X)\mathbb{1}_{]-R,R]^c}(X)\right].
\end{aligned}
$$

Ora, per quanto provato sopra, si ha

$$\lim_{n \to \infty} J_{1,n} = 0$$

mentre, per ipotesi,

$$
\begin{aligned}
|J_{2,n}| &\leq \|f\|_\infty \left(F_{X_n}(-R) + (1 - F_{X_n}(R))\right) \\
&\xrightarrow[n \to \infty]{} \|f\|_\infty \left(F_X(-R) + (1 - F_X(R))\right) \leq 2\varepsilon\|f\|_\infty,
\end{aligned}
$$

e

$$|J_3| \leq \|f\|_\infty \left(F_X(-R) + (1 - F_X(R))\right) \leq 2\varepsilon\|f\|_\infty.$$

Questo conclude la prova. □

Non è sufficiente che le CDF F_{μ_n} convergano ad una funzione continua per concludere che μ_n converge debolmente, come mostra il seguente

Esempio 4.3.4 La successione di delta di Dirac δ_n non converge debolmente, tuttavia

$$F_{\delta_n}(x) = \mathbb{1}_{[n,+\infty[}(x) \xrightarrow[n \to \infty]{} 0, \qquad x \in \mathbb{R},$$

ossia F_{δ_n} converge puntualmente alla funzione identicamente nulla che, ovviamente, è continua su $\mathbb{R}$ ma non è una CDF.

L'Esempio 4.3.4 non contraddice il Teorema 4.3.3 poiché la funzione limite delle F_{δ_n} non è una funzione di ripartizione. Tale esempio mostra anche che è possibile che una successione di CDF converga ad una funzione che non è una CDF.

4.3.2   Compattezza nello spazio delle distribuzioni

In questa sezione introduciamo la proprietà di tightness[5] che fornisce una caratterizzazione della *relativa compattezza* nello spazio delle distribuzioni reali: essa
garantisce che da una successione di distribuzioni si possa estrarre una sotto-successione convergente debolmente. In particolare, la tightness evita situazioni come
quella dell'Esempio 4.3.4.

Definizione 4.3.5 (Tightness)   Una famiglia di distribuzioni reali $(\mu_i)_{i \in I}$ è *tight*
se per ogni $\varepsilon > 0$ esiste $M > 0$ tale che

$$\mu_i \left(]-\infty, -M] \cup [M, +\infty[\right) \le \varepsilon \quad \text{per ogni } i \in I.$$

Esercizio 4.3.6   Provare che ogni famiglia costituita da una singola distribuzione
reale è tight[6].

La proprietà di tightness si può anche attribuire a famiglie di v.a. $(X_i)_{i \in I}$ oppure
di CDF $(F_i)_{i \in I}$: esse sono tight se lo sono le relative famiglie di distribuzioni, ossia
vale

$$P(|X_i| \ge M) \le \varepsilon \quad \text{per ogni } i \in I,$$

e

$$F_i(-M) \le \varepsilon, \qquad F_i(M) \ge 1 - \varepsilon \quad \text{per ogni } i \in I.$$

Teorema 4.3.7 (Teorema di Helly)   [!!] Ogni successione tight di distribuzioni reali $(\mu_n)_{n \in \mathbb{N}}$ ammette una sotto-successione convergente debolmente ad una
distribuzione μ.

Dimostrazione   Sia $(\mu_n)_{n \in \mathbb{N}}$ una successione tight di distribuzioni e sia $(F_n)_{n \in \mathbb{N}}$
la successione delle relative CDF. In base al Teorema 4.3.3, è sufficiente provare
che esiste una CDF F ed una sotto-successione F_{n_k} che converge a F nei punti di
continuità di F.

La costruzione di F è basata sull'argomento diagonale di Cantor. Consideriamo
una enumerazione $(q_h)_{h \in \mathbb{N}}$ dei numeri razionali. Poiché $(F_n(q_1))_{n \in \mathbb{N}}$ è una successione in $[0, 1]$, essa ammette una sotto-successione $(F_{1,n}(q_1))_{n \in \mathbb{N}}$ convergente a un
valore che indichiamo con $F(q_1) \in [0, 1]$. Ora $(F_{1,n}(q_2))_{n \in \mathbb{N}}$ è una successione in
$[0, 1]$ che ammette una sotto-successione $(F_{2,n}(q_2))_{n \in \mathbb{N}}$ convergente a un valore che

---

[5] Preferiamo non tradurre il termine tecnico "tight". In alcuni testi, "famiglia tight" è tradotto con
"famiglia tesa" o "famiglia stretta".
[6] Più in generale, ogni distribuzione μ su uno spazio metrico *separabile e completo* $(\mathbb{M}, \varrho)$, è
tight nel senso seguente: per ogni $\varepsilon > 0$ esiste un compatto K tale che $\mu(\mathbb{M} \setminus K) < \varepsilon$. Per la
dimostrazione, si veda il Teorema 1.4 in [10].

indichiamo con $F(q_2) \in [0, 1]$: notiamo che si ha anche

$$F_{2,n}(q_1) \xrightarrow[n \to \infty]{} F(q_1)$$

poiché $F_{2,n}$ è sotto-successione di $F_{1,n}$. Ripetiamo l'argomento fino a costruire, per ogni $k \in \mathbb{N}$, una successione $(F_{k,n})_{n \in \mathbb{N}}$ tale che

$$F_{k,n}(q_h) \xrightarrow[n \to \infty]{} F(q_h), \qquad \forall h \leq k.$$

In base all'argomento diagonale, consideriamo la sotto-successione $F_{n_k} := F_{k,k}$: essa è tale che

$$F_{n_k}(q) \xrightarrow[n \to \infty]{} F(q), \qquad q \in \mathbb{Q}.$$

Completiamo la definizione di F ponendo

$$F(x) := \inf_{x < q \in \mathbb{Q}} F(q), \qquad x \in \mathbb{R} \setminus \mathbb{Q}.$$

Per costruzione F assume valori in $[0, 1]$, è monotona (debolmente) crescente e continua a destra. Per provare che F è una funzione di ripartizione, rimane da verificare che

$$\lim_{x \to -\infty} F(x) = 0, \qquad \lim_{x \to +\infty} F(x) = 1. \qquad (4.3.1)$$

Soltanto a questo punto[7] *e solo per provare la* (4.3.1), utilizziamo l'ipotesi che $(F_n)_{n \in \mathbb{N}}$ sia una successione *tight*: fissato $\varepsilon > 0$, esiste M (non è restrittivo assumere $M \in \mathbb{Q}$) tale che vale $F_{n_k}(-M) \leq \varepsilon$ per ogni $k \in \mathbb{N}$. Dunque, per ogni $x \leq -M$, si ha

$$F(x) \leq F(-M) = \lim_{k \to \infty} F_{n_k}(-M) \leq \varepsilon.$$

Analogamente si ha, per ogni $x \geq M$, si ha

$$1 \geq F(x) \geq F(M) = \lim_{k \to \infty} F_{n_k}(M) \geq 1 - \varepsilon.$$

La (4.3.1) segue dall'arbitrarietà di ε.

Infine concludiamo provando che F_{n_k} converge a F nei suoi punti di continuità. Infatti, se F è continua in x allora per ogni $\varepsilon > 0$ esistono $a, b \in \mathbb{Q}$ tali che $a < x < b$ e

$$F(x) - \varepsilon \leq F(y) \leq F(x) + \varepsilon, \qquad y \in [a, b].$$

---

[7] Si ripensi alla successione dell'Esempio 4.3.4, definita da $X_n \equiv n$ per $n \in \mathbb{N}$: essa non ammette sotto-successioni convergenti debolmente eppure si ha $\lim_{n \to \infty} F_{X_n}(x) = F(x) \equiv 0$ per ogni $x \in \mathbb{R}$. Infatti $(X_n)_{n \in \mathbb{N}}$ non è una successione tight di v.a.

Allora si ha

$$\liminf_{k \to \infty} F_{n_k}(x) \geq \liminf_{k \to \infty} F_{n_k}(a) = F(a) \geq F(x) - \varepsilon,$$

$$\limsup_{k \to \infty} F_{n_k}(x) \leq \limsup_{k \to \infty} F_{n_k}(b) = F(b) \leq F(x) + \varepsilon,$$

da cui la tesi per l'arbitrarietà di ε. $\square$

4.3.3 Convergenza di funzioni caratteristiche e Teorema di continuità di Lévy

In questa sezione esaminiamo il rapporto fra la convergenza debole di distribuzioni e la convergenza puntuale delle relative CHF. Consideriamo il caso $d = 1$ anche se quanto segue può essere facilmente esteso al caso multi-dimensionale.

Teorema 4.3.8 (Teorema di continuità di Lévy) [!!] Sia $(\mu_n)_{n \in \mathbb{N}}$ una successione di distribuzioni reali e sia $(\varphi_n)_{n \in \mathbb{N}}$ la successione delle corrispondenti funzioni caratteristiche. Vale:

i) se $\mu_n \xrightarrow{d} \mu$ allora φ_n converge puntualmente alla CHF φ di μ, ossia $\varphi_n(\eta) \xrightarrow[n \to \infty]{}$ $\varphi(\eta)$ per ogni $\eta \in \mathbb{R}$;

ii) viceversa, se φ_n converge puntualmente a una funzione φ continua in 0, allora φ è la CHF di una distribuzione μ e vale $\mu_n \xrightarrow{d} \mu$.

Dimostrazione i) Per ogni η fissato, la funzione $f(x) := e^{ix\eta}$ è continua e limitata: quindi, se $\mu_n \xrightarrow{d} \mu$ allora

$$\varphi_n(\eta) = \int_{\mathbb{R}} f \, d\mu_n \xrightarrow[n \to \infty]{} \int_{\mathbb{R}} f \, d\mu = \varphi(\eta).$$

ii) Dimostriamo che se φ_n converge puntualmente a φ, con φ funzione continua in 0, allora $(\mu_n)_{n \in \mathbb{N}}$ è tight. Osserviamo che $\varphi(0) = 1$ e, per l'ipotesi di continuità di φ in 0, vale

$$\frac{1}{t} \int_{-t}^{t} (1 - \varphi(\eta)) \, d\eta \xrightarrow[t \to 0^+]{} 0. \tag{4.3.2}$$

Sia ora $t > 0$: vale

$$J_1(x, t) := \int_{-t}^{t} \left(1 - e^{i\eta x}\right) d\eta = 2t - \int_{-t}^{t} (\cos(x\eta) + i \sin(x\eta)) \, d\eta$$

$$= 2t - \frac{2\sin(xt)}{xt} =: J_2(x, t).$$

Osserviamo che $J_2(x, t) \geq 0$ poiché

$$|\sin x| = \left| \int_0^x \cos t \, dt \right| \leq |x|.$$

Allora, integrando rispetto a μ_n, da una parte si ha

$$\int_{\mathbb{R}} J_2(x, t) \mu_n(dx) \geq \int_{t|x| \geq 2} J_2(x, t) \mu_n(dx) \geq \qquad \begin{array}{l} \text{(poiché } \left| \frac{\sin(tx)}{tx} \right| \leq \frac{1}{t|x|} \leq \frac{1}{2} \\ \text{se } t|x| \geq 2 \text{)} \end{array}$$

$$\geq \int_{t|x| \geq 2} \mu_n(dx) = \mu_n \left(\left] -\infty, -\frac{2}{t} \right] \cup \left[\frac{2}{t}, +\infty \right[\right). \qquad (4.3.3)$$

D'altra parte, per il Teorema di Fubini si ha

$$\int_{\mathbb{R}} J_1(x, t) \mu_n(dx) = \frac{1}{t} \int_{-t}^t (1 - \varphi_n(\eta)) \xrightarrow[n \to \infty]{} \frac{1}{t} \int_{-t}^t (1 - \varphi(\eta)) \, d\eta,$$

per il Teorema della convergenza dominata. Dalla (4.3.2) segue che, per ogni $\varepsilon > 0$, esistono $t > 0$ e $\bar{n} = \bar{n}(\varepsilon, t) \in \mathbb{N}$ tali che

$$\left| \int_{\mathbb{R}} J_1(x, t) \mu_n(dx) \right| \leq \varepsilon, \qquad n \geq \bar{n}.$$

Combinando questa stima con la (4.3.3), si conclude che

$$\mu_n \left(\left] -\infty, -\frac{2}{t} \right] \cup \left[\frac{2}{t}, +\infty \right[\right) \leq \varepsilon, \qquad n \geq \bar{n},$$

e quindi $(\mu_n)_{n \in \mathbb{N}}$ è tight.

Ora concludiamo la dimostrazione. Data una sotto-successione μ_{n_k}, per quanto appena provato, essa è tight e quindi, per il Teorema di Helly, ammette un'ulteriore sotto-successione $\mu_{n_{k_j}}$ che converge debolmente a una distribuzione μ. Per il punto i), $\varphi_{n_{k_j}}$ converge puntualmente alla CHF di μ: d'altra parte, per ipotesi, $\varphi_{n_{k_j}}$ converge puntualmente φ e quindi φ è la CHF di μ. Riassumendo, ogni sotto-successione μ_{n_k} ammette una sotto-successione che converge debolmente alla distribuzione μ che ha CHF uguale a φ.

Sia ora $f \in bC$: per quanto appena provato, ogni sotto-successione di $\int_{\mathbb{R}} f d\mu_n$ ammette una sotto-successione che converge a $\int_{\mathbb{R}} f d\mu$. Per il Lemma 4.1.8, $\int_{\mathbb{R}} f d\mu_n$ converge a $\int_{\mathbb{R}} f d\mu$. La tesi segue dall'arbitrarietà di f. □

Esempio 4.3.9 L'ipotesi di continuità in 0 del Teorema di Lévy è necessaria. Infatti consideriamo $X_n \sim \mathcal{N}_{0,n}$ con $n \in \mathbb{N}$. Allora

$$\varphi_{X_n}(\eta) = e^{-\frac{n\eta^2}{2}}$$

converge a zero per $n \to \infty$ per ogni $\eta \neq 0$ e vale $\varphi_{X_n}(0) = 1$. D'altra parte, per ogni $x \in \mathbb{R}$ si ha

$$F_{X_n}(x) = \int_{-\infty}^{x} \frac{1}{\sqrt{2\pi n}} e^{-\frac{y^2}{2n}} dy = \qquad \text{(col cambio } z = \tfrac{y}{\sqrt{2n}})$$

$$= \int_{-\infty}^{\frac{x}{\sqrt{2n}}} \frac{1}{\sqrt{\pi}} e^{-z^2} dz \xrightarrow[n\to\infty]{} \frac{1}{2},$$

e quindi, per il Teorema 4.3.3, X_n non converge debolmente.

4.3.4 Esempi notevoli di convergenza debole

In questa sezione esibiamo alcuni esempi notevoli di convergenza debole. Vedremo successioni di v.a. discrete che convergono a v.a. assolutamente continue e, viceversa, successioni di v.a. assolutamente continue che convergono a v.a. discrete. Negli esempi seguenti la convergenza $X_n \xrightarrow{d} X$ è dimostrata tramite il Teorema di continuità di Lévy, ovvero studiando la convergenza puntuale della successione delle CHF $(\varphi_{X_n})_{n\in\mathbb{N}}$.

Esempio 4.3.10 (Dalla geometrica all'esponenziale) Consideriamo una successione di v.a. con distribuzione geometrica

$$X_n \sim \text{Geom}_{p_n}, \qquad n \in \mathbb{N},$$

dove $0 < p_n < 1$, per cui si ha

$$P(X_n = k) = p_n (1 - p_n)^{k-1}, \qquad k \in \mathbb{N}.$$

Si calcola facilmente la CHF di X_n:

$$\varphi_{X_n}(\eta) = \sum_{k=1}^{\infty} e^{i\eta k} p_n (1-p_n)^{k-1} = e^{i\eta} p_n \sum_{k=1}^{\infty} \left(e^{i\eta}(1-p_n)\right)^{k-1}$$

$$= \frac{e^{i\eta} p_n}{1 - e^{i\eta}(1-p_n)} = \frac{p_n}{e^{-i\eta} - 1 + p_n}.$$

Verifichiamo ora che se $np_n \xrightarrow[n\to\infty]{} \lambda$ per un certo $\lambda \in \mathbb{R}_{>0}$ allora $\frac{X_n}{n} \xrightarrow{d} X \sim$ Exp_λ. Infatti si ha

$$
\begin{aligned}
\varphi_{\frac{X_n}{n}}(\eta) &= E\left[e^{i\eta \frac{X_n}{n}}\right] = \varphi_{X_n}\left(\frac{\eta}{n}\right) \\
&= \frac{p_n}{e^{-i\frac{\eta}{n}} - 1 + p_n} = \qquad \text{(sviluppando in serie di Taylor} \\
&\hspace{5.5cm} \text{l'esponenziale per } n \to \infty) \\
&= \frac{p_n}{-i\frac{\eta}{n} + \mathrm{o}\left(\frac{1}{n}\right) + p_n} = \frac{np_n}{-i\eta + \mathrm{o}(1) + np_n} \xrightarrow[n\to\infty]{} \frac{\lambda}{\lambda - i\eta} = \varphi_{\mathrm{Exp}_\lambda}(\eta).
\end{aligned}
$$

Esempio 4.3.11 (Dalla normale alla Delta di Dirac)   Riprendiamo l'Esempio 4.1.3 e consideriamo una successione $(X_n)_{n\in\mathbb{N}}$ di v.a. con distribuzione normale $X_n \sim \mathcal{N}_{a_n,\sigma_n^2}$ dove $a_n \longrightarrow a \in \mathbb{R}$ e $\sigma_n \longrightarrow 0$. Grazie al Teorema di continuità di Lévy è facile verificare che $X_n \xrightarrow{d} X \sim \delta_a$. Infatti

$$
\varphi_{X_n}(\eta) = e^{i a_n \eta - \frac{\eta^2 \sigma_n^2}{2}} \xrightarrow[n\to\infty]{} e^{ia\eta}, \qquad \eta \in \mathbb{R},
$$

perciò dal Teorema di continuità di Lévy segue che $X_n \xrightarrow{d} X \sim \delta_a$, ossia X_n converge debolmente a una v.a. con distribuzione Delta di Dirac centrata in a.

Esempio 4.3.12 (Dalla binomiale alla Poisson)   Consideriamo una successione di v.a. con distribuzione binomiale

$$
X_n \sim \mathrm{Bin}_{n,p_n}, \qquad n \in \mathbb{N}.
$$

Se $np_n \xrightarrow[n\to\infty]{} \lambda$ per un certo $\lambda \in \mathbb{R}_{>0}$ allora $X_n \xrightarrow{d} X \sim \mathrm{Poisson}_\lambda$: infatti per la (3.5.3) e il Lemma 4.4.1, si ha

$$
\begin{aligned}
\varphi_{X_n}(\eta) &= \left(1 + p_n\left(e^{i\eta} - 1\right)\right)^n \\
&= \left(1 + \frac{np_n}{n}\left(e^{i\eta} - 1\right)\right)^n \xrightarrow[n\to\infty]{} e^{\lambda(e^{i\eta}-1)} = \varphi_{\mathrm{Poisson}_\lambda}(\eta).
\end{aligned}
$$

Esempio 4.3.13 (Dalla binomiale alla normale)   Sia $X_n \sim \mathrm{Bin}_{n,p}$. Ricordiamo (cfr. Proposizione 3.6.3) che la distribuzione di X_n coincide con la distribuzione della somma di n v.a. di Bernoulli indipendenti. Allora, come conseguenza diretta del Teorema centrale del limite (Teorema 4.4.4, che proveremo fra poco e la cui dimostrazione si basa sul Teorema di continuità di Lévy), vale:

$$
Z_n \xrightarrow{d} X \sim \mathcal{N}_{0,1},
$$

dove

$$
Z_n = \frac{X_n - \mu_n}{\sigma_n}, \qquad \mu_n = E\left[X_n\right] = np, \qquad \sigma_n^2 = \mathrm{var}(X_n) = np(1-p).
$$

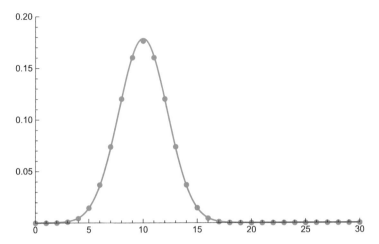

Figura 4.4 Densità della distribuzione normale $\mathcal{N}_{np,np(1-p)}$ e funzione di distribuzione binomiale $\text{Bin}_{n,p}$ per $p = 0.5$ e $n = 20$

Il risultato appena ottenuto può essere espresso informalmente dicendo che per ogni $p \in \,]0, 1[$, la distribuzione $\mathcal{N}_{np,np(1-p)}$ è una buona approssimazione di $\text{Bin}_{n,p}$ per n abbastanza grande: si veda per esempio la Figura 4.4 per un confronto fra i grafici della densità normale $\mathcal{N}_{np,np(1-p)}$ e della funzione di distribuzione binomiale $\text{Bin}_{n,p}$, per $p = 0.5$ e $n = 20$. Questo risultato sarà ripreso e spiegato con maggior precisione nell'Osservazione 4.4.8.

4.4   Legge dei grandi numeri e Teorema centrale del limite

In questa sezione presentiamo un approccio unificato alla dimostrazione della Legge debole dei grandi numeri e del Teorema centrale del limite. Tale approccio è basato sul Teorema di continuità di Lévy e sul Teorema 3.5.20 di sviluppabilità in serie di Taylor della funzione caratteristica. Ricordiamo la notazione

$$S_n = X_1 + \cdots + X_n, \qquad M_n = \frac{S_n}{n} \qquad (4.4.1)$$

rispettivamente per la somma e la media aritmetica delle v.a. $X_1, \ldots, X_n$. Vale il seguente risultato, ben noto nel caso di successioni reali.

Lemma 4.4.1   Sia $(z_n)_{n \in \mathbb{N}}$ una successione di numeri complessi convergente a $z \in \mathbb{C}$. Allora si ha

$$\lim_{n \to \infty} \left(1 + \frac{z_n}{n}\right)^n = e^z.$$

Dimostrazione Seguiamo la prova di [16], Teorema 3.4.2. Proviamo anzitutto che per ogni $w_1, \ldots, w_n, \zeta_1, \ldots, \zeta_n \in \mathbb{C}$, con modulo minore o uguale a c, vale

$$\left| \prod_{k=1}^{n} w_k - \prod_{k=1}^{n} \zeta_k \right| \leq c^{n-1} \sum_{k=1}^{n} |w_k - \zeta_k|. \qquad (4.4.2)$$

La (4.4.2) è vera per $n = 1$ e in generale si prova per induzione osservando che

$$\left| \prod_{k=1}^{n} w_k - \prod_{k=1}^{n} \zeta_k \right| \leq \left| w_n \prod_{k=1}^{n-1} w_k - z_n \prod_{k=1}^{n-1} \zeta_k \right| + \left| w_n \prod_{k=1}^{n-1} \zeta_k - \zeta_n \prod_{k=1}^{n-1} \zeta_k \right|$$

$$\leq c \left| \prod_{k=1}^{n-1} w_k - \prod_{k=1}^{n-1} \zeta_k \right| + c^{n-1} |w_n - \zeta_n|.$$

Poi osserviamo che per ogni $w \in \mathbb{C}$ con $|w| \leq 1$ vale $|e^w - (1 + w)| \leq |w|^2$ poichè

$$|e^w - (1 + w)| = \left| \sum_{k \geq 0} \frac{w^k}{k!} - (1 + w) \right| \leq \sum_{k \geq 2} \frac{|w|^k}{k!} = |w|^2 \sum_{k \geq 2} \frac{1}{k!} \leq |w|^2.$$
$$(4.4.3)$$

Per provare la tesi, fissiamo $R > |z|$: per ogni $n \in \mathbb{N}$ abbastanza grande si ha anche $R > |z_n|$. Applichiamo la (4.4.2) con

$$w_k = 1 + \frac{z_n}{n}, \qquad \zeta_k = e^{\frac{z_n}{n}}, \qquad k = 1, \ldots, n;$$

osservando che $|w_k| \leq 1 + \frac{|z_n|}{n} \leq e^{\frac{R}{n}}$, abbiamo

$$\left| \left(1 + \frac{z_n}{n} \right)^n - e^{z_n} \right| \leq \left(e^{\frac{R}{n}} \right)^{n-1} \sum_{k=1}^{n} \left| 1 + \frac{z_n}{n} - e^{\frac{z_n}{n}} \right| \leq \qquad \text{(per la (4.4.3))}$$

$$\leq e^{\frac{R(n-1)}{n}} n \left| \frac{z_n}{n} \right|^2 \leq e^R \frac{R^2}{n}$$

da cui la tesi. □

Teorema 4.4.2 (Legge debole dei grandi numeri) Sia $(X_n)_{n \in \mathbb{N}}$ una successione di v.a. reali i.i.d. in $L^1(\Omega, P)$, con valore atteso $\mu := E[X_1]$. Allora la *media aritmetica* M_n converge *debolmente* alla v.a. costante uguale a μ:

$$M_n \xrightarrow{d} \mu.$$

Dimostrazione Per il Teorema 4.3.8 di continuità di Lévy, è sufficiente provare che la successione delle funzioni caratteristiche φ_{M_n} converge puntualmente alla CHF della distribuzione δ_μ:

$$\lim_{n\to\infty} \varphi_{M_n}(\eta) = e^{i\mu\eta}, \qquad \eta \in \mathbb{R}. \tag{4.4.4}$$

Abbiamo

$$\varphi_{M_n}(\eta) = E\left[e^{i\frac{\eta}{n}S_n}\right] = \qquad \text{(poiché le } X_n \text{ sono i.i.d.)}$$

$$= \left(E\left[e^{i\frac{\eta}{n}X_1}\right]\right)^n = \qquad \text{(per il Teorema 3.5.20 e l'ipotesi di sommabilità)}$$

$$= \left(1 + \frac{i\mu\eta}{n} + \mathrm{o}\left(\frac{1}{n}\right)\right)^n \xrightarrow[n\to\infty]{} e^{i\mu\eta}$$

grazie al Lemma 4.4.1. Questo prova la (4.4.4) e conclude la dimostrazione. □

Osservazione 4.4.3 Le ipotesi del Teorema 4.4.2 sono più deboli rispetto alla Legge dei grandi numeri nella versione del Teorema 4.2.1 in cui si assume che $X_n \in L^2(\Omega, P)$. Con metodi più sofisticati è anche possibile estendere il Teorema 4.2.3 ed ottenere la cosiddetta *Legge forte dei grandi numeri di Kolmogorov*: se $(X_n)_{n\in\mathbb{N}}$ è una successione di v.a. reali i.i.d. in $L^1(\Omega, P)$ con valore atteso $\mu := E[X_1]$, allora M_n converge *quasi certamente* a μ. Per maggiori dettagli si veda, per esempio, [25].

Supponiamo ora che $(X_n)_{n\in\mathbb{N}}$ sia una successione di v.a. reali i.i.d. in $L^2(\Omega, P)$. Poniamo

$$\mu := E[X_1] \quad \text{e} \quad \sigma^2 := \mathrm{var}(X_1).$$

Ricordiamo che valore atteso e varianza della media aritmetica M_n in (4.2.1) sono dati rispettivamente da

$$E[M_n] = \mu \quad \text{e} \quad \mathrm{var}(M_n) = \frac{\sigma^2}{n}.$$

Consideriamo allora la *media aritmetica normalizzata*, definita da

$$\tilde{M}_n := \frac{M_n - E[M_n]}{\sqrt{\mathrm{var}(M_n)}} = \frac{M_n - \mu}{\frac{\sigma}{\sqrt{n}}}.$$

Notiamo che

$$\tilde{M}_n = \frac{S_n - \mu n}{\sigma\sqrt{n}} = \frac{1}{\sqrt{n}}\sum_{k=1}^n \frac{X_k - \mu}{\sigma}. \tag{4.4.5}$$

Il Teorema centrale del limite[8] afferma che, a prescindere dalla distribuzione delle X_n, la successione delle medie aritmetiche normalizzate $\tilde{M}_n$ converge debolmente a una normale standard.

Teorema 4.4.4 (Teorema centrale del limite) [!!!] Per ogni successione $(X_n)_{n \in \mathbb{N}}$ di v.a. reali i.i.d. in $L^2(\Omega, P)$ vale

$$\tilde{M}_n \xrightarrow{d} Z \sim \mathcal{N}_{0,1}. \qquad (4.4.6)$$

Dimostrazione   Per il Teorema 4.3.8 di continuità di Lévy, è sufficiente provare che la successione delle funzioni caratteristiche $\varphi_{\tilde{M}_n}$ converge puntualmente alla CHF della distribuzione $\mathcal{N}_{0,1}$:

$$\lim_{n \to \infty} \varphi_{\tilde{M}_n}(\eta) = e^{-\frac{\eta^2}{2}}, \qquad \eta \in \mathbb{R}. \qquad (4.4.7)$$

Per la (4.4.5) si ha

$$\varphi_{\tilde{M}_n}(\eta) = E\left[e^{i \frac{\eta}{\sqrt{n}} \sum\limits_{k=1}^{n} \frac{X_k - \mu}{\sigma}} \right] = \qquad \text{(poiché le } X_n \text{ sono i.i.d.)}$$

$$= \left(E\left[e^{i \frac{\eta}{\sqrt{n}} \frac{X_1 - \mu}{\sigma}} \right] \right)^n = \qquad \begin{array}{l} \text{(per il Teorema 3.5.20, essendo} \\ \text{per ipotesi } \frac{X_1 - \mu}{\sigma} \in L^2(\Omega, P) \\ \text{con media nulla e varianza unitaria)} \end{array}$$

$$= \left(1 + \frac{(i\eta)^2}{2n} + \mathrm{o}\left(\frac{1}{n} \right) \right)^n \xrightarrow[n \to \infty]{} e^{-\frac{\eta^2}{2}}$$

grazie al Lemma 4.4.1. Questo prova la (4.4.7) e conclude la dimostrazione. $\square$

Osservazione 4.4.5   Nel caso particolare, nel caso in cui $\mu = 0$ e $\sigma = 1$, la (4.4.6) diventa

$$\frac{S_n}{\sqrt{n}} \xrightarrow{d} Z \sim \mathcal{N}_{0,1}.$$

Osservazione 4.4.6 (Teorema centrale del limite e Legge dei grandi numeri) Data l'espressione di $\tilde{M}_n$ in (4.4.5), il Teorema centrale del limite si riformula nel modo seguente:

$$M_n \simeq \mu + \frac{\sigma}{\sqrt{n}} Z \sim \mathcal{N}_{\mu, \frac{\sigma^2}{n}}, \qquad \text{per } n \gg 1, \qquad (4.4.8)$$

dove il simbolo $\simeq$ indica che M_n e $\mu + \frac{\sigma}{\sqrt{n}} Z$ hanno approssimativamente la stessa distribuzione. La (4.4.8) fornisce un'approssimazione della distribuzione della v.a. M_n che precisa ed esplicita il risultato di convergenza della Legge dei grandi numeri.

---

[8] Il nome *Teorema centrale del limite* è stato dato dal matematico ungherese George Pólya per sottolineare come tale teorema abbia un ruolo *centrale* in Probabilità.

Osservazione 4.4.7 (Teorema centrale del limite e metodo Monte Carlo)
[!] Medie M_n di variabili i.i.d., definite come in (4.4.1), appaiono in modo naturale nel metodo Monte Carlo che abbiamo introdotto nella Sezione 4.2.1. Sotto le ipotesi del Teorema centrale del limite, posto

$$p_\lambda := P\left(|M_n - \mu| \leq \lambda \frac{\sigma}{\sqrt{n}}\right) = P\left(|\tilde{M}_n| \leq \lambda\right), \qquad \lambda > 0,$$

si ha la stima

$$p_\lambda \simeq P\left(|Z| \leq \lambda\right), \qquad Z \sim \mathcal{N}_{0,1}.$$

Ora ricordiamo (cfr. (3.1.12)) che

$$P(|Z| \leq \lambda) = 2F(\lambda) - 1, \qquad \lambda > 0,$$

con F in (4.4.10). Per la stima dell'errore numerico del metodo Monte Carlo, si parte dai valori di p usati più comunemente, ossia $p = 95\%$ e $p = 99\%$: posto $\lambda = F^{-1}\left(\frac{p+1}{2}\right)$, si ottiene

$$P\left(|M_n - \mu| \leq 1.96 \frac{\sigma}{\sqrt{n}}\right) \simeq 95\% \qquad e \qquad P\left(|M_n - \mu| \leq 2.57 \frac{\sigma}{\sqrt{n}}\right) \simeq 99\%.$$

Per questo motivo

$$r_{95} := 1.96 \frac{\sigma}{\sqrt{n}} \qquad e \qquad r_{99} := 2.57 \frac{\sigma}{\sqrt{n}}$$

sono comunemente chiamati *raggi degli intervalli di confidenza al 95% e al 99% per μ*: se M_n rappresenta il risultato (aleatorio) dell'approssimazione Monte Carlo del valore atteso μ, allora

$$[M_n - r_{95}, M_n + r_{95}] \qquad e \qquad [M_n - r_{99}, M_n + r_{99}]$$

sono gli intervalli (di estremi aleatori) a cui μ (che è il valore incognito che si intende approssimare) appartiene con probabilità pari, rispettivamente, al 95% e 99%.

Osservazione 4.4.8 (Teorema centrale del limite e somme di v.a. i.i.d.) Come già anticipato nell'Esempio 4.3.13, il Teorema centrale del limite è un valido strumento per approssimare la legge di v.a. definite come somme di variabili i.i.d. Per esempio, sappiamo (cfr. Proposizione 3.6.3) che $X \sim \text{Bin}_{n,p}$ è uguale in legge a $X_1 + \cdots + X_n$ con $X_j \sim \text{Be}_p$ i.i.d. Allora abbiamo la seguente approssimazione asintotica della CDF di X per $n \to +\infty$:

$$P(X \leq k) \approx P\left(Z \leq \frac{k - pn}{\sqrt{np(1-p)}}\right), \qquad Z \sim \mathcal{N}_{0,1}. \qquad (4.4.9)$$

La (4.4.9) segue semplicemente dal fatto che, posto $\mu = E[X_1] = p$ e $\sigma^2 = \text{var}(X_1) = p(1 - p)$, per il Teorema centrale del limite si ha

$$P(X \leq k) = P\left(\frac{X - \mu n}{\sigma \sqrt{n}} \leq \frac{k - \mu n}{\sigma \sqrt{n}}\right) \approx P\left(Z \leq \frac{k - \mu n}{\sigma \sqrt{n}}\right).$$

La (4.4.9) equivale a

$$F_X(k) \approx F\left(\frac{k - pn}{\sqrt{np(1 - p)}}\right)$$

dove F_X indica la CDF di $X \sim \text{Bin}_{n,p}$ e

$$F(x) = \int_{-\infty}^{x} \frac{e^{-\frac{z^2}{2}}}{\sqrt{2\pi}} dz \tag{4.4.10}$$

è la CDF normale standard.

Sotto ipotesi più forti, una stima esplicita della *velocità di convergenza* nel Teorema centrale del limite è data dal Teorema di Berry-Esseen che qui ci limitiamo ad enunciare[9].

Teorema 4.4.9 (Teorema di Berry-Esseen) Esiste una costante[10] $C < 1$ tale che, se (X_n) è una successione di v.a. i.i.d. in $L^3(\Omega, P)$ con

$$E[X_1] = 0, \qquad \text{var}(X_1) := \sigma^2, \qquad E\left[|X_1|^3\right] =: \varrho$$

e F_n indica la CDF della media aritmetica M_n in (4.2.1), allora si ha

$$|F_n(x) - F(x)| \leq \frac{C\varrho}{\sigma^3 \sqrt{n}}, \qquad x \in \mathbb{R}, \ n \in \mathbb{N},$$

dove F è la CDF normale standard in (4.4.10).

---

[9] Per la dimostrazione si veda, per esempio, [16].
[10] Non è noto il valore ottimale di C: al momento si sa che $0.4097 < C < 0.56$.

Capitolo 5
Probabilità condizionata

We have not succeeded in answering all our problems – indeed we sometimes feel we have not completely answered any of them. The answers we have found have only served to raise a whole set of new questions. In some ways we feel that we are as confused as ever, but we think we are confused on a higher level, and about more important things.

Earl C. Kelley

In uno spazio di probabilità $(\Omega, \mathscr{F}, P)$, siano X una variabile aleatoria e $\mathscr{G}$ una sotto-σ-algebra di $\mathscr{F}$. In questo capitolo introduciamo i concetti di distribuzione e attesa di X condizionate a $\mathscr{G}$. Ricordando che una σ-algebra può essere interpretata come un insieme di "informazioni", *l'attesa di X condizionata a $\mathscr{G}$ rappresenta la miglior stima del valore aleatorio X in base alle informazioni contenute in $\mathscr{G}$.* Tanto più $\mathscr{G}$ è grande, tanto migliore e più dettagliata è la stima di X data dall'attesa condizionata: quest'ultima, dal punto di vista matematico, è definita come una *variabile aleatoria* che gode di determinate proprietà. I concetti di attesa e distribuzione condizionata sono alla base della teoria dei processi stocastici e di tutte le applicazioni della teoria della probabilità in cui si vuole modellizzare un fenomeno aleatorio che evolve nel tempo: in tal caso è necessario descrivere non solo l'evoluzione del valore aleatorio X ma anche quella delle informazioni che, col passare del tempo, diventano disponibili e permettono di stimare X. In questo capitolo, salvo diversamente specificato, X indica una variabile aleatoria a valori in $\mathbb{R}^d$.

5.1 Il caso discreto

Introduciamo il concetto di condizionamento alla σ-algebra generata da una v.a. *discreta*: trattiamo questo caso molto particolare con uno scopo meramente introduttivo alla definizione generale che è tecnicamente più complessa e sarà introdotta nelle sezioni successive.

Materiale Supplementare Online È disponibile online un supplemento a questo capitolo (https://doi.org/10.1007/978-88-470-4000-7_5), contenente dati, altri approfondimenti ed esercizi.

© Springer-Verlag Italia S.r.l., part of Springer Nature 2020
A. Pascucci, *Teoria della Probabilità*, UNITEXT 123,
https://doi.org/10.1007/978-88-470-4000-7_5

Consideriamo una variabile aleatoria Y definita sullo spazio $(\Omega, \mathscr{F}, P)$ e assumiamo che Y sia *discreta*[1] nel senso seguente:

i) i valori distinti assunti da Y formano un insieme di cardinalità al più numerabile: in altri termini, l'immagine di Ω mediante Y è della forma $Y(\Omega) = (y_n)_{n \in \mathbb{N}}$ con y_n distinti;

ii) per ogni $n \in \mathbb{N}$, l'evento $B_n := (Y = y_n)$ non è trascurabile, ossia $P(B_n) > 0$.

In queste ipotesi, *la famiglia* $(B_n)_{n \in \mathbb{N}}$ *forma una partizione finita o numerabile di* Ω, *i cui elementi sono eventi non trascurabili.* Notiamo che $\sigma(Y)$, la σ-algebra generata da Y, è costituita dall'insieme vuoto, dagli elementi della partizione $(B_n)_{n \in \mathbb{N}}$ e dalle unioni di essi.

Definizione 5.1.1 (Probabilità condizionata) Nello spazio $(\Omega, \mathscr{F}, P)$ la probabilità condizionata alla v.a. discreta Y è la famiglia $P(\cdot \mid Y) = \big(P_\omega(\cdot \mid Y)\big)_{\omega \in \Omega}$ di misure di probabilità su $(\Omega, \mathscr{F})$ definite da

$$P_\omega(A \mid Y) := P(A \mid Y = Y(\omega)), \qquad A \in \mathscr{F}, \tag{5.1.1}$$

dove $P(\cdot \mid Y = Y(\omega))$ indica la probabilità condizionata all'evento $(Y = Y(\omega))$ (cfr. Definizione 2.3.2).

Osservazione 5.1.2 Per ogni $A \in \mathscr{F}$, $P(A \mid Y)$ è una *variabile aleatoria* costante sugli elementi della partizione $(B_n)_{n \in \mathbb{N}}$:

$$P(A \mid Y) = \sum_{n \geq 1} P(A \mid B_n) \mathbb{1}_{B_n}. \tag{5.1.2}$$

Poiché $P_\omega(\cdot \mid Y)$ è una misura di probabilità per ogni $\omega \in \Omega$, sono definiti in modo naturale i concetti di distribuzione e attesa condizionate a Y.

Definizione 5.1.3 (Distribuzione e attesa condizionata) Data X una v.a. su $(\Omega, \mathscr{F}, P)$ a valori in $\mathbb{R}^d$,

i) la distribuzione (o legge) di X condizionata a Y, indicata con $\mu_{X|Y}$, è la distribuzione di X relativa alla probabilità condizionata $P(\cdot \mid Y)$:

$$\mu_{X|Y}(H) := P(X \in H \mid Y), \qquad H \in \mathscr{B}_d; \tag{5.1.3}$$

ii) se $X \in L^1(\Omega, P)$, l'attesa di X condizionata a Y, indicata con $E[X \mid Y]$, è il valore atteso di X nella probabilità condizionata $P(\cdot \mid Y)$:

$$E[X \mid Y] := \int_\Omega X \, dP(\cdot \mid Y). \tag{5.1.4}$$

---

[1] L'ipotesi ii) non è realmente restrittiva: se Z verifica i) allora esiste un'unica Y discreta tale che $P(Y = y) > 0$ per ogni $y \in Y(\Omega)$ e $Z = Y$ q.c.

Osservazione 5.1.4 Si noti che la distribuzione e l'attesa condizionate dipendono da ω e quindi sono *quantità aleatorie*, infatti:

i) il significato della definizione (5.1.3) è

$$\mu_{X|Y}(H;\omega) := P_\omega(X \in H \mid Y), \qquad H \in \mathscr{B}_d, \ \omega \in \Omega.$$

Di conseguenza:

i-a) per ogni $\omega \in \Omega$, $\mu_{X|Y}(\cdot;\omega)$ è una *distribuzione* su $(\mathbb{R}^d, \mathscr{B}_d)$: diciamo quindi che $\mu_{X|Y}$ è una *distribuzione aleatoria*;

i-b) per ogni $H \in \mathscr{B}_d$, $\mu_{X|Y}(H)$ è una *variabile aleatoria* costante sugli elementi della partizione $(B_n)_{n\in\mathbb{N}}$:

$$\mu_{X|Y}(H) = \sum_{n\geq 1} P(X \in H \mid B_n)\mathbb{1}_{B_n}; \tag{5.1.5}$$

ii) il significato della definizione (5.1.4) è

$$E[X \mid Y](\omega) := \int_\Omega X dP_\omega(\cdot \mid Y), \qquad \omega \in \Omega.$$

Di conseguenza, $E[X \mid Y]$ è una *variabile aleatoria* costante sugli elementi della partizione $(B_n)_{n\in\mathbb{N}}$:

$$E[X \mid Y] = \sum_{n\geq 1} E[X \mid B_n]\mathbb{1}_{B_n}, \tag{5.1.6}$$

dove, per la Proposizione 3.4.2,

$$E[X \mid B_n] = \frac{1}{P(B_n)}\int_{B_n} X dP.$$

Esempio 5.1.5 Riprendiamo l'Esempio 3.4.5: da un'urna che contiene $n \geq 2$ palline numerate, si estraggono in sequenza e senza reinserimento due palline. Siano X_1 e X_2 le v.a. che indicano rispettivamente il numero della prima e seconda pallina estratta. Allora per ogni $k \in I_n$ si ha

$$\mu_{X_2|X_1=k}(\{h\}) = \begin{cases} \frac{1}{n-1}, & \text{se } h \in I_n \setminus \{k\}, \\ 0 & \text{altrimenti}, \end{cases}$$

o equivalentemente

$$\mu_{X_2|X_1} = \mathrm{Unif}_{I_n \setminus \{X_1\}}.$$

Generalizziamo ora due ben noti strumenti fondamentali per il calcolo dell'attesa.

Teorema 5.1.6 (Teorema del calcolo della media) [!] Siano X e Y v.a. su $(\Omega, \mathcal{F}, P)$ con Y discreta. Se $f \in m\mathcal{B}_d$ e $f(X) \in L^1(\Omega, P)$ allora

$$E\left[f(X) \mid Y\right] = \int_{\mathbb{R}^d} f d\mu_{X\mid Y}.$$

Dimostrazione   Per ogni $\omega \in \Omega$ si ha

$$E\left[f(X) \mid Y\right](\omega) = \int_{\Omega} f(X) dP_\omega(\cdot \mid Y) = \quad \begin{array}{l} \text{(per il Teorema 3.2.25} \\ \text{del calcolo della media)} \end{array}$$

$$= \int_{\mathbb{R}^d} f(x)\mu_{X\mid Y}(dx; \omega). \ \square$$

Teorema 5.1.7 (Formula della probabilità totale) [!] Siano X e Y v.a. su $(\Omega, \mathcal{F}, P)$ con Y discreta. Si ha

$$\mu_X = E\left[\mu_{X\mid Y}\right]. \tag{5.1.7}$$

Dimostrazione   Per ogni $H \in \mathcal{B}_d$, per la (5.1.5) si ha

$$E\left[\mu_{X\mid Y}(H)\right] = \sum_{n \geq 1} P(X \in H \mid B_n) P(B_n)$$

$$= \sum_{n \geq 1} P((X \in H) \cap B_n) = P(X \in H) = \mu_X(H). \ \square$$

Esempio 5.1.8   Il numero di mail di spam ricevute ogni giorno da una casella di posta è una v.a. con distribuzione Poisson_{10}. Installando un software antispam è possibile dimezzare il numero medio di mail di spam ricevute. Sapendo che tale software protegge solo l'80% delle caselle di posta di un'azienda, determiniamo la distribuzione e la media del numero di mail di spam ricevute ogni giorno da ogni casella di posta dell'azienda.

Sia $Y \sim \text{Be}_p$, con $p = 80\%$, la v.a. che vale 1 se una casella di posta è protetta e 0 altrimenti. Se X indica il numero di mail di spam ricevute, si ha per ipotesi

$$\mu_{X\mid Y} = Y\text{Poisson}_5 + (1 - Y)\text{Poisson}_{10}.$$

Allora, per la Formula della probabilità totale (5.1.7), si ha

$$\mu_X = E\left[\mu_{X\mid Y}\right] = p\mu_{X\mid Y=1} + (1 - p)\mu_{X\mid Y=0} = p\text{Poisson}_5 + (1 - p)\text{Poisson}_{10}$$

da cui

$$E\left[X\right] = pE\left[X \mid Y = 1\right] + (1 - p)E\left[X \mid Y = 0\right] = 80\% \cdot 5 + 20\% \cdot 10 = 6.$$

Infine, per il Teorema del calcolo della media si ha

$$E[X \mid Y] = \int_{\mathbb{R}} x \mu_{X|Y}(dx)$$

$$= Y \int_{\mathbb{R}} x \, \mathrm{Poisson}_5(dx) + (1-Y) \int_{\mathbb{R}} x \, \mathrm{Poisson}_{10}(dx)$$

$$= 5Y + 10(1-Y).$$

Esempio 5.1.9 Supponiamo che $\mu_{X|Y} = \mathrm{Exp}_Y$ con $Y \sim \mathrm{Geom}_p$: allora si ha

$$P(X \geq x \mid Y) = \mathrm{Exp}_Y([x, +\infty[) = \int_x^{+\infty} Y e^{-tY} \, dt = \left[-e^{-tY}\right]_{t=x}^{t=+\infty} = e^{-xY},$$

per ogni $x \geq 0$. Quindi si ha

$$E[P(X \geq x \mid Y)] = E\left[e^{-xY}\right] = \sum_{n \in \mathbb{N}} e^{-nx} p(1-p)^{n-1} = \frac{p}{p-1+e^x}$$

e d'altra parte, per la Formula della probabilità totale, vale

$$E[P(X \geq x \mid Y)] = P(X \geq x)$$

che fornisce l'espressione della CDF (e quindi della distribuzione) di X. Infatti, osservando che chiaramente $P(X \geq x \mid Y) = 1$ se $x < 0$, si ha

$$P(X \geq x) = \begin{cases} 1 & \text{se } x < 0, \\ \frac{p}{p-1+e^x} & \text{se } x \geq 0, \end{cases}$$

da cui si deduce che X è una v.a. assolutamente continua con densità (si veda la Figura 5.1)

$$\gamma_X(x) = \frac{d}{dx}(1 - P(X \geq x)) = \begin{cases} 0 & \text{se } x < 0, \\ \frac{pe^x}{(p-1+e^x)^2} & \text{se } x \geq 0. \end{cases} \tag{5.1.8}$$

Si può pensare a X come a una v.a. di tipo esponenziale con intensità[2] stocastica. Questo esempio mostra che tramite il concetto di distribuzione condizionata è possibile considerare modelli probabilistici in cui il valore dei parametri è incerto o stocastico. Da qui viene la fondamentale importanza della distribuzione condizionata in molte applicazioni e, in particolare, in statistica.

---

[2] Nella distribuzione esponenziale Exp_λ, il parametro $\lambda > 0$ è usualmente chiamato *intensità*.

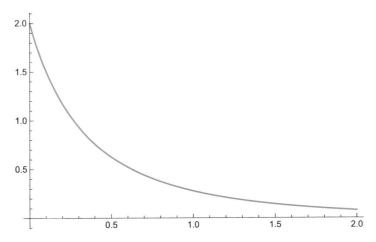

Figura 5.1 Grafico della densità in (5.1.8) per $p = 0.5$

L'attesa condizionata gode di due proprietà che la caratterizzano univocamente.

Proposizione 5.1.10 **[!]** Date due variabili aleatorie X e Y su $(\Omega, \mathscr{F}, P)$, con $X \in L^1(\Omega, P)$ e Y discreta, poniamo $Z = E[X \mid Y]$. Allora si ha:

i) $Z \in m\sigma(Y)$;
ii) per ogni $W \in b\sigma(B)$ vale

$$E[ZW] = E[XW].$$

Inoltre, se Z' è una v.a. che verifica le proprietà i) e ii) allora $Z'(\omega) = Z(\omega)$ per ogni $\omega \in \Omega$.

Dimostrazione La i) è immediata conseguenza della (5.1.6). Per quanto riguarda la ii), per il Teorema 3.3.3 di Doob esiste f misurabile e limitata tale che $W = f(Y)$ o, più esplicitamente

$$W = \sum_{n \geq 1} f(y_n) \mathbb{1}_{B_n}. \tag{5.1.9}$$

Allora per la (5.1.6) si ha

$$
\begin{aligned}
E[WZ] &= E\left[f(Y) \sum_{n \geq 1} E[X \mid B_n] \mathbb{1}_{B_n} \right] \\
&= \sum_{n \geq 1} f(y_n) E[X \mid B_n] E[\mathbb{1}_{B_n}] = \quad \text{(per la (3.4.1))} \\
&= \sum_{n \geq 1} f(y_n) E[X \mathbb{1}_{B_n}] = E[XW].
\end{aligned}
$$

Infine, se Z' gode delle proprietà i) e ii) allora Z' è della forma (5.1.9) e, per la ii) con $W = \mathbb{1}_{B_n}$, si ha

$$f(y_n)P(B_n) = E\left[Z'\mathbb{1}_{B_n}\right] = E\left[X\mathbb{1}_{B_n}\right]$$

da cui segue $f(y_n) = E[X \mid B_n]$. $\square$

Osservazione 5.1.11 (Funzione probabilità condizionata)   Data Y v.a. a valori nello spazio misurabile $(E, \mathscr{E})$, abbiamo definito la probabilità condizionata come la *variabile aleatoria* $\omega \mapsto P_\omega(\cdot \mid Y)$ in (5.1.2). È utile dare anche una definizione alternativa (e sostanzialmente equivalente) di probabilità condizionata come *funzione* di $y \in E$: diciamo che la famiglia $P(\cdot \mid Y) = (P(\cdot \mid Y = y))_{y \in Y(\Omega)}$ di misure di probabilità su $(\Omega, \mathscr{F})$ è la *funzione probabilità condizionata a Y*. Analogamente, la *funzione distribuzione condizionata a Y* è la famiglia $\mu_{X|Y} = \left(\mu_{X|Y=y}\right)_{y \in Y(\Omega)}$ di distribuzioni definite da

$$\mu_{X|Y=y}(H) := P(X \in H \mid Y = y), \qquad H \in \mathscr{B}_d, \ y \in Y(\Omega),$$

e la *funzione attesa condizionata* è la famiglia $E[X \mid Y] = (E[X \mid Y = y])_{y \in Y(\Omega)}$ definita da

$$E[X \mid Y = y] = \int_\Omega X dP(\cdot \mid Y = y) = \qquad \text{(per la Proposizione 3.4.2)}$$

$$= \frac{1}{P(Y = y)} \int_{(Y=y)} X dP, \qquad y \in Y(\Omega).$$

Esempio 5.1.12   Calcoliamo $E[X_1 \mid Y]$ dove $X_1, \dots, X_n \sim \text{Be}_p$, con $0 < p < 1$, sono indipendenti e $Y = X_1 + \cdots + X_n$. Poiché $Y \sim \text{Bin}_{n,p}$, abbiamo

$$E[X_1 \mid Y = k] = 0 \cdot P(X_1 = 0 \mid Y = k)$$

$$+ 1 \cdot P(X_1 = 1 \mid Y = k) = \qquad \begin{array}{l} \text{(posto } Z = X_2 + \cdots + X_n \\ \hphantom{\text{(posto }} \sim \text{Bin}_{n-1,p}) \end{array}$$

$$= \frac{P((X_1 = 1) \cap (Z = k - 1))}{P(Y = k)} = \qquad \begin{array}{l} \text{(per l'indipendenza} \\ \text{di } X_1 \text{ e } Z) \end{array}$$

$$= \frac{P(X_1 = 1)P(Z = k - 1)}{P(Y = k)}$$

$$= \frac{p\binom{n-1}{k-1}p^{k-1}(1-p)^{n-1-(k-1)}}{\binom{n}{k}p^k(1-p)^{n-k}} = \frac{k}{n}, \qquad k = 0, \dots, n,$$

è la funzione attesa di X_1 condizionata a Y. Equivalentemente si ha

$$E[X_1 \mid Y] = \frac{Y}{n}.$$

Osservazione 5.1.13 Consideriamo $Y = \mathbb{1}_B$ con $B \in \mathscr{F}$ tale che $0 < P(B) < 1$: nelle applicazioni si interpreta la σ-algebra generata da Y

$$\sigma(Y) = \{\emptyset, \Omega, B, B^c\}$$

come "l'informazione riguardo al fatto che l'evento B sia avvenuto o meno". Notiamo la differenza concettuale fra:

i) condizionare a B, nel senso di condizionare al fatto *che B è avvenuto*;

ii) condizionare a Y, nel senso di condizionare al fatto di sapere *se B sia avvenuto o meno*.

Per questo motivo l'attesa condizionata $E[X \mid Y]$ è definita come in (5.1.6) ossia:

$$E[X \mid Y](\omega) := \begin{cases} E[X \mid B] & \text{se } \omega \in B, \\ E[X \mid B^c] & \text{se } \omega \in B^c. \end{cases}$$

Intuitivamente, $E[X \mid B]$ rappresenta l'attesa di X stimata in base all'osservazione che B è accaduto: pertanto $E[X \mid B]$ è un numero, un *valore deterministico*. Al contrario, si può pensare a $E[X \mid Y]$ come a una stima futura di X che dipenderà dall'osservare se B avviene o no (oppure alla stima di X che è data da un individuo che sa se B è avvenuto o no): per questo motivo $E[X \mid Y]$ è definita come una *variabile aleatoria*.

5.1.1 Esempi

Esempio 5.1.14 L'urna A contiene $n \in \mathbb{N}$ palline di cui solo $k_1 \leq n$ sono bianche. L'urna B contiene $n \in \mathbb{N}$ palline di cui solo $k_2 \leq n$ sono bianche. Si sceglie a caso un'urna e si effettua una successione di estrazioni con reinserimento. Determiniamo la distribuzione del numero X di estrazioni necessarie per trovare la prima pallina bianca.

Sia $Y \sim \mathrm{Be}_p$, con $p = \frac{1}{2}$, la v.a. che vale 1 se viene scelta l'urna A e vale 0 altrimenti. Allora, ricordando l'Esempio 3.1.24 sulla distribuzione geometrica, si ha

$$\mu_{X \mid Y} = Y \, \mathrm{Geom}_{\frac{k_1}{n}} + (1 - Y) \mathrm{Geom}_{\frac{k_2}{n}},$$

e per la formula della probabilità totale (5.1.7) si ha

$$\mu_X = \frac{1}{2} \left(\mathrm{Geom}_{\frac{k_1}{n}} + \mathrm{Geom}_{\frac{k_2}{n}} \right).$$

Infine

$$E[X] = \frac{n(k_1 + k_2)}{2 k_1 k_2}.$$

Esempio 5.1.15 Il numero di email ricevute ogni giorno è una v.a. $Y \sim \text{Poisson}_\lambda$ con $\lambda = 20$. Ogni email ha probabilità $p = 15\%$ di essere spam, indipendentemente dalle altre. Determiniamo la distribuzione della v.a. X che indica il numero di email di spam ricevute ogni giorno.

Intuitivamente ci aspettiamo che $X \sim \text{Poisson}_{\lambda p}$. In effetti, per ipotesi si ha

$$P(X = k \mid Y = n) = \begin{cases} \text{Bin}_{n,p}(\{k\}) & \text{se } k \leq n, \\ 0 & \text{se } k > n, \end{cases}$$

è la probabilità che, su n email ricevute, ce ne siano esattamente k di spam. Per la Formula della probabilità totale si ha

$$P(X = k) = \sum_{n \geq 0} P(X = k \mid Y = n) P(Y = n)$$

$$= \sum_{n \geq k} \binom{n}{k} p^k (1-p)^{n-k} e^{-\lambda} \frac{\lambda^n}{n!}$$

$$= \frac{e^{-\lambda} (\lambda p)^k}{k!} \sum_{n \geq k} \frac{(1-p)^{n-k} \lambda^{n-k}}{(n-k)!} = \qquad (\text{posto } h = n - k)$$

$$= \frac{e^{-\lambda} (\lambda p)^k}{k!} \sum_{h \geq 0} \frac{(1-p)^h \lambda^h}{h!} = e^{-\lambda p} \frac{(\lambda p)^k}{k!} = \text{Poisson}_{\lambda p}(\{k\}).$$

Esempio 5.1.16 Siano $X_i \sim \text{Poisson}_{\lambda_i}$, $i = 1, 2$, indipendenti e $Y := X_1 + X_2$. Sappiamo (cfr. Esempio 3.6.5) che $Y \sim \text{Poisson}_{\lambda_1 + \lambda_2}$. Proviamo che

$$\mu_{X_1 \mid Y} = \text{Bin}_{Y, \frac{\lambda_1}{\lambda_1 + \lambda_2}}.$$

Indichiamo con $\mu_{X_1 \mid Y =}$. la funzione distribuzione di X_1 condizionata a Y. Per $k \in \{0, 1, \ldots, n\}$, si ha

$$\mu_{X_1 \mid Y = n}(\{k\}) = \frac{P((X_1 = k) \cap (Y = n))}{P(Y = n)} = \qquad (\text{per l'indipendenza di } X_1 \text{ e } X_2)$$

$$= \frac{P(X_1 = k) P(X_2 = n - k)}{P(Y = n)} = \frac{\frac{e^{-\lambda_1} \lambda_1^k}{k!} \frac{e^{-\lambda_2} \lambda_2^{n-k}}{(n-k)!}}{\frac{e^{-\lambda_1 - \lambda_2} (\lambda_1 + \lambda_2)^n}{n!}}$$

e d'altra parte $\mu_{X_1 \mid Y = n}(\{k\}) = 0$ per gli altri valori di k. Da ciò si conclude facilmente.

Esercizio 5.1.17 Siano $X_i \sim \text{Geom}_p$, $i = 1, 2$, indipendenti e $Y := X_1 + X_2$. Provare che

i) $\mu_Y(\{n\}) = (n-1) p^2 (1-p)^{n-2}$, per $n \geq 2$;

ii) $\mu_{X_1 \mid Y} = \text{Unif}_{\{1, 2, \ldots, Y-1\}}$.

5.2 Attesa condizionata

In uno spazio $(\Omega, \mathscr{F}, P)$ siano X una v.a. sommabile e $\mathscr{G}$ una sotto-σ-algebra di $\mathscr{F}$. In questa sezione diamo la definizione di attesa di X condizionata a $\mathscr{G}$. Osserviamo che non è possibile in generale definire $E[X \mid \mathscr{G}]$ come nel caso discreto perché non è chiaro come partizionare lo spazio campionario Ω a partire da $\mathscr{G}$. Il problema è che una σ-algebra può avere una struttura molto complicata: si pensi, per esempio, alla σ-algebra di Borel sullo spazio Euclideo. Inoltre, nel caso $\mathscr{G} = \sigma(Y)$ con Y assolutamente continua, la definizione (5.1.1) perde significato perché ogni evento del tipo $(Y = Y(\omega))$ è trascurabile. Per superare questi problemi, la definizione generale di attesa condizionata è data in termini delle due proprietà fondamentali della Proposizione 5.1.10. Il seguente risultato mostra che una v.a. che soddisfa tali proprietà *esiste sempre e, in un certo senso, è unica.*

Teorema 5.2.1 Siano $X \in L^1(\Omega, \mathscr{F}, P)$ a valori in $\mathbb{R}^d$ e $\mathscr{G}$ una sotto-σ-algebra di $\mathscr{F}$. Esiste una v.a. $Z \in L^1(\Omega, P)$ a valori in $\mathbb{R}^d$ che soddisfa le seguenti proprietà:

i) $Z \in m\mathscr{G}$;
ii) per ogni v.a. $W \in m\mathscr{G}$ limitata, vale

$$E[ZW] = E[XW]. \tag{5.2.1}$$

Inoltre se Z' verifica i) e ii) allora $Z = Z'$ quasi certamente.

Dimostrazione (Unicità) Consideriamo il caso $d = 1$. Dimostriamo un risultato leggermente più generale da cui segue facilmente l'unicità: siano X, X' v.a. sommabili, tali che $X \le X'$ quasi certamente e siano Z, Z' v.a. che verificano le proprietà i) e ii) rispettivamente per X e X'. Allora $Z \le Z'$ quasi certamente.
    Infatti, poniamo

$$A_n = \left(Z - Z' \ge 1/n\right), \qquad n \in \mathbb{N}.$$

Allora $A_n \in \mathscr{G}$ per la i), e vale

$$0 \ge E\left[(X - X')\mathbb{1}_{A_n}\right] = E[X\mathbb{1}_{A_n}] - E\left[X'\mathbb{1}_{A_n}\right] = \qquad \text{(per ii))}$$
$$= E[Z\mathbb{1}_{A_n}] - E\left[Z'\mathbb{1}_{A_n}\right] = E\left[(Z - Z')\mathbb{1}_{A_n}\right] \ge \frac{1}{n}P(A_n)$$

da cui $P(A_n) = 0$ e, per la continuità dal basso di P, si ha anche $P(Z > Z') = 0$. Il caso $d > 1$ segue ragionando componente per componente.
    (Esistenza) Diamo una dimostrazione dell'esistenza basata su risultati di analisi funzionale, in particolare relativi alla proiezione ortogonale in spazi di Hilbert. Consideriamo dapprima l'ipotesi più restrittiva che X appartenga a $L^2(\Omega, \mathscr{F}, P)$ che è uno spazio di Hilbert col prodotto scalare

$$\langle X, Z \rangle = E[XZ].$$

Anche $L^2(\Omega, \mathscr{G}, P)$ è uno spazio di Hilbert ed è un sotto-spazio chiuso di $L^2(\Omega, \mathscr{F}, P)$ poiché $\mathscr{G} \subseteq \mathscr{F}$. Allora esiste la proiezione Z di X su $L^2(\Omega, \mathscr{G}, P)$ e per definizione si ha:

i) $Z \in L^2(\Omega, \mathscr{G}, P)$ e quindi in particolare Z è $\mathscr{G}$-misurabile;
ii) per ogni $W \in L^2(\Omega, \mathscr{G}, P)$ si ha

$$E\left[(Z - X)W\right] = 0. \qquad (5.2.2)$$

Dunque Z è proprio la v.a. cercata: dal punto di vista geometrico, Z è la v.a. $\mathscr{G}$-misurabile che meglio approssima X nel senso che, fra le v.a. $\mathscr{G}$-misurabili, è la meno distante da X rispetto alla distanza di L^2.

Consideriamo ora $X \in L^1(\Omega, \mathscr{F}, P)$ tale che $X \geq 0$ quasi certamente. Il caso di X a valori in $\mathbb{R}^d$ si prova ragionando sulla parte positiva e negativa di ogni singola componente. La successione definita da

$$X_n = X \wedge n, \qquad n \in \mathbb{N},$$

è crescente, appartiene a L^2 e tende puntualmente a X: ad ogni X_n associamo Z_n definita come sopra, ossia come proiezione di X_n su $L^2(\Omega, \mathscr{G}, P)$. Per quanto visto nella prima parte della dimostrazione, per ogni $n \in \mathbb{N}$ vale $0 \leq Z_n \leq Z_{n+1}$ quasi certamente: di conseguenza si ha anche che, a meno di un evento A trascurabile, vale

$$0 \leq Z_n \leq Z_{n+1}, \qquad \forall n \in \mathbb{N}.$$

Definiamo

$$Z(\omega) = \sup_{n \in \mathbb{N}} Z_n(\omega), \qquad \omega \in \Omega \setminus A,$$

e $Z = 0$ su A. Allora $Z \in m\mathscr{G}$ essendo limite puntuale di v.a. in $m\mathscr{G}$. Inoltre, sia W limitata e $\mathscr{G}$-misurabile: a meno di considerare separatamente parte positiva e negativa, non è restrittivo considerare $W \geq 0$. Per il Teorema di Beppo-Levi, si ha

$$E\left[XW\right] = \lim_{n \to \infty} E\left[X_n W\right] = \lim_{n \to \infty} E\left[Z_n W\right] = E\left[ZW\right]. \qquad \square$$

Osservazione 5.2.2 [!] Per il secondo Teorema di Dynkin (Teorema A.8), la proprietà ii) del Teorema 5.2.1 equivale alla seguente proprietà, in generale più semplice da verificare:

ii-b) vale

$$E\left[Z\mathbb{1}_G\right] = E\left[X\mathbb{1}_G\right]$$

per ogni $G \in \mathscr{A}$, dove $\mathscr{A}$ è una famiglia $\cap$-chiusa tale che $\sigma(\mathscr{A}) = \mathscr{G}$.

Definizione 5.2.3 (Attesa condizionata) Siano $X \in L^1(\Omega, \mathcal{F}, P)$ e $\mathcal{G}$ una sotto-σ-algebra di $\mathcal{F}$. Se Z soddisfa le proprietà i) e ii) del Teorema 5.2.1 allora scriviamo

$$Z = E[X \mid \mathcal{G}] \qquad\qquad (5.2.3)$$

e diciamo che Z è *una versione dell'attesa condizionata* di X a $\mathcal{G}$. In particolare, se $\mathcal{G} = \sigma(Y)$ con Y v.a. su $(\Omega, \mathcal{F}, P)$, scriviamo

$$Z = E[X \mid Y]$$

invece di $Z = E[X \mid \sigma(Y)]$.

Osservazione 5.2.4 [!] La (5.2.3) *non è da intendersi come un'equazione*, ossia come un'identità fra i membri a destra e a sinistra dell'uguaglianza: al contrario, essa è una *notazione,* un simbolo che indica che Z gode delle proprietà i) e ii) del Teorema 5.2.1 (e quindi è una versione dell'attesa condizionata di X a $\mathcal{G}$). L'attesa condizionata è definita implicitamente, mediante le proprietà i) e ii), *a meno di eventi trascurabili di $\mathcal{G}$*: in altri termini se $Z = E[X \mid \mathcal{G}]$ e Z' differisce da Z su un evento trascurabile di $\mathcal{G}$, allora anche $Z' = E[X \mid \mathcal{G}]$. Per questo motivo si parla di *versione* dell'attesa condizionata, anche se nel seguito per semplicità diremo impropriamente che Z è attesa condizionata di X a $\mathcal{G}$. Però attenzione: se $Z = E[X \mid \mathcal{G}]$ e $Z' = Z$ q.c., non è detto che $Z' = E[X \mid \mathcal{G}]$. Si tratta di una sottigliezza a cui si deve porre attenzione: modificando Z su un evento C trascurabile ma tale che $C \notin \mathcal{G}$ si può perdere la proprietà di $\mathcal{G}$-misurabilità.

Nel seguito sarà utile considerare uguaglianze di attese condizionate. Per evitare ambiguità useremo la seguente convenzione: se $\mathcal{H} \subseteq \mathcal{G}$ la scrittura

$$E[X \mid \mathcal{H}] = E[X \mid \mathcal{G}] \qquad\qquad (5.2.4)$$

significa che se $Z = E[X \mid \mathcal{H}]$ allora $Z = E[X \mid \mathcal{G}]$ (tuttavia può esistere una versione Z' di $E[X \mid \mathcal{G}]$ che non è attesa di X condizionata a $\mathcal{H}$ poiché $Z' \in m\mathcal{G} \setminus m\mathcal{H}$). Si noti che le notazioni $E[X \mid \mathcal{H}] = E[X \mid \mathcal{G}]$ e $E[X \mid \mathcal{G}] = E[X \mid \mathcal{H}]$ non sono equivalenti a meno che non sia $\mathcal{H} = \mathcal{G}$.

Osservazione 5.2.5 [!] Siano $X, Y \in L^2(\Omega, P)$ e $Z = E[X \mid Y]$. Allora

$$E[X - Z] = 0, \qquad \operatorname{cov}(X - Z, Y) = 0, \qquad (5.2.5)$$

ossia $X - Z$ ha media nulla ed è scorrelata da Y. La prima equazione segue dalla (5.2.2) con $W = 1$. Per la seconda si ha

$$\operatorname{cov}(X - Z, Y) = E[(X - Z)Y] - E[X - Z]E[Y] = 0$$

poiché $E[(X - Z)Y] = 0$ per la[3] (5.2.1) con $W = Y$.

---

[3] Più precisamente, si veda la (5.2.2).

Nella prova del Teorema 5.2.1 abbiamo dimostrato anche il risultato seguente:

Corollario 5.2.6 Siano $X \in m\mathscr{F}^+$ e $\mathscr{G}$ una sotto-σ-algebra di $\mathscr{F}$. Esiste una v.a. Z che soddisfa le seguenti proprietà:

i) $Z \in m\mathscr{G}^+$;
ii) per ogni v.a. $W \in m\mathscr{G}^+$, vale

$$E[ZW] = E[XW].$$

Inoltre se Z' verifica i) e ii) allora $Z = Z'$ quasi certamente.

Il Corollario 5.2.6 permette di estendere la Definizione 5.2.3 di attesa condizionata alle v.a. integrabili (non necessariamente sommabili).

5.2.1 Proprietà dell'attesa condizionata

In questa sezione proviamo alcune proprietà dell'attesa condizionata. Consideriamo due v.a. reali $X, Y \in L^1(\Omega, \mathscr{F}, P)$ e $\mathscr{G}, \mathscr{H}$ sotto-σ-algebre di $\mathscr{F}$.

Teorema 5.2.7 Valgono le seguenti proprietà:

1) **(Formula della probabilità totale)**

$$E[X] = E[E[X \mid \mathscr{G}]]. \tag{5.2.6}$$

2) Se $X \in m\mathscr{G}$ allora

$$X = E[X \mid \mathscr{G}].$$

3) Se X e $\mathscr{G}$ sono indipendenti allora

$$E[X] = E[X \mid \mathscr{G}].$$

4) **(Linearità)** per ogni $a \in \mathbb{R}$ si ha

$$E[aX + Y \mid \mathscr{G}] = aE[X \mid \mathscr{G}] + E[Y \mid \mathscr{G}].$$

5) **(Monotonia)** Se $P(X \leq Y) = 1$ allora

$$E[X \mid \mathscr{G}] \leq E[Y \mid \mathscr{G}],$$

nel senso che se $Z = E[X \mid \mathscr{G}]$ e $W = E[Y \mid \mathscr{G}]$ allora $P(Z \leq W) = 1$.

6) Se X è $\mathscr{G}$-misurabile e limitata, si ha

$$E\left[XY \mid \mathscr{G}\right] = X E\left[Y \mid \mathscr{G}\right]. \tag{5.2.7}$$

7) (**Proprietà della torre**) Se $\mathscr{H} \subseteq \mathscr{G}$, si ha[4]

$$E\left[E\left[X \mid \mathscr{G}\right] \mid \mathscr{H}\right] = E\left[X \mid \mathscr{H}\right].$$

8) (**Teorema di Beppo-Levi**) Se $0 \leq X_n \nearrow X$ allora

$$\lim_{n \to \infty} E\left[X_n \mid \mathscr{G}\right] = E\left[X \mid \mathscr{G}\right].$$

9) (**Lemma di Fatou**) Se $(X_n)_{n \in \mathbb{N}}$ è una successione di v.a. in $m\mathscr{F}^+$, allora

$$E\left[\liminf_{n \to \infty} X_n \mid \mathscr{G}\right] \leq \liminf_{n \to \infty} E\left[X_n \mid \mathscr{G}\right].$$

10) (**Teorema della convergenza dominata**) Se $(X_n)_{n \in \mathbb{N}}$ è una successione che converge q.c. a X e vale $|X_n| \leq Y \in L^1(\Omega, P)$ q.c. per ogni $n \in \mathbb{N}$, allora si ha

$$\lim_{n \to \infty} E\left[X_n \mid \mathscr{G}\right] = E\left[X \mid \mathscr{G}\right].$$

11) (**Disuguaglianza di Jensen**) Se φ è una funzione convessa tale che $\varphi(X) \in L^1(\Omega, P)$, si ha

$$\varphi\left(E\left[X \mid \mathscr{G}\right]\right) \leq E\left[\varphi(X) \mid \mathscr{G}\right].$$

12) Per ogni $p \geq 1$ si ha

$$\left\| E\left[X \mid \mathscr{G}\right] \right\|_p \leq \|X\|_p.$$

13) (**Lemma di freezing**) Siano $\mathscr{G}, \mathscr{H}$ indipendenti, $X \in m\mathscr{G}$ e $f = f(x, \omega) \in m\left(\mathscr{B} \otimes \mathscr{H}\right)$ tale che $f(X, \cdot) \in L^1(\Omega, P)$. Allora si ha

$$F\left[f(X, \cdot) \mid \mathscr{G}\right] = F(X) \quad \text{dove} \quad F(x) := E\left[f(x, \cdot)\right], \tag{5.2.8}$$

o, con una scrittura più compatta,

$$E\left[f(X, \cdot) \mid \mathscr{G}\right] = E\left[f(x, \cdot)\right]\big|_{x=X}.$$

14) (**CHF condizionata e indipendenza**) X e $\mathscr{G}$ sono indipendenti se e solo se

$$E\left[e^{i\eta X} \mid \mathscr{G}\right] = E\left[e^{i\eta X}\right], \qquad \eta \in \mathbb{R},$$

ossia se la CHF φ_X e la CHF condizionata $\varphi_{X|\mathscr{G}}$ coincidono.

15) Se $Z = E\left[X \mid \mathscr{G}\right]$ e $Z \in m\mathscr{H}$ con $\mathscr{H} \subseteq \mathscr{G}$ allora $Z = E\left[X \mid \mathscr{H}\right]$.

---

[4] Vale anche

$$E\left[E\left[X \mid \mathscr{H}\right] \mid \mathscr{G}\right] = E\left[X \mid \mathscr{H}\right]$$

che segue direttamente dalla proprietà 2) e dal fatto che $E\left[X \mid \mathscr{H}\right] \in m\mathscr{G}$ poiché $\mathscr{H} \subseteq \mathscr{G}$.

Dimostrazione   1) Basta porre $W = 1$ nella (5.2.1).

2) Segue direttamente dalla definizione.

3) La v.a. costante $Z := E[X]$ è chiaramente $\mathscr{G}$-misurabile (perché $\sigma(Z) = \{\emptyset, \Omega\}$) e inoltre, per ogni v.a. $W \in m\mathscr{G}$ limitata, per l'ipotesi di indipendenza vale

$$E[XW] = E[X]E[W] = E[E[X]W] = E[ZW].$$

Questo prova che $Z = E[X \mid \mathscr{G}]$.

4) Si tratta di dimostrare che se $Z = E[X \mid \mathscr{G}]$ e $W = E[Y \mid \mathscr{G}]$, nel senso che verificano le proprietà i) e ii) del Teorema 5.2.1, allora $aZ + W = E[aX + Y \mid \mathscr{G}]$. È una semplice verifica lasciata per esercizio.

5) Questa proprietà è provata nella prima parte della dimostrazione del Teorema 5.2.1.

6) Sia $Z = E[Y \mid \mathscr{G}]$. Dobbiamo provare che $XZ = E[XY \mid \mathscr{G}]$:

i) $X \in m\mathscr{G}$ per ipotesi e quindi $XZ \in m\mathscr{G}$;

ii) data $W \in m\mathscr{G}$ limitata, si ha che anche $XW \in m\mathscr{G}$ limitata e quindi

$$E[(XZ)W] = E[Z(XW)] = \qquad (\text{poiché } Z = E[Y \mid \mathscr{G}])$$
$$= E[Y(XW)] = E[(XY)W]$$

da cui la tesi.

7) Sia $Z = E[X \mid \mathscr{H}]$. Dobbiamo provare che $Z = E[E[X \mid \mathscr{G}] \mid \mathscr{H}]$. Per definizione

i) $Z \in m\mathscr{H}$;

ii) data $W \in m\mathscr{H}$ limitata, si ha

$$E[ZW] = E[XW].$$

D'altra parte, se $W \in m\mathscr{H}$ allora $W \in m\mathscr{G}$ poiché $\mathscr{H} \subseteq \mathscr{G}$, e quindi

$$E[E[X \mid \mathscr{G}]W] = E[XW].$$

Allora $E[ZW] = E[E[X \mid \mathscr{G}]W]$ da cui la tesi.

8) Poniamo $Y_n := E[X_n \mid \mathscr{G}]$, $n \geq 1$. Per la monotonia dell'attesa condizionata, $0 \leq Y_n \leq Y_{n+1}$ q.c. e quindi esiste q.c.

$$Y := \lim_{n \to \infty} E[X_n \mid \mathscr{G}],$$

con $Y \in m\mathscr{G}^+$ perché limite puntuale di v.a. $\mathscr{G}$-misurabili. Inoltre, per ogni $W \in m\mathscr{G}^+$, si ha $0 \leq Y_n W \nearrow YW$ e $0 \leq X_n W \nearrow XW$ q.c.; quindi per il Teorema di Beppo-Levi si ha

$$E[YW] = \lim_{n \to \infty} E[Y_n W] = \lim_{n \to \infty} E[X_n X] = E[XW],$$

che prova la tesi.

9)–11) La dimostrazione è sostanzialmente analoga al caso deterministico.

12) Segue facilmente dalla disuguaglianza di Jensen con $\varphi(x) = |x|^p$.

13) Sia $\mathcal{M}$ la famiglia delle funzioni $f \in b(\mathcal{B} \otimes \mathcal{H})$ che verificano la (5.2.8): $\mathcal{M}$ è una famiglia monotona di funzioni (cfr. Definizione A.7), come si dimostra facilmente utilizzando il Teorema di Beppo-Levi per l'attesa condizionata. Inoltre, la (5.2.8) vale per le funzioni della forma $f(x, \omega) = g(x)Y(\omega)$ con $g \in b\mathcal{B}$ e $Y \in b\mathcal{H}$: infatti in questo caso si ha $F(x) = g(x)E[Y]$ e, per la proprietà (5.2.7),

$$E[g(X)Y \mid \mathcal{G}] = g(X)E[Y \mid \mathcal{G}] = g(X)E[Y] = F(X).$$

Allora la tesi segue dal secondo Teorema di Dynkin (Teorema A.8).

14) Per ogni $Y \in m\mathcal{G}$ e $\eta_1, \eta_2 \in \mathbb{R}$, si ha

$$
\begin{aligned}
\varphi_{(X,Y)}(\eta_1, \eta_2) = E\left[e^{i\eta_1 X} e^{i\eta_2 Y}\right] = & \quad \text{(per definizione di attesa condizionata)} \\
= E\left[E\left[e^{i\eta_1 X} \mid \mathcal{G}\right] e^{i\eta_2 Y}\right] = & \quad \text{(per ipotesi)} \\
= E\left[e^{i\eta_1 X}\right] E\left[e^{i\eta_2 Y}\right] = \varphi_X(\eta_1)\varphi_Y(\eta_2)
\end{aligned}
$$

e la tesi segue dalla Proposizione 3.5.11-ii).

15) È un semplice esercizio. $\quad\square$

Una conseguenza immediata del punto 13) del Teorema 5.2.7 è la seguente versione particolare del

Lemma 5.2.8 (Lemma di freezing) Sia $\mathcal{G}$ una sotto-σ-algebra di $\mathcal{F}$. Se $X \in m\mathcal{G}$, Y è una v.a. indipendente da $\mathcal{G}$ e $f \in m\mathcal{B}_2$ è tale che $f(X, Y) \in L^1(\Omega, P)$, allora si ha

$$E[f(X, Y) \mid \mathcal{G}] = F(X) \quad \text{dove} \quad F(x) := E[f(x, Y)],$$

o, con una scrittura più compatta,

$$E[f(X, Y) \mid \mathcal{G}] = E[f(x, Y)]|_{x=X}.$$

Esempio 5.2.9 Siano X, Y, U, V v.a. indipendenti con $X, Y \sim \mathcal{N}_{0,1}$ e $U^2 \mid V^2 \neq 0$ q.c. Proviamo che

$$Z := \frac{XU + YV}{\sqrt{U^2 + V^2}} \sim \mathcal{N}_{0,1}.$$

Infatti si ha

$$
\begin{aligned}
\varphi_Z(\eta) = E\left[e^{i\eta \frac{XU+YV}{\sqrt{U^2+V^2}}}\right] = & \quad \text{(per la formula della} \\
& \quad \text{probabilità totale (5.2.6))} \\
= E\left[E\left[e^{i\eta \frac{XU+YV}{\sqrt{U^2+V^2}}} \mid (U, V)\right]\right] = & \quad \text{(per il Lemma di freezing} \\
& \quad \text{e l'Esempio 3.5.16)} \\
= E\left[e^{-\frac{\eta^2}{2}}\right] = e^{-\frac{\eta^2}{2}}
\end{aligned}
$$

da cui segue la tesi.

5.2.2   *Funzione attesa condizionata*

In questa sezione consideriamo il caso $\mathscr{G} = \sigma(Y)$ con Y v.a. su $(\Omega, \mathscr{F}, P)$ a valori in uno spazio misurabile $(E, \mathscr{E})$. In analogia con l'Osservazione 5.1.11, diamo una definizione alternativa di attesa condizionata come *funzione*.

Sia $X \in L^1(\Omega, \mathscr{F}, P)$ a valori in $\mathbb{R}^d$. Se $Z = E[X \mid Y]$ allora $Z \in m\sigma(Y)$ e quindi, per il Teorema 3.3.3 di Doob, esiste (e in generale non è unica) una funzione $\Phi \in m\mathscr{E}$ tale che $Z = \Phi(Y)$: per fissare le idee, si osservi il grafico seguente

$$(\Omega, \mathscr{F}) \xrightarrow{\;E[X \mid Y]\;} \left(\mathbb{R}^d, \mathscr{B}_d\right)$$

con frecce Y verso $(E, \mathscr{E})$ e Φ da $(E, \mathscr{E})$.

Definizione 5.2.10 (Funzione attesa condizionata)   Sia

$$\Phi : (E, \mathscr{E}) \longrightarrow \left(\mathbb{R}^d, \mathscr{B}_d\right)$$

una funzione tale che

i) $\Phi \in m\mathscr{E}$;
ii) $\Phi(Y) = E[X \mid Y]$.

Allora diciamo che Φ è una *versione della funzione attesa condizionata* di X a Y e scriviamo

$$\Phi(y) = E[X \mid Y = y]. \tag{5.2.9}$$

Osservazione 5.2.11   La scrittura $E[X \mid Y = y]$ in (5.2.9) *non indica l'attesa di X condizionata all'evento* $(Y = y)$ *nel senso della Definizione 2.3.2*. Infatti tale definizione richiede che $(Y = y)$ non sia trascurabile mentre in (5.2.9) Y è una v.a. generica: per esempio, se Y è una v.a. reale assolutamente continua allora l'evento $(Y = y)$ ha probabilità nulla per ogni $y \in \mathbb{R}$. Pertanto la (5.2.9) non è da intendersi come un'equazione e non identifica univocamente Φ: si tratta di una notazione per indicare che Φ è una qualsiasi funzione che verifica le due proprietà i) e ii) della Definizione 5.2.10. In altri termini, una *funzione* misurabile Φ è una versione della funzione attesa condizionata di X a Y se e solo se la *variabile aleatoria* $\Phi(Y)$ è una versione dell'attesa condizionata di X a Y.

In definitiva, l'attesa condizionata a $\sigma(Y)$ può essere interpretata come *variabile aleatoria* oppure come *funzione*: i due punti di vista sono sostanzialmente equivalenti e la scelta di quale adottare dipende generalmente dal contesto.

Esempio 5.2.12   Se $f \in b\mathscr{B}_d$ e Y una v.a. in $\mathbb{R}^d$, allora

$$f(y) = E[f(Y) \mid Y = y], \qquad y \in \mathbb{R}^d.$$

Osservazione 5.2.13 (Caratterizzazione dell'attesa condizionata in L^2) Sia $d = 1$. Per quanto visto nella dimostrazione del Teorema 5.2.1, nello spazio $L^2(\Omega,\mathscr{F},P)$ la Definizione 5.2.3 di attesa condizionata si esprime in termini di un *problema ai minimi quadrati*. Precisamente, per $X \in L^2(\Omega,\mathscr{F},P)$ e $\mathscr{G}$ sotto-σ-algebra di $\mathscr{F}$, si ha che $Z = E[X \mid \mathscr{G}]$ se e solo se Z realizza la minima distanza di X da $L^2(\Omega,\mathscr{G},P)$ nel senso che vale

$$E\left[(X-Z)^2\right] \le E\left[(X-W)^2\right], \qquad W \in L^2(\Omega,\mathscr{G},P). \tag{5.2.10}$$

Il caso che si presenta più frequentemente nelle applicazioni è quello in cui $\mathscr{G} = \sigma(Y)$ con $Y \in L^2(\Omega,\mathscr{F},P)$: se $\Phi(y) = E[X \mid Y = y]$, ossia Φ è una versione della funzione attesa condizionata di X a Y, allora $\Phi \in L^2(\mathbb{R},\mathscr{B},\mu_Y)$ e per la (5.2.10) verifica

$$E\left[(X-\Phi(Y))^2\right] = \min_{f \in L^2(\mathbb{R},\mathscr{B},\mu_Y)} E\left[(X-f(Y))^2\right].$$

In altri termini, per determinare Φ (e di conseguenza $E[X \mid Y]$) occorre risolvere il problema ai minimi quadrati

$$\Phi = \arg\min_{f \in L^2(\mathbb{R},\mathscr{B},\mu_Y)} E\left[(X-f(Y))^2\right]. \tag{5.2.11}$$

Come vedremo nell'Esempio 5.2.14, questo problema si risolve esplicitamente nel caso molto particolare di variabili con distribuzione congiunta normale, $(X,Y) \sim \mathscr{N}_{\mu,C}$. In generale il problema (5.2.11) può essere risolto numericamente con il metodo "Least Square Monte Carlo" presentato nella Sezione 5.2.3. Infine notiamo che la (5.2.10) generalizza la disuguaglianza (3.2.21) valida per il valore atteso non condizionato.

Esempio 5.2.14 Consideriamo un vettore aleatorio normale bidimensionale $(X,Y) \sim \mathscr{N}_{\mu,C}$ con

$$\mu = (\mu_1,\mu_2), \qquad C = \begin{pmatrix} \sigma_X^2 & \sigma_{XY} \\ \sigma_{XY} & \sigma_Y^2 \end{pmatrix} \ge 0.$$

Proviamo che esistono $a,b \in \mathbb{R}$ tali che $aY + b = E[X \mid Y]$: in altri termini, la funzione lineare $\Phi(y) = ay + b$ è una versione della *funzione attesa condizionata* di X a Y, ossia $ay + b = E[X \mid Y = y]$.

Se $aY + b = E[X \mid Y]$ allora a,b sono determinati univocamente dalle equazioni in (5.2.5) che qui diventano

$$E[aY+b] = E[X], \qquad \operatorname{cov}(X-(aY+b),Y) = 0$$

ossia

$$a\mu_2 + b = \mu_1, \qquad a\sigma_Y^2 = \sigma_{XY}.$$

D'altra parte, se a, b sono determinate in questo modo allora $Z := aY + b = E[X \mid Y]$ poiché:

i) chiaramente $Z \in m\sigma(Y)$;
ii) osserviamo che $X - Z$ e Y hanno distribuzione congiunta normale (poiché è $(X - Z, Y)$ è funzione lineare di (X, Y)) e quindi non sono solo scorrelate ma anche indipendenti (cfr. Proposizione 3.5.18). Di conseguenza, per ogni $W \in m\sigma(Y)$ (che quindi è indipendente da $X - Z$), si ha

$$E[(X - Z)W] = (E[X] - E[Z])E[W] = 0.$$

5.2.3 Least Square Monte Carlo

In questa sezione studiamo il problema dell'approssimazione numerica della funzione attesa condizionata

$$\Phi(y) = E[F(X, Y) \mid Y = y] \tag{5.2.12}$$

con $F(X, Y) \in L^2(\Omega, \mathscr{F}, P)$, a partire dalla conoscenza della distribuzione congiunta $\mu_{(X,Y)}$ in $\mathbb{R}^2$.

Se X, Y sono indipendenti allora per il Lemma di freezing si ha semplicemente $\Phi(y) = E[F(X, y)]$, $y \in \mathbb{R}$: quindi per determinare Φ è sufficiente calcolare un valore atteso e ciò può essere fatto numericamente col metodo Monte Carlo. In generale, si può utilizzare un estensione di tale metodo, detto Least Square Monte Carlo (LSMC), che è basato su una regressione multi-lineare del tipo visto nella Sezione 3.2.9.

Si procede nel modo seguente: per l'Osservazione 5.2.13, Φ è soluzione del problema ai minimi quadrati (5.2.11), ossia

$$\Phi = \underset{f \in L^2(\mathbb{R}, \mathscr{B}, \mu_Y)}{\arg\min} E\left[(f(Y) - F(X, Y))^2\right]. \tag{5.2.13}$$

Consideriamo una base di $L^2(\mathbb{R}, \mathscr{B}, \mu_Y)$, per esempio le funzioni polinomiali $\beta_k(y) := y^k$ con $k = 0, 1, 2, \ldots$, e fissato $n \in \mathbb{N}$, poniamo

$$\beta = (\beta_0, \beta_1, \ldots, \beta_n).$$

Approssimiamo in dimensione finita il problema (5.2.13) cercando una soluzione $\bar{\lambda} \in \mathbb{R}^{n+1}$ di

$$\min_{\lambda \in \mathbb{R}^{n+1}} E\left[|\langle \beta(Y), \lambda \rangle - F(X, Y)|^2\right]. \tag{5.2.14}$$

Una volta determinato $\bar{\lambda}$, l'approssimazione della funzione attesa condizionata in (5.2.12) è data da

$$\Phi(y) \simeq \langle \beta(y), \bar{\lambda} \rangle.$$

Risolviamo il problema (5.2.14) approssimando il valore atteso con il metodo Monte Carlo. Costruiamo due vettori $x, y \in \mathbb{R}^M$ le cui componenti sono ottenute simulando M valori delle variabili X e Y, con M sufficientemente grande. Per fissare le idee, M può essere dell'ordine di 10^5 o maggiore, mentre al contrario è sufficiente che il numero di elementi della base n sia piccolo, dell'ordine di qualche unità (si veda, per esempio, [22] o la monografia [21]). Posto

$$Q(\lambda) := \sum_{k=1}^{M} \left(\langle \beta(y_k), \lambda \rangle - F(x_k, y_k) \right)^2, \qquad \lambda \in \mathbb{R}^{n+1},$$

il valore atteso in (5.2.14) è approssimato da

$$\frac{Q(\lambda)}{M} \approx E\left[|\langle \lambda, \beta(Y) \rangle - F(X, Y)|^2 \right], \qquad M \gg 1.$$

Come nella Sezione 3.2.9, il minimo di Q si determina imponendo $\nabla Q(\lambda) = 0$. In notazioni vettoriali si ha

$$Q(\lambda) = |\mathbf{B}\lambda - \mathbf{F}|^2$$

dove $\mathbf{B} = (b_{ki})$ con $b_{ki} = \beta_i(y_k)$ e $\mathbf{F} = (F(x_k, y_k))$ per $k = 1, \ldots, M$ e $i = 0, \ldots, n$. Quindi

$$\nabla Q(\lambda) = 2 \left(\mathbf{B}^* \mathbf{B} \lambda - \mathbf{B}^* \mathbf{F} \right)$$

e imponendo la condizione $\nabla Q(\lambda) = 0$, nel caso la matrice $\mathbf{B}^* \mathbf{B}$ sia invertibile, si ottiene

$$\bar{\lambda} = (\mathbf{B}^* \mathbf{B})^{-1} \mathbf{B}^* \mathbf{F}.$$

Il calcolo di $\bar{\lambda}$ richiede l'inversione della matrice $\mathbf{B}^* \mathbf{B}$ che ha dimensione $(n + 1) \times (n + 1)$, da cui l'importanza di mantenere n piccolo. Notiamo che invece $\mathbf{B}$ è una matrice di grandi dimensioni, $M \times (n + 1)$.

Come esempio, in Figura 5.2 mostriamo il grafico delle prime quattro approssimazioni LSMC, con base polinomiale, della funzione attesa condizionata a Y

$$\Phi(y) = E\left[F(X, Y) \mid Y = y\right], \qquad F(x, y) = \max\{1 - e^{x^2 y}, 0\},$$

con (X, Y) normale bidimensionale con media nulla, deviazioni standard $\sigma_X = 0.8$, $\sigma_Y = 0.5$ e correlazione $\varrho = -0.7$.

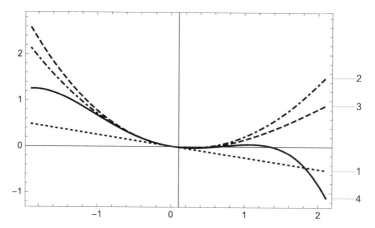

Figura 5.2 Approssimazioni LSMC

5.3 Probabilità condizionata

Siano $(\Omega, \mathscr{F}, P)$ uno spazio di probabilità e $\mathscr{G}$ una sotto-σ-algebra di $\mathscr{F}$. Per ogni $A \in \mathscr{F}$ fissiamo una versione $Z_A = E\left[\mathbb{1}_A \mid \mathscr{G}\right]$ dell'attesa di $\mathbb{1}_A$ condizionata a $\mathscr{G}$. Sembrerebbe naturale definire la *probabilità condizionata* a $\mathscr{G}$ ponendo

$$P_\omega(A \mid \mathscr{G}) = Z_A(\omega), \qquad \omega \in \Omega. \tag{5.3.1}$$

In realtà, poiché Z_A è determinata a meno di un evento P-trascurabile che dipende da A, non è detto (e in generale non è vero) che $P_\omega(\cdot \mid \mathscr{G})$ così definita sia una misura di probabilità per ogni $\omega \in \Omega$.

Definizione 5.3.1 (Versione regolare della probabilità condizionata) Nello spazio $(\Omega, \mathscr{F}, P)$, una versione regolare della probabilità condizionata a $\mathscr{G}$ è una famiglia $P(\cdot \mid \mathscr{G}) = \left(P_\omega(\cdot \mid \mathscr{G})\right)_{\omega \in \Omega}$ di *misure di probabilità* su $(\Omega, \mathscr{F})$ tale che, per ogni $A \in \mathscr{F}$ fissato, vale $P(A \mid \mathscr{G}) = E\left[\mathbb{1}_A \mid \mathscr{G}\right]$ ossia

i) $P(A \mid \mathscr{G})$ è una v.a. $\mathscr{G}$-misurabile;
ii) per ogni $W \in b\mathscr{G}$ vale

$$E\left[WP(A \mid \mathscr{G})\right] = E\left[W \mathbb{1}_A\right].$$

L'esistenza di una versione regolare della probabilità condizionata è un problema tutt'altro che banale: in [13], [14] p. 624, [24] p. 210, sono dati esempi di non esistenza. Condizioni su $(\Omega, \mathscr{F}, P)$ sufficienti[5] a garantire l'esistenza di una versione regolare della probabilità condizionata sono state fornite da vari autori: il risultato

---

[5] Il problema di fornire condizioni *necessarie e sufficienti* è complesso e in parte ancora aperto: al riguardo si veda [18].

più classico al riguardo è il seguente Teorema 5.3.2. Ricordiamo che uno *spazio polacco* è uno spazio metrico separabile[6] e completo.

Teorema 5.3.2 Sia P una misura di probabilità definita su $(\Omega, \mathscr{B})$ dove Ω è uno spazio polacco e $\mathscr{B}$ è la relativa σ-algebra di Borel. Per ogni sotto-σ-algebra $\mathscr{G}$ di $\mathscr{B}$, esiste una versione regolare della probabilità condizionata $P(\cdot \mid \mathscr{G})$.

Dimostriamo il Teorema 5.3.2 nel caso particolare in cui $\Omega = \mathbb{R}^d$ (cfr. Teorema 5.3.4): per la dimostrazione generale si veda, per esempio, [46] p. 13 oppure [14] p. 380. L'idea è di sfruttare l'esistenza di un sottoinsieme A numerabile e denso in Ω, per definire dapprima una famiglia di misure di probabilità $(P_\omega(\cdot \mid \mathscr{G}))_{\omega \in A}$ che verifichi la (5.3.1) e poi provare la tesi per densità di A in Ω.

Esempio 5.3.3 Assumiamo esista $P(\cdot \mid \mathscr{G})$. Se $G \in \mathscr{G}$ allora $P(G \mid \mathscr{G})$ assume solo i valori 0 e 1. Infatti si ha

$$P(G \mid \mathscr{G}) = E\left[\mathbb{1}_G \mid \mathscr{G}\right] = \mathbb{1}_G.$$

Sia ora X una v.a. su $(\Omega, \mathscr{F}, P)$ a valori in $\mathbb{R}^d$. Nel caso in cui esista una versione regolare $P(\cdot \mid \mathscr{G})$ della probabilità condizionata a $\mathscr{G}$, si pone

$$\mu_{X \mid \mathscr{G}}(H) := P(X \in H \mid \mathscr{G}), \qquad H \in \mathscr{B}_d.$$

Notiamo che, per definizione, $\mu_{X \mid \mathscr{G}} = \left(\mu_{X \mid \mathscr{G}}(\cdot; \omega)\right)_{\omega \in \Omega}$ è una famiglia di *distribuzioni* in $\mathbb{R}^d$ e per questo motivo è chiamata *versione regolare* della distribuzione di X condizionata a $\mathscr{G}$.

Anche non assumendo l'esistenza di $P(\cdot \mid \mathscr{G})$, possiamo comunque definire una versione regolare della distribuzione di X condizionata a $\mathscr{G}$ basandoci sul concetto di attesa condizionata. È questo il contenuto del seguente

Teorema 5.3.4 (Versione regolare della distribuzione condizionata) [!] In uno spazio di probabilità $(\Omega, \mathscr{F}, P)$, siano X una v.a. a valori in $\mathbb{R}^d$ e $\mathscr{G}$ una sotto-σ-algebra di $\mathscr{F}$. Allora esiste una famiglia $\mu_{X \mid \mathscr{G}} = \left(\mu_{X \mid \mathscr{G}}(\cdot; \omega)\right)_{\omega \in \Omega}$ di *distribuzioni* su $\mathbb{R}^d$ tali che, per ogni $H \in \mathscr{B}_d$, valga

$$\mu_{X \mid \mathscr{G}}(H) = E\left[\mathbb{1}_{(X \in H)} \mid \mathscr{G}\right]. \tag{5.3.2}$$

Diciamo che $\mu_{X \mid \mathscr{G}}$ è una *versione regolare della distribuzione di X condizionata a $\mathscr{G}$*.

Dimostrazione Si veda la Sezione 5.4.1. □

---

[6] Uno spazio metrico $\mathscr{S}$ si dice separabile se esiste un sottoinsieme numerabile e denso in $\mathscr{S}$.

Osservazione 5.3.5 [!] *Anche se l'esistenza di una versione regolare* $P(\cdot \mid \mathscr{G})$
della probabilità condizionata a $\mathscr{G}$ *non è garantita in generale*, tuttavia con un pic-
colo abuso di notazione scriveremo indifferentemente $\mu_{X|\mathscr{G}}(H)$ o $P(X \in H \mid \mathscr{G})$
per indicare una versione regolare della distribuzione di X condizionata a $\mathscr{G}$.

Notazione 5.3.6 Nel seguito spesso ometteremo di indicare la dipendenza da
$\omega \in \Omega$ e scriveremo $\mu_{X|\mathscr{G}}$ invece di $\mu_{X|\mathscr{G}}(\cdot; \omega)$, interpretando $\mu_{X|\mathscr{G}}$ come una
"distribuzione aleatoria". Se $\mathscr{G} = \sigma(Y)$ dove Y è una qualsiasi v.a. su $(\Omega, \mathscr{F}, P)$,
scriveremo $\mu_{X|Y}$ invece di $\mu_{X|\sigma(Y)}$.

Esempio 5.3.7 [!] Se $X \in m\mathscr{G}$ allora $\mu_{X|\mathscr{G}} = \delta_X$. Infatti la famiglia $(\delta_{X(\omega)})_{\omega \in \Omega}$
gode delle seguenti proprietà:

i) ovviamente $\delta_{X(\omega)}$ è una distribuzione su $\mathbb{R}^d$ per ogni $\omega \in \Omega$;
ii) per ogni $H \in \mathscr{B}_d$ vale

$$\delta_X(H) = \mathbb{1}_H(X) = \qquad \text{(poiché } X \in m\mathscr{G} \text{ per ipotesi)}$$
$$= E\left[\mathbb{1}_H(X) \mid \mathscr{G}\right].$$

Teorema 5.3.8 (Teorema del calcolo della media) [!] In uno spazio di probabi-
lità $(\Omega, \mathscr{F}, P)$, siano X una v.a. a valori in $\mathbb{R}^d$ e $\mathscr{G}$ una sotto-σ-algebra di $\mathscr{F}$. Se
$f \in m\mathscr{B}_d$ e $f(X) \in L^1(\Omega, P)$ si ha

$$\int_{\mathbb{R}^d} f \, d\mu_{X|\mathscr{G}} = E\left[f(X) \mid \mathscr{G}\right]. \tag{5.3.3}$$

Dimostrazione La tesi si prova applicando la procedura standard dell'Osservazione 3.2.21, sfruttando la linearità e il Teorema di Beppo-Levi per l'attesa condizionata. Basta considerare $d = 1$. Posto

$$Z(\omega) := \int_{\mathbb{R}} f(x) \mu_{X|\mathscr{G}}(dx; \omega), \qquad \omega \in \Omega,$$

dobbiamo provare che $Z = E\left[f(X) \mid \mathscr{G}\right]$. Ciò è vero per definizione (cfr. (5.3.2))
se $f = \mathbb{1}_H$ con $H \in \mathscr{B}$. Per linearità, la (5.3.3) si estende alle funzioni semplici. Inoltre, se f è a valori reali non-negativi, allora si considera una successione
approssimante $0 \leq f_n \nearrow f$ di funzioni semplici e, applicando il Teorema di
Beppo-Levi prima nella versione classica[7] e poi per l'attesa condizionata, si ha

$$\int_{\mathbb{R}} f \, d\mu_{X|\mathscr{G}} = \lim_{n \to \infty} \int_{\mathbb{R}} f_n \, d\mu_{X|\mathscr{G}} = \lim_{n \to \infty} E\left[f_n(X) \mid \mathscr{G}\right] = E\left[f(X) \mid \mathscr{G}\right].$$

Il caso di una f generica si tratta al solito separando la parte positiva e negativa e
riutilizzando la linearità dell'attesa condizionata. $\square$

---

[7] Qui utilizziamo il fatto che $\mu_{X|\mathscr{G}} = \mu_{X|\mathscr{G}}(\cdot; \omega)$ è una distribuzione per ogni $\omega \in \Omega$.

Osservazione 5.3.9 [!] Il Teorema 5.3.8 chiarisce l'importanza del concetto di *versione regolare* della distribuzione condizionata, poiché esso *garantisce che l'integrale in* (5.3.3) *sia ben definito*.

Teorema 5.3.10 (Formula della probabilità totale) [!] In uno spazio di probabilità $(\Omega, \mathscr{F}, P)$, siano X una v.a. a valori in $\mathbb{R}^d$ e $\mathscr{G}$ una sotto-σ-algebra di $\mathscr{F}$. Allora si ha

$$\mu_X = E\left[\mu_{X|\mathscr{G}}\right].$$

Dimostrazione Per definizione, per ogni $H \in \mathscr{B}_d$ si ha

$$E\left[\mu_{X|\mathscr{G}}(H)\right] = E\left[E\left[\mathbb{1}_{(X \in H)} \mid \mathscr{G}\right]\right] = E\left[\mathbb{1}_{(X \in H)}\right] = \mu_X(H). \ \square$$

In modo simile si dimostra il seguente utile risultato.

Corollario 5.3.11 Siano X, Y v.a. su $(\Omega, \mathscr{F}, P)$, rispettivamente a valori in $\mathbb{R}^d$ e $\mathbb{R}^n$. Allora si ha

$$\mu_{(X,Y)}(H \times K) = E\left[\mu_{X|Y}(H)\mathbb{1}_{(Y \in K)}\right], \qquad H \in \mathscr{B}_d, \ K \in \mathscr{B}_n. \tag{5.3.4}$$

La (5.3.4) *mostra come si ricava la legge congiunta di* X, Y *a partire dalla legge condizionata* $\mu_{X|Y}$ *e dalla legge marginale* μ_Y: infatti la v.a. $\mu_{X|Y}(H)\mathbb{1}_{(Y \in K)}$ è funzione di Y e pertanto il valore atteso in (5.3.4) è calcolabile a partire da μ_Y.

Dimostrazione del Corollario 5.3.11 Per definizione si ha

$$E\left[\mu_{X|Y}(H)\mathbb{1}_{(Y \in K)}\right]$$

$$= E\left[E\left[\mathbb{1}_{(X \in H)} \mid Y\right]\mathbb{1}_{(Y \in K)}\right] = \qquad \text{(per la proprietà ii) del Teorema 5.2.1}$$
$$\text{con } W = \mathbb{1}_{(Y \in K)})$$

$$= E\left[\mathbb{1}_{(X \in H)}\mathbb{1}_{(Y \in K)}\right] = \mu_{(X,Y)}(H \times K). \ \square$$

Esempio 5.3.12 Data una v.a. bidimensionale (X, Y), supponiamo che $Y \sim$ Unif$_{[0,1]}$ e $\mu_{X|Y} = \text{Exp}_Y$. Proviamo che (X, Y) è assolutamente continua e determiniamo la densità congiunta di X, Y e la densità marginale di X. Un'immediata conseguenza della (5.3.4) è la seguente formula per la CDF congiunta: dati $x \in \mathbb{R}_{\geq 0}$ e $y \in [0, 1]$, si ha

$$P((X \leq x) \cap (Y \leq y)) = E\left[\text{Exp}_Y(]-\infty, x])\mathbb{1}_{(Y \leq y)}\right]$$
$$= E\left[\left(1 - e^{-xY}\right)\mathbb{1}_{(Y \leq y)}\right]$$
$$= \int_0^y \left(1 - e^{-xt}\right)dt = \frac{e^{-xy} - 1 + xy}{x}.$$

Ne segue che la CDF di (X, Y) è

$$F_{(X,Y)}(x, y) = \begin{cases} 0 & \text{se } (x, y) \in \mathbb{R}_{<0} \times \mathbb{R}_{<0}, \\ \frac{e^{-xy} - 1 + xy}{x} & \text{se } (x, y) \in \mathbb{R}_{\geq 0} \times [0, 1], \\ \frac{e^{-x} - 1 + x}{x} & \text{se } (x, y) \in \mathbb{R}_{\geq 0} \times [1, +\infty[. \end{cases}$$

Da ciò si ricava[8] la densità congiunta

$$\gamma_{(X,Y)}(x, y) = \partial_x \partial_y F(x, y) = y e^{-xy} \mathbb{1}_{\mathbb{R}_{\geq 0} \times [0,1]}(x, y).$$

Per la densità marginale, si ha

$$\gamma_X(x) = \partial_x P(X \leq x) = \partial_x F(x, 1) = \frac{e^{-x} (e^x - 1 - x)}{x^2} \mathbb{1}_{\mathbb{R}_{\geq 0}}(x).$$

5.3.1   Funzione distribuzione condizionata

Teorema 5.3.13 (Versione regolare della funzione distribuzione condizionata)
[!] In uno spazio di probabilità $(\Omega, \mathscr{F}, P)$, siano X una v.a. a valori in $\mathbb{R}^d$ e Y una v.a. a valori in uno spazio misurabile $(E, \mathscr{E})$. Allora esiste una famiglia $(\mu(\cdot; y))_{y \in E}$ di *distribuzioni* su $\mathbb{R}^d$ tale che, per ogni $H \in \mathscr{B}_d$,

i) la funzione $y \mapsto \mu(H; y)$ è $\mathscr{E}$-misurabile;
ii) $\mu(H, Y) = P(X \in H \mid Y)$ ossia[9], per ogni $W \in b\sigma(Y)$ si ha

$$E[W\mu(H; Y)] = E\left[W \mathbb{1}_{(X \in H)}\right].$$

Diciamo che $(\mu(\cdot; y))_{y \in E}$ è una *versione regolare della funzione distribuzione di X condizionata a Y* e scriviamo

$$\mu(\cdot; y) = \mu_{X \mid Y = y}.$$

Dimostrazione   La prova è leggermente più sofisticata ma sostanzialmente analoga a quella del Teorema 5.3.4: per questo motivo non la riportiamo e rimandiamo a [26], Teorema 6.3, per i dettagli. □

Osservazione 5.3.14   Se $\mu(\cdot; y) = \mu_{X \mid Y = y}$ allora $(\mu_{X \mid Y}(\cdot; Y(\omega)))_{\omega \in \Omega}$ è una versione regolare della distribuzione di X condizionata a Y nel senso del Teorema 5.3.4.

---

[8] Si ricordi che

$$F(x, y) = \int_{-\infty}^{x} \int_{-\infty}^{y} \gamma_{(X,Y)}(\xi, \eta) d\xi d\eta.$$

[9] Si ricordi la notazione dell'Osservazione 5.3.5.

Esempio 5.3.15 Riprendiamo l'Esempio 5.3.7: se Y è una v.a. reale allora $\mu_{Y|Y} = \delta_Y$. In altri termini, la distribuzione aleatoria δ_Y è una versione regolare della distribuzione di Y condizionata ad Y.

Per esempio, se $Y \sim \text{Unif}_{[0,1]}$ allora $(\delta_y)_{y \in \mathbb{R}}$ è una versione regolare della *funzione* distribuzione di Y condizionata a Y. In realtà sarebbe sufficiente definire la versione regolare solo per $y \in E = [0,1]$: il valore assunto fuori da $[0,1]$ è irrilevante poiché Y assume valori in $[0,1]$ q.c.

Nell'Esempio 5.3.12, $\text{Exp}_Y = \mu_{X|Y}$ ossia Exp_Y è una versione regolare della distribuzione di X condizionata a $Y \sim \text{Unif}_{[0,1]}$: equivalentemente $(\text{Exp}_y)_{y \in [0,1]}$ è una versione regolare della *funzione* distribuzione di X condizionata a Y.

Ricordiamo la notazione (5.2.9), $E[X \mid Y = y]$, per indicare la *funzione* attesa di X condizionata a Y. Vale il seguente risultato analogo al Teorema 5.3.8.

Teorema 5.3.16 (Teorema del calcolo della media) In uno spazio di probabilità $(\Omega, \mathscr{F}, P)$, siano X una v.a. a valori in $\mathbb{R}^d$ e Y una v.a. a valori in uno spazio misurabile $(E, \mathscr{E})$. Per ogni $f \in m\mathscr{B}_d$ tale che $f(X) \in L^1(\Omega, P)$ si ha

$$\int_{\mathbb{R}^d} f d\mu_{X|Y=y} = E[f(X) \mid Y = y].$$

5.3.2 Il caso assolutamente continuo

Consideriamo un vettore aleatorio (X, Y) in $\mathbb{R}^d \times \mathbb{R}$, assolutamente continuo con densità $\gamma_{(X,Y)}$. Ricordiamo che, per il Teorema di Fubini,

$$\gamma_Y(y) := \int_{\mathbb{R}^d} \gamma_{(X,Y)}(x, y) dx, \qquad y \in \mathbb{R}, \tag{5.3.5}$$

è una[10] densità di Y e l'insieme

$$(\gamma_Y > 0) := \{y \in \mathbb{R} \mid \gamma_Y(y) > 0\}$$

appartiene a $\mathscr{B}$.

Proposizione 5.3.17 [!] Sia $(X, Y) \in \text{AC}$ un vettore aleatorio con densità $\gamma_{(X,Y)}$. Allora la funzione

$$\gamma_{X|Y}(x, y) := \frac{\gamma_{(X,Y)}(x, y)}{\gamma_Y(y)}, \qquad x \in \mathbb{R}^d, \ y \in (\gamma_Y > 0), \tag{5.3.6}$$

---

[10] Ricordiamo (cfr. Osservazione 2.4.19) che la densità di una v.a. è definita a meno di insiemi di Borel di misura nulla secondo Lebesgue.

è una *versione regolare della densità di X condizionata a Y* nel senso che la famiglia $(\mu(\cdot; y))_{y \in (\gamma_Y > 0)}$ definita da

$$\mu(H; y) := \int_H \gamma_{X|Y}(x, y) dx, \qquad H \in \mathscr{B}_d, \ y \in (\gamma_Y > 0), \qquad (5.3.7)$$

è una versione regolare della *funzione* distribuzione di X condizionata a Y. Di conseguenza, per ogni $f \in m\mathscr{B}_d$ tale che $f(X) \in L^1(\Omega, P)$ vale

$$\int_{\mathbb{R}^d} f(x)\gamma_{X|Y}(x, y) dx = E\left[f(X) \mid Y = y\right] \qquad (5.3.8)$$

o equivalentemente

$$\int_{\mathbb{R}^d} f(x)\gamma_{X|Y}(x, Y) dx = E\left[f(X) \mid Y\right]. \qquad (5.3.9)$$

Dimostrazione   Si veda la Sezione 5.4.2. $\square$

Esempio 5.3.18   Sia (X, Y) un vettore aleatorio con distribuzione uniforme su

$$S = \{(x, y) \in \mathbb{R}^2 \mid x > 0, \ y > 0, \ x^2 + y^2 < 1\}.$$

Determiniamo:

i)   la distribuzione condizionata $\mu_{X|Y}$;
ii) $E\left[X \mid Y\right]$ e var$(X \mid Y)$;
iii) la densità della v.a. $E\left[X \mid Y\right]$.

   i) La densità congiunta è

$$\gamma_{(X,Y)}(x, y) = \frac{4}{\pi} \mathbb{1}_S(x, y)$$

e la marginale di Y è

$$\gamma_Y(y) = \int_{\mathbb{R}} \gamma_{(X,Y)}(x, y) dx = \frac{4\sqrt{1 - y^2}}{\pi} \mathbb{1}_{]0,1[}(y).$$

Allora

$$\gamma_{X|Y}(x, y) = \frac{\gamma_{(X,Y)}(x, y)}{\gamma_Y(y)} = \frac{1}{\sqrt{1 - y^2}} \mathbb{1}_{[0, \sqrt{1-y^2}]}(x), \qquad y \in \ ]0, 1[,$$

da cui riconosciamo che

$$\mu_{X|Y} = \text{Unif}_{[0,\sqrt{1-Y^2}]}. \tag{5.3.10}$$

ii) Per la (5.3.10) si ha

$$E[X \mid Y] = \frac{\sqrt{1-Y^2}}{2}, \qquad \text{var}(X \mid Y) = \frac{1-Y^2}{12}.$$

In alternativa, in base alla (5.3.8) della Proposizione 5.3.17 si ha, per $y \in \,]0,1[$,

$$E[X \mid Y = y] = \int_{\mathbb{R}} x \gamma_{X|Y}(x,y)dx = \frac{\sqrt{1-y^2}}{2},$$

$$\text{var}(X \mid Y = y) = \int_{\mathbb{R}} \left(x - \frac{\sqrt{1-y^2}}{2}\right)^2 \gamma_{X|Y}(x,y)dx = \frac{1-y^2}{12}.$$

iii) Infine per determinare la densità della v.a. $Z = \frac{\sqrt{1-Y^2}}{2}$ utilizziamo la CDF: si ha $P(Z \leq 0) = 0$, $P(Z \leq 1/2) = 1$ e per $0 < z < 1/2$ vale

$$\begin{aligned}
P(Z \leq z) &= P\left(\sqrt{1-Y^2} \leq 2z\right)\\
&= P\left(Y^2 \geq 1 - 4z^2\right)\\
&= P\left(Y \geq \sqrt{1-4z^2}\right)\\
&= 1 - \int_0^{\sqrt{1-4z^2}} \frac{4\sqrt{1-y^2}}{\pi}dy.
\end{aligned}$$

Derivando otteniamo la densità di Z:

$$\gamma_Z(z) = \frac{32z^2}{\pi\sqrt{1-4z^2}} \mathbb{1}_{]0,1/2[}(z).$$

Corollario 5.3.19 (Formula della probabilità totale per la densità) Sia $(X,Y) \in$ AC un vettore aleatorio con densità $\gamma_{(X,Y)}$. Vale

$$\gamma_X = E\left[\gamma_{X|Y}(\cdot, Y)\right]. \tag{5.3.11}$$

Dimostrazione Per ogni $f \in b\mathscr{B}$ si ha

$$\begin{aligned}
E[f(X)] &= E[E[f(X) \mid Y]] = &\text{(per la (5.3.9))}\\
&= E\left[\int_{\mathbb{R}^d} f(x)\gamma_{X|Y}(x,Y)dx\right] = &\text{(per il Teorema di Fubini)}\\
&= \int_{\mathbb{R}^d} f(x)E\left[\gamma_{X|Y}(x,Y)\right]dx
\end{aligned}$$

e questo prova la tesi, data l'arbitrarietà di f. $\square$

Esempio 5.3.20 Siano X, Y v.a. reali. Supponiamo $Y \sim \text{Exp}_\lambda$, con $\lambda > 0$, e che la densità di X condizionata a Y sia di tipo esponenziale:

$$\gamma_{X|Y}(x, y) = y e^{-xy} \mathbb{1}_{[0,+\infty[}(x),$$

ossia $\mu_{X|Y} = \text{Exp}_Y$. Determiniamo la densità di X: utilizzando la (5.3.11) si ha

$$\gamma_X(x) = E\left[Y e^{-xY} \mathbb{1}_{[0,+\infty[}(x)\right]$$

$$= \int\limits_0^{+\infty} y e^{-xy} \lambda e^{-\lambda y} \, dy \, \mathbb{1}_{[0,+\infty[}(x)$$

$$= \frac{\lambda}{(x+\lambda)^2} \mathbb{1}_{[0,+\infty[}(x).$$

Si noti che $X \notin L^1(\Omega, P)$.

Esempio 5.3.21 Riprendiamo l'Esempio 5.2.14 e consideriamo un vettore aleatorio normale bidimensionale $(X, Y) \sim \mathcal{N}_{\mu, C}$ con

$$\mu = (\mu_1, \mu_2), \qquad C = \begin{pmatrix} \sigma_X^2 & \sigma_{XY} \\ \sigma_{XY} & \sigma_Y^2 \end{pmatrix} > 0.$$

Determiniamo:

i) la funzione caratteristica $\varphi_{X|Y}$ e la distribuzione $\mu_{X|Y}$ di X condizionata a Y;
ii) $E[X \mid Y]$.

i) La densità di X condizionata a Y è

$$\gamma_{X|Y}(x, y) = \frac{\gamma_{(X,Y)}(x, y)}{\gamma_Y(y)}, \qquad (x, y) \in \mathbb{R}^2,$$

da cui, con qualche calcolo, si trova

$$\varphi_{X|Y}(\eta_1, Y) = E\left[e^{i\eta_1 X} \mid Y\right]$$

$$= \int\limits_{\mathbb{R}} e^{i\eta_1 x} \gamma_{X|Y}(x, Y) \, dx$$

$$= e^{i\eta_1\left(\mu_1 + (Y-\mu_2)\frac{\sigma_{XY}}{\sigma_Y^2}\right) - \frac{1}{2}\eta_1^2\left(\sigma_X^2 - \frac{\sigma_{XY}^2}{\sigma_Y^2}\right)},$$

ossia

$$\mu_{X|Y} = \mathcal{N}_{\mu_1 + (Y-\mu_2)\frac{\sigma_{XY}}{\sigma_Y^2}, \, \sigma_X^2 - \frac{\sigma_{XY}^2}{\sigma_Y^2}}. \tag{5.3.12}$$

ii) Da (5.3.12) si ha

$$E\left[X \mid Y\right] = \mu_1 + (Y - \mu_2)\frac{\sigma_{XY}}{\sigma_Y^2} \qquad (5.3.13)$$

in accordo con quanto visto nell'Esempio 5.2.14. Lo stesso risultato si ottiene con la (5.3.8), calcolando

$$E\left[X \mid Y = y\right] = \int_{\mathbb{R}} x\gamma_{X\mid Y}(x, y)dx = \mu_1 + (y - \mu_2)\frac{\sigma_{XY}}{\sigma_Y^2}.$$

Esempio 5.3.22 Sia (X_1, X_2, X_3) un vettore aleatorio con distribuzione normale $\mathcal{N}_{\mu, C}$ dove

$$\mu = (0, 1, 0), \qquad C = \begin{pmatrix} 1 & 1 & 0 \\ 1 & 2 & 1 \\ 0 & 1 & 3 \end{pmatrix}.$$

Per determinare

$$E\left[(X_1, X_2, X_3) \mid X_3\right],$$

anzitutto osserviamo che $(X_1, X_3) \sim \mathcal{N}_{(0,0), C_2}$ e $(X_2, X_3) \sim \mathcal{N}_{(1,0), C_1}$ dove

$$C_2 = \begin{pmatrix} 1 & 0 \\ 0 & 3 \end{pmatrix}, \qquad C_1 = \begin{pmatrix} 2 & 1 \\ 1 & 3 \end{pmatrix}.$$

Ricordando il Teorema 5.2.7-3) e osservando che X_1 e X_3 sono indipendenti poiché $\mathrm{cov}(X_1, X_3) = 0$, abbiamo che $E\left[X_1 \mid X_3\right] = E\left[X_1\right] = 0$. Inoltre, per la (5.3.13),

$$E\left[X_2 \mid X_3\right] = 1 + \frac{X_3}{3}.$$

Infine, ancora per Teorema 5.2.7-2), si ha $E\left[X_3 \mid X_3\right] = X_3$. In definitiva

$$E\left[(X_1, X_2, X_3) \mid X_3\right] = \left(E\left[X_1 \mid X_3\right], E\left[X_2 \mid X_3\right], E\left[X_3 \mid X_3\right]\right)$$

$$= \left(0, 1 + \frac{X_3}{3}, X_3\right).$$

Esempio 5.3.23 Il petrolio ricevuto da una raffineria contiene una concentrazione di detriti pari a Y Kg/barile dove $Y \sim \mathrm{Unif}_{]0,1]}$. Si stima che il processo di raffinazione porti la concentrazione di detriti da Y a X con $X \sim \mathrm{Unif}_{[0, \alpha Y]}$ dove $\alpha < 1$ è un parametro positivo noto. Determiniamo:

i) le densità $\gamma_{(X,Y)}$ e γ_X;

ii) il valore atteso della concentrazione di detriti Y prima della raffinazione, dando per nota la concentrazione X dopo la raffinazione.

i) I dati del problema sono:

$$\mu_Y = \text{Unif}_{]0,1]}, \qquad \mu_{X|Y} = \text{Unif}_{[0,\alpha Y]},$$

ossia

$$\gamma_Y(y) = \mathbb{1}_{[0,1]}(y), \qquad \gamma_{X|Y}(x,y) = \frac{1}{\alpha y}\mathbb{1}_{[0,\alpha y]}(x), \qquad y \in]0,1].$$

Dalla formula (5.3.6) per la densità condizionata ricaviamo

$$\gamma_{(X,Y)}(x,y) = \gamma_{X|Y}(x,y)\gamma_Y(y) = \frac{1}{\alpha y}\mathbb{1}_{]0,\alpha y[\times]0,1[}(x,y)$$

e

$$\gamma_X(x) = \int_{\mathbb{R}} \gamma_{(X,Y)}(x,y)dy = \int_{\frac{x}{\alpha}}^{1} \frac{1}{\alpha y}dy\,\mathbb{1}_{]0,\alpha[}(x) = \frac{\log\alpha - \log x}{\alpha}\mathbb{1}_{]0,\alpha[}(x).$$

ii) Calcoliamo $E[Y \mid X]$. Si ha

$$\gamma_{Y|X}(y,x) = \frac{\gamma_{(X,Y)}(x,y)}{\gamma_X(x)}\mathbb{1}_{(\gamma_X > 0)}(x) = \frac{1}{y(\log\alpha - \log x)}\mathbb{1}_{]0,\alpha y[\times]0,1[}(x,y)$$

$$\tag{5.3.14}$$

da cui

$$E[Y \mid X = x] = \int_{\mathbb{R}} y\gamma_{Y|X}(y,x)dy$$

$$= \frac{1}{\log\alpha - \log x}\mathbb{1}_{]0,\alpha[}(x)\int_{\frac{x}{\alpha}}^{1} dy = \frac{\alpha - x}{\alpha(\log\alpha - \log x)}\mathbb{1}_{]0,\alpha[}(x).$$

In definitiva si ha

$$E[Y \mid X] = \frac{\alpha - X}{\alpha(\log\alpha - \log X)}.$$

Notiamo che nella (5.3.14) abbiamo usato la relazione

$$\gamma_{Y|X}(y,x) = \frac{\gamma_{(X,Y)}(x,y)}{\gamma_X(x)}\mathbb{1}_{(\gamma_X > 0)}(x) = \frac{\gamma_{X|Y}(x,y)}{\gamma_X(x)}\gamma_Y(y),$$

che è una versione della formula di Bayes.

Esempio 5.3.24 Sia (X, Y) un vettore aleatorio con distribuzione marginale $\mu_Y = \chi^2$ e distribuzione condizionata $\mu_{X|Y} = \mathscr{N}_{0,\frac{1}{Y}}$. Ricordiamo che le relative densità sono

$$\gamma_Y(y) = \frac{1}{\sqrt{2\pi y}} e^{-\frac{y}{2}}, \qquad \gamma_{X|Y}(x, y) = \sqrt{\frac{y}{2\pi}} e^{-\frac{x^2 y}{2}}, \qquad y > 0.$$

Allora la densità congiunta è data da

$$\gamma_{(X,Y)}(x, y) = \gamma_{X|Y}(x, y)\gamma_Y(y) = \frac{1}{2\pi} e^{-\frac{(1+x^2)y}{2}}, \qquad y > 0,$$

e la marginale di X è

$$\gamma_X(x) = \int\limits_{0}^{+\infty} \gamma_{(X,Y)}(x, y)dy = \frac{1}{\pi(1 + x^2)}, \qquad x \in \mathbb{R},$$

ossia X ha distribuzione di Cauchy (cfr. (3.5.5)).

5.4 Appendice

5.4.1 Dimostrazione del Teorema 5.3.4

Alla dimostrazione del Teorema 5.3.4 premettiamo il seguente risultato: diciamo che

$$F : \mathbb{Q} \longrightarrow [0, 1]$$

è una *funzione di ripartizione (o CDF) su* $\mathbb{Q}$ se:

i) F è monotona crescente;
ii) F è continua a destra nel senso che, per ogni $q \in \mathbb{Q}$, vale

$$F(q) = F(q+) := \lim_{\substack{p \downarrow q \\ p \in \mathbb{Q}}} F(p); \tag{5.4.1}$$

iii) vale

$$\lim_{\substack{q \to -\infty \\ q \in \mathbb{Q}}} F(q) = 0 \qquad \text{e} \qquad \lim_{\substack{q \to +\infty \\ q \in \mathbb{Q}}} F(q) = 1. \tag{5.4.2}$$

Lemma 5.4.1 Data una CDF F su $\mathbb{Q}$, esiste una distribuzione μ su $\mathbb{R}$ tale che

$$F(q) = \mu(]-\infty, q]), \qquad q \in \mathbb{Q}. \tag{5.4.3}$$

Dimostrazione La funzione definita da[11]

$$\bar{F}(x) := \lim_{\substack{y \downarrow x \\ y \in \mathbb{Q}}} F(y), \qquad x \in \mathbb{R},$$

è una CDF su $\mathbb{R}$ (provarlo per esercizio) e $F = \bar{F}$ su $\mathbb{Q}$. Allora per il Teorema 2.4.33 esiste una distribuzione μ che verifica la (5.4.3). $\square$

Dimostrazione del Teorema 5.3.4 Basta considerare il caso $d = 1$. Per ogni $q \in \mathbb{Q}$, fissiamo una versione dell'attesa condizionata

$$F(q) := E\left[\mathbb{1}_{(X \leq q)} \mid \mathscr{G}\right]$$

la cui esistenza è garantita dal Teorema 5.2.1. In realtà, $F = F(q, \omega)$ dipende anche da $\omega \in \Omega$ ma per brevità scriveremo $F = F(q)$ considerando $F(q)$ come variabile aleatoria ($\mathscr{G}$-misurabile, per definizione). In base alle proprietà dell'attesa condizionata e alla numerabilità di $\mathbb{Q}$, si ha che P-*quasi certamente F è una CDF su* $\mathbb{Q}$: più precisamente, esiste un evento trascurabile $C \in \mathscr{G}$ tale che $F = F(\cdot, \omega)$ è una CDF su $\mathbb{Q}$ per ogni $\omega \in \Omega \setminus C$. Infatti, se $p, q \in \mathbb{Q}$ con $p \leq q$, allora $\mathbb{1}_{(X \leq p)} \leq \mathbb{1}_{(X \leq q)}$ e quindi

$$F(p) = E\left[\mathbb{1}_{(X \leq p)} \mid \mathscr{G}\right] \leq E\left[\mathbb{1}_{(X \leq q)} \mid \mathscr{G}\right] = F(q)$$

a meno di un evento $\mathscr{G}$-misurabile trascurabile, per la proprietà di monotonia dell'attesa condizionata. Analogamente si provano le proprietà (5.4.1) e (5.4.2) come conseguenza del Teorema della convergenza dominata per l'attesa condizionata: per esempio, se $(p_n)_{n \in \mathbb{N}}$ è una successione in $\mathbb{Q}$ tale che $p_n \downarrow q \in \mathbb{Q}$ allora la successione di v.a. $\left(\mathbb{1}_{(X \leq p_n)}\right)_{n \in \mathbb{N}}$ è limitata e converge puntualmente

$$\lim_{n \to \infty} \mathbb{1}_{(X \leq p_n)}(\omega) = \mathbb{1}_{(X \leq q)}(\omega), \qquad \omega \in \Omega,$$

da cui

$$\lim_{n \to \infty} F(p_n) = \lim_{n \to \infty} E\left[\mathbb{1}_{(X \leq p_n)} \mid \mathscr{G}\right] = E\left[\mathbb{1}_{(X \leq q)} \mid \mathscr{G}\right] = F(q).$$

In base al Lemma 5.4.1, per ogni $\omega \in \Omega \setminus C$ esiste una distribuzione $\mu = \mu(\cdot, \omega)$ (ma scriveremo semplicemente $\mu = \mu(H)$, per $H \in \mathscr{B}$) tale che

$$\mu(]-\infty, p]) = F(p), \qquad p \in \mathbb{Q}.$$

Per costruzione, μ è una distribuzione su $\mathbb{R}$, a meno dell'evento trascurabile $C \in \mathscr{G}$: in realtà possiamo supporre che μ sia una distribuzione su tutto Ω ponendo, per

---

[11] Il limite esiste per la monotonia di F.

esempio, $\mu(\cdot, \omega) \equiv \delta_0$ per $\omega \in C$. Proviamo ora che μ soddisfa anche la (5.3.2): a tal fine utilizziamo il Teorema A.3 di Dynkin e poniamo

$$\mathscr{M} = \{H \in \mathscr{B} \mid \mu(H) = E\left[\mathbb{1}_{(X \in H)} \mid \mathscr{G}\right]\}.$$

La famiglia

$$\mathscr{A} = \{]-\infty, p] \mid p \in \mathbb{Q}\}$$

è $\cap$-chiusa, $\sigma(\mathscr{A}) = \mathscr{B}$ e, per costruzione, $\mathscr{A} \subseteq \mathscr{M}$. Se verifichiamo che $\mathscr{M}$ è una famiglia monotona, per il Teorema di Dynkin ne verrà che $\mathscr{M} = \mathscr{B}$ da cui la tesi. Ora si ha:

i) $\mathbb{R} \in \mathscr{M}$ poiché $\mathbb{1}_{\mathbb{R}}(X) \equiv 1$ è $\mathscr{G}$-misurabile e quindi coincide con la propria attesa condizionata. D'altra parte, $\mu(\mathbb{R}) = 1$ su Ω e quindi $\mu(\mathbb{R}) = E\left[\mathbb{1}_{\mathbb{R}}(X) \mid \mathscr{G}\right]$;

ii) se $H, K \in \mathscr{M}$ e $H \subseteq K$, allora

$$
\begin{aligned}
\mu(K \setminus H) &= \mu(K) - \mu(H) \\
&= E\left[\mathbb{1}_K(X) \mid \mathscr{G}\right] - E\left[\mathbb{1}_H(X) \mid \mathscr{G}\right] = \quad \text{(per la linearità} \\
&\qquad\qquad\qquad\qquad\qquad\qquad\qquad\qquad\qquad\quad \text{dell'attesa condizionata)} \\
&= E\left[\mathbb{1}_K(X) - \mathbb{1}_H(X) \mid \mathscr{G}\right] \\
&= E\left[\mathbb{1}_{K \setminus H}(X) \mid \mathscr{G}\right];
\end{aligned}
$$

iii) sia $(H_n)_{n \in \mathbb{N}}$ una successione crescente di elementi di $\mathscr{M}$. Per la continuità dal basso delle distribuzioni, si ha

$$\mu(H) = \lim_{n \to \infty} \mu(H_n), \qquad H := \bigcup_{n \geq 1} H_n.$$

D'altra parte, per il Teorema di Beppo-Levi per l'attesa condizionata, si ha

$$\lim_{n \to \infty} \mu(H_n) = \lim_{n \to \infty} E\left[\mathbb{1}_{H_n}(X) \mid \mathscr{G}\right] = E\left[\mathbb{1}_H(X) \mid \mathscr{G}\right]. \;\square$$

5.4.2 Dimostrazione della Proposizione 5.3.17

Consideriamo un vettore aleatorio (X, Y) in $\mathbb{R}^d \times \mathbb{R}$, assolutamente continuo con densità $\gamma_{(X,Y)}$.

Lemma 5.4.2 Per ogni $g \in b\mathscr{B}_{d+1}$ vale

$$\int_{(\gamma_Y = 0)} \int_{\mathbb{R}^d} g(x, y)\gamma_{(X,Y)}(x, y)\,dx\,dy = 0. \tag{5.4.4}$$

Dimostrazione Sia γ_Y la densità di Y in (5.3.5). Essendo $\gamma_{(X,Y)} \geq 0$, per il Corollario 3.2.14 si ha

$$\gamma_Y(y) = 0 \quad \Longrightarrow \quad \gamma_{(X,Y)}(\cdot, y) = 0 \quad \text{q.o.}$$

Allora, per ogni $g \in b\mathscr{B}_{d+1}$ e per ogni y tale che $\gamma_Y(y) = 0$, vale

$$\int_{\mathbb{R}^d} g(x, y)\gamma_{(X,Y)}(x, y)dx = 0,$$

da cui segue la (5.4.4). $\square$

Dimostrazione della Proposizione 5.3.17 Dobbiamo provare che la famiglia $(\mu(\cdot; y))_{y \in (\gamma_Y > 0)}$ definita in (5.3.7)–(5.3.6) è una versione regolare della *funzione distribuzione di X condizionata a Y* secondo la definizione del Teorema 5.3.13.

Anzitutto $\mu(\cdot; y)$ è una distribuzione: infatti $\gamma_{X|Y}(\cdot, y)$ in (5.3.6) è una densità poiché è una funzione misurabile, non-negativa e tale che, per la (5.3.5), vale

$$\int_{\mathbb{R}^d} \gamma_{X|Y}(x, y)dx = \frac{1}{\gamma_Y(y)} \int_{\mathbb{R}^d} \gamma_{(X,Y)}(x, y)dx = 1.$$

Fissiamo $H \in \mathscr{B}_d$. Per quanto riguarda la i) del Teorema 5.3.13, il fatto che $y \mapsto \mu(H; y) \in m\mathscr{B}$ segue dal Teorema di Fubini e dal fatto che $\gamma_{X|Y}$ è una funzione Borel-misurabile. Per quanto riguarda la ii) del Teorema 5.3.13, consideriamo $W \in b\sigma(Y)$: per il Teorema di Doob, $W = g(Y)$ con $g \in b\mathscr{B}$ e quindi si ha

$$E[W\mu(H; Y)] = \int_{\mathbb{R}} g(y)\mu(H; y)\gamma_Y(y)dy = \qquad \text{(per il Teorema di Fubini)}$$

$$= \int_{(\gamma_Y > 0)} g(y)\left(\int_H \gamma_{X|Y}(x, y)dx\right)\gamma_Y(y)dy$$

$$= \int_{(\gamma_Y > 0)} \int_H g(y)\gamma_{(X,Y)}(x, y)dx\, dy = \qquad \text{(per la (5.4.4))}$$

$$= \iint_{\mathbb{R}^d \times \mathbb{R}} g(y)\mathbb{1}_H(x)\gamma_{(X,Y)}(x, y)dx\, dy = E\left[W\mathbb{1}_{(X \in H)}\right]. \square$$

Appendice A

A.1 Teoremi di Dynkin

Indichiamo con Ω un generico insieme non vuoto. Come anticipato nella Sezione 2.4.1, è difficile dare una rappresentazione esplicita della σ-algebra $\sigma(\mathscr{A})$ generata da una famiglia $\mathscr{A}$ di sottoinsiemi di Ω. I risultati di questa sezione, dal carattere piuttosto tecnico, permettono di dimostrare che se una certa proprietà vale per gli elementi di una famiglia $\mathscr{A}$ allora vale anche per tutti gli elementi di $\sigma(\mathscr{A})$.

Definizione A.1 (Famiglia monotona di insiemi) Una famiglia $\mathscr{M}$ di sottoinsiemi di Ω è una famiglia monotona se gode delle seguenti proprietà:

i) $\Omega \in \mathscr{M}$;
ii) se $A, B \in \mathscr{M}$ e $A \subseteq B$, allora $B \setminus A \in \mathscr{M}$;
iii) se $(A_n)_{n \in \mathbb{N}}$ è una successione *crescente* di elementi di $\mathscr{M}$, allora $\bigcup_{n \in \mathbb{N}} A_n \in \mathscr{M}$.

Ogni σ-algebra è una famiglia monotona mentre il viceversa non è necessariamente vero poiché la proprietà iii) di "chiusura rispetto all'unione numerabile" vale solo per successioni crescenti, ossia tali che $A_n \subseteq A_{n+1}$ per ogni $n \in \mathbb{N}$. Tuttavia si ha il seguente risultato.

Lemma A.2 Se la famiglia monotona $\mathscr{M}$ è $\cap$-chiusa[1] allora è una σ-algebra.

Dimostrazione Se $\mathscr{M}$ è monotona verifica le prime due proprietà della definizione di σ-algebra: rimane solo da provare la ii-b) della Definizione 2.1.1, ossia che l'unione numerabile di elementi di $\mathscr{M}$ appartiene ad $\mathscr{M}$. Anzitutto, dati $A, B \in \mathscr{M}$, poiché

$$A \cup B = (A^c \cap B^c)^c,$$

---

[1] Ossia tale che $A \cap B \in \mathscr{M}$ per ogni $A, B \in \mathscr{M}$.

© Springer-Verlag Italia S.r.l., part of Springer Nature 2020
A. Pascucci, *Teoria della Probabilità*, UNITEXT 123,
https://doi.org/10.1007/978-88-470-4000-7

l'ipotesi di chiusura rispetto all'intersezione implica che $A \cup B \in \mathcal{M}$. Ora, data una successione $(A_n)_{n \in \mathbb{N}}$ di elementi di $\mathcal{M}$, definiamo la successione

$$\bar{A}_n := \bigcup_{k=1}^{n} A_k, \qquad n \in \mathbb{N},$$

che è crescente e tale che $\bar{A}_n \in \mathcal{M}$ per quanto appena dimostrato. Allora si conclude che

$$\bigcup_{n \in \mathbb{N}} A_n = \bigcup_{n \in \mathbb{N}} \bar{A}_n \in \mathcal{M}$$

per la iii) della Definizione A.1. $\square$

Osserviamo che l'intersezione di famiglie monotone è una famiglia monotona. Data una famiglia $\mathcal{A}$ di sottoinsiemi di Ω, indichiamo con $\mathcal{M}(\mathcal{A})$ l'intersezione di tutte le famiglie monotone che contengono $\mathcal{A}$: diciamo che $\mathcal{M}(\mathcal{A})$ è la *famiglia monotona generata da* $\mathcal{A}$, ossia la più piccola famiglia monotona che contiene $\mathcal{A}$.

Teorema A.3 (Primo Teorema di Dynkin)   [!]   Sia $\mathcal{A}$ una famiglia di sottoinsiemi di Ω. Se $\mathcal{A}$ è $\cap$-chiusa allora $\mathcal{M}(\mathcal{A}) = \sigma(\mathcal{A})$.

Dimostrazione $\sigma(\mathcal{A})$ è monotona e quindi $\sigma(\mathcal{A}) \supseteq \mathcal{M}(\mathcal{A})$. Viceversa, se proviamo che $\mathcal{M}(\mathcal{A})$ è $\cap$-chiusa allora dal Lemma A.2 seguirà che $\mathcal{M}(\mathcal{A})$ è una σ-algebra e quindi $\sigma(\mathcal{A}) \subseteq \mathcal{M}(\mathcal{A})$.

Proviamo dunque che $\mathcal{M}(\mathcal{A})$ è $\cap$-chiusa. Poniamo

$$\mathcal{M}_1 = \{A \in \mathcal{M}(\mathcal{A}) \mid A \cap I \in \mathcal{M}(\mathcal{A}), \ \forall \, I \in \mathcal{A}\},$$

e proviamo che $\mathcal{M}_1$ è una famiglia monotona: poiché $\mathcal{A} \subseteq \mathcal{M}_1$, ne seguirà $\mathcal{M}(\mathcal{A}) \subseteq \mathcal{M}_1$ e quindi $\mathcal{M}(\mathcal{A}) = \mathcal{M}_1$. Abbiamo:

i) $\Omega \in \mathcal{M}_1$;

ii)   per ogni $A, B \in \mathcal{M}_1$ con $A \subseteq B$, vale

$$(B \setminus A) \cap I = (B \cap I) \setminus (A \cap I) \in \mathcal{M}(\mathcal{A}), \qquad I \in \mathcal{A},$$

e quindi $B \setminus A \in \mathcal{M}_1$;

iii)   sia (A_n) una successione crescente in $\mathcal{M}_1$ e indichiamo con A l'unione degli A_n. Allora abbiamo

$$A \cap I = \bigcup_{n \geq 1} (A_n \cap I) \in \mathcal{M}(\mathcal{A}), \qquad I \in \mathcal{A},$$

e quindi $A \in \mathcal{M}_1$.

Questo prova che $\mathcal{M}(\mathscr{A}) = \mathcal{M}_1$. Ora poniamo

$$\mathcal{M}_2 = \{A \in \mathcal{M}(\mathscr{A}) \mid A \cap I \in \mathcal{M}(\mathscr{A}), \ \forall I \in \mathcal{M}(\mathscr{A})\}.$$

Abbiamo provato sopra che $\mathscr{A} \subseteq \mathcal{M}_2$. Inoltre, in modo analogo possiamo provare che $\mathcal{M}_2$ è una famiglia monotona: ne viene che $\mathcal{M}(\mathscr{A}) \subseteq \mathcal{M}_2$ e quindi $\mathcal{M}(\mathscr{A}) = \mathcal{M}_2$ ossia $\mathcal{M}(\mathscr{A})$ è $\cap$-chiusa. □

Segue immediatamente dal Teorema A.3 il seguente

Corollario A.4 Sia $\mathcal{M}$ una famiglia monotona. Se $\mathcal{M}$ contiene una famiglia $\cap$-chiusa $\mathscr{A}$, allora contiene anche $\sigma(\mathscr{A})$.

Come secondo corollario dimostriamo la parte sull'unicità del Teorema 2.4.29 di Carathéodory (si veda l'Osservazione A.6).

Corollario A.5 [!] Siano μ, ν misure finite su $(\Omega, \sigma(\mathscr{A}))$ dove $\mathscr{A}$ è una famiglia $\cap$-chiusa e tale che $\Omega \in \mathscr{A}$. Se $\mu(A) = \nu(A)$ per ogni $A \in \mathscr{A}$ allora $\mu = \nu$.

Dimostrazione Sia

$$\mathcal{M} = \{A \in \sigma(\mathscr{A}) \mid P(A) = Q(A)\}.$$

Verifichiamo che $\mathcal{M}$ è una famiglia monotona: dal primo Teorema di Dynkin seguirà che $\mathcal{M} \supseteq \mathcal{M}(\mathscr{A}) = \sigma(\mathscr{A})$ da cui la tesi.

Delle tre condizioni della Definizione A.1, la i) è vera per ipotesi. Per quanto riguarda la ii), se $A, B \in \mathcal{M}$ con $A \subseteq B$ allora si ha

$$\mu(B \setminus A) = \mu(B) - \mu(A) = \nu(B) - \nu(A) = \nu(B \setminus A)$$

e quindi $(B \setminus A) \in \mathcal{M}$. Infine, se $(A_n)_{n\in\mathbb{N}}$ è una successione crescente in $\mathcal{M}$ e $A = \bigcup_{n\in\mathbb{N}} A_n$, allora per la continuità dal basso delle misure (cfr. Proposizione 2.1.30) si ha

$$\mu(A) = \lim_{n\to\infty} \mu(A_n) = \lim_{n\to\infty} \nu(A_n) = \nu(A)$$

da cui $A \in \mathcal{M}$ e questo conclude la prova. □

Osservazione A.6 La parte sull'unicità del Teorema 2.4.29 di Carathéodory segue facilmente dal Corollario A.5: la tesi è che se μ, ν sono misure σ-finite su un'algebra $\mathscr{A}$ e coincidono su $\mathscr{A}$ allora coincidono anche su $\sigma(\mathscr{A})$.

Per ipotesi, esiste una successione $(A_n)_{n\in\mathbb{N}}$ in $\mathscr{A}$ tale che $\mu(A_n) = \nu(A_n) < \infty$ e $\Omega = \bigcup_{n\in\mathbb{N}} A_n$. Fissato $n \in \mathbb{N}$, poiché $\mathscr{A}$ è $\cap$-chiusa, utilizzando il Corollario A.5 si prova facilmente che

$$\mu(A \cap A_n) = \nu(A \cap A_n), \qquad \forall A \in \sigma(\mathscr{A}).$$

Passando al limite in n, la tesi segue dalla continuità dal basso delle misure.

Definizione A.7 (Famiglia monotona di funzioni) Una famiglia $\mathscr{H}$ di funzioni *limitate*, definite da un insieme Ω a valori reali, è *monotona* se gode delle seguenti proprietà:

i) $\mathscr{H}$ è uno spazio vettoriale reale;
ii) la funzione costante 1 appartiene ad $\mathscr{H}$;
iii) se $(X_n)_{n\in\mathbb{N}}$ è una successione di funzioni non-negative di $\mathscr{H}$ tale che $X_n \nearrow X$ con X limitata, allora $X \in \mathscr{H}$.

Teorema A.8 (Secondo Teorema di Dynkin) [!] Sia $\mathscr{A}$ una famiglia $\cap$-chiusa di sottoinsiemi di Ω. Se $\mathscr{H}$ è una famiglia monotona che contiene le funzioni indicatrici di elementi di $\mathscr{A}$, allora $\mathscr{H}$ contiene anche tutte le funzioni limitate e $\sigma(\mathscr{A})$-misurabili.

Dimostrazione Poniamo

$$\mathscr{M} = \{H \subseteq \Omega \mid \mathbb{1}_H \in \mathscr{H}\}.$$

Per ipotesi, $\mathscr{A} \subseteq \mathscr{M}$ e, usando il fatto che $\mathscr{H}$ è una famiglia monotona, è facile provare che $\mathscr{M}$ è una famiglia monotona di insiemi. Allora $\mathscr{M} \supseteq \mathscr{M}(\mathscr{A}) = \sigma(\mathscr{A})$, dove l'uguaglianza è conseguenza del primo Teorema di Dynkin. Dunque $\mathscr{H}$ contiene le funzioni indicatrici di elementi di $\sigma(\mathscr{A})$.

Data $X \in m\sigma(\mathscr{A})$, non-negativa e limitata, per Lemma 3.2.3 esiste una successione $(X_n)_{n\in\mathbb{N}}$ di funzioni semplici $\sigma(\mathscr{A})$-misurabili e non-negative tali che $X_n \nearrow X$. Ogni X_n è combinazione lineare di funzioni indicatrici di elementi di $\sigma(\mathscr{A})$ e quindi appartiene ad $\mathscr{H}$, essendo $\mathscr{H}$ uno spazio vettoriale: per la proprietà iii) di $\mathscr{H}$, si ha che $X \in \mathscr{H}$. Infine, per provare che ogni funzione $\sigma(\mathscr{A})$-misurabile e limitata appartiene ad $\mathscr{H}$, è sufficiente decomporla nella somma della sua parte positiva e negativa. $\square$

A.2 Assoluta continuità

A.2.1 Il Teorema di Radon-Nikodym

In questa sezione approfondiamo il concetto di *assoluta continuità fra misure* di cui avevamo considerato un caso particolare (l'assoluta continuità rispetto alla misura di Lebesgue) nella Sezione 2.4.5. Come risultato principale proviamo che l'esistenza della densità è condizione necessaria e sufficiente per l'assoluta continuità: questo è il contenuto del classico Teorema di Radon-Nikodym.

Definizione A.9 Siano μ, ν misure σ-finite su $(\Omega, \mathscr{F})$. Diciamo che ν è μ-assolutamente continua su $\mathscr{F}$, e scriviamo $\nu \ll \mu$, se ogni insieme μ-trascurabile di $\mathscr{F}$

Questo prova che $\mathcal{M}(\mathscr{A}) = \mathcal{M}_1$. Ora poniamo

$$\mathcal{M}_2 = \{A \in \mathcal{M}(\mathscr{A}) \mid A \cap I \in \mathcal{M}(\mathscr{A}), \; \forall\, I \in \mathcal{M}(\mathscr{A})\}.$$

Abbiamo provato sopra che $\mathscr{A} \subseteq \mathcal{M}_2$. Inoltre, in modo analogo possiamo provare che $\mathcal{M}_2$ è una famiglia monotona: ne viene che $\mathcal{M}(\mathscr{A}) \subseteq \mathcal{M}_2$ e quindi $\mathcal{M}(\mathscr{A}) = \mathcal{M}_2$ ossia $\mathcal{M}(\mathscr{A})$ è $\cap$-chiusa. $\square$

Segue immediatamente dal Teorema A.3 il seguente

Corollario A.4   Sia $\mathcal{M}$ una famiglia monotona. Se $\mathcal{M}$ contiene una famiglia $\cap$-chiusa $\mathscr{A}$, allora contiene anche $\sigma(\mathscr{A})$.

Come secondo corollario dimostriamo la parte sull'unicità del Teorema 2.4.29 di Carathéodory (si veda l'Osservazione A.6).

Corollario A.5   [!]   Siano μ, ν misure finite su $(\Omega, \sigma(\mathscr{A}))$ dove $\mathscr{A}$ è una famiglia $\cap$-chiusa e tale che $\Omega \in \mathscr{A}$. Se $\mu(A) = \nu(A)$ per ogni $A \in \mathscr{A}$ allora $\mu = \nu$.

Dimostrazione   Sia

$$\mathcal{M} = \{A \in \sigma(\mathscr{A}) \mid P(A) = Q(A)\}.$$

Verifichiamo che $\mathcal{M}$ è una famiglia monotona: dal primo Teorema di Dynkin seguirà che $\mathcal{M} \supseteq \mathcal{M}(\mathscr{A}) = \sigma(\mathscr{A})$ da cui la tesi.

Delle tre condizioni della Definizione A.1, la i) è vera per ipotesi. Per quanto riguarda la ii), se $A, B \in \mathcal{M}$ con $A \subseteq B$ allora si ha

$$\mu(B \setminus A) = \mu(B) - \mu(A) = \nu(B) - \nu(A) = \nu(B \setminus A)$$

e quindi $(B \setminus A) \in \mathcal{M}$. Infine, se $(A_n)_{n \in \mathbb{N}}$ è una successione crescente in $\mathcal{M}$ e $A = \bigcup_{n \in \mathbb{N}} A_n$, allora per la continuità dal basso delle misure (cfr. Proposizione 2.1.30) si ha

$$\mu(A) = \lim_{n \to \infty} \mu(A_n) = \lim_{n \to \infty} \nu(A_n) = \nu(A)$$

da cui $A \in \mathcal{M}$ e questo conclude la prova. $\square$

Osservazione A.6   La parte sull'unicità del Teorema 2.4.29 di Carathéodory segue facilmente dal Corollario A.5: la tesi è che se μ, ν sono misure σ-finite su un'algebra $\mathscr{A}$ e coincidono su $\mathscr{A}$ allora coincidono anche su $\sigma(\mathscr{A})$.

Per ipotesi, esiste una successione $(A_n)_{n \in \mathbb{N}}$ in $\mathscr{A}$ tale che $\mu(A_n) = \nu(A_n) < \infty$ e $\Omega = \bigcup_{n \in \mathbb{N}} A_n$. Fissato $n \in \mathbb{N}$, poiché $\mathscr{A}$ è $\cap$-chiusa, utilizzando il Corollario A.5 si prova facilmente che

$$\mu(A \cap A_n) = \nu(A \cap A_n), \qquad \forall A \in \sigma(\mathscr{A}).$$

Passando al limite in n, la tesi segue dalla continuità dal basso delle misure.

Definizione A.7 (Famiglia monotona di funzioni) Una famiglia $\mathcal{H}$ di funzioni *limitate*, definite da un insieme Ω a valori reali, è *monotona* se gode delle seguenti proprietà:

i) $\mathcal{H}$ è uno spazio vettoriale reale;
ii) la funzione costante 1 appartiene ad $\mathcal{H}$;
iii) se $(X_n)_{n \in \mathbb{N}}$ è una successione di funzioni non-negative di $\mathcal{H}$ tale che $X_n \nearrow X$ con X limitata, allora $X \in \mathcal{H}$.

Teorema A.8 (Secondo Teorema di Dynkin) [!] Sia $\mathcal{A}$ una famiglia $\cap$-chiusa di sottoinsiemi di Ω. Se $\mathcal{H}$ è una famiglia monotona che contiene le funzioni indicatrici di elementi di $\mathcal{A}$, allora $\mathcal{H}$ contiene anche tutte le funzioni limitate e $\sigma(\mathcal{A})$-misurabili.

Dimostrazione Poniamo

$$\mathcal{M} = \{H \subseteq \Omega \mid \mathbb{1}_H \in \mathcal{H}\}.$$

Per ipotesi, $\mathcal{A} \subseteq \mathcal{M}$ e, usando il fatto che $\mathcal{H}$ è una famiglia monotona, è facile provare che $\mathcal{M}$ è una famiglia monotona di insiemi. Allora $\mathcal{M} \supseteq \mathcal{M}(\mathcal{A}) = \sigma(\mathcal{A})$, dove l'uguaglianza è conseguenza del primo Teorema di Dynkin. Dunque $\mathcal{H}$ contiene le funzioni indicatrici di elementi di $\sigma(\mathcal{A})$.

Data $X \in m\sigma(\mathcal{A})$, non-negativa e limitata, per Lemma 3.2.3 esiste una successione $(X_n)_{n \in \mathbb{N}}$ di funzioni semplici $\sigma(\mathcal{A})$-misurabili e non-negative tali che $X_n \nearrow X$. Ogni X_n è combinazione lineare di funzioni indicatrici di elementi di $\sigma(\mathcal{A})$ e quindi appartiene ad $\mathcal{H}$, essendo $\mathcal{H}$ uno spazio vettoriale: per la proprietà iii) di $\mathcal{H}$, si ha che $X \in \mathcal{H}$. Infine, per provare che ogni funzione $\sigma(\mathcal{A})$-misurabile e limitata appartiene ad $\mathcal{H}$, è sufficiente decomporla nella somma della sua parte positiva e negativa. $\square$

A.2 Assoluta continuità

A.2.1 Il Teorema di Radon-Nikodym

In questa sezione approfondiamo il concetto di *assoluta continuità fra misure* di cui avevamo considerato un caso particolare (l'assoluta continuità rispetto alla misura di Lebesgue) nella Sezione 2.4.5. Come risultato principale proviamo che l'esistenza della densità è condizione necessaria e sufficiente per l'assoluta continuità: questo è il contenuto del classico Teorema di Radon-Nikodym.

Definizione A.9 Siano μ, ν misure σ-finite su $(\Omega, \mathcal{F})$. Diciamo che ν è μ-assolutamente continua su $\mathcal{F}$, e scriviamo $\nu \ll \mu$, se ogni insieme μ-trascurabile di $\mathcal{F}$

è anche ν-trascurabile. Quando è importante specificare la σ-algebra considerata, si scrive anche

$$\nu \ll_{\mathscr{F}} \mu.$$

Ovviamente se $\mathscr{F}_1 \subseteq \mathscr{F}_2$ sono σ-algebre, allora $\nu \ll_{\mathscr{F}_2} \mu$ implica $\nu \ll_{\mathscr{F}_1} \mu$ ma non è vero il viceversa.

Esempio A.10 La Definizione 2.4.18 di assoluta continuità è un caso particolare della definizione precedente: infatti se μ è una distribuzione assolutamente continua allora $\mu(H) = 0$ per ogni $H \in \mathscr{B}$ tale che $\mathrm{Leb}(H) = 0$ o, in altri termini,

$$\mu \ll_{\mathscr{B}} \mathrm{Leb}$$

ossia μ è assolutamente continua rispetto alla misura di Lebesgue.

Teorema A.11 (Teorema di Radon-Nikodym) [!] Se μ, ν sono misure σ-finite su $(\Omega, \mathscr{F})$ e $\nu \ll \mu$, allora esiste $g \in m\mathscr{F}^+$ tale che

$$\nu(A) = \int_A g\, d\mu, \qquad A \in \mathscr{F}. \tag{A.1}$$

Inoltre se $\tilde{g} \in m\mathscr{F}^+$ verifica (A.1), allora $g = \tilde{g}$ quasi ovunque rispetto a μ. Si dice che g è la *densità* (o la *derivata di Radon-Nikodym*) di ν rispetto a μ e si scrive

$$d\nu = g\,d\mu \quad \text{oppure} \quad g = \frac{d\nu}{d\mu} \quad \text{oppure} \quad g = \frac{d\nu}{d\mu}\big|_{\mathscr{F}}.$$

Osservazione A.12 Siano μ, ν misure come nell'enunciato precedente, definite su $(\Omega, \mathscr{F})$, e $f \in m\mathscr{F}^+$: approssimando f con una successione crescente di funzioni semplici non-negative come nel Lemma 3.2.3, grazie al Teorema di Beppo-Levi si ha

$$\int_\Omega f\,d\nu = \lim_{n \to \infty} \int_\Omega f_n\,d\nu = \qquad \text{(per la (A.1) ed indicando con } \tfrac{d\nu}{d\mu}$$
$$\text{la derivata di Radon-Nikodym di } \nu \text{ rispetto a } \mu)$$

$$= \lim_{n \to \infty} \int_\Omega f_n \frac{d\nu}{d\mu}\,d\mu = \quad \text{(riapplicando il Teorema di Beppo-Levi)}$$

$$= \int_\Omega f \frac{d\nu}{d\mu}\,d\mu.$$

Vale dunque la seguente formula per il cambio di misura di integrazione

$$\int_\Omega f\,d\nu = \int_\Omega f \frac{d\nu}{d\mu}\,d\mu$$

per ogni $f \in m\mathscr{F}^+$.

Ricordiamo il seguente classico risultato.

Teorema A.13 (Teorema di rappresentazione di Riesz)   Se L è un operatore lineare e continuo su uno spazio di Hilbert $(\mathbb{H}, \langle \cdot, \cdot \rangle)$, allora esiste ed è unico $y \in \mathbb{H}$ tale che

$$L(x) = \langle x, y \rangle, \qquad x \in \mathbb{H}.$$

Per la dimostrazione del Teorema A.13, e più in generale per un'introduzione semplice ma completa agli spazi di Hilbert, si veda il Capitolo 4 in [41].

Dimostrazione del Teorema A.11   [Unicità] Se $g, \tilde{g} \in m\mathscr{F}^+$ verificano la (A.1), allora si ha

$$\int_A (g - \tilde{g})d\mu = 0, \qquad A \in \mathscr{F}. \tag{A.2}$$

In particolare, posto $A = \{g - \tilde{g} > 0\} \in \mathscr{F}$, deve essere $\mu(A) = 0$ ossia $g \le \tilde{g}$ μ-q.o. perché in caso contrario si avrebbe

$$\int_A (g - \tilde{g})d\mu > 0$$

che contraddice la (A.2). Analogamente si prova che $g \ge \tilde{g}$ μ-q.o.

   [Esistenza] Supponiamo dapprima che μ, ν siano finite. Diamo una dimostrazione basata sul Teorema A.13 di Riesz. Consideriamo l'operatore lineare

$$L(f) := \int_\Omega f d\mu$$

definito sullo spazio di Hilbert $L^2(\Omega, \mathscr{F}, \mu + \nu)$ munito dell'usuale prodotto scalare

$$\langle f, g \rangle = \int_\Omega fg \, d(\mu + \nu).$$

L'operatore L è limitato e quindi continuo: infatti, applicando la disuguaglianza triangolare e poi la disuguaglianza di Hölder, si ha

$$|L(f)| \le \int_\Omega |f|d\mu \le \int_\Omega |f|d(\mu + \nu) \le \|f\|_{L^2} \sqrt{(\mu + \nu)(\Omega)}.$$

Allora per il Teorema di Riesz esiste $\varphi \in L^2(\Omega, \mathscr{F}, \mu + \nu)$ tale che

$$\int_\Omega f d\mu = \int_\Omega f\varphi \, d(\mu + \nu), \qquad f \in L^2(\Omega, \mathscr{F}, \mu + \nu). \tag{A.3}$$

Proviamo che $0 < \varphi < 1$ μ-quasi ovunque: a tal fine, poniamo $A_0 = \{\varphi < 0\}$, $A_1 = \{\varphi > 1\}$ e $f_i = \mathbb{1}_{A_i} \in L^2(\Omega, \mathscr{F}, \mu + \nu)$, per $i = 0, 1$. Se fosse $\mu(A_i) > 0$, dalla (A.3) si avrebbe

$$\mu(A_0) = \int_\Omega f_0 d\mu = \int_{A_0} \varphi d(\mu + \nu) \le \int_{A_0} \varphi d\mu < 0,$$

$$\mu(A_1) = \int_\Omega f_1 d\mu = \int_{A_1} \varphi d(\mu + \nu) \ge \int_{A_1} \varphi d\mu > \mu(A_1),$$

che è assurdo.

Ora, la (A.3) equivale a

$$\int_\Omega f\varphi d\nu = \int_\Omega f(1 - \varphi) d\mu, \qquad f \in L^2(\Omega, \mathscr{F}, \mu + \nu),$$

e per il Lemma 3.2.3 e il Teorema di Beppo-Levi (che si applica poiché $0 < \varphi < 1$ μ-quasi ovunque e quindi anche ν-quasi ovunque), tale uguaglianza si estende ad ogni $f \in m\mathscr{F}^+$. In particolare, per $f = \frac{\mathbb{1}_A}{\varphi}$ si ottiene

$$\nu(A) = \int_A \frac{1 - \varphi}{\varphi} d\mu, \qquad A \in \mathscr{F}.$$

Questo prova la tesi con $g = \frac{1 - \varphi}{\varphi} \in m\mathscr{F}^+$.

Consideriamo ora il caso generale in cui μ, ν siano σ-finite. Allora esiste una successione crescente $(A_n)_{n \in \mathbb{N}}$ in $\mathscr{F}$, che ricopre Ω e tale che $(\mu + \nu)(A_n) < \infty$ per ogni $n \in \mathbb{N}$. Consideriamo le misure finite

$$\mu_n(A) := \mu(A \cap A_n), \quad \nu_n(A) := \nu(A \cap A_n), \qquad A \in \mathscr{F}, n \in \mathbb{N}.$$

È facile vedere che $\nu_n \ll \mu_n$ e quindi esiste $g_n \in m\mathscr{F}^+$ tale che $\nu_n = g_n d\mu_n$. Inoltre come nella dimostrazione dell'unicità, si prova che $g_n = g_m$ su A_n per $n \le m$. Allora consideriamo $g \in m\mathscr{F}^+$ definita da $g = g_n$ su A_n. Per ogni $A \in \mathscr{F}$ si ha

$$\nu(A \cap A_n) = \nu_n(A) = \int_A g_n d\mu_n = \int_{A \cap A_n} f d\mu$$

e la tesi segue passando al limite per $n \to +\infty$. $\square$

A.2.2 *Rappresentazione di aperti di* $\mathbb{R}$ *mediante intervalli*

Lemma A.14 Ogni aperto A di $\mathbb{R}$ si scrive come unione numerabile di intervalli aperti disgiunti:

$$A = \biguplus_{n \geq 1} \,]a_n, b_n[. \tag{A.4}$$

Dimostrazione Sia A un aperto di $\mathbb{R}$. Dato $x \in A$ poniamo

$$a_x = \inf\{a \in \mathbb{R} \mid \text{esiste } b \text{ tale che } x \in \,]a_x, b[\subseteq A\} \quad \text{e}$$
$$b_x = \sup\{b \in \mathbb{R} \mid]a_x, b[\subseteq A\}.$$

Allora è chiaro che $x \in I_x := \,]a_x, b_x[\subseteq A$. D'altra parte, se $x, y \in A$ e $x \neq y$ allora si ha che $I_x \cap I_y = \emptyset$ oppure $I_x \equiv I_y$. Infatti, se per assurdo fosse $I_x \cap I_y \neq \emptyset$ e $I_x \neq I_y$ allora $I := I_x \cup I_y$ sarebbe un intervallo aperto, incluso in A e tale che $x \in I_x \subset I$: ciò contraddirebbe la definizione di a_x e b_x.

Abbiamo quindi provato che A si scrive come unione di intervalli aperti disgiunti: ognuno di essi contiene un razionale differente e quindi si tratta di un'unione numerabile. $\square$

Osservazione A.15 [!] Come conseguenza del Lemma A.14, abbiamo che se μ è una distribuzione su $\mathbb{R}$ e A è un aperto, allora per la (A.4) si ha

$$\mu(A) = \sum_{n \geq 1} \mu(]a_n, b_n[).$$

Unendo questo risultato al Corollario 2.4.10, si conclude che due distribuzioni μ_1 e μ_2 su $\mathbb{R}$ sono uguali se e solo se $\mu_1(I) = \mu_2(I)$ per ogni intervallo aperto I.

Il Lemma A.14 non si estende al caso multi-dimensionale (o, peggio ancora, al caso di uno spazio metrico generico). Sembrerebbe naturale poter sostituire gli intervalli di $\mathbb{R}$ con i dischi. Tuttavia, così facendo il risultato diventa falso anche in dimensione uno (almeno se si suppone che il raggio dei dischi debba essere finito): basta considerare, per esempio, $A = \,]0, +\infty[$. Analogamente, un'unione disgiunta di dischi aperti di $\mathbb{R}^2$ è un insieme connesso se e solo se consiste di un solo disco: quindi non c'è speranza di rappresentare un generico aperto connesso di $\mathbb{R}^2$ come unione numerabile di dischi aperti disgiunti.

Nella dimostrazione del Lemma A.14 abbiamo usato la densità dei razionali in $\mathbb{R}$: data la sottigliezza degli argomenti, occorre fare attenzione a ciò che sembra intuitivo, come mostra il seguente

Esempio A.16 Sia $(x_n)_{n \in \mathbb{N}}$ una enumerazione dei punti di $H := \,]0, 1[\cap \mathbb{Q} \in \mathscr{B}$. Fissato $\varepsilon \in \,]0, 1[$, sia $(r_n)_{n \in \mathbb{N}}$ una successione di numeri reali positivi tali che la serie

$$\sum_{n \geq 1} r_n < \frac{\varepsilon}{2}.$$

Poniamo

$$A := \bigcup_{n \geq 1}]x_n - r_n, x_n + r_n[\cap]0, 1[.$$

Allora A è aperto, $H \subseteq A$ e per la sub-additività (cfr. Proposizione 2.1.21-ii))

$$\text{Leb}(A) \leq \sum_{n \geq 1} \text{Leb}(]x_n - r_n, x_n + r_n[) < \varepsilon.$$

Ne segue anche che A è strettamente incluso $]0, 1[$ (perché ha misura di Lebesgue minore di 1) pur essendo aperto e denso in $]0, 1[$.

A.2.3 Derivabilità di funzioni integrali

Il punto di partenza dei risultati di questa sezione è il classico Teorema di Lebesgue sulla derivabilità delle funzioni monotone.

Teorema A.17 (di Lebesgue) [!!] Ogni funzione monotona (debolmente) crescente

$$F : [a, b] \longrightarrow \mathbb{R}$$

è derivabile q.o. e vale

$$\int_a^b F'(x)dx \leq F(b) - F(a). \tag{A.5}$$

La disuguaglianza in (A.5) può essere stretta (si pensi alle funzioni costanti a tratti): la funzione di Vitali dell'Esempio 2.4.36 è monotona, *continua* e verifica la (A.5) con la disuguaglianza stretta.

La dimostrazione standard del Teorema A.17 è basata sul Teorema di ricoprimento di Vitali e si può trovare in [5], Teorema 14.18. Un'altra dimostrazione più diretta ma sotto l'ipotesi aggiuntiva di continuità, è dovuta a Riesz (cfr. Capitolo 1.3 in [40]).

Proposizione A.18 Se $\gamma \in L^1([a,b])$ e vale

$$\int_a^x \gamma(t)dt = 0 \quad \text{per ogni } x \in [a,b],$$

allora $\gamma = 0$ q.o.

Dimostrazione Dall'ipotesi segue anche che

$$\int_{x_0}^x \gamma(t)dt = \int_a^x \gamma(t)dt - \int_a^{x_0} \gamma(t)dt = 0 \qquad a \le x_0 < x \le b.$$

Inoltre, per il Lemma A.14 ogni aperto $A \subseteq [a,b]$ si scrive nella forma (A.4) e quindi

$$\int_A \gamma(t)dt = \sum_{n=1}^{\infty} \int_{a_n}^{b_n} \gamma(t)dt = 0. \tag{A.6}$$

Ora sia $H \in \mathscr{B}$, con $H \subseteq [a,b]$: per la Proposizione 2.4.9 sulla regolarità delle misure di Borel, per ogni $n \in \mathbb{N}$ esiste un aperto A_n tale che $H \subseteq A_n$ e $\mathrm{Leb}(A_n \setminus H) \le \frac{1}{n}$. Allora si ha

$$\int_H \gamma(t)dt = \int_{A_n} \gamma(t)dt - \int_{A_n \setminus H} \gamma(t)dt = \quad \text{(per la (A.6))}$$

$$= -\int_{A_n \setminus H} \gamma(t)dt \xrightarrow[n \to +\infty]{} 0$$

per il teorema della convergenza dominata. Dunque $\int_H \gamma(t)dt = 0$ per ogni $H \in \mathscr{B}$.

Allora, per ogni $n \in \mathbb{N}$, poniamo $H_n = \{x \in [a,b] \mid \gamma(x) \ge \frac{1}{n}\} \in \mathscr{B}$: si ha

$$0 = \int_{H_n} \gamma(t)dt \ge \frac{\mathrm{Leb}(H_n)}{n}$$

da cui $\mathrm{Leb}(H_n) = 0$ e quindi anche

$$\{x \in [a,b] \mid \gamma(x) > 0\} = \bigcup_{n=1}^{\infty} H_n$$

ha misura di Lebesgue nulla, ossia $\gamma \le 0$ q.o. Analogamente si prova che $\gamma \ge 0$ q.o. e questo conclude la prova. $\square$

Proposizione A.19 Se

$$F(x) = F(a) + \int_a^x \gamma(t)dt, \qquad x \in [a,b],$$

con $\gamma \in L^1([a,b])$, allora esiste $F' = \gamma$ q.o.

Dimostrazione A meno di considerare separatamente parte positiva e negativa di γ, possiamo assumere $\gamma \geq 0$ q.o. (e quindi F monotona crescente). Osserviamo anzitutto che F è continua poiché[2]

$$F(x+h) - F(x) = \int_x^{x+h} \gamma(t)dt \xrightarrow[h\to0]{} 0$$

per il Teorema della convergenza dominata.

Assumiamo dapprima anche che $\gamma \in L^\infty$: allora si ha

$$\left| \frac{F(x+h) - F(x)}{h} \right| = \left| \frac{1}{h} \int_x^{x+h} \gamma(t)dt \right| \leq \|\gamma\|_\infty$$

e d'altra parte, per il Teorema A.17 di Lebesgue, essendo F monotona crescente, si ha che esiste

$$\lim_{h\to0} \frac{F(x+h) - F(x)}{h} = F'(x) \quad \text{q.o.}$$

Dunque, ancora per il Teorema della convergenza dominata, per $a < x_0 < x < b$ abbiamo

$$\int_{x_0}^x F'(t)dt = \lim_{h\to0} \int_{x_0}^x \frac{F(t+h) - F(t)}{h}dt =$$

$$= \lim_{h\to0} \frac{1}{h} \left(\int_x^{x+h} F(t)dt - \int_{x_0}^{x_0+h} F(t)dt \right) = \quad \text{(poiché } F \text{ è continua)}$$

$$= F(x) - F(x_0).$$

---

[2] Se $h < 0$ poniamo per definizione

$$\int_x^{x+h} \gamma(t)dt = - \int_{x+h}^x \gamma(t)dt.$$

Ne segue che

$$\int_a^x \left(F'(t) - \gamma(t) \right) dt = 0, \qquad x \in [a, b]$$

e quindi, per la Proposizione A.18, $F' = \gamma$ q.o.

Consideriamo ora il caso in cui $\gamma \in L^1([a, b])$. Per $n \in \mathbb{N}$, consideriamo la successione

$$\gamma_n(t) = \begin{cases} \gamma(t) & \text{se } 0 \leq \gamma(t) \leq n, \\ 0 & \text{se } \gamma(t) > n. \end{cases}$$

Allora si ha $F = F_n + G_n$ dove

$$F_n(x) = \int_a^x \gamma_n(t) dt, \qquad G_n(x) = \int_a^x \left(\gamma(t) - \gamma_n(t) \right) dt.$$

Da una parte, G_n è una funzione crescente (e quindi derivabile q.o. con $G_n' \geq 0$) poiché $\gamma - \gamma_n \geq 0$ e d'altra parte, per quanto appena provato, esiste $F_n' = \gamma_n$ q.o. Quindi si ha

$$F' = \gamma_n + G' \geq \gamma_n \quad \text{q.o.}$$

e, passando al limite per $n \to \infty$, $F' \geq \gamma$ q.o. Allora vale

$$\int_a^b F'(t) dt \geq \int_a^b \gamma(t) dt = F(b) - F(a).$$

Ma la disuguaglianza opposta viene dal Teorema A.17 di Lebesgue (si veda la (A.5)) e quindi

$$\int_a^b F'(t) dt = F(b) - F(a).$$

Allora si ha ancora

$$\int_a^b \left(F'(t) - \gamma(t) \right) dt = 0$$

e, poiché $F' \geq \gamma$ q.o., si conclude che $F' = \gamma$ q.o. $\square$

A.2.4 Assoluta continuità di funzioni

Definizione A.20 (Funzione assolutamente continua) Si dice che

$$F : [a, b] \longrightarrow \mathbb{R}$$

è *assolutamente continua*, e si scrive $F \in \mathrm{AC}([a,b])$, se, per ogni $\varepsilon > 0$ esiste $\delta > 0$ tale che

$$\sum_{n=1}^{N} |F(b_n) - F(a_n)| < \varepsilon \tag{A.7}$$

per ogni scelta di un numero finito di intervalli disgiunti $[a_n, b_n] \subseteq [a,b]$ tali che

$$\sum_{n=1}^{N} (b_n - a_n) < \delta.$$

Esercizio A.21 Provare che se $F \in \mathrm{AC}([a,b])$ allora, per ogni $\varepsilon > 0$ esiste $\delta > 0$ tale che

$$\sum_{n=1}^{\infty} |F(b_n) - F(a_n)| < \varepsilon$$

per ogni successione di intervalli disgiunti $[a_n, b_n] \subseteq [a,b]$ tali che

$$\sum_{n=1}^{\infty} (b_n - a_n) < \delta.$$

L'importanza delle funzioni assolutamente continue sta nel fatto che *sono le funzioni per cui vale il teorema fondamentale del calcolo integrale*. Il principale risultato di questa sezione è il seguente

Teorema A.22 [!] Una funzione F è assolutamente continua su $[a,b]$ se e solo se F è derivabile q.o. con $F' \in L^1([a,b])$ e vale

$$F(x) = F(a) + \int_{a}^{x} F'(t)dt, \qquad x \in [a,b].$$

Alla dimostrazione del Teorema A.22 premettiamo alcuni risultati preliminari. Anzitutto ricordiamo la

Definizione A.23 (Funzione a variazione limitata)   Si dice che

$$F : [a,b] \longrightarrow \mathbb{R}$$

è *a variazione limitata*, e si scrive $F \in \mathrm{BV}([a,b])$, se

$$\bigvee_a^b (F) := \sup_{\sigma \in \mathscr{P}_{[a,b]}} \sum_{k=1}^q |F(t_k) - F(t_{k-1})| < \infty$$

dove $\mathscr{P}_{[a,b]}$ indica l'insieme delle partizioni σ dell'intervallo $[a,b]$, ossia delle scelte di un numero finito di punti $\sigma = \{t_0, t_1, \ldots, t_q\}$ tali che

$$a = t_0 < t_1 < \cdots < t_q = b.$$

Una presentazione dei principali risultati sulle funzioni a variazione limitata si trova in [30]. Qui ricordiamo solo che per ogni $F \in \mathrm{BV}([a,b])$ si ha

$$\bigvee_a^b (F) = \bigvee_a^c (F) + \bigvee_c^b (F), \qquad c \in]a,b[, \tag{A.8}$$

e inoltre F si scrive come differenza di funzioni *monotone crescenti* nel modo seguente: per $x \in [a,b]$

$$F(x) = u(x) - v(x), \qquad u(x) := \bigvee_a^x (F), \quad v(x) := u(x) - F(x). \tag{A.9}$$

Lemma A.24   Se $F \in \mathrm{AC}([a,b])$ allora $F \in \mathrm{BV}([a,b])$ e nella decomposizione (A.9), le funzioni u, v sono monotone crescenti e assolutamente continue.

Dimostrazione   Poiché $F \in \mathrm{AC}([a,b])$, esiste $\delta > 0$ tale che

$$\sum_{n=1}^N |F(b_n) - F(a_n)| < 1$$

per ogni scelta di un numero finito di intervalli disgiunti $[a_n, b_n] \subseteq [a,b]$ tali che

$$\sum_{n=1}^N (b_n - a_n) < \delta.$$

Questo implica che $F \in \mathrm{BV}$ su ogni sotto-intervallo di $[a,b]$ di lunghezza minore o uguale a δ. Allora il fatto che $F \in \mathrm{BV}([a,b])$ segue dalla (A.8), suddividendo $[a,b]$ in un numero finito di intervalli di lunghezza minore o uguale a δ.

Proviamo ora che $u \in AC([a,b])$ (e quindi anche $v \in AC([a,b])$). Per ipotesi $F \in AC([a,b])$ e quindi dato $\varepsilon > 0$ esiste $\delta > 0$ come nella Definizione A.20. Siano $[a_n, b_n] \subseteq [a,b], n = 1, \ldots, N$, intervalli disgiunti tali che

$$\sum_{n=1}^{N} (b_n - a_n) < \delta.$$

Si ha

$$\sum_{n=1}^{N} (u(b_n) - u(a_n)) = \sum_{n=1}^{N} \bigvee_{a_n}^{b_n} (F) = \sum_{n=1}^{N} \sup_{\sigma \in \mathscr{P}_{[a_n,b_n]}} \sum_{k=1}^{q_n} |F(t_{n,k}) - F(t_{n,k-1})| < \varepsilon$$

poiché, in base alla (A.7), si ha

$$\sum_{n=1}^{N} \sum_{k=1}^{q_n} |F(t_{n,k}) - F(t_{n,k-1})| < \varepsilon$$

per ogni partizione $(t_{n,0}, \ldots, t_{n,q_n}) \in \mathscr{P}_{[a_n,b_n]}$. $\square$

Dimostrazione del Teorema A.22 Se F ammette una rappresentazione del tipo

$$F(x) = F(a) + \int_a^x \gamma(t)dt, \qquad x \in [a,b],$$

con $\gamma \in L^1([a,b])$ allora chiaramente F è assolutamente continua per il Teorema della convergenza dominata di Lebesgue. Inoltre $F' = \gamma$ q.o. per la Proposizione A.19.

Viceversa, se $F \in AC([a,b])$, per il Lemma A.24 non è restrittivo assumere anche che F sia monotona crescente. Allora possiamo considerare la misura μ_F definita come nel Teorema 2.4.33-i):

$$\mu_F(]x, y]) = F(y) - F(x), \qquad a \le x < y \le b.$$

Vogliamo provare che μ_F è assolutamente continua rispetto alla misura di Lebesgue ossia $\mu_F \ll$ Leb. Consideriamo $B \in \mathscr{B}$ tale che Leb$(B) = 0$: per definizione di misura di Lebesgue[3], per ogni $\delta > 0$ esiste una successione $(]a_n, b_n])_{n \in \mathbb{N}}$ di intervalli disgiunti tale che

$$A \supseteq B, \qquad \text{Leb}(A) < \delta, \qquad A := \bigcup_{n=1}^{\infty}]a_n, b_n]. \qquad (A.10)$$

---

[3] Ricordiamo che (cfr. (2.5.5))

$$\text{Leb}(B) = \inf\{\text{Leb}(A) \mid B \subseteq A \in \mathscr{U}\}$$

dove $\mathscr{U}$ indica la famiglia delle unioni numerabili di intervalli disgiunti della forma $]a, b]$.

Di conseguenza, per ogni $\varepsilon > 0$ esistono $\delta > 0$ e A come in (A.10) per cui si ha

$$\mu_F(B) \leq \mu_F(A \cap [a,b]) \leq \varepsilon,$$

dove la prima disuguaglianza è per la monotonia di μ_F e la seconda viene dal fatto che $F \in AC([a,b])$ e Leb$(A) < \delta$ (si ricordi l'Esercizio A.21). Data l'arbitrarietà di ε, si conclude che $\mu_F(B) = 0$ e quindi $\mu_F \ll$ Leb.

Per il Teorema A.11 di Radon-Nikodym, esiste $\gamma \in L^1([a,b])$ tale che

$$F(x) - F(a) = \mu_F(]a,x]) = \int_a^x \gamma(t)dt, \qquad x \in [a,b],$$

e grazie alla Proposizione A.19 concludiamo che $F' = \gamma$ q.o. □

A.3   Uniforme integrabilità

Forniamo uno strumento utile allo studio delle successioni di variabili aleatorie, il Teorema di Vitali: si tratta di una generalizzazione del Teorema della convergenza dominata di Lebesgue. In questa sezione $X = (X_t)_{t \in I}$ è una famiglia di v.a. sullo spazio $(\Omega, \mathscr{F}, P)$ a valori in $\mathbb{R}^d$, con I insieme qualsiasi di indici. Diciamo che X è un *processo stocastico*.

Definizione A.25 (Uniforme integrabilità)   Un processo stocastico $(X_t)_{t \in I}$ sullo spazio $(\Omega, \mathscr{F}, P)$ è *uniformemente integrabile* se vale

$$\lim_{R \to \infty} \sup_{t \in I} E\left[|X_t| \mathbb{1}_{(|X_t| \geq R)}\right] = 0,$$

o, in altri termini, se per ogni $\varepsilon > 0$ esiste $R > 0$ tale che $E\left[|X_t| \mathbb{1}_{(|X_t| \geq R)}\right] < \varepsilon$ per ogni $t \in I$.

Teorema A.26 (Teorema di convergenza di Vitali)   Se $X_n \xrightarrow{\text{q.c.}} X$ e $(X_n)_{n \in \mathbb{N}}$ è uniformemente integrabile allora $E\left[|X_n - X|\right] \longrightarrow 0$.

Dimostrazione   Proviamo la tesi nel caso $X = 0$. Fissato $\varepsilon > 0$, esiste $R > 0$ tale che $E\left[|X_n| \mathbb{1}_{(|X_n| \geq R)}\right] < \frac{\varepsilon}{2}$ per ogni $n \in \mathbb{N}$; inoltre, per il teorema della convergenza dominata esiste $\bar{n}$, che dipende da ε e R, tale che $E\left[|X_n| \mathbb{1}_{(|X_n| < R)}\right] < \frac{\varepsilon}{2}$ per ogni $n \geq \bar{n}$. In definitiva

$$E\left[|X_n|\right] = E\left[|X_n| \mathbb{1}_{(|X_n| \geq R)}\right] + E\left[|X_n| \mathbb{1}_{(|X_n| < R)}\right] < \varepsilon$$

per ogni $n \geq \bar{n}$.

In generale, vedremo fra poco nel Corollario A.29, che la somma di processi uniformemente integrabili è uniformemente integrabile. Dunque per riportarsi al caso precedente basta considerare il processo $Y_n = X_n - X$ che è uniformemente integrabile e tale $Y_n \xrightarrow{\text{q.c.}} 0$. $\square$

Diamo una caratterizzazione dell'uniforme integrabilità.

Definizione A.27 (Uniforme assoluta continuità) Un processo $(X_t)_{t \in I}$ sullo spazio $(\Omega, \mathscr{F}, P)$ è *uniformemente assolutamente continuo* se per ogni $\varepsilon > 0$ esiste $\delta > 0$ tale che $E\left[|X_t|\mathbb{1}_A\right] < \varepsilon$ per ogni $t \in I$ e $A \in \mathscr{F}$ tale che $P(A) < \delta$.

Proposizione A.28 Sono equivalenti:

i) il processo $(X_t)_{t \in I}$ è uniformemente integrabile;

ii) il processo $(X_t)_{t \in I}$ è uniformemente assolutamente continuo e $\sup_{t \in I} E\left[|X_t|\right] < \infty$.

Dimostrazione Se $(X_t)_{t \in I}$ è uniformemente integrabile esiste $R > 0$ tale che

$$\sup_{t \in I} E\left[|X_t|\mathbb{1}_{(|X_t| \geq R)}\right] \leq 1.$$

Allora si ha

$$E\left[|X_t|\right] \leq 1 + E\left[|X_t|\mathbb{1}_{(|X_t| \leq R)}\right] \leq 1 + R.$$

Analogamente, dato $\varepsilon > 0$ esiste R tale che $E\left[|X_t|\mathbb{1}_{(|X_t| \geq R)}\right] < \frac{\varepsilon}{2}$ per ogni $t \in I$: allora per ogni $A \in \mathscr{F}$ tale che $P(A) < \frac{\varepsilon}{2R}$, si ha

$$E\left[|X_t|\mathbb{1}_A\right] = E\left[|X_t|\mathbb{1}_{A \cap (|X_t| \geq R)}\right] + E\left[|X_t|\mathbb{1}_{A \cap (|X_t| < R)}\right] < \frac{\varepsilon}{2} + RP(A) < \varepsilon.$$

Viceversa, per ipotesi, dato $\varepsilon > 0$ esiste $\delta > 0$ tale che $E\left[|X_t|\mathbb{1}_A\right] < \varepsilon$ per ogni $t \in I$ e $A \in \mathscr{F}$ tale che $P(A) < \delta$. Per la disuguaglianza di Markov, esiste R tale che

$$P(|X_t| \geq R) \leq \frac{1}{R} \sup_{t \in I} E\left[|X_t|\right] < \delta$$

e di conseguenza

$$E\left[|X_t|\mathbb{1}_{(|X_t| \geq R)}\right] < \varepsilon$$

per ogni $t \in I$. $\square$

Corollario A.29 Se $(X_t)_{t \in I}$ e $(Y_t)_{t \in I}$ sono uniformemente integrabili allora $(X_t + Y_t)_{t \in I}$ è uniformemente integrabile.

Dimostrazione Utilizzando la caratterizzazione della Proposizione A.28, si tratta di una semplice verifica. $\square$

Diamo ora qualche esempio.

Proposizione A.30 Se esiste $Y \in L^1(\Omega, P)$ tale che $|X_t| \leq Y$ per ogni $t \in I$ allora $(X_t)_{t \in I}$ è uniformemente integrabile.

Dimostrazione Sia $\varepsilon > 0$: per l'assoluta continuità del valore atteso (Corollario 3.2.12), esiste $\delta > 0$ tale che $E\left[|Y| \mathbb{1}_A\right] < \varepsilon$ per ogni $A \in \mathscr{F}$ tale che $P(A) < \delta$. Ora, per la disuguaglianza di Markov si ha

$$P(|X_t| \geq R) \leq \frac{E\left[|X_t|\right]}{R} \leq \frac{E\left[|Y|\right]}{R} < \delta, \qquad \text{se } R > \frac{E\left[|Y|\right]}{\delta}.$$

Allora

$$E\left[|X_t| \mathbb{1}_{(|X_t| \geq R|)}\right] \leq E\left[|Y| \mathbb{1}_{(|X_t| \geq R|)}\right] < \varepsilon. \quad \square$$

Dalla Proposizione A.30 deduciamo che:

- un processo formato da una sola v.a. X sommabile è uniformemente integrabile;
- il teorema della convergenza dominata è un corollario del Teorema di Vitali.

Proposizione A.31 Siano $X \in L^1(\Omega, \mathscr{F}, P)$ e $(\mathscr{F}_t)_{t \in I}$ una famiglia di sotto-σ-algebre di $\mathscr{F}$. Il processo definito da $X_t = E\left[X \mid \mathscr{F}_t\right]$ è uniformemente integrabile.

Dimostrazione La prova è analoga a quella del Lemma A.30. Fissato $\varepsilon > 0$, sia $\delta > 0$ tale che $E\left[|X| \mathbb{1}_A\right] < \varepsilon$ per ogni $A \in \mathscr{F}$ tale che $P(A) < \delta$. Combinando le disuguaglianze di Markov e di Jensen abbiamo

$$P(|X_t| \geq R) \leq \frac{E\left[|X_t|\right]}{R} \leq \frac{E\left[|X|\right]}{R} < \delta, \qquad \text{se } R > \frac{E\left[|X|\right]}{\delta}.$$

Ancora per la disuguaglianza di Jensen si ha

$$E\left[|X_t| \mathbb{1}_{(|X_t| \geq R)}\right] \leq E\left[E\left[|X| \mid \mathscr{F}_t\right] \mathbb{1}_{(|X_t| \geq R)}\right] =$$
$$= E\left[|X| \mathbb{1}_{(|X_t| \geq R)}\right] < \varepsilon.$$

(per le proprietà dell'attesa condizionata, essendo $\mathbb{1}_{(|X_t| \geq R)} \in b\mathscr{F}_t$) $\square$

Osservazione A.32 [!] La Proposizione A.31 si applica spesso nello studio della convergenza di particolari processi stocastici detti *martingale*. La situazione tipica è quella in cui si ha una successione $(X_n)_{n \in \mathbb{N}}$ che converge *puntualmente*; se X_n è della forma $X_n = E\left[X \mid \mathscr{F}_n\right]$ per una certa $X \in L^1(\Omega, P)$ e una famiglia $(\mathscr{F}_n)_{n \in \mathbb{N}}$ di sotto-σ-algebre di $\mathscr{F}$, allora per la Proposizione A.31, $(X_n)_{n \in \mathbb{N}}$ è uniformemente integrabile. Il Teorema di convergenza di Vitali garantisce che $(X_n)_{n \in \mathbb{N}}$ converge anche in norma $L^1(\Omega, P)$.

Proposizione A.33   Se esiste una funzione

$$\varphi : \mathbb{R}_{\geq 0} \longrightarrow \mathbb{R}_{\geq 0}$$

crescente, tale che $\lim\limits_{r \to +\infty} \frac{\varphi(r)}{r} = +\infty$ e $\sup\limits_{t \in I} E\left[\varphi(|X_t|)\right] < \infty$ allora $(X_t)_{t \in I}$ è uniformemente integrabile.

Dimostrazione   Per ogni $\varepsilon > 0$ esiste $r_\varepsilon > 0$ tale che $\frac{\varphi(r)}{r} > \frac{1}{\varepsilon}$ per ogni $r \geq r_\varepsilon$. Allora, per $R > r_\varepsilon$ si ha

$$E\left[|X_t|\mathbb{1}_{(|X_t| \geq R)}\right] = E\left[\frac{|X_t|}{\varphi(|X_t|)}\varphi(|X_t|)\mathbb{1}_{(|X_t| \geq R)}\right] \leq \varepsilon \sup_{t \in I} E\left[\varphi(|X_t|)\right]$$

da cui la tesi per l'arbitrarietà di ε. $\square$

Osservazione A.34   Applichiamo la Proposizione A.33 con $\varphi(r) = r^p$ per un $p > 1$: si ha che se $(X_t)_{t \in I}$ è limitata in norma $L^p(\Omega, P)$, ossia $\sup\limits_{t \in I} E\left[|X_t|^p\right] < \infty$, allora è uniformemente integrabile.

Appendice B: Esercizi di riepilogo

B.1 Misure e spazi di probabilità

Esercizio B.1 Siano A, B, C eventi indipendenti sullo spazio di probabilità $(\Omega, \mathscr{F}, P)$. Determinare se:

i) A e B^c sono indipendenti;
ii) A e $B \cup C$ sono indipendenti;
iii) $A \cup C$ e $B \cup C$ sono indipendenti.

Soluzione

i) È il contenuto della Proposizione 2.3.25, in base alla quale $A, B \in \mathscr{F}$ sono indipendenti se e solo se lo sono A^c, B oppure A, B^c oppure A^c, B^c;
ii) in base al punto i), per dimostrare che A e $B \cup C$ sono indipendenti, è sufficiente verificare che A e $(B \cup C)^c = B^c \cap C^c$ siano indipendenti oppure che A e $B \cap C$ siano indipendenti: per l'ipotesi di indipendenza di A, B, C si ha

$$P(A \cap (B \cap C)) = P(A)P(B)P(C) = P(A)P(B \cap C)$$

da cui la tesi.
iii) in generale $A \cup C$ e $B \cup C$ non sono indipendenti; per far vedere ciò, usiamo ancora la Proposizione 2.3.25 e verifichiamo che $A \cap C$ e $B \cap C$ non sono, in generale, indipendenti: infatti si ha

$$P((A \cap C) \cap (B \cap C)) = P(A \cap B \cap C) = P(A)P(B)P(C),$$

ma

$$P(A \cap C)P(B \cap C) = P(A)P(B)P(C)^2.$$

Esercizio B.2 Siano A, B, C eventi indipendenti sullo spazio di probabilità $(\Omega, \mathscr{F}, P)$, con $P(A) = P(B) = P(C) = \frac{1}{2}$. Calcolare:

i) $P(A \cup B)$;
ii) $P(A \cup B \cup C)$.

Soluzione

i) Si ha

$$P(A \cup B) = 1 - P(A^c \cap B^c) = 1 - P(A^c)P(B^c) = 1 - \frac{1}{4} = \frac{3}{4}.$$

Oppure in alternativa, ricordando che il simbolo $\uplus$ indica l'unione disgiunta, si ha

$$P(A \cup B) = P(A \uplus (B \cap A^c)) =$$
$$= P(A) + P(B \cap A^c) = \quad \text{(per l'indipendenza di } B \text{ e } A^c\text{)}$$
$$= \frac{1}{2} + \frac{1}{2} \cdot \frac{1}{2} = \frac{3}{4}.$$

ii) Analogamente si ha

$$P(A \cup B \cup C) = 1 - P(A^c \cap B^c \cap C^c)$$
$$= 1 - P(A^c)P(B^c)P(C^c) = 1 - \frac{1}{8} = \frac{7}{8},$$

oppure

$$P(A \cup B \cup C) = P(A \cup B) + P(C \cap (A \cup B)^c) = \quad \text{(per il punto i))}$$
$$= \frac{3}{4} + P(C \cap A^c \cap B^c) = \quad \text{(per l'ipotesi di indipendenza)}$$
$$= \frac{3}{4} + P(C)P(A^c)P(B^c) = \frac{3}{4} + \frac{1}{8} = \frac{7}{8}.$$

Esercizio B.3 Dato $n \geq 2$, sia Ω lo spazio delle permutazioni di $I_n :=$ $\{1, 2, \ldots, n\}$, cioè delle funzioni biunivoche da I_n in sé, dotato della probabilità uniforme P. Una permutazione ω ha $i \in I_n$ come punto fisso se e solo se $\omega(i) = i$. Definiamo l'evento A_i come l'evento "la permutazione ha i come punto fisso". Determinare:

i) $P(A_i)$ per $i = 1, \ldots, n$;
ii) se tali eventi sono indipendenti o meno;
iii) il valore atteso del numero di punti fissi.

Soluzione

i) Una permutazione con i come punto fisso equivale ad una permutazione dei restanti $(n-1)$ elementi quindi ci sono $(n-1)!$ tali permutazioni (indipendentemente da i), dunque $P(A_i) = \frac{(n-1)!}{n!} = \frac{1}{n}$.

ii) Procedendo come nel punto precedente, per $i \neq j$ si ha

$$P(A_i \cap A_j) = \frac{(n-2)!}{n!} = \frac{1}{n(n-1)} \neq \frac{1}{n^2} = P(A_i)P(A_j)$$

e dunque gli eventi non sono indipendenti.

iii) Occorre determinare il valore atteso della variabile aleatoria

$$\mathbb{1}_{A_1} + \mathbb{1}_{A_2} + \cdots + \mathbb{1}_{A_n}.$$

Per linearità del valore atteso, questo è pari a $n \cdot \frac{1}{n} = 1$.

Esercizio B.4 Si effettuano tre estrazioni senza reinserimento da un'urna che contiene 3 palline bianche, 2 nere e 2 rosse. Siano X e Y rispettivamente il numero di palline bianche e di palline nere estratte. Calcolare:

i) $P((X = 1) \cap (Y = 0))$;
ii) $P(X = 1 \mid Y = 0)$.

Soluzione

i) Si ha

$$P((X = 1) \cap (Y = 0)) = \frac{3}{\binom{7}{3}} = \frac{3}{35}.$$

ii) Poiché

$$P(Y = 0) = \frac{\binom{5}{3}}{\binom{7}{3}} = \frac{2}{7}$$

si ha

$$P(X = 1 \mid Y = 0) = \frac{P((X = 1) \cap (Y = 0))}{P(Y = 0)} = \frac{3}{10}.$$

Esercizio B.5 Siano $X, Y \sim \mathrm{Be}_p$ indipendenti con $0 < p < 1$. Posto $Z = \mathbb{1}_{(X+Y=0)}$, si determini:

i) la distribuzione di Z;
ii) se X e Z sono indipendenti.

Soluzione

i) Z può assumere solo i valori 0, 1 e vale

$$P(Z = 1) = P((X = 0) \cap (Y = 0)) = (1 - p)^2$$

da cui

$$Z \sim (1 - p)^2 \delta_0 + (1 - (1 - p)^2)\delta_1.$$

ii) X e Z non sono indipendenti poiché, per esempio, si ha

$$P((X = 0) \cap (Z = 1)) = P(Y = 0) = 1 - p$$

e

$$P(X = 0)P(Z = 1) = (1 - p)^3.$$

Esercizio B.6 Siano X e Y i valori (numeri naturali da 1 a 10) di due carte estratte in sequenza da un mazzo di 40 carte, senza reinserimento. Si determini:

i)   la funzione di distribuzione congiunta di X e Y;
ii) $P(X < Y)$;
iii) la funzione di distribuzione di Y. Le v.a. X e Y sono indipendenti?

Soluzione

i)   Per $h, k \in I_{10}$ si ha $P(X = h) = \frac{1}{10}$ ossia $X \sim \text{Unif}_{10}$ e

$$P(Y = k \mid X = h) = \begin{cases} \frac{3}{39} & \text{se } h = k, \\ \frac{4}{39} & \text{se } h \neq k. \end{cases}$$

Allora la funzione di distribuzione di (X, Y) è data da

$$\bar{\mu}_{(X,Y)}(h,k) = P((X = h) \cap (Y = k))$$

$$= P(Y = k \mid X = h)\, P(X = h) = \begin{cases} \frac{1}{130} & \text{se } h = k, \\ \frac{2}{195} & \text{se } h \neq k. \end{cases}$$

ii) Si ha

$$P(X < Y) = \sum_{1 \leq h < k \leq 10} \bar{\mu}_{(X,Y)}(h,k) = \frac{2}{195} \sum_{k=2}^{10} (k-1) = \frac{2}{195} \cdot 45.$$

iii) La funzione di distribuzione di Y si ottiene da

$$\bar{\mu}_Y(k) = \sum_{h=1}^{10} \bar{\mu}_{(X,Y)}(h,k) = \frac{1}{10} \sum_{h=1}^{10} P(Y = k \mid X = h))$$

$$- \frac{1}{10} \left(\frac{3}{39} + 9 \cdot \frac{4}{39} \right) = \frac{1}{10}$$

ossia anche $Y \sim \text{Unif}_{10}$. Ne viene anche che X, Y non sono indipendenti poiché la funzione di distribuzione congiunta non è il prodotto delle marginali (cfr. Teorema 3.3.23).

Esercizio B.7 Da un mazzo di 40 carte vengono estratte tre carte in sequenza e senza reinserimento, i cui valori (numeri interi da 1 a 10) sono indicati rispettivamente con X_1, X_2 e X_3.

i)   Determinare la distribuzione di X_2;
ii) Si calcolino le probabilità degli eventi:

- $A = (X_1 \leq 4) \cap (X_2 \geq 5) \cap (X_3 \geq 5)$;
- $B =$ "al più una carta estratta ha valore minore o uguale a 4";

iii) A e B sono indipendenti? Si determini $P(A \mid B)$;

iv) Consideriamo ora la variabile aleatoria

- $N =$ "numero di carte estratte il cui valore è minore o uguale a 4".

Le v.a. X_2 e N sono indipendenti?

Soluzione

i) X_2 ha distribuzione uniforme su $I_{10} = \{n \in \mathbb{N} \mid n \leq 10\}$, ossia $X_2 \sim \text{Unif}_{I_{10}}$: per verificarlo in modo rigoroso si può procedere come nell'Esempio 3.3.24 oppure con la Formula della probabilità totale:

$$P(X_2 = n) = P(X_2 = n \mid X_1 = n)P(X_1 = n)$$
$$+ P(X_2 = n \mid X_1 \neq n)P(X_1 \neq n)$$
$$= \frac{3}{39} \cdot \frac{1}{10} + \frac{4}{39} \cdot \frac{9}{10} = \frac{1}{10}, \qquad n \in I_{10}.$$

ii) Risolviamo il quesito in due modi: utilizzando la probabilità condizionata e in particolare la formula (2.3.5) si ha

$$P(A) = P(X_1 \leq 4)P(X_2 \geq 5 \mid X_1 \leq 4)P(X_3 \geq 5 \mid (X_1 \leq 4) \cap (X_2 \geq 5))$$
$$= \frac{4}{10} \cdot \frac{24}{39} \cdot \frac{23}{38}.$$

Si ottiene lo stesso risultato col metodo delle scelte successive: osserviamo che occorre usare le disposizioni perché siamo interessati all'ordine di estrazione delle carte. Dunque

$$P(A) = \frac{16 \cdot |\mathbf{D}_{24,2}|}{|\mathbf{D}_{40,3}|}.$$

Poi $B = B_0 \uplus B_1$ dove B_0 è l'evento "nessuna carta estratta ha valore minore o uguale a 4" e B_1 è l'evento "esattamente una carta estratta ha valore minore o uguale a 4". Si ha $P(B) = P(B_0) + P(B_1)$ e

$$P(B_0) = \frac{|\mathbf{C}_{24,3}|}{|\mathbf{C}_{40,3}|} = \frac{|\mathbf{D}_{24,3}|}{|\mathbf{D}_{40,3}|}$$
$$P(B_1) = \frac{16 \cdot |\mathbf{C}_{24,2}|}{|\mathbf{C}_{40,3}|} = \frac{3 \cdot 16 \cdot |\mathbf{D}_{24,2}|}{|\mathbf{D}_{40,3}|}.$$

Il fattore "3" che appare nell'ultima espressione è dovuto al fatto che, se usiamo le disposizioni, allora dobbiamo tenere conto dell'ordine e pertanto dobbiamo anche fare la scelta della posizione (fra le tre possibili) della carta che ha valore minore o uguale a 4.

iii) $A \subseteq B$ e quindi $A \cap B = A$. Ma $P(A \cap B) = P(A) \neq P(A)P(B)$ e quindi non si tratta di eventi indipendenti. Inoltre si ha $P(A \mid B) = \frac{P(A)}{P(B)}$.

iv) X_2 e N non sono indipendenti perché, per esempio, $(X_2 = 4) \cap (N = 0) = \emptyset$ ma

$$P(X_2 = 4)P(N = 0) \neq 0.$$

Esercizio B.8 Due urne contengono ciascuna 1 pallina bianca e 4 nere.

i) Estratte 3 palline dalla prima urna e tre palline dalla seconda urna, calcolare la probabilità che almeno una di esse sia bianca.
ii) Si mettano tutte le palline nella stessa urna (che quindi contiene 2 palline bianche e 8 nere) e si estraggano 6 palline. Calcolare la probabilità che almeno una di esse sia bianca.
iii) Come nel punto ii) assumendo che l'estrazione avvenga con reinserimento, ossia estraendo una pallina alla volta e rimettendola nell'urna. Calcolare la probabilità che il colore di almeno una delle sei palline estratte sia bianco.

Soluzione

i) La probabilità di estrarre una pallina bianca dalla prima urna (evento A) è pari a $\frac{3}{5}$ e ugualmente per la seconda urna (evento B). Inoltre A e B sono indipendenti. Allora

$$P(A \cup B) = P(A) + P(B) - P(A \cap B)$$
$$= P(A) + P(B) - P(A)P(B) = \frac{21}{25} = 0.84.$$

ii) Numeriamo le due palline bianche (pallina 1 e pallina 2) e indichiamo con A_i, $i = 1, 2$, l'evento secondo cui fra le 6 palline estratte c'è la pallina i. Allora si ha $P(A_1) = P(A_2) = \frac{6}{10}$, $P(A_1 \mid A_2) = \frac{5}{9}$ e

$$P(A_1 \cup A_2) = P(A_1) + P(A_2) - P(A_1 \cap A_2)$$
$$= P(A_1) + P(A_2) - P(A_1 \mid A_2)P(A_2) = \frac{13}{15} \approx 0.87.$$

In alternativa, possiamo considerare la v.a. $X \sim \mathrm{Iper}_{n,b,N}$ con distribuzione ipergeometrica, secondo la formula (3.1.9) con $b = 2$, $N = 10$ e $n = 6$. Allora X indica il numero di palline bianche estratte. La probabilità cercata è

$$P(X = 1) + P(X = 2) = \frac{13}{15}.$$

iii) In questo caso, possiamo considerare la v.a. $S \sim \mathrm{Bin}_{n,p}$ con distribuzione binomiale, secondo la formula (3.1.5) con $n = 6$ e $p = \frac{2}{10}$. Allora S indica il numero di palline bianche estratte. La probabilità cercata è

$$\sum_{i=1}^{6} P(S = i) \approx 0.74.$$

Esercizio B.9 Un'urna contiene 3 palline bianche, 6 palline rosse e 6 palline nere. Si estraggono 2 palline: se hanno lo stesso colore vengono buttate via, mentre se hanno colore diverso vengono rimesse nell'urna. Poi si estraggono nuovamente due palline. Determinare la probabilità dei seguenti eventi:

i) $A_1 = $ le due palline della prima estrazione sono bianche;
ii) $A_2 = $ le due palline della prima estrazione hanno lo stesso colore;
iii) $A_3 = $ le quattro palline estratte sono tutte bianche;
iv) $A_4 = $ le quattro palline estratte sono tutte rosse.

Soluzione

i) $P(A_1) = \dfrac{|C_{3,2}|}{|C_{15,2}|} = \dfrac{\binom{3}{2}}{\binom{15}{2}} = \dfrac{1}{35}$.

ii) $P(A_2) = \dfrac{|C_{3,2}|+|C_{6,2}|+|C_{6,2}|}{|C_{15,2}|} = \dfrac{\binom{3}{2}+2\binom{6}{2}}{\binom{15}{2}} = \dfrac{11}{35}$.

iii) se $B = $ "le due palline della seconda estrazione sono bianche" allora

$$P(A_3) = P(B \mid A_1)P(A_1) = 0.$$

iv) se $C_i = $ "le due palline della i-esima estrazione sono rosse" allora

$$P(A_4) = P(C_1 \cap C_2) = P(C_2 \mid C_1)P(C_1) = \frac{|C_{4,2}|}{|C_{13,2}|}\,\frac{|C_{6,2}|}{|C_{15,2}|} = \frac{\binom{4}{2}}{\binom{13}{2}}\frac{\binom{6}{2}}{\binom{15}{2}} = \frac{1}{91}.$$

Esercizio B.10 Nove studenti scelgono in maniera casuale e indipendente un professore, fra tre disponibili, con cui sostenere l'esame. Consideriamo gli eventi:

- $A = $ esattamente tre studenti scelgono il primo professore;
- $B = $ ogni professore viene scelto da tre studenti;
- $C = $ un professore viene scelto da due studenti, un altro da tre studenti e il rimanente da quattro studenti.

Si determini:

i) $P(A)$;
ii) $P(B)$;
iii) $P(A \mid B)$ e $P(B \mid A)$;
iv) $P(C)$.

Soluzione Lo spazio campionario di tutte le scelte possibili degli studenti è $\Omega = \mathbf{DR}_{3,9}$, da cui $|\Omega| = 3^9$. Si ricordi che Ω è lo spazio delle funzioni da I_9 a I_3 e ogni funzione corrisponde ad una scelta possibile dei nove studenti.

i)   Si determinano in $|\mathbf{C}_{9,3}|$ modi possibili i tre studenti che scelgono il primo professore e di conseguenza

$$P(A) = \frac{|\mathbf{C}_{9,3}|\,|\mathbf{DR}_{2,6}|}{|\mathbf{DR}_{3,9}|} = \frac{\binom{9}{3}2^6}{3^9} \approx 27\%.$$

Si ha equivalentemente $P(A) = \mathrm{Bin}_{9,\frac{1}{3}}(\{3\})$.

ii) Si determinano in $|\mathbf{C}_{9,3}|$ modi possibili i tre studenti che scelgono il primo
professore e in $|\mathbf{C}_{6,3}|$ modi possibili i tre studenti che scelgono il secondo pro-
fessore: di conseguenza

$$P(B) = \frac{|\mathbf{C}_{9,3}|\,|\mathbf{C}_{6,3}|}{|\mathbf{DR}_{3,9}|} = \frac{\binom{9}{3}\binom{6}{3}}{3^9} \approx 8.5\%.$$

iii) Poiché $B \subseteq A$ si ha

$$P(A \mid B) = 1, \qquad P(B \mid A) = \frac{P(B)}{P(A)} \approx 31\%.$$

iv) Si procede in maniera analoga al punto ii) ma con la differenza che occorre
aggiungere un fattore 3! per il fatto che non viene specificato l'ordine di scelta
dei professori. In definitiva

$$P(C) = 3!\frac{|\mathbf{C}_{9,2}|\,|\mathbf{C}_{7,3}|}{|\mathbf{DR}_{3,9}|} = 6\frac{\binom{9}{3}\binom{6}{3}}{3^9} \approx 38\%.$$

Esercizio B.11 Un'urna contiene 3 palline rosse, 3 palline bianche e 4 palline
nere. Si lanciano due monete: se si hanno due teste si aggiunge una pallina rossa
all'urna, se si hanno due croci si aggiunge una pallina bianca, negli altri casi non
si aggiunge nulla. Si estraggono in sequenza e senza reinserimento, due palline
dall'urna. Determinare la probabilità:

i)   che la prima pallina estratta sia nera;
ii) di aver ottenuto almeno una croce, sapendo che la prima pallina estratta è nera;
iii) che le due palline estratte siano entrambe nere, sapendo di non aver aggiunto
     palline.

Soluzione

i)   Consideriamo i seguenti eventi: $N1$="la prima pallina estratta è nera", TT="il
     risultato dei due lanci di moneta sono due teste", CT="il risultato del primo
     lancio di moneta è croce e del secondo è testa" e analogamente definiamo CC
     e TC. Per la Formula della probabilità totale si ha

$$P(N1) = P(N1 \mid TT)P(TT) + P(N1 \mid CC)P(CC)$$
$$+ P(N1 \mid CT \cup TC)P(CT \cup TC)$$
$$= \frac{4}{11} \cdot \frac{1}{4} + \frac{4}{11} \cdot \frac{1}{4} + \frac{4}{10} \cdot \frac{2}{4} = \frac{21}{55}.$$

ii) Per la Formula di Bayes si ha

$$P(CT \cup TC \cup CC \mid N1) = 1 - P(TT \mid N1)$$
$$= 1 - \frac{P(N1 \mid TT)P(TT)}{P(N1)} = \frac{16}{21}.$$

iii) Poniamo $\bar{P} = P(\cdot \mid CT \cup TC)$. Per la formula di moltiplicazione si ha

$$\bar{P}(N1 \cap N2) = \bar{P}(N1)\bar{P}(N2 \mid N1) = \frac{4}{10} \cdot \frac{3}{9} = \frac{2}{15}.$$

Esercizio B.12 Sei monete sono disposte in modo casuale e indipendente in tre scatole. Consideriamo gli eventi:

- $A = $ "la prima scatola contiene due monete";
- $B = $ "ogni scatola contiene due monete".

Si determini:

i) $P(A)$;
ii) $P(B)$;
iii) $P(A \mid B)$ e $P(B \mid A)$.

Soluzione Lo spazio campionario di tutte le disposizioni possibili delle monete è $\Omega = \mathbf{DR}_{3,6}$, da cui $|\Omega| = 3^6$. Si ricordi che Ω è lo spazio delle funzioni da I_6 a I_3 e ogni funzione corrisponde ad una disposizione possibile delle sei monete.

i) Si determinano in $|\mathbf{C}_{6,2}|$ modi possibili le due monete nella prima scatola e di conseguenza

$$P(A) = \frac{|\mathbf{C}_{6,2}|\,|\mathbf{DR}_{2,4}|}{|\mathbf{DR}_{3,6}|} = \frac{\binom{6}{2}2^4}{3^6} \approx 33\%.$$

Si ha equivalentemente $P(A) = \mathrm{Bin}_{6,\frac{1}{3}}(\{2\})$.

ii) Si determinano in $|\mathbf{C}_{6,2}|$ modi possibili le due monete nella prima scatola e in $|\mathbf{C}_{4,2}|$ modi possibili le due monete nella seconda scatola: di conseguenza

$$P(B) = \frac{|\mathbf{C}_{6,2}|\,|\mathbf{C}_{4,2}|}{|\mathbf{DR}_{3,6}|} = \frac{\binom{6}{2}\binom{4}{2}}{3^6} \approx 12\%.$$

iii) Poiché $B \subseteq A$ si ha

$$P(A \mid B) = 1, \qquad P(B \mid A) = \frac{P(B)}{P(A)} \approx 37.5\%.$$

Esercizio B.13 Una lampadina led ha ogni giorno, indipendentemente dagli altri giorni, probabilità $p = 0.1\%$ di fulminarsi. Determinare:

i) la durata media (in giorni) della lampadina;
ii) la probabilità che la lampadina duri almeno un anno.

In una città ci sono 10000 lampioni che montano tale lampadina. Scrivere una formula per determinare (non occorre calcolarlo) il numero minimo di lampadine di scorta occorrenti affinché, con probabilità del 99%, si riescano a cambiare tutte le lampadine, fra le 10000 montate, che si fulminano in un giorno.

Soluzione

i)–ii) Sia T la v.a. aleatoria che indica il giorno in cui la lampadina si fulmina. Allora $T \sim \text{Geom}_p$ (cfr. Esempio 3.1.24). Quindi la durata media (in giorni) della lampadina è

$$E\,[T] = \frac{1}{p} = 1000.$$

Inoltre la probabilità che la lampadina duri almeno un anno è (cfr. Teorema 3.1.25)

$$P(T > 365) = (1-p)^{365} \approx 69.4\%$$

iii) Indichiamo con X il numero di lampadine, fra le 10000 montate, che si fulminano in un giorno. Allora $X \sim \text{Bin}_{10000,p}$ (cfr. Esempio 3.1.20). Dobbiamo determinare il minimo N tale che

$$P\,(X \leq N) \geq 99\%.$$

Ora si ha (si potrebbe anche usare l'approssimazione con la Poisson, cfr. Esempio 3.1.23):

$$P\,(X \leq N) = \sum_{k=0}^{N} \binom{10000}{k} p^k (1-p)^{n-k}.$$

Un calcolo esplicito mostra che

$$P\,(X \leq 17) = 98.57\%, \qquad P\,(X \leq 18) = 99.28\%,$$

quindi $N = 18$.

Esercizio B.14 In una porzione di cielo si contano N stelle, posizionate uniformemente in maniera indipendente le une dalle altre. Supponiamo che la porzione di cielo sia suddivisa in due parti A e B la cui area è una il doppio dell'altra, $|A| = 2|B|$, e sia N_A il numero delle stelle in A.

i) Determinare $P(N_A = k)$.
ii) Il numero N dipende dalla potenza del telescopio utilizzato. Allora supponiamo che N sia una variabile aleatoria di Poisson, $N \sim \text{Poisson}_\lambda$ con $\lambda > 0$: determinare la probabilità che ci sia una sola stella in A.

Soluzione

i) Poiché la distribuzione della posizione è uniforme, ogni stella ha probabilità $p = \frac{2}{3}$ di essere in A indipendentemente dalle altre. Allora

$$P(N_A = k) = \text{Bin}_{N,p}(k) = \binom{N}{k} \frac{2^k}{3^N}.$$

ii) Per la formula della probabilità totale, la probabilità cercata è

$$\sum_{N=0}^{\infty} P(N_A = 1)\frac{e^{-\lambda}\lambda^N}{N!} = e^{-\lambda}\sum_{N=1}^{\infty}\frac{2N}{3^N}\frac{\lambda^N}{N!} = \frac{2\lambda}{3}e^{-\frac{2\lambda}{3}}.$$

Esercizio B.15 Sia $X \sim \text{Poisson}_\lambda$ con $\lambda > 0$. Dare un esempio di $f \in m\mathscr{B}$ tale che $f(X)$ non sia sommabile.

Soluzione Basta considerare una qualsiasi funzione misurabile tale che $f(k) = \frac{k!}{\lambda^k}$ per $k \in \mathbb{N}$: per esempio si può prendere f costante a tratti.

Esercizio B.16 Si effettuano in sequenza due estrazioni senza reinserimento da un'urna che contienc 90 palline numerate. Siano p_1 e p_2 i numeri delle due palline estratte. Determinare:

i) la probabilità dell'evento $A = (p_2 > p_1)$;
ii) la distribuzione della variabile aleatoria $\mathbb{1}_A$;
iii) la probabilità che $p_1 \geq 45$ sapendo che $p_2 > p_1$.

Soluzione

i) Per la formula della probabilità totale si ha

$$P(A) = \sum_{k=1}^{90} P(A \mid p_1 = k)P(p_1 = k) = \sum_{k=1}^{90}\frac{90-k}{89}\cdot\frac{1}{90} = \frac{1}{2}.$$

ii) $\mathbb{1}_A$ ha distribuzione di Bernoulli, $\mathbb{1}_A \sim \text{Be}_{\frac{1}{2}}$.
iii)

$$P(p_1 \geq 45 \mid A) = \frac{P((p_1 \geq 45) \cap A)}{P(A)} = 2\sum_{k=45}^{90}\frac{90-k}{89}\cdot\frac{1}{90} \approx 25.8\%.$$

Esercizio B.17 In un supermercato ci sono un numero N di clienti che all'uscita si distribuiscono uniformemente fra le 5 casse disponibili. Indichiamo con N_1 il numero di clienti che vanno alla prima cassa.

i) Supposto $N = 100$, si determini (o si spieghi come è possibile determinare) il massimo valore $\bar{n} \in \mathbb{N}$ tale che

$$P(N_1 \geq \bar{n}) \geq 90\%.$$

ii) Assumendo che $N \sim \text{Poisson}_{100}$, si scriva una formula per calcolare

$$P(N_1 \geq 15).$$

Soluzione

i) Ogni cliente ha la probabilità di $\frac{1}{5}$ di andare alla prima cassa, indipendentemente dagli altri, e quindi $N_1 \sim \text{Bin}_{100,\frac{1}{5}}$. Allora occorre determinare il massimo valore di n tale che

$$90\% \le P(N_1 \ge n) = \sum_{k=n}^{100} \binom{100}{k} \left(\frac{1}{5}\right)^k \left(\frac{4}{5}\right)^{100-k}.$$

Si trova che $P(N_1 \ge 16) \approx 87.1\%$ e $P(N_1 \ge 15) \approx 91.9\%$, quindi $\bar{n} = 15$.

ii) Si ha

$$P(N_1 \ge 15) = \sum_{h=0}^{\infty} P(N_1 \ge 15 \mid N = h) P(N = h)$$

$$= \sum_{h=15}^{\infty} \sum_{k=15}^{h} \binom{h}{k} \left(\frac{1}{5}\right)^k \left(\frac{4}{5}\right)^{h-k} \frac{e^{-100} 100^h}{h!} \approx 89.5\%.$$

Esercizio B.18   Due amici, A e B, giocano lanciando ognuno un dado: il dado di A è normale mentre il dado di B ha sulle facce i numeri da 2 a 7. Vince chi ottiene il numero strettamente maggiore dell'altro: in caso di parità di rilanciano i dadi. Determinare:

i) la probabilità che, lanciando i dadi una volta, vinca A;
ii) la probabilità che A vinca entro i primi dieci lanci (≤ 10);
iii) la probabilità che nei primi dieci lanci non ci siano vincitori;
iv) il numero atteso di vincite di A entro i primi dieci lanci (≤ 10).

Soluzione

i) Siano N_A e N_B i numeri ottenuti nel primo lancio di dadi: allora

$$P(N_A > N_B) = \sum_{k-2}^{7} P(N_A > k \mid N_B = k) P(N_B = k)$$

$$= \frac{1}{6} \left(\frac{4}{6} + \frac{3}{6} + \frac{2}{6} + \frac{1}{6}\right) = \frac{10}{36} =: p.$$

ii) La v.a. T che indica il primo istante in cui A vince ha distribuzione geometrica di parametro p: quindi

$$P(T \le 10) = 1 - P(T > 10) = 1 - (1-p)^{10} \approx 96\%.$$

iii) Come nel punto i), si calcola

$$P(N_A = N_B) = \frac{5}{36}$$

e quindi la probabilità cercata è $\left(\frac{5}{36}\right)^{10}$.

iv) se N rappresenta il numero di vincite di A nei primi dieci lanci, allora $N \sim \text{Bin}_{10,p}$ e quindi $E[N] = \frac{100}{36}$.

Esercizio B.19 Un centralino smista le telefonate che riceve in maniera casuale fra 10 operatori. Sia Y_n, variabile aleatoria uniforme su $\{1, 2, 3, \ldots, 10\}$, la v.a. che indica l'operatore scelto dal centralino per l'n-esima chiamata. Quando l'operatore i-esimo riceve l'n-esima telefonata (evento $Y_n = i$), c'è una probabilità p_i in $]0, 1[$ che l'operatore sia in pausa e quindi la telefonata sia persa. Sia X_n la v.a. che indica se la telefonata n-esima è persa ($X_n = 1$) oppure è ricevuta ($X_n = 0$). Supponiamo che le v.a. X_n siano indipendenti.

i) Determinare la distribuzione di X_n.
ii) Sia N il numero in sequenza della prima telefonata persa. Determinare la distribuzione e la media di N.
iii) Calcolare la probabilità che nessuna delle prime 100 chiamate sia persa.

Soluzione

i) X_n è una v.a. di Bernoulli e, per la formula della probabilità totale, si ha

$$P(X_n = 1) = \sum_{i=1}^{10} P(X_n = 1 \mid Y_n = i) P(Y_n = i) = \frac{1}{10} \sum_{i=1}^{10} p_i =: p.$$

Dunque $X_n \sim \mathrm{Be}_p$.
ii) $N \sim \mathrm{Geom}_p$ e quindi $E[N] = \frac{1}{p}$.
iii) Si ha (cfr. Teorema 3.1.25)

$$P(N > 100) = (1 - p)^{100}.$$

Esercizio B.20 In una gara di corsa sui 100 metri, T_1 e T_2 sono rispettivamente i tempi (in secondi) ottenuti da due corridori. Assumiamo che T_1, T_2 siano variabili aleatorie indipendenti con $T_i \sim \mathrm{Exp}_{\lambda_i}$, $\lambda_i > 0$ per $i = 1, 2$. Posto $T_{\max} = T_1 \vee T_2$ e $T_{\min} = T_1 \wedge T_2$, si determini:

i) le CDF di $T_{\max}$ e $T_{\min}$;
ii) la probabilità che almeno uno dei due corridori ottenga un tempo inferiore a 10 secondi, assumendo $\lambda_1 = \lambda_2 = \frac{1}{10}$;
iii) la probabilità che entrambi i corridori ottengano un tempo inferiore a 10 secondi, assumendo $\lambda_1 = \lambda_2 = \frac{1}{10}$;
iv) $E[t \vee T_2]$ per ogni $t > 0$ e, tramite il Lemma di freezing, $E[T_{\max} \mid T_1]$.

Soluzione

i) Per la Proposizione 3.6.9 sul massimo e minimo di variabili indipendenti si ha la seguente relazione fra le funzioni di ripartizione

$$F_{T_{\max}}(t) = F_{T_1}(t) F_{T_2}(t) = \left(1 - e^{-\lambda_1 t}\right)\left(1 - e^{-\lambda_2 t}\right), \qquad t \geq 0,$$
$$F_{T_{\min}}(t) = 1 - \left(1 - F_{T_1}(t)\right)\left(1 - F_{T_2}(t)\right) = 1 - e^{-(\lambda_1 + \lambda_2)t}, \qquad t \geq 0.$$

ii) la probabilità cercata è $F_{T_{\min}}(10) \approx 86\%$;

iii) la probabilità cercata è $F_{T_{\max}}(10) \approx 40\%$;

iv) si ha

$$E[t \vee T_2] = \int\limits_0^{+\infty} (t \vee s)\lambda_2 e^{-\lambda_2 s} ds$$

$$= \int\limits_0^t t\lambda_2 e^{-\lambda_2 s} ds + \int\limits_t^{+\infty} s\lambda_2 e^{-\lambda_2 s} ds = t + \frac{e^{-\lambda_2 t}}{\lambda_2}.$$

Per il Lemma di freezing (cfr. Teorema 5.2.7), si ha

$$E[T_{\max} \mid T_1] = T_1 + \frac{e^{-\lambda_2 T_1}}{\lambda_2}.$$

Esercizio B.21 A partire dalle 8 del mattino il sig. Smith riceve in media due telefonate all'ora. Supponiamo che, in ogni ora, il numero di chiamate ricevute sia una v.a. di Poisson e che tali v.a. siano indipendenti. Determinare:

i)   la distribuzione del numero di chiamate ricevute fra le 8 e le 10;
ii) la probabilità di ricevere almeno 4 chiamate fra le 8 e le 10;
iii) la probabilità di ricevere almeno 2 chiamate all'ora fra le 8 e le 10;
iv) la probabilità di ricevere almeno 4 chiamate fra le 8 e le 10, sapendo di riceverne almeno 2 fra le 8 e le 10;
v)   la probabilità di ricevere almeno 4 chiamate fra le 8 e le 10, sapendo di riceverne almeno 2 fra le 8 e le 9.

Soluzione Sia N_{n-m} il numero di chiamate ricevute dall'ora n all'ora m. Allora $N_{8-9} \sim \text{Poisson}_2$.

i) $N_{8-10} = N_{8-9} + N_{9-10} \sim \text{Poisson}_4$ per l'ipotesi di indipendenza (Esempio 3.6.5);

ii)

$$P(N_{8-10} \geq 4) = 1 - P(N_{8-10} \leq 3) = 1 - e^{-4} \sum_{k=0}^{3} \frac{4^k}{k!};$$

iii) per l'indipendenza

$$P((N_{8-9} \geq 2) \cap (N_{9-10} \geq 2)) = \left(1 - e^{-2} \sum_{k=0}^{1} \frac{2^k}{k!}\right)^2;$$

iv)

$$P(N_{8-10} \geq 4 \mid N_{8-10} \geq 2) = \frac{P(N_{8-10} \geq 4)}{P(N_{8-10} \geq 2)}$$

e le probabilità si calcolano come nel punto ii);

v)

$$P\left(N_{8-10} \geq 4 \mid N_{8-9} \geq 2\right) = \frac{P\left((N_{8-10} \geq 4) \cap (N_{8-9} \geq 2)\right)}{P(N_{8-9} \geq 2)}$$

$$= \frac{1}{P(N_{8-9} \geq 2)} \sum_{k \geq 2} P(N_{9-10} \geq 4 - k) P(N_{8-9} = k).$$

Esercizio B.22 Supponiamo che le nazioni possano essere suddivise in tre fasce in base alla propria solidità finanziaria: A (solidità ottima), B (buona) o C (mediocre). Per una generica nazione, la probabilità di essere in fascia A, B o C è ritenuta uguale, pari a $\frac{1}{3}$. Per stabilire a quale gruppo appartiene una determinata nazione, si svolge un'analisi economica il cui esito può essere solo positivo o negativo. È noto che l'analisi economica di nazioni in fascia A ha esito positivo con probabilità del 99%; inoltre per nazioni in fascia B e C, l'esito è positivo rispettivamente con probabilità dell'80% e 30%.

i) Si determini la probabilità che l'analisi economica dell'Italia abbia esito positivo.
ii) Sapendo che l'analisi economica dell'Italia ha avuto esito negativo, qual è la probabilità di essere in fascia C?

Soluzione

i) Indichiamo con E l'evento "l'analisi economica dell'Italia ha esito positivo". Per la Formula della probabilità totale si ha

$$P(E) = P(E \mid A)P(A) + P(E \mid B)P(B) + P(E \mid C)P(C)$$

$$= \frac{1}{3}(99\% + 80\% + 30\%) \approx 70\%.$$

ii) Si tratta di calcolare $P(C \mid E^c)$: sapendo che $P(C) - \frac{1}{3}$ e

$$P(E^c \mid C) = 1 - P(E \mid C) = 70\%,$$

per la Formula di Bayes si ha

$$P(C \mid E^c) = \frac{P(E^c \mid C)P(C)}{P(E^c)} \approx 77\%.$$

Esercizio B.23 Un'azienda ha due linee di produzione A e B che realizzano rispettivamente il 30% e il 70% dei prodotti. La percentuale di prodotti difettosi delle linee A e B è pari rispettivamente al 0.5% e 0.1%. Determinare:

i) la probabilità che ci sia esattamente un prodotto difettoso in una scatola contenente 10 prodotti tutti provenienti dalla stessa linea;
ii) la probabilità che una scatola che contiene esattamente un prodotto difettoso, provenga dalla linea A;
iii) la probabilità che ci sia esattamente un prodotto difettoso in una scatola contenente 10 prodotti supponendo che i prodotti siano inscatolati senza distinguere la linea di produzione.

Soluzione

i) Indichiamo con D l'evento di cui dobbiamo calcolare la probabilità. La probabilità che una scatola prodotta da A abbia esattamente un prodotto difettoso è $p_A = \text{Bin}_{10,0.5\%}(\{1\}) \approx 4.78\%$. Analogamente $p_B = \text{Bin}_{10,0.1\%}(\{1\}) \approx 0.99\%$. Allora, con notazioni il cui significato dovrebbe essere evidente, la probabilità cercata è

$$P(D) = P(D \mid A)P(A) + P(D \mid B)P(B)$$
$$= p_A * 30\% + p_B * 70\% \approx 2.13\%.$$

ii) Per la formula di Bayes, si ha

$$P(A \mid D) = \frac{P(D \mid A)P(A)}{P(D)} = \frac{p_A * 30\%}{2.13\%} \approx 67.39\%.$$

iii) La probabilità che è un singolo prodotto sia difettoso è pari a

$$p_D = 0.5\% * 30\% + 0.1\% * 70\% \approx 0.22\%.$$

Allora la probabilità cercata è pari a $\text{Bin}_{10,p_D}(\{1\}) \approx 2.15\%$.

Esercizio B.24 Un algoritmo antispam classifica come "sospette" le email che contengono alcune parole chiave. Per allenare l'algoritmo antispam si utilizzano i dati che riguardano un set di 100 email di cui 60 sono spam, il 90% delle email di spam sono sospette e solo l'1% delle email che non sono spam, sono sospette. In base a questi dati si stimi la probabilità che un'email sospetta sia effettivamente spam.

Soluzione Indichiamo con X l'evento "un'email è spam" e con S l'evento "un'email è sospetta". Per ipotesi si ha

$$P(X) = 60\%, \qquad P(S \mid X) = 90\%, \qquad P(S \mid X^c) = 1\%.$$

Allora per la formula di Bayes otteniamo

$$P(X \mid S) = \frac{P(S \mid X)P(X)}{P(S)} = \qquad \text{(per la formula della probabilità totale)}$$
$$= \frac{P(S \mid X)P(X)}{P(S \mid X)P(X) + P(S \mid X^c)P(X^c)} \approx 99.26\%.$$

Esercizio B.25 Ogni anno, la probabilità di contrarre una malattia infettiva è 1% se si è vaccinati e 80% se non si è vaccinati.

i) Sapendo che in un anno il 10% della popolazione contrae la malattia, stimare la percentuale dei vaccinati;

ii) calcolare la probabilità che un malato sia vaccinato.

Soluzione

i) Se M è l'evento "contrarre la malattia" e V è l'evento "essere vaccinato", si ha

$$P(M) = P(M \mid V)P(V) + P(M \mid V^c)(1 - P(V))$$

da cui

$$P(V) = \frac{P(M) - P(M \mid V^c)}{P(M \mid V) - P(M \mid V^c)} \approx 89\%$$

ii) Per il Teorema di Bayes, si ha

$$P(V \mid M) = \frac{P(M \mid V)P(V)}{P(M)} \approx 0.09\%$$

Esercizio B.26 Un sacchetto contiene due monete: una d'oro che è equilibrata e una d'argento per la quale la probabilità di ottenere testa è pari a $p \in\,]0, 1[$. Si estrae a caso una delle due monete e la si lancia n volte: sia X la v.a. che indica il numero di teste ottenute. Dato $k \in \mathbb{N}_0$, si determini:

i) la probabilità che X sia uguale a k, sapendo che è stata estratta la moneta d'argento;
ii) $P(X = k)$;
iii) la probabilità che sia stata estratta la moneta d'argento, sapendo che $X = n$;
iv) la media di X.

Soluzione

i) Sia $A =$ "è estratta la moneta d'argento". Allora per $k = 0, 1, \ldots, n$ si ha

$$P(X = k \mid A) = \mathrm{Bin}_{n,p}(k) = \binom{n}{k} p^k (1 - p)^{n-k}.$$

ii) Per la formula della probabilità totale, si ha

$$\begin{aligned} P(X = k) &= \frac{1}{2} \left(P(X = k \mid A^c) + P(X = k \mid A) \right) \\ &= \frac{1}{2} \left(\mathrm{Bin}_{n,\frac{1}{2}}(k) + \mathrm{Bin}_{n,p}(k) \right) \end{aligned} \tag{B.1}$$

iii) Anzitutto

$$P(X = n) = \frac{1}{2} \left(\frac{1}{2^n} + p^n \right).$$

Per il Teorema di Bayes, si ha

$$P(A \mid X = n) = \frac{P(X = n \mid A)P(A)}{P(X = n)} = \frac{p^n}{\frac{1}{2^n} + p^n}.$$

iv) Ricordando che l'attesa di una v.a. con distribuzione $\text{Bin}_{n,p}$ è pari a np, per la
(B.1) si ha

$$E[X] = \frac{1}{2}\left(\frac{n}{2} + np\right).$$

Esercizio B.27 L'urna A contiene una pallina rossa e una verde. L'urna B invece contiene due palline rosse e quattro palline verdi. Estraiamo una pallina a caso dall'urna A e la mettiamo nell'urna B, poi estraiamo una pallina dall'urna B.

i)   Qual è la probabilità che la pallina estratta dall'urna B sia rossa?
ii) Sapendo che la pallina estratta dall'urna B è rossa, qual è la probabilità che la pallina estratta dall'urna A sia anch'essa rossa?
iii) Qual è la probabilità che le due palline estratte siano dello stesso colore?

Soluzione   Introduciamo gli eventi:

$$R_A = \text{``la pallina estratta dall'urna } A \text{ è rossa''},$$
$$V_A = \text{``la pallina estratta dall'urna } A \text{ è verde''} = R_A^c,$$
$$R_B = \text{``la pallina estratta dall'urna } B \text{ è rossa''},$$
$$V_B = \text{``la pallina estratta dall'urna } B \text{ è verde''} = R_B^c.$$

i)   Per la Formula della probabilità totale si ha

$$P(R_B) = P(R_B \mid R_A)P(R_A) + P(R_B \mid V_A)P(V_A) = \frac{3}{7}\cdot\frac{1}{2} + \frac{2}{7}\cdot\frac{1}{2} = \frac{5}{14}.$$

ii) Per la formula di Bayes si ha

$$P(R_A|R_B) = \frac{P(R_B \mid R_A)P(R_A)}{P(R_B)} = \frac{\frac{3}{7}\cdot\frac{1}{2}}{\frac{5}{14}} = \frac{3}{5}.$$

iii) Ancora per la Formula della probabilità totale, se E indica l'evento di cui è richiesta la probabilità

$$P(E) = P(E \mid R_A)P(R_A) + P(E \mid V_A)P(V_A) = \frac{3}{7}\cdot\frac{1}{2} + \frac{5}{7}\cdot\frac{1}{2} = \frac{4}{7}.$$

Esercizio B.28   Una cantina produce una serie numerata di bottiglie di vino. In un controllo di qualità, ogni bottiglia per essere idonea deve superare tre test: la probabilità di superare il primo test è 90%; nel caso sia superato il primo, la probabilità di superare il secondo test è 95%; se è superato anche il secondo test, la probabilità di superare il terzo è 99%. Supponiamo che gli esiti del controlli su bottiglie diverse siano indipendenti fra loro.

i)   Si determini la probabilità che una bottiglia sia idonea.
ii) Si determini la probabilità che una bottiglia non idonea non abbia superato il primo test.

iii) Sia X_n la v.a. aleatoria che vale 0 oppure 1 a seconda che l'n-esima bottiglia sia idonea. Determinare la distribuzione di X_n e di (X_n, X_{n+1}).

iv) Sia N il numero corrispondente alla prima bottiglia non idonea. Determinare la distribuzione e la media di N.

v) Calcolare la probabilità che tutte le prime 100 bottiglie siano idonee.

Soluzione

i) Sia $T_i, i = 1, 2, 3$, l'evento "l'i-esimo test è superato", e $T = T_1 \cap T_2 \cap T_3$. Per la Formula di moltiplicazione si ha

$$P(T) = P(T_1)P(T_2 \mid T_1)P(T_3 \mid T_1 \cap T_2) = \frac{90 \cdot 95 \cdot 99}{100^3} \approx 85\%.$$

ii) Per la formula di Bayes, si ha

$$P(T_1^c \mid T^c) = \frac{P(T^c \mid T_1^c)P(T_1^c)}{P(T^c)} = \frac{1 \cdot 10\%}{1 - P(T)} \approx 65\%$$

iii) $X_n \sim \mathrm{Be}_p$ con $p = P(T)$. Per l'indipendenza, $(X_1, X_2) \sim \mathrm{Be}_p \otimes \mathrm{Be}_p$.

iv) $N \sim Geom_{1-p}$ e $E[N] = \frac{1}{1-p}$.

v) Si ha (cfr. Teorema 3.1.25)

$$P(N > 100) = (1 - (1 - p))^{100} = p^{100}.$$

Esercizio B.29 Un'urna contiene 4 palline bianche, 4 rosse e 4 nere. Si effettua una serie di estrazioni nel modo seguente: si estrae una pallina e la si rimette nell'urna insieme ad un'altra pallina dello stesso colore di quella estratta. Calcolare la probabilità:

i) di estrarre una pallina bianca alla seconda estrazione;

ii) di estrarre una pallina rossa alla prima estrazione sapendo che alla seconda estrazione viene estratta una pallina bianca;

iii) dopo tre estrazioni, di aver estratto tutte palline bianche;

iv) dopo tre estrazioni, di non aver estratto palline che abbiano tutte lo stesso colore.

Soluzione Indichiamo con B_n l'evento "la pallina estratta all'n-esima estrazione è bianca", con $n \in \mathbb{N}$. Analogamente siano definiti N_n e R_n.

i) per la Formula della probabilità totale si ha

$$P(B_2) = P(B_2 \mid B_1)P(B_1) + P(B_2 \mid R_1)P(R_1) + P(B_2 \mid N_1)P(N_1)$$
$$= \frac{5}{13} \cdot \frac{1}{3} + \frac{4}{13} \cdot \frac{1}{3} + \frac{4}{13} \cdot \frac{1}{3} = \frac{1}{3}.$$

ii) Per la Formula di Bayes si ha

$$P(R_1 \mid B_2) = \frac{P(B_2 \mid R_1)}{P(B_2)}P(R_1) = \frac{\frac{4}{13} \cdot \frac{1}{3}}{\frac{1}{3}} = \frac{4}{13}.$$

iii) Per la Formula di moltiplicazione si ha

$$P(B_1 \cap B_2 \cap B_3) = P(B_1)P(B_2 \mid B_1)P(B_3 \mid B_1 \cap B_2) = \frac{1}{3} \cdot \frac{5}{13} \cdot \frac{6}{14} = \frac{5}{91}.$$

iv) Per il punto iii), la probabilità che tutte le palline abbiano lo stesso colore è $\frac{15}{91}$.
La probabilità cercata è quindi $1 - \frac{15}{91}$.

Esercizio B.30 Secondo una recente analisi, la probabilità che chi svolge attività sportiva abbia buoni rendimenti scolastici è pari al 90%, mentre è del 70% per chi non svolge attività sportiva.

i) Sapendo che in un anno la percentuale di studenti con buoni rendimenti scolastici è pari al 85%, stimare la percentuale di studenti che svolgono attività sportiva;
ii) calcolare la probabilità che chi ha buoni rendimenti scolastici svolga attività sportiva.

Soluzione

i) Se B è l'evento "avere buoni rendimenti scolastici" e S è l'evento "svolgere attività sportiva", si ha

$$P(B) = P(B \mid S)P(S) + P(B \mid S^c)(1 - P(S))$$

da cui

$$P(S) = \frac{P(B) - P(B \mid S^c)}{P(B \mid S) - P(B \mid S^c)} = 75\%$$

ii) Per il Teorema di Bayes, si ha

$$P(S \mid B) = \frac{P(B \mid S)P(S)}{P(B)} \approx 79\%$$

Esercizio B.31 I test dimostrano che un vaccino è efficace contro il virus α in 55 casi su 100, contro il virus β in 65 casi su 100 e contro almeno uno dei due virus in 80 casi su 100. Determinare la probabilità che il vaccino sia efficace contro entrambi i virus.

Soluzione Consideriamo gli eventi A="il vaccino è efficace contro il virus α" e B="il vaccino è efficace contro il virus β". Sappiamo che $P(A) = 55\%$, $P(B) = 65\%$ e $P(A \cup B) = 80\%$. Allora

$$P(A \cap B) = P(A) + P(B) - P(A \cup B) = 40\%.$$

Esercizio B.32   In una catena di produzione, un bullone è idoneo se supera due test di qualità: la probabilità di superare il primo test è 90%; nel caso sia superato il primo, la probabilità di superare il secondo test è 95%. Supponiamo che gli esiti del controlli su bulloni diversi siano indipendenti fra loro. Si determini:

i)   la probabilità che un bullone sia idoneo;
ii) la probabilità che un bullone non idoneo abbia superato il primo test;
iii) la distribuzione del numero N di bulloni idonei fra i primi 100 prodotti;
iv) la distribuzione e la media di M, dove M è il numero corrispondente al primo bullone non idoneo.

Soluzione

i)   Sia T_i, $i = 1, 2$, l'evento "l'i-esimo test è superato" e $T = T_1 \cap T_2$. Per la Formula di moltiplicazione si ha

$$p := P(T) = P(T_1)P(T_2 \mid T_1) = \frac{90 \cdot 95}{100^2} = 85.5\%;$$

ii) per la formula di Bayes e poiché $P(T^c \mid T_1) = P(T_2^c \mid T_1) = 5\%$, si ha

$$P(T_1 \mid T^c) = \frac{P(T^c \mid T_1)P(T_1)}{P(T^c)} = \frac{5\% \cdot 90\%}{14.5\%} \approx 31\%;$$

iii) $N \sim \text{Bin}_{100,p}$;
iv) $M \sim Geom_{1-p}$ e $E[M] = \frac{1}{1-p}$.

B.2   Variabili aleatorie

Esercizio B.33   Il tempo di consegna di un corriere è descritto da una v.a. $T \sim \text{Exp}_\lambda$ con $\lambda > 0$. Supponiamo che l'unità di tempo sia il giorno, ossia $T = 1$ equivale a un giorno, e indichiamo con N la v.a. che indica il giorno di consegna, definita da $N = n$ se $T \in [n-1, n[$ per $n \in \mathbb{N}$. Si determini

i)   la legge e la CDF di N;
ii) $E[N]$ e $E[N \mid T > 1]$;
iii) $E[N \mid T]$.

Soluzione

i) N è una v.a. discreta che assume solo valori in $\mathbb{N}$: vale

$$P(N = n) = P(n - 1 \leq T < n)$$

$$= \int_{n-1}^{n} \lambda e^{-\lambda t}\, dt = e^{-\lambda n}(e^\lambda - 1) =: p_n, \qquad n \in \mathbb{N}.$$

Allora

$$N \sim \sum_{n=1}^{\infty} p_n \delta_n$$

e la CDF di N è

$$F_N(x) = \begin{cases} 0 & \text{se } x < 0, \\ \sum_{k=1}^{n} p_k & \text{se } n-1 \leq x < n. \end{cases}$$

ii) Si ha

$$E[N] = \sum_{n=1}^{\infty} n p_n = \frac{e^\lambda}{e^\lambda - 1},$$

$$E[N \mid T > 1] = \frac{E\left[N \mathbb{1}_{(T>1)}\right]}{P(T > 1)} = e^\lambda \sum_{n=2}^{\infty} n p_n = \frac{2e^\lambda - 1}{e^\lambda - 1}.$$

iii) osserviamo che N è $\sigma(T)$-misurabile perché è funzione (misurabile) di T: precisamente $N = 1 + [T]$ dove $[x]$ indica la funzione *parte intera di* $x \in \mathbb{R}$. Di conseguenza

$$E[N \mid T] = N.$$

Esercizio B.34 In farmacologia, l'emivita è il tempo richiesto (espresso in giorni) per ridurre del 50% la quantità di un farmaco nell'organismo. Sia $T \sim \Gamma_{2,1}$ l'emivita di un antibiotico all'assunzione della prima dose e sia $S \sim \text{Unif}_{[T,2T]}$ l'emivita all'assunzione della seconda dose. Determinare:

i)   la densità congiunta $\gamma_{(S,T)}$ e marginale γ_S;
ii) il valore atteso di T condizionato a $(S < 2)$.
iii) il valore atteso di T, dando per noto il valore di S (è sufficiente scrivere le formule senza svolgere tutti i calcoli).

Soluzione

i) Per ipotesi $\gamma_T(t) = t e^{-t} \mathbb{1}_{\mathbb{R}_{\geq 0}}(t)$ e $\gamma_{S|T}(s,t) = \frac{1}{t} \mathbb{1}_{[t,2t]}(s)$. Dalla formula (5.3.6) per la densità condizionata ricaviamo

$$\gamma_{(S,T)}(s,t) = \gamma_{S|T}(s,t) \gamma_T(t) = e^{-t} \mathbb{1}_{[t,2t] \times \mathbb{R}_{\geq 0}}(s,t) = e^{-t} \mathbb{1}_{\mathbb{R}_{\geq 0} \times [s/2,s]}(s,t)$$

e

$$\gamma_S(s) = \int_{\mathbb{R}} \gamma_{(S,T)}(s,t) dt = \int_{s/2}^{s} e^{-t} dt \, \mathbb{1}_{\mathbb{R}_{\geq 0}}(s) = \left(e^{-\frac{s}{2}} - e^{-s} \right) \mathbb{1}_{\mathbb{R}_{\geq 0}}(s).$$

ii) Si ha

$$P(S < 2) = \int_0^2 \gamma_S(s)ds = \left(1 - \frac{1}{e}\right)^2 \approx 40\%,$$

$$E[T \mid S < 2] = \frac{1}{P(S<2)} \int_0^2 \int_0^{+\infty} t\gamma_{(S,T)}(s,t)dt\,ds = \frac{2(e-2)}{e-1} \approx 0.84.$$

iii) Anzitutto

$$\gamma_{T|S}(t,s) = \frac{\gamma_{(S,T)}(s,t)}{\gamma_S(s)} \mathbb{1}_{(\gamma_S > 0)}(s) = \frac{e^{-t}}{e^{-\frac{s}{2}} - e^{-s}} \mathbb{1}_{\mathbb{R}_{\geq 0} \times [s/2,s]}(s,t).$$

Allora si ha

$$E[T \mid S] = \int_0^{+\infty} t\,\gamma_{T|S}(t,S)dt = \frac{1}{2}\left(-\frac{S}{e^{S/2}-1} + S + 2\right).$$

Esercizio B.35 Dato $\gamma \in \mathbb{R}$, consideriamo la funzione

$$\mu_\gamma(n) = (1-\gamma)\gamma^n, \qquad n \in \mathbb{N}_0 := \mathbb{N} \cup \{0\}.$$

i) Determinare i valori di γ per cui μ_γ è una funzione di distribuzione discreta. Può essere utile ricordare che

$$\sum_{n=0}^\infty x^n = \frac{1}{1-x}, \qquad |x| < 1;$$

ii) sia γ tale che μ_γ sia una funzione di distribuzione e si consideri la v.a. X che ha funzione di distribuzione μ_γ. Fissato $m \in \mathbb{N}$, calcolare la probabilità che X sia divisibile per m;

iii) trovare una funzione $f : \mathbb{R} \to \mathbb{R}$ tale che $Y = f(X)$ abbia distribuzione Geom$_p$ e determinare p in funzione di γ;

iv) calcolare $E[X]$.

Soluzione

i) I valori $\mu_\gamma(n)$ devono essere non-negativi da cui $0 < \gamma < 1$. Per tali valori di γ si ha che μ_γ è una funzione di distribuzione poiché

$$\sum_{n=0}^\infty \mu_\gamma(n) = (1-\gamma)\sum_{n=0}^\infty \gamma^n = 1.$$

ii) X è divisibile per m se esiste $k \in \mathbb{N}_0$ tale che $X = km$. Poiché $P(X = km) = (1 - \gamma)\gamma^{km}$, allora la probabilità cercata è

$$\sum_{k=0}^{\infty} P(X = km) = (1 - \gamma) \sum_{k=0}^{\infty} \gamma^{km} = \frac{1 - \gamma}{1 - \gamma^m}.$$

iii) La v.a. $Y = X + 1$ è tale che

$$P(Y = n) = P(X = n - 1) = (1 - \gamma)\gamma^{n-1}, \qquad n \in \mathbb{N}.$$

Quindi $Y \sim \text{Geom}_{1-\gamma}$.

iv) Per il punto iii) si ha

$$E[X] = E[Y] - 1 = \frac{1}{1 - \gamma} - 1 = \frac{\gamma}{1 - \gamma}.$$

Esercizio B.36 Si lanciano due dadi (non truccati) a tre facce, numerate da 1 a 3. Sullo spazio campionario $\Omega = \{(m, n) \mid 1 \leq m, n \leq 3\}$, siano X_1 e X_2 le variabili aleatorie che indicano rispettivamente i risultati dei lanci del primo e secondo dado. Posto $X = X_1 + X_2$, si determini $\sigma(X)$ e se X_1 è $\sigma(X)$-misurabile.

Soluzione $\sigma(X)$ è la σ-algebra i cui elementi sono $\emptyset$ e le unioni di

$$(X = 2) = \{(1, 1)\},$$
$$(X = 3) = \{(1, 2), (2, 1)\},$$
$$(X = 4) = \{(1, 3), (3, 1), (2, 2)\},$$
$$(X = 5) = \{(2, 3), (3, 2)\},$$
$$(X = 6) = \{(3, 3)\}.$$

L'evento $(X_1 = 1) \notin \sigma(X)$: intuitivamente non posso conoscere l'esito del primo lancio sapendo la somma dei due lanci

Esercizio B.37 Siano X, Y variabili aleatorie indipendenti con distribuzione Exp_λ. Determinare:

i) le densità di $X + Y$ e $X - Y$;
ii) le funzioni caratteristiche di $X + Y$ e $X - Y$;
iii) $X + Y$ e $X - Y$ sono indipendenti?

Soluzione

i) Sappiamo (cfr. Esempio 3.6.7) che se $X, Y \sim \text{Exp}_\lambda \equiv \Gamma_{1,\lambda}$ sono v.a. indipendenti, allora

$$X + Y \sim \Gamma_{2,\lambda}$$

con densità

$$\gamma_{X+Y}(z) = \lambda^2 z e^{-\lambda z} \mathbb{1}_{\mathbb{R}_{>0}}(z).$$

Calcoliamo ora la densità di $X - Y$ come convoluzione delle densità di X e $-Y$. Per far ciò, anzitutto calcoliamo la densità di $-Y$: si ha $P(-Y \le y) = 1$ se $y \ge 0$ e, per $y < 0$,

$$P(-Y \le y) = P(Y \ge -y) = \int\limits_{-y}^{\infty} \lambda e^{-\lambda x} dx = \int\limits_{-\infty}^{y} \lambda e^{\lambda z} dt$$

da cui

$$\gamma_{-Y}(y) = \lambda e^{\lambda y} \mathbb{1}_{\mathbb{R}_{<0}}(y).$$

Ora

$$\gamma_{X-Y}(w) = (\gamma_X * \gamma_{-Y})(w) = \int\limits_{\mathbb{R}} \gamma_X(x)\gamma_{-Y}(w-x)dx = \frac{\lambda}{2} e^{-\lambda|w|}, \qquad w \in \mathbb{R}.$$

ii) Ricordando che $\varphi_X(\eta) = \frac{\lambda}{\lambda - i\eta}$, per l'indipendenza di X e Y si ha

$$\varphi_{X+Y}(\eta) = E\left[e^{i\eta(X+Y)}\right] = E\left[e^{i\eta X}\right] E\left[e^{i\eta Y}\right] = \frac{\lambda^2}{(\lambda - i\eta)^2},$$

e analogamente

$$\varphi_{X-Y}(\eta) = E\left[e^{i\eta(X-Y)}\right] = \frac{\lambda^2}{(\lambda - i\eta)(\lambda + i\eta)} = \frac{\lambda^2}{\lambda^2 + \eta^2}.$$

iii) $X + Y$ e $X - Y$ sono indipendenti se e solo se

$$\varphi_{(X+Y,X-Y)}(\eta_1, \eta_2) = \varphi_{X+Y}(\eta_1)\varphi_{X-Y}(\eta_2).$$

Abbiamo già l'espressione di φ_{X+Y} e φ_{X-Y} dal punto ii). Calcoliamo

$$\begin{aligned}
\varphi_{(X+Y,X-Y)}(\eta_1, \eta_2) &= E\left[e^{i\eta_1(X+Y)+i\eta_2(X-Y)}\right] \\
&= E\left[e^{iX(\eta_1+\eta_2)+iY(\eta_1-\eta_2)}\right] = \qquad \text{(per l'indipendenza} \\
&= E\left[e^{iX(\eta_1+\eta_2)}\right] E\left[e^{iY(\eta_1-\eta_2)}\right] \qquad \text{di } X \text{ e } Y) \\
&= \frac{\lambda}{\lambda - i(\eta_1 + \eta_2)} \frac{\lambda}{\lambda - i(\eta_1 - \eta_2)}.
\end{aligned}$$

Ne viene che $X + Y$ e $X - Y$ non sono indipendenti.

Esercizio B.38 Siano $X \sim \text{Exp}_\lambda$ e $Y \sim \text{Be}_p$ variabili aleatorie indipendenti con $\lambda > 0$ e $0 < p < 1$.

i) Determinare la CDF di $X + Y$ e XY.
ii) Stabilire se $X+Y$ e XY sono assolutamente continue e in tal caso determinarne la densità.
iii) Determinare la funzione caratteristica di $X + Y$ e XY.

Soluzione

i) Si ha

$$\begin{aligned}
P(X + Y \leq z) &= P\left((X + Y \leq z) \cap (Y = 0)\right) \\
&\quad + P\left((X + Y \leq z) \cap (Y = 1)\right) = \quad \text{(per l'indipendenza di } X \text{ e } Y) \\
&= P(X \leq z)P(Y = 0) + P(X \leq z - 1)P(Y = 1) \\
&= (1 - p)P(X \leq z) + pP(X \leq z - 1),
\end{aligned}$$

e inoltre ricordiamo che $P(X \leq z) = 1 - e^{-\lambda z}$. Allora si ha

$$\begin{aligned}
F_{X+Y}(z) &:= P(X + Y \leq z) \\
&= \begin{cases}
0 & \text{se } z < 0, \\
(1 - p)\left(1 - e^{-\lambda z}\right) & \text{se } 0 \leq z \leq 1, \\
(1 - p)\left(1 - e^{-\lambda z}\right) + p\left(1 - e^{-\lambda(z-1)}\right) & \text{se } z > 1.
\end{cases}
\end{aligned}$$

Analogamente, si ha

$$\begin{aligned}
F_{XY}(z) &:= P(XY \leq z) = \\
&= P\left((XY \leq z) \cap (Y = 0)\right) \\
&\quad + P\left((XY \leq z) \cap (Y = 1)\right) = \quad \text{(per l'indipendenza di } X \text{ e } Y) \\
&= P(0 \leq z)P(Y = 0) + P(X \leq z)P(Y = 1) \\
&= \begin{cases}
0 & \text{se } z < 0, \\
(1 - p) + p\left(1 - e^{-\lambda z}\right) & \text{se } z \geq 0.
\end{cases}
\end{aligned}$$

ii) La funzione F_{X+Y} è assolutamente continua e la densità di $X + Y$ si ricava semplicemente derivando (cfr. Teorema 2.4.33):

$$\frac{d}{dz}F_{X+Y}(z) = \begin{cases}
0 & \text{se } z < 0, \\
(1 - p)\lambda e^{-\lambda z} & \text{se } 0 \leq z \leq 1, \\
(1 - p)\lambda e^{-\lambda z} + p\lambda e^{-\lambda(z-1)} & \text{se } z > 1.
\end{cases}$$

La funzione F_{XY} è discontinua in 0 e quindi la v.a. XY non è assolutamente continua: anzi si ha (cfr. (2.4.9))

$$P(XY = 0) = F_{XY}(0) - F_{XY}(0-) = 1 - p.$$

iii) Per l'indipendenza (cfr. Proposizione 3.5.11) si ha

$$\varphi_{X+Y}(\eta) = \varphi_X(\eta)\varphi_Y(\eta) = \frac{\lambda}{\lambda - i\eta}(1 + p(e^{i\eta} - 1)).$$

Inoltre

$$\varphi_{XY}(\eta) = E\left[e^{i\eta XY}\right] =$$

$$= \iint_{\mathbb{R}^2} e^{i\eta xy}\left(\mathrm{Exp}_\lambda \otimes \mathrm{Be}_p\right)(dx, dy) = \quad \text{(per il Teorema di Fubini)}$$

$$= \int_{\mathbb{R}}\left(\int_{\mathbb{R}} e^{i\eta xy}\mathrm{Be}_p(dy)\right)\mathrm{Exp}_\lambda(dx) =$$

$$= \int_{\mathbb{R}}\left(1 - p + pe^{i\eta x}\right)\mathrm{Exp}_\lambda(dx) =$$

$$= 1 - p + p\frac{\lambda}{\lambda - i\eta}.$$

Esercizio B.39 Siano X, Y variabili aleatorie indipendenti con distribuzione $\mu = \frac{1}{2}(\delta_{-1} + \delta_1)$. Determinare:

i) la funzione caratteristica congiunta $\varphi_{(X,Y)}$;
ii) la funzione caratteristica φ_{X+Y} della somma $X + Y$;
iii) la funzione caratteristica φ_{XY} e la distribuzione del prodotto XY;
iv) provare che X e XY sono indipendenti.

Soluzione

i) Essendo v.a. indipendenti, la funzione caratteristica congiunta è il prodotto delle marginali:

$$\varphi_{(X,Y)}(\eta_1, \eta_2) = E\left[e^{i(\eta_1 X + \eta_2 Y)}\right] = E\left[e^{i\eta_1 X}\right]E\left[e^{i\eta_2 Y}\right] = \cos(\eta_1)\cos(\eta_2),$$

poiché

$$\varphi_Y(\eta) = \varphi_X(\eta) = E\left[e^{i\eta X}\right] = \frac{1}{2}\left(e^{i\eta} + e^{-i\eta}\right) = \cos\eta.$$

ii) ancora per l'indipendenza, la funzione caratteristica della somma è

$$\varphi_{X+Y}(\eta) = E\left[e^{i\eta(X+Y)}\right] = E\left[e^{i\eta X}\right]E\left[e^{i\eta Y}\right] = (\cos\eta)^2.$$

iii) si ha

$$\varphi_{XY}(\eta) = E\left[e^{i\eta XY}\right]$$

$$= \iint\limits_{\mathbb{R}^2} e^{i\eta xy}\,(\mu \otimes \mu)\,(dx, dy) = \quad \text{(per il Teorema di Fubini)}$$

$$= \int\limits_{\mathbb{R}} \left(\int\limits_{\mathbb{R}} e^{i\eta xy}\mu(dx)\right)\mu(dy)$$

$$= \int\limits_{\mathbb{R}} \cos(\eta y)\mu(dy)$$

$$= \frac{1}{2}\left(\cos\eta + \cos(-\eta)\right) = \cos\eta.$$

Dunque XY ha la stessa funzione caratteristica di X e quindi anche la stessa distribuzione μ.

iv) per provare che X e XY sono indipendenti calcoliamo la funzione caratteristica di X e XY, e verifichiamo che è uguale al prodotto delle funzioni caratteristiche marginali:

$$\varphi_{(X,XY)}(\eta_1, \eta_2) = E\left[e^{i(\eta_1 X + \eta_2 XY)}\right]$$

$$= \iint\limits_{\mathbb{R}^2} e^{ix(\eta_1 + \eta_2 y)}\,(\mu \otimes \mu)\,(dx, dy) = \quad \text{(per il Teorema di Fubini)}$$

$$= \int\limits_{\mathbb{R}} \left(\int\limits_{\mathbb{R}} e^{ix(\eta_1 + \eta_2 y)}\mu(dx)\right)\mu(dy)$$

$$= \frac{1}{2}\int\limits_{\mathbb{R}} \left(e^{-i(\eta_1 + \eta_2 y)} + e^{-i(\eta_1 + \eta_2 y)}\right)\mu(dy)$$

$$= \frac{1}{4}\left(e^{-i(\eta_1 - \eta_2)} + e^{-i(\eta_1 + \eta_2)} + e^{i(\eta_1 - \eta_2)} + e^{i(\eta_1 + \eta_2)}\right)$$

$$= \cos(\eta_1)\cos(\eta_2) = \varphi_X(\eta_1)\varphi_{XY}(\eta_2).$$

Esercizio B.40   Verificare che la funzione

$$\gamma(x, y) = (x + y)\mathbb{1}_{[0,1]\times[0,1]}(x, y), \qquad (x, y) \in \mathbb{R}^2,$$

è una densità. Siano X, Y v.a. con densità congiunta γ: determinare

i)   se X, Y sono indipendenti;
ii) il valore atteso $E[XY]$;
iii) la densità della somma $X + Y$.

Soluzione   La funzione γ è non-negativa e vale

$$\iint_{\mathbb{R}^2} \gamma(x,y)dxdy = \left[\frac{x^2+y^2}{2}\right]_{x=y=0}^{x=y=1} = 1$$

e quindi è una densità. Inoltre:

i)   La densità di X è

$$\gamma_X(x) := \int_{\mathbb{R}} \gamma(x,y)dy = \left(x+\frac{1}{2}\right)\mathbb{1}_{[0,1]}(x), \qquad x \in \mathbb{R}.$$

In modo analogo si calcola γ_Y e si verifica che X, Y non sono indipendenti poiché $\gamma \neq \gamma_X \gamma_Y$;

ii) si ha

$$E[XY] = \int_0^1 \int_0^1 xy(x+y)dxdy = \frac{1}{3};$$

iii) per il Teorema 3.6.1, la densità di $X+Y$ vale

$$\gamma_{X+Y}(z) = \int_{\mathbb{R}} \gamma(x,z-x)dx, \qquad z \in [0,2].$$

Imponendo la condizione $(x, z-x) \in [0,1] \times [0,1]$, si ha

$$\int_{\mathbb{R}} \gamma(x,z-x)dx = \begin{cases} z^2 & \text{se } z \in [0,1], \\ z(2-z) & \text{se } z \in [1,2]. \end{cases}$$

Esercizio B.41   Sia $Y = Y(t)$ la soluzione del problema di Cauchy

$$\begin{cases} Y'(t) = AY(t), \\ Y(0) = y_0, \end{cases}$$

dove $A \sim \mathcal{N}_{\mu,\sigma^2}$ e $y_0 > 0$.

i)   Per ogni $t > 0$ determinare la distribuzione e la densità della v.a. $Y(t)$;
ii) scrivere l'espressione della funzione caratteristica φ_A della v.a. A e da essa ricavare

$$E\left[e^A\right] = \varphi_A(-i),$$

e quindi calcolare $E[Y(t)]$;
iii) le v.a. $Y(1)$ e $Y(2)$ sono indipendenti?

Soluzione

i) Si ha

$$Y(t) = y_0 e^{tA}$$

e quindi $Y(t)$ ha distribuzione log-normale. Più precisamente, per ogni $y > 0$ vale

$$P(Y(t) \leq y) = P\left(A \leq \frac{1}{t} \log \frac{y}{y_0}\right) = F_A\left(\frac{1}{t} \log \frac{y}{y_0}\right)$$

dove F_A è la CDF di A. Derivando si ricava la densità di $Y(t)$ che è nulla per $y \leq 0$ e vale

$$\gamma(y) = \frac{d}{dy} P(Y(t) \leq y) = \frac{1}{ty} F_A'\left(\frac{1}{t} \log \frac{y}{y_0}\right)$$

$$= \frac{1}{ty\sqrt{2\pi\sigma^2}} e^{-\frac{\left(\frac{1}{t}\log\frac{y}{y_0} - \mu\right)^2}{2\sigma^2}},$$

per $y > 0$.

ii) Ricordando la (3.5.7) si ha

$$E\left[e^A\right] = \varphi_A(-i) = e^{\mu + \frac{\sigma^2}{2}}.$$

Poiché $tA \sim \mathcal{N}_{t\mu, t^2\sigma^2}$ si ha

$$E\left[Y(t)\right] = E\left[y_0 e^{tA}\right] = y_0 e^{t\mu + \frac{t^2\sigma^2}{2}}.$$

iii) Osserviamo che

$$E[Y(1)Y(2)] = y_0^2 E\left[e^{3A}\right] = y_0^2 e^{3\mu + \frac{9\sigma^2}{2}}$$

è differente da

$$E[Y(1)]\, E[Y(2)] = y_0^2 E\left[e^A\right] E\left[e^{2A}\right] = y_0^2 e^{\mu + \frac{\sigma^2}{2}} e^{2\mu + \frac{4\sigma^2}{2}}$$

tranne nel caso in cui $\sigma = 0$ (in cui chiaramente $Y(1), Y(2)$ sono indipendenti).

Esercizio B.42 Data una v.a. $C \sim \text{Unif}_{[0,\lambda]}$, dove $\lambda > 0$, si determini il massimo valore di λ tale che l'equazione

$$x^2 - 2x + C = 0$$

abbia, con probabilità uno, soluzioni reali. Per tale valore di λ si determini la densità di una delle soluzioni dell'equazione.

Soluzione L'equazione ha soluzioni reali se ha il discriminante non negativo:

$$\Delta = 4 - 4C \geq 0$$

ossia $C \leq 1$. Dunque se $\lambda \leq 1$ l'equazione ha soluzioni reali con probabilità uno, mentre se $\lambda > 1$ allora la probabilità che l'equazione non abbia soluzioni reali è pari a $\text{Unif}_\lambda(]1, \lambda]) = \frac{\lambda-1}{\lambda} > 0$. Dunque il valore massimo cercato è $\lambda = 1$.

Consideriamo la soluzione $X = 1 + \sqrt{1 - C}$ e calcoliamone la funzione di ripartizione. Anzitutto se $C \sim \text{Unif}_{[0,1]}$ allora X assume valori in $[1, 2]$: dunque per $x \in [1, 2]$ si ha

$$
\begin{aligned}
P(X \leq x) &= P\left(\sqrt{1 - C} \leq x - 1\right) \\
&= P\left(C \geq 1 - (x - 1)^2\right) \\
&= \int_{1-(x-1)^2}^{1} dy = (x - 1)^2.
\end{aligned}
$$

Derivando si ottiene la densità di X:

$$\gamma_X(x) = (2x - 2)\mathbb{1}_{[1,2]}(x), \qquad x \in \mathbb{R}.$$

Esercizio B.43 Determinare i valori di $a, b \in \mathbb{R}$ tale che la funzione

$$F(x) = a \arctan x + b$$

sia una CDF. Per tali valori, sia X v.a. con CDF uguale a F: determinare la densità di X e stabilire se $X \in L^1$.

Soluzione Affinché siano verificate le proprietà di una CDF, deve essere $a = \frac{1}{\pi}$ e $b = \frac{1}{2}$. La densità si determina semplicemente derivando F:

$$\gamma(x) = F'(x) = \frac{1}{\pi(1 + x^2)}.$$

La v.a. X non è sommabile poiché la funzione $\frac{|x|}{\pi(1+x^2)} \notin L^1(\mathbb{R})$.

Esercizio B.44 Sia $(X, Y) \sim \mathcal{N}_{0,C}$ con

$$C = \begin{pmatrix} 1 & \varrho \\ \varrho & 1 \end{pmatrix}, \qquad |\varrho| \leq 1.$$

Determinare:

i) per quali valori di ϱ le v.a. $X + Y$ e $X - Y$ sono indipendenti;
ii) la distribuzione di $X + Y$, i valori di ϱ per cui è assolutamente continua e, per tali valori, la densità γ_{X+Y}.

Soluzione

i) Si ha

$$\begin{pmatrix} X + Y \\ X - Y \end{pmatrix} = \alpha \begin{pmatrix} X \\ Y \end{pmatrix}, \qquad \alpha = \begin{pmatrix} 1 & 1 \\ 1 & -1 \end{pmatrix},$$

e quindi $(X + Y, X - Y) \sim \mathcal{N}_{0, \alpha C \alpha^*}$. Inoltre

$$\alpha C \alpha^* = \begin{pmatrix} 2(1 + \varrho) & 0 \\ 0 & 2(1 - \varrho) \end{pmatrix}$$

da cui segue che $X + Y$ e $X - Y$ sono indipendenti per ogni $\varrho \in [-1, 1]$;

ii) Da i) segue anche che $X + Y \sim \mathcal{N}_{0, 2(1 + \varrho)}$ e quindi $X + Y \in$ AC per $\varrho \in]-1, 1]$ con densità normale

$$\gamma_{X+Y}(z) = \frac{1}{2\sqrt{\pi(1 + \varrho)}} e^{-\frac{z^2}{4(1+\varrho)}}, \qquad z \in \mathbb{R}.$$

Esercizio B.45   Sia X una v.a. reale con densità γ_X.

i)   Provare che

$$\gamma(x) := \frac{\gamma_X(x) + \gamma_X(-x)}{2}$$

è una densità.

ii)   Sia Y una v.a. con densità γ: esiste una relazione fra le CHF φ_X e φ_Y?

iii)   Determinare una v.a. Z tale che $\varphi_Z(\eta) = \varphi_X(\eta)^2$.

Soluzione

i)   Chiaramente $\gamma \geq 0$ e vale

$$\int_{\mathbb{R}} \gamma(x)dx = \frac{1}{2}\left(\int_{\mathbb{R}} \gamma_X(x)dx + \int_{\mathbb{R}} \gamma_X(-x)dx \right) = \int_{\mathbb{R}} \gamma_X(x)dx = 1.$$

ii)   Si ha

$$\begin{aligned}
\varphi_Y(\eta) &= E\left[e^{i\eta Y} \right] \\
&= \int_{\mathbb{R}} e^{i\eta x} \frac{\gamma_X(x) + \gamma_X(-x)}{2} dx \\
&= \frac{1}{2}\left(\varphi_X(\eta) + \varphi_X(-\eta) \right) = \operatorname{Re}\left(\varphi_X(\eta) \right).
\end{aligned}$$

iii) Siano X_1 e X_2 v.a. indipendenti, uguali in legge a X. Allora

$$\varphi_{X_1 + X_2}(\eta) = \varphi_{X_1}(\eta)\varphi_{X_2}(\eta) = \varphi_X(\eta)^2.$$

Esercizio B.46 Preso a caso un punto Q di $[0,1]$, sia X la lunghezza dell'intervallo di ampiezza maggiore fra i due in cui $[0,1]$ viene diviso da Q. Si determini la distribuzione e il valore atteso di X.

Soluzione Osserviamo che $X = \max\{Q, 1-Q\}$ e $\frac{1}{2} \leq X \leq 1$. Determiniamo la CDF di X: per $\frac{1}{2} \leq x \leq 1$ si ha

$$P(X \leq x) = P\left((Q \leq x) \cap (Q \geq \tfrac{1}{2})\right) + P\left((1-Q \leq x) \cap (Q \leq \tfrac{1}{2})\right)$$
$$= P(\tfrac{1}{2} \leq Q \leq x) + P(1-x \leq Q \leq \tfrac{1}{2}) = 2x - 1.$$

Ne viene che $X \in \mathrm{AC}$ e precisamente $X \sim \mathrm{Unif}_{\left[\frac{1}{2},1\right]}$. In particolare $E[X] = \frac{3}{4}$.

Esercizio B.47 Sia $X = (X_1, X_2, X_3) \sim \mathcal{N}_{0,C}$ con

$$C = \begin{pmatrix} 1 & 0 & 0 \\ 0 & 1 & -1 \\ 0 & -1 & 1 \end{pmatrix}.$$

Dati i vettori aleatori $Y := (X_1, X_2)$ e $Z := (X_2, X_3)$, si determini:

i) la distribuzione di Y e Z, specificando se sono assolutamente continui;
ii) se Y e Z sono indipendenti;
iii) le funzioni caratteristiche φ_Y e φ_Z.

Soluzione

i) Poiché

$$Y = \begin{pmatrix} 1 & 0 & 0 \\ 0 & 1 & 0 \end{pmatrix} X, \qquad Z = \begin{pmatrix} 0 & 1 & 0 \\ 0 & 0 & 1 \end{pmatrix} X$$

si ha $Y \sim \mathcal{N}_{0,C_Y}$ e $Z \sim \mathcal{N}_{0,C_Z}$ con

$$C_Y = \begin{pmatrix} 1 & 0 \\ 0 & 1 \end{pmatrix}, \qquad C_Z = \begin{pmatrix} 1 & -1 \\ -1 & 1 \end{pmatrix}.$$

Ne viene che Y è assolutamente continuo, mentre Z non lo è perché C_Z è singolare.

ii) Per vedere che Y e Z non sono indipendenti basta osservare che, per ogni $H \in \mathscr{B}_1$, si ha

$$P\left((Y \in \mathbb{R} \times H) \cap (Z \in H \times \mathbb{R})\right) = P(X_2 \in H),$$

e

$$P(Y \in \mathbb{R} \times H) = P(X_2 \in H) = P(Z \in H \times \mathbb{R}).$$

iii) Si ha

$$\varphi_Y(\eta_1, \eta_2) = e^{-\frac{1}{2}(\eta_1^2 + \eta_1^2)}, \qquad \varphi_Z(\eta_1, \eta_2) = e^{-\frac{1}{2}(\eta_1^2 + \eta_1^2 - 2\eta_1\eta_2)}.$$

Esercizio B.48 Sia $X \sim \mathcal{N}_{\mu,1}$ con $\mu \in \mathbb{R}$ e sia $\varphi_X(\eta)$ la CHF di X.

i) Dato $c \in \mathbb{R}$, si calcoli $E\left[e^{cX}\right]$: a tal fine si scelga un opportuno valore complesso η_c per cui vale $E\left[e^{cX}\right] = \varphi_X(\eta_c)$.

ii) Data $Y \sim \text{Unif}_n$, con $n \in \mathbb{N}$, indipendente da X, si scriva la distribuzione congiunta di X e Y. Si calcoli $E\left[e^{\frac{X}{Y}}\right]$.

iii) Posto $Z = \frac{X}{Y}$, si determini la CDF di Z. Nel caso in cui $Z \in$ AC, se ne determini la densità.

Soluzione

i) Posto $\eta_c = -ic$ si ha

$$E\left[e^{cX}\right] = \varphi_X(-ic) = e^{c\mu + \frac{c^2}{2}}.$$

ii) Per l'indipendenza, si ha $\mu_{(X,Y)} = \mathcal{N}_{\mu,1} \otimes \text{Unif}_n$ e

$$E\left[e^{\frac{X}{Y}}\right] = \iint_{\mathbb{R}^2} e^{\frac{x}{y}} \mathcal{N}_{\mu,1} \otimes \text{Unif}_n(dx, dy) = \quad \text{(per il Teorema di Fubini)}$$

$$= \frac{1}{n} \sum_{k=1}^{n} \int_{\mathbb{R}} e^{\frac{x}{k}} \mathcal{N}_{\mu,1}(dx) = \quad \text{(per quanto visto nel punto i) con } c = \frac{1}{k}\text{)}$$

$$= \frac{1}{n} \sum_{k=1}^{n} e^{\frac{\mu}{k} + \frac{1}{2k^2}}.$$

iii) Per la formula della probabilità totale, si ha

$$F_Z(z) = P(Z \leq z) = \sum_{k=1}^{n} P(Z \leq z \mid Y = k) P(Y = k)$$

$$= \frac{1}{n} \sum_{k=1}^{n} P(X \leq kz) = \frac{1}{n} \sum_{k=1}^{n} \int_{-\infty}^{kz} \Gamma(x - \mu) dx$$

dove $\Gamma(x) = \frac{1}{\sqrt{2\pi}} e^{-\frac{x^2}{2}}$ è la densità normale standard. $Z \in$ AC poiché $F_Z \in C^{\infty}(\mathbb{R})$ e vale

$$F_Z'(z) = \frac{1}{n} \sum_{k=1}^{n} k \Gamma(kz - \mu).$$

Esercizio B.49 Siano F una CDF e $\alpha > 0$.

i) Si provi che F^α è ancora una CDF;
ii) sia F la CDF di Exp_λ: si determini la densità della v.a. con CDF F^α;
iii) sia F la CDF della distribuzione discreta Unif_n, con $n \in \mathbb{N}$ fissato. Per α che tende a $+\infty$, F^α tende a una CDF? In tal caso, a quale distribuzione corrisponde? E nel caso in cui F sia la CDF della normale standard?

Soluzione

i) Per ogni $\alpha > 0$ la funzione $f(x) = x^\alpha$ è continua, monotona crescente su $[0, 1]$, $f(0) = 0$ e $f(1) = 1$. Ne segue che le proprietà di monotonia, continuità a destra e i limiti a $\pm\infty$ si conservano componendo f con una CDF F.
ii) La funzione $F^\alpha(t) = \left(1 - e^{-\lambda t}\right)^\alpha \mathbb{1}_{\mathbb{R}_{\geq 0}}(t)$ è assolutamente continua e derivando si ottiene la densità

$$\gamma(t) = \alpha \lambda e^{-\lambda t}(1 - e^{-\lambda t})^{\alpha-1} \mathbb{1}_{\mathbb{R}_{\geq 0}}(t).$$

ii) Poiché $F(x) < 1$ per $x < n$ e $F(x) = 1$ per $x \geq n$, si ha

$$G(x) = \lim_{\alpha \to +\infty} F^\alpha(x) = \begin{cases} 0 & \text{se } x < n, \\ 1 & \text{se } x \geq n, \end{cases}$$

ossia G è la CDF della Delta di Dirac centrata in n. Se F è la CDF della normale standard si ha $0 < F(x) < 1$ per ogni $x \in \mathbb{R}$ e quindi, per $\alpha \to +\infty$, F^α tende puntualmente alla funzione identicamente nulla che non è una CDF.

Esercizio B.50 Data una v.a. reale X, quali implicazioni sussistono fra le seguenti proprietà?

i) X è assolutamente continua;
ii) la CHF φ_X è sommabile.

Soluzione i) non implica ii): per esempio, $X \sim \mathrm{Unif}_{[-1,1]}$ è assolutamente continua ma $\varphi_X(\eta) = \frac{\sin \eta}{\eta}$ non è sommabile come si può verificare direttamente oppure col Teorema di inversione, si veda anche l'Osservazione 3.5.7. Invece ii) implica i) per il Teorema di inversione.

Esercizio B.51 Sia (X, Y) una variabile aleatoria bidimensionale con densità

$$f(x, y) = \begin{cases} 2xy & \text{se } 0 < x < 1,\ 0 < y < \frac{1}{\sqrt{x}}, \\ 0 & \text{altrimenti.} \end{cases}$$

i) Calcolare le densità marginali di X, Y e stabilire se X, Y sono indipendenti.
ii) Le variabili aleatorie X e Y hanno media e varianza finite?

Soluzione

i) Si ha

$$f_X(x) = \begin{cases} \int_0^{\frac{1}{\sqrt{x}}} 2xy\,dy = 1 & \text{se } 0 < x < 1, \\ 0 & \text{altrimenti,} \end{cases}$$

$$f_Y(y) = \begin{cases} \int_0^{\frac{1}{y^2}} 2xy\,dx = \frac{1}{y^3} & \text{se } y > 1, \\ \int_0^1 2xy\,dx = y & \text{se } 0 < y < 1, \\ 0 & \text{se } y < 0. \end{cases}$$

X, Y non sono indipendenti perché la densità congiunta non è il prodotto delle marginali.

ii) $X \sim \text{Unif}_{[0,1]}$ e quindi ha media e varianza finite. La densità di Y è limitata sui compatti ed è uguale a y^{-3} per $y > 1$. Ne viene che Y ha media finita e varianza infinita.

Esercizio B.52 Date tre v.a. indipendenti X, Y, α con $X, Y \sim \mathcal{N}_{0,1}$ e $\alpha \sim \text{Unif}_{[0,2\pi]}$, si ponga

$$Z = X \cos\alpha + Y \sin\alpha.$$

Si determini:

i) la CHF e la distribuzione di Z;
ii) $\text{cov}(X, Z)$;
iii) il valore della CHF congiunta $\varphi_{(X,Z)}(1,1)$ per stabilire se X e Z sono indipendenti, dando per noto che $\int_0^{2\pi} e^{-\cos t}\,dt \approx 8$.

Soluzione

i) Determiniamo la distribuzione di Z calcolandone la CHF:

$$\varphi_Z(\eta) = E\left[e^{i\eta(X\cos\alpha + Y\sin\alpha)}\right] = \quad \text{(per l'ipotesi di indipendenza)}$$

$$= \frac{1}{2\pi}\int_0^{2\pi}\int_{\mathbb{R}}\int_{\mathbb{R}} e^{i\eta(x\cos t + y\sin t)}\mathcal{N}_{0,1}(dx)\mathcal{N}_{0,1}(dy)\,dt = \quad \begin{array}{l}\text{(nota la CHF della}\\ \text{normale standard)}\end{array}$$

$$= \frac{1}{2\pi}\int_0^{2\pi} e^{-\frac{1}{2}\eta^2(\cos^2 t + \sin^2 t)}\,dt = e^{-\frac{\eta^2}{2}}$$

e quindi $Z \sim \mathcal{N}_{0,1}$.

ii)

$$\text{cov}(X, Z) = E[XZ] =$$
$$= E[X^2 \cos \alpha + XY \sin \alpha] = \quad \text{(per l'ipotesi di indipendenza)}$$
$$= E[X^2] E[\cos \alpha] = 0$$

poiché $E[X^2] = \text{var}(X) = 1$ e

$$E[\cos \alpha] = \frac{1}{2\pi} \int\limits_0^{2\pi} \cos t \, dt = 0.$$

iii) Si ha

$$\varphi_{(X,Z)}(1, 1) = E[e^{i(X+Z)}] =$$
$$= E[e^{iX(1+\cos \alpha) + iY \sin \alpha}] = \quad \text{(per l'ipotesi di indipendenza)}$$
$$= \frac{1}{2\pi} \int\limits_0^{2\pi} \int\limits_{\mathbb{R}} \int\limits_{\mathbb{R}} e^{ix(1+\cos t) + iy \sin t} \mathcal{N}_{0,1}(dx) \mathcal{N}_{0,1}(dy) dt$$
$$= \frac{1}{2\pi} \int\limits_0^{2\pi} e^{-\frac{1}{2}(1+\cos t)^2 - \frac{1}{2} \sin^2 t} dt$$
$$= \frac{e^{-1}}{2\pi} \int\limits_0^{2\pi} e^{-\cos t} dt.$$

Allora X e Z non sono indipendenti perché altrimenti dovrebbe essere

$$\varphi_{(X,Z)}(1, 1) = \varphi_X(1)\varphi_Z(1) = e^{-1}.$$

Esercizio B.53 Sia $X \sim \text{Unif}_{[-1,1]}$. Dare un esempio di $f \in m\mathcal{B}$ tale che $f(X)$ sia sommabile ma abbia varianza infinita.

Soluzione Per esempio

$$f(x) = \begin{cases} \dfrac{\text{sgn}(x)}{\sqrt{|x|}} & \text{se } x \neq 0, \\ 0 & \text{se } x = 0. \end{cases}$$

Si ha

$$E[f(X)] = \frac{1}{2} \int\limits_{-1}^1 f(x) dx = 0$$

e

$$\text{var}(f(X)) = E[f(X)^2] = \int\limits_{-1}^1 \frac{1}{|x|} dx = +\infty.$$

Esercizio B.54   Siano X e Y v.a. con densità congiunta

$$\gamma_{(X,Y)}(x, y) = \frac{1}{y}\mathbb{1}_{]0,\lambda y[\times]0,\frac{1}{\lambda}[}(x, y), \qquad \lambda > 0.$$

i) Si calcolino le densità marginali.
ii) Le v.a. $Z := e^X$ e $W := e^Y$ sono indipendenti?

Soluzione

i) Si ha

$$\gamma_X(x) = \int_{\mathbb{R}} \gamma_{(X,Y)}(x, y)dy = \int_{\frac{x}{\lambda}}^{\frac{1}{\lambda}} \frac{1}{y}dy = -\log x, \qquad x \in]0, 1[,$$

$$\gamma_Y(y) = \int_{\mathbb{R}} \gamma_{(X,Y)}(x, y)dx = \int_0^{\lambda y} \frac{1}{y}dx = \lambda, \qquad y \in]0, \tfrac{1}{\lambda}[.$$

Quindi $\gamma_X(x) = \log x \cdot \mathbb{1}_{]0,1[}(x)$ e $\gamma_Y(y) = \lambda \mathbb{1}_{]0,\frac{1}{\lambda}[}(y)$.
ii) Se Z e W fossero indipendenti allora lo sarebbero anche $X = \log Z$ e $Y = \log W$. Tuttavia X e Y non sono indipendenti poiché la densità congiunta non è uguale al prodotto delle marginali.

Esercizio B.55   Siano $X \sim \text{Exp}_{\lambda_1}$ e $Y \sim \text{Exp}_{\lambda_2}$ v.a. indipendenti con $\lambda_1, \lambda_2 > 0$. Determinare:

i)   la densità di X^2;
ii) la CHF congiunta $\varphi_{(X,Y)}$;
iii) la CHF della somma φ_{X+Y}.

Soluzione

i)   La CDF di X^2 è data da

$$F_{X^2}(z) = P(X^2 \leq z) = P(X \leq \sqrt{z}) = \int_0^{\sqrt{z}} \lambda_1 e^{-\lambda_1 t}dt = 1 - e^{-\lambda_1 \sqrt{z}}$$

se $z \geq 0$ e $F_{X^2} \equiv 0$ su $]-\infty, 0]$. Trattandosi di una funzione AC, ricaviamo la densità di X^2 differenziando

$$\gamma_{X^2}(z) = \frac{d}{dz}F_{X^2}(z) = \frac{\lambda_1 e^{-\lambda_1 \sqrt{z}}}{2\sqrt{z}}\mathbb{1}_{\mathbb{R}_{\geq 0}}(z).$$

ii) Per l'indipendenza si ha

$$\varphi_{(X,Y)}(\eta_1, \eta_2) = \varphi_X(\eta_1)\varphi_Y(\eta_2) = \frac{\lambda_1 \lambda_2}{(\lambda_1 - i\eta_1)(\lambda_2 - i\eta_2)}.$$

iii) Analogamente

$$\varphi_{X+Y}(\eta) = \varphi_X(\eta)\varphi_Y(\eta) = \frac{\lambda_1 \lambda_2}{(\lambda_1 - i\eta)(\lambda_2 - i\eta)}.$$

Esercizio B.56   Sia data la funzione

$$F(x) = \begin{cases} \beta - e^{-x^\alpha} & \text{se } x \geq 0, \\ 0 & \text{se } x < 0. \end{cases}$$

i)   Esistono valori di α e β tali che F sia la CDF della distribuzione Delta di Dirac? Determinare tutti i valori di α e β per cui F è una CDF;
ii)   Per tali valori, si consideri una v.a. X che abbia F come CDF. Calcolare $P(X \leq 0)$ e $P(X \geq 1)$;
iii)   Per i valori di α, β per cui $X \in$ AC determinare una densità di X;
iv)   Ora fissiamo $\alpha = 2$. Calcolare $E[X^{-1}]$ e determinare la densità di $Z := X^2 + 1$.

Soluzione

i)   Se $\alpha = 0$ e $\beta = 1 + \frac{1}{e}$ allora F è la CDF della distribuzione Delta di Dirac centrata in 0. Gli altri valori per cui F è una CDF sono $\alpha > 0$ e $\beta = 1$;
ii)   se $\alpha > 0$ e $\beta = 1$ allora

$$P(X \leq 0) = F(0) = 0, \qquad P(X \geq 1) = 1 - F(1) = \frac{1}{e}.$$

Se $\alpha - 0$ e $\beta = 1 + \frac{1}{e}$ allora $P(X \leq 0) = 1$ e $P(X \geq 1) = 0$.
iii) $X \in$ AC se $\alpha > 0$ e $\beta = 1$ e in tal caso una densità si determina derivando F:

$$\gamma(x) = F'(x) = \begin{cases} \alpha x^{\alpha-1} e^{-x^\alpha} & \text{se } x > 0, \\ 0 & \text{se } x < 0. \end{cases}$$

iv)   Se $\alpha = 2$ si ha

$$E[X^{-1}] = 2 \int\limits_0^{+\infty} e^{-x^2} dx = \sqrt{\pi}.$$

Determiniamo la CDF di Z: anzitutto $P(Z \leq 1) = 0$ e per $z > 1$ si ha

$$P(X^2 + 1 \leq z) = P(-\sqrt{z-1} \leq X \leq \sqrt{z-1})$$
$$= P(X \leq \sqrt{z-1}) = 1 - e^{1-z}.$$

Allora la densità di Z è

$$\gamma_Z(z) = e^{1-z} \mathbb{1}_{[1,+\infty[}(z).$$

Esercizio B.57   Siano X, Y v.a. con distribuzione normale standard, ossia $X, Y \sim \mathcal{N}_{0,1}$, e T una v.a. con distribuzione di Bernoulli, $T \sim \mathrm{Be}_{\frac{1}{2}}$. Assumiamo che X, Y e T siano indipendenti.

i)   Provare che le v.a.

$$Z := X - Y, \qquad W := TX + (1 - T)Y,$$

hanno distribuzione normale;
ii)   si calcoli $\mathrm{cov}(Z, W)$;
iii)   si determini la CHF congiunta $\varphi_{(Z,W)}$;
iv)   le v.a. Z e W sono indipendenti?

Soluzione

i)   Il vettore aleatorio (X, Y) ha distribuzione normale standard bidimensionale (essendo, per ipotesi, X, Y indipendenti). Inoltre si ha

$$Z = \alpha \begin{pmatrix} X \\ Y \end{pmatrix}, \qquad \alpha = \begin{pmatrix} 1 & -1 \end{pmatrix}$$

e quindi, indicando con I la matrice identità 2×2, si ha $Z \sim \mathcal{N}_{0, \alpha I \alpha^*} = \mathcal{N}_{0,2}$. Per l'ipotesi di indipendenza, la distribuzione congiunta di X, Y e T è la distribuzione prodotto

$$\mathcal{N}_{0,1} \otimes \mathcal{N}_{0,1} \otimes \mathrm{Be}_{\frac{1}{2}}$$

e quindi per ogni $f \in m\mathcal{B}$ e limitata si ha

$$E[f(W)]$$

$$= \int_{\mathbb{R}^3} f(tx + (1-t)y) \left(\mathcal{N}_{0,1} \otimes \mathcal{N}_{0,1} \otimes \mathrm{Be}_{\frac{1}{2}} \right) (dx, dy, dt) = \qquad \begin{array}{l} \text{(per il Teorema} \\ \text{di Fubini)} \end{array}$$

$$= \int_{\mathbb{R}} \left(\int_{\mathbb{R}} \left(\int_{\mathbb{R}} f(tx + (1-t)y) \mathcal{N}_{0,1}(dx) \right) \mathcal{N}_{0,1}(dy) \right) \mathrm{Be}_{\frac{1}{2}}(dt)$$

$$= \frac{1}{2} \int_{\mathbb{R}} \left(\int_{\mathbb{R}} f(x) \mathcal{N}_{0,1}(dx) \right) \mathcal{N}_{0,1}(dy) + \frac{1}{2} \int_{\mathbb{R}} \left(\int_{\mathbb{R}} f(y) \mathcal{N}_{0,1}(dx) \right) \mathcal{N}_{0,1}(dy)$$

$$= \frac{1}{2} \int_{\mathbb{R}} f(x) \mathcal{N}_{0,1}(dx) + \frac{1}{2} \int_{\mathbb{R}} f(y) \mathcal{N}_{0,1}(dy)$$

$$= \int_{\mathbb{R}} f(x) \mathcal{N}_{0,1}(dx).$$

Quindi $W \sim \mathcal{N}_{0,1}$.

ii) Si ha

$$
\begin{aligned}
\text{cov}(Z, W) &= E\left[(X - Y)(TX + (1 - T)Y)\right] \\
&= E\left[TX^2\right] + E\left[(1 - 2T)XY\right] \\
&\quad - E\left[(1 - T)Y^2\right] = \qquad \text{(per l'indipendenza di } X, Y, T) \\
&= E\left[T\right]E\left[X^2\right] - E\left[1 - T\right]E\left[Y^2\right] = 0.
\end{aligned}
$$

iii) La CHF congiunta è data da

$$
\begin{aligned}
\varphi_{(Z,W)}(\eta_1, \eta_2) &= E\left[e^{i(\eta_1(X-Y)+\eta_2(TX+(1-T)Y))}\right] \\
&= E\left[e^{i(\eta_1(X-Y)+\eta_2 X)}\mathbb{1}_{(T=1)}\right] \\
&\quad + E\left[e^{i(\eta_1(X-Y)+\eta_2 Y)}\mathbb{1}_{(T=0)}\right] = \qquad \text{(per l'indipendenza di } X, Y, T) \\
&= \frac{1}{2}E\left[e^{i(\eta_1+\eta_2)X}\right]E\left[e^{-i\eta_1 Y}\right] \\
&\quad + \frac{1}{2}E\left[e^{i\eta_1 X}\right]E\left[e^{i(\eta_2-\eta_1)Y}\right] = \qquad \text{(poiché } X, Y \sim \mathcal{N}_{0,1}) \\
&= \frac{e^{-\frac{\eta_1^2}{2}}}{2}\left(e^{-\frac{(\eta_1+\eta_2)^2}{2}} + e^{-\frac{(y_1-\eta_2)^2}{2}}\right),
\end{aligned}
$$

che non è la CHF di una normale bidimensionale. Questo prova anche che

$$
\varphi_{(Z,W)}(\eta_1, \eta_2) \neq \varphi_Z(\eta_1)\varphi_W(\eta_2)
$$

e quindi Z, W non sono indipendenti.

Esercizio B.58 Sia X una v.a. con CDF

$$
F(x) = \begin{cases} 0 & x < 0, \\ \lambda x & 0 \leq x < 1, \\ 1 & x \geq 1, \end{cases}
$$

dove λ è un parametro fissato tale che $0 < \lambda < 1$. Sia $Y \sim \text{Unif}_{[0,1]}$ indipendente da X.

i) X è assolutamente continua?
ii) si determini la distribuzione di

$$
Z := X\mathbb{1}_{(X<1)} + Y\mathbb{1}_{(X\geq 1)}.
$$

Soluzione

i) No, $P(X = 1) = F(1) - F(1-) = 1 - \lambda > 0$.

ii) Calcoliamo la CDF di Z. Per $z \in [0, 1]$ si ha

$$P(Z \leq z) = P\left((Z \leq z) \cap (X < 1)\right) + P\left((Z \leq z) \cap (X \geq 1)\right)$$
$$= P(X \leq z) + P\left((Y \leq z) \cap (X \geq 1)\right) = \quad \text{(per l'indipendenza)}$$
$$= \lambda z + P(Y \leq z)P(X \geq 1) = \lambda z + z(1 - \lambda) = z.$$

Di conseguenza $Z \sim \text{Unif}_{[0,1]}$.

Esercizio B.59 Sia (X, Y) una v.a. aleatoria bidimensionale con distribuzione uniforme sul triangolo T di vertici $(0, 0)$, $(2, 0)$ e $(0, 2)$.

i)   Si determini la densità di X;
ii) X e Y sono indipendenti?
iii) si determini la densità e l'attesa di $Z := X + Y$.

Soluzione

i) La densità di (X, Y) è

$$\gamma_{(X,Y)}(x, y) = \frac{1}{2}\mathbb{1}_T(x, y), \qquad T = \{x, y \in \mathbb{R} \mid x, y \geq 0, \ x + y \leq 2\}.$$

Si ha

$$\gamma_X(x) = \int_{\mathbb{R}} \gamma_{(X,Y)}(x, y)dy = \int_0^{2-x} \frac{1}{2}\mathbb{1}_{[0,2]}(x)dy = \frac{2-x}{2}\mathbb{1}_{[0,2]}(x).$$

Il calcolo di γ_Y è analogo.

ii) X, Y non sono indipendenti perché la densità congiunta non è il prodotto delle marginali.

iii) Si ha

$$\gamma_Z(z) = \int_{\mathbb{R}} \gamma_{(X,Y)}(x, z - x)dx = \frac{1}{2}\int_{\mathbb{R}} \mathbb{1}_T(x, z - x)dx = \frac{z}{2}\mathbb{1}_{[0,2]}(z).$$

Quindi

$$E[Z] = \int_0^2 \frac{z^2}{2}dz = \frac{4}{3}.$$

Esercizio B.60 Verificare che la funzione

$$\gamma(x, y) = \begin{cases} 4y & \text{se } x > 0 \text{ e } 0 < y < e^{-x}, \\ 0 & \text{altrimenti}, \end{cases}$$

è una densità. Siano X, Y v.a. con densità congiunta γ.

i) Determinare le densità marginali γ_X e γ_Y.
ii) X, Y sono indipendenti?
iii) Determinare la densità condizionata $\gamma_{X|Y}$ e riconoscere di quale densità nota si tratta.
iv) calcolare $E[X \mid Y]$ e $\text{var}(X \mid Y)$.

Soluzione   La funzione γ è non-negativa e misurabile con

$$\int_{\mathbb{R}^2} \gamma(x, y) dx dy = \int_0^{+\infty} \int_0^{e^{-x}} 4y \, dy \, dx = \int_0^{+\infty} 2e^{-2x} dx = 1.$$

i) Abbiamo appena calcolato

$$\gamma_X(x) = \int_{\mathbb{R}} \gamma(x, y) dy = \int_0^{e^{-x}} 4y \, dy = 2e^{-2x} \mathbb{1}_{]0,+\infty[}(x)$$

da cui si riconosce che $X \sim \text{Exp}_2$. Poi osserviamo che

$$\gamma(x, y) = 4y \, \mathbb{1}_{]0,-\log y[}(x) \mathbb{1}_{]0,1[}(y)$$

da cui

$$\gamma_Y(y) = \int_{\mathbb{R}} \gamma(x, y) dx = \int_0^{-\log y} 4y \, \mathbb{1}_{]0,1[}(y) dx = -4y \log y \, \mathbb{1}_{]0,1[}(y).$$

ii) X, Y non sono indipendenti perché la densità congiunta non è il prodotto delle marginali.
iii) Si ha

$$\gamma_{X|Y}(x, y) = \frac{\gamma(x, y)}{\gamma_Y(y)} \mathbb{1}_{(\gamma_Y > 0)}(y) = -\frac{1}{\log y} \mathbb{1}_{]0,-\log y[}(x) \mathbb{1}_{]0,1[}(y)$$

e quindi X ha densità condizionata uniforme su $]0, -\log Y[$.
iv) Per quanto visto al punto iii), si ha

$$E[X \mid Y] = \frac{-\log Y}{2}, \qquad \text{var}(X \mid Y) = \frac{(\log Y)^2}{12}.$$

Esercizio B.61   Data la funzione

$$\gamma(x) = (ax + b)\mathbb{1}_{[-1,1]}(x), \qquad x \in \mathbb{R},$$

determinare i valori di $a, b \in \mathbb{R}$ tali che:

i) γ sia una densità;
ii) la corrispondente CHF sia a valori reali.

Soluzione

i) Imponendo

$$1 = \int_{\mathbb{R}} \gamma(x)dx = 2b$$

si ha $b = \frac{1}{2}$. Inoltre $\gamma \geq 0$ se e solo se $ax \geq -\frac{1}{2}$ per ogni $x \in [-1, 1]$ da cui si ricava la condizione $-\frac{1}{2} \leq a \leq \frac{1}{2}$.

ii) La CHF è data da

$$\int_{-1}^{1} e^{i\eta x} \left(ax + \frac{1}{2} \right) dx = \frac{\sin \eta}{\eta} + 2ia \frac{\sin \eta - \eta \cos \eta}{\eta^2}$$

e ha valori reali se $a = 0$.

Esercizio B.62 Sia (X, Y) un vettore aleatorio con distribuzione uniforme sul disco unitario C di centro l'origine in $\mathbb{R}^2$.

i) Scrivere la densità di (X, Y) e calcolare $E[X]$;
ii) X e $X - Y$ sono indipendenti?

Sia ora

$$Z_\alpha = \left(X^2 + Y^2 \right)^\alpha, \qquad \alpha > 0.$$

iii) scrivere la CDF di Z_α e disegnarne il grafico;
iv) stabilire se $Z_\alpha \in$ AC e in tal caso scriverne la densità;
v) determinare i valori di $\alpha > 0$ per cui $\frac{1}{Z_\alpha}$ è sommabile e per tali valori calcolare il valore atteso.

Soluzione

i) $\gamma_{(X,Y)} = \frac{1}{\pi} \mathbb{1}_C$ e $E[X] = 0$.
ii) Se X e $X - Y$ fossero indipendenti allora si avrebbe

$$0 = E[X] E[X - Y] = E[X(X - Y)] = E[X^2] - E[XY] = \frac{1}{4},$$

dove i valori attesi si determinano con un semplice calcolo come nell'Esempio 3.3.34.

iii) Si ha

$$F(t) := P(Z_\alpha \leq t) = \begin{cases} 0 & \text{se } t \leq 0, \\ 1 & \text{se } t \geq 1 \end{cases}$$

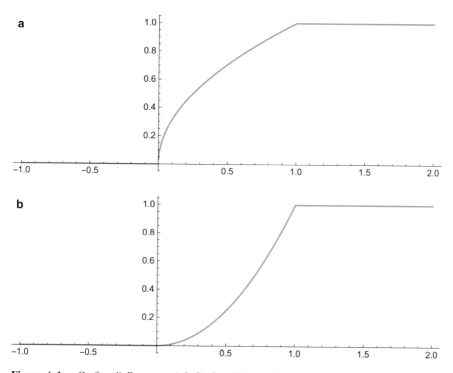

Figura A.1 **a** Grafico di F per $\alpha > 1$. **b** Grafico di F per $0 < \alpha < 1$

e, per $0 < t < 1$,

$$P(Z_\alpha \leq t) = P\left(X^2 + Y^2 \leq t^{\frac{1}{\alpha}}\right) = t^{\frac{1}{\alpha}}$$

dove la probabilità è calcolata come rapporto fra l'area del cerchio di raggio $t^{\frac{1}{2\alpha}}$ e quello di raggio unitario: si veda la Figura A.1.

iv) F è assolutamente continua perché è derivabile q.o. e vale $F(t) = \int_0^t F'(s)ds$ (cfr. Definizione 2.4.30). Una densità di Z_α è data da

$$F'(t) = \frac{1}{\alpha} t^{\frac{1}{\alpha}-1} \mathbb{1}_{]0,1[}(t).$$

v) Si ha

$$E\left[Z_\alpha^{-1}\right] = \int\limits_0^1 \frac{F'(t)}{t} dt < \infty$$

se $2 - \frac{1}{\alpha} < 1$ ossia $0 < \alpha < 1$. In tal caso $E\left[Z_\alpha^{-1}\right] = \frac{1}{1-\alpha}$.

Esercizio B.63 Sia $(X, Y, Z) \sim \mathcal{N}_{\mu, C}$ con

$$\mu = \begin{pmatrix} 0 \\ 1 \\ 2 \end{pmatrix}, \qquad C = \begin{pmatrix} 1 & 0 & -1 \\ 0 & 2 & 2 \\ -1 & 2 & 3 \end{pmatrix}.$$

i) Si determini la CHF di (X, Y);
ii) le v.a. $X + Y$ e Z sono indipendenti?

Soluzione

i) Si ha $(X, Y) \sim \mathcal{N}_{\bar{\mu}, \bar{C}}$ con $\bar{\mu} = \begin{pmatrix} 0 \\ 1 \end{pmatrix}$ e $\bar{C} = \begin{pmatrix} 1 & 0 \\ 0 & 2 \end{pmatrix}$ e quindi

$$\varphi_{(X,Y)}(\eta_1, \eta_2) = e^{i\eta_2 - \frac{1}{2}\left(\eta_1^2 + 2\eta_2^2\right)}.$$

ii) $(X + Y, Z)$ ha distribuzione normale bidimensionale poiché è combinazione lineare di (X, Y, Z). Di conseguenza, $X + Y$ e Z sono indipendenti se e solo se sono scorrelate: poiché

$$\text{cov}(X + Y, Z) = \text{cov}(X, Z) + \text{cov}(Y, Z) = -1 + 2,$$

allora $X + Y$ e Z non sono indipendenti.

Esercizio B.64 Sia $B \sim \text{Unif}_{[-2,2]}$. Determinare la probabilità che l'equazione di secondo grado

$$x^2 + 2Bx + 1 = 0$$

abbia soluzioni reali. Qual è la probabilità che tali soluzioni siano coincidenti?

Soluzione Si ha $\Delta = 4B^2 - 4$. Le soluzioni sono reali se e solo se $\Delta \geq 0$ ossia $|B| \geq 1$: ora si ha semplicemente $P(|B| \geq 1) = \frac{1}{2}$. Inoltre le soluzioni sono coincidenti se e solo se $|B| = 1$, quindi con probabilità nulla.

Esercizio B.65 Viene avviato un cronometro che si ferma automaticamente in un tempo aleatorio $T \sim \text{Exp}_1$. Si attende fino all'istante 3 e in quel momento si osserva il valore X riportato sul cronometro.

i)   Si determini la CDF di X, calcolando $F_X(x)$ separatamente per $x < 3$ e $x \geq 3$;
ii) X è assolutamente continua?
iii) si calcoli $E[X]$;
iv) si calcoli $E[X \mid T]$;
v) X è una v.a. discreta?

Soluzione   Osserviamo che

$$X = \min\{T, 3\} = T \mathbb{1}_{(T \leq 3)} + 3 \mathbb{1}_{(T > 3)}.$$

i)   Si ha $P(X \leq 0) = 0$ e

$$P(X \leq x) = P((X \leq x) \cap (T \leq 3)) + P((X \leq x) \cap (T > 3))$$

$$= \begin{cases} P(T \leq x) = 1 - e^{-x} & \text{se } 0 \leq x < 3, \\ 1 & \text{se } x \geq 3. \end{cases}$$

ii) X non è assolutamente continua perché la CDF è discontinua nel punto 3.

iii) Si ha

$$E[X] = E\left[T \mathbb{1}_{(T \leq 3)} + 3 \mathbb{1}_{(T > 3)}\right] = \int_0^3 t e^{-t} dt + 3 P(T > 3) = 1 - e^{-3}.$$

iv) X è $\sigma(T)$-misurabile perché è funzione (misurabile) di T. Di conseguenza

$$E[X \mid T] = X = \min\{T, 3\}.$$

v) X non è discreta poiché $P(X = 3) = P(T \geq 3)$ è positiva e strettamente minore di 1, e $P(X = x) = 0$ per ogni $x \neq 3$.

Esercizio B.66   Si verifichi che la funzione

$$\gamma(x, y) = \frac{e^{-x}}{e - 1} \mathbb{1}_A(x, y), \qquad A = \{(x, y) \in \mathbb{R}^2 \mid x + y > 0, \ 0 < y < 1\},$$

è una densità e si consideri (X, Y) con densità $\gamma_{(X,Y)} = \gamma$.

i)   Giustificare la validità della formula (senza svolgere i calcoli)

$$\gamma_X(x) = \begin{cases} 0 & \text{se } x \leq -1, \\ \frac{(1+x)e^{-x}}{e-1} & \text{se } -1 < x < 0, \\ \frac{e^{-x}}{e-1} & \text{se } x \geq 0, \end{cases}$$

e stabilire se X e Y sono indipendenti;

ii)   determinare la densità di Y^2;

iii) determinare la densità condizionata $\gamma_{X|Y}$.

Soluzione   La funzione γ è misurabile, non-negativa e con integrale pari a uno.

i)   Basta utilizzare la formula

$$\gamma_X(x) = \int_{\mathbb{R}} \gamma_{(X,Y)}(x, y) dy.$$

Calcolando anche la densità marginale

$$\gamma_Y(y) = \int_{\mathbb{R}} \gamma_{(X,Y)}(x,y)dx = \frac{e^y}{e-1}\mathbb{1}_{[0,1]}(y),$$

si riconosce che X, Y non sono indipendenti poiché la densità congiunta non è il prodotto delle marginali.

ii) Calcoliamo prima la CDF per $0 < z < 1$:

$$F_{Y^2}(z) = P(Y^2 \leq z) = P(Y \leq \sqrt{z}) = \int_0^{\sqrt{z}} \frac{e^y}{e-1}dy = \frac{e^{\sqrt{z}}-1}{e-1}.$$

Derivando si ottiene

$$\gamma_{Y^2}(z) = \frac{e^{\sqrt{z}}}{2(e-1)\sqrt{z}}\mathbb{1}_{[0,1]}(z).$$

iii) Si ha

$$\gamma_{X|Y}(x,y) = \frac{\gamma_{(X,Y)}(x,y)}{\gamma_Y(y)}\mathbb{1}_{(\gamma_Y > 0)}(y) = e^{-(x+y)}\mathbb{1}_A(x,y).$$

Esercizio B.67 Sia $X = (X_1, X_2, X_3) \sim \mathcal{N}_{0,C}$ con

$$C = \begin{pmatrix} 2 & 1 & -1 \\ 1 & 1 & -1 \\ -1 & -1 & 1 \end{pmatrix}.$$

Dati i vettori aleatori $Y := (X_1, X_3)$ e $Z := (X_2, 2X_3)$, si determini:

i) le distribuzioni di Y e Z, specificando se sono assolutamente continui;
ii) Y e Z sono indipendenti?
iii) la funzione caratteristica φ_Z specificando se è una funzione sommabile su $\mathbb{R}^2$.

Soluzione

i) Poiché

$$Y = \alpha X, \qquad \alpha = \begin{pmatrix} 1 & 0 & 0 \\ 0 & 0 & 1 \end{pmatrix},$$

$$Z = \beta X, \qquad \beta = \begin{pmatrix} 0 & 1 & 0 \\ 0 & 0 & 2 \end{pmatrix},$$

si ha $Y \sim \mathcal{N}_{0,\alpha C \alpha^*}$ e $Z \sim \mathcal{N}_{0,\beta C \beta^*}$ con

$$\alpha C \alpha^* = \begin{pmatrix} 2 & -1 \\ -1 & 2 \end{pmatrix}, \qquad \beta C \beta^* = \begin{pmatrix} 1 & -2 \\ -2 & 4 \end{pmatrix}.$$

Ne viene che Y è assolutamente continuo, mentre Z non lo è perché $\beta C \beta^*$ è singolare.

ii) Y e Z non sono indipendenti: osserviamo infatti che hanno la seconda componente proporzionale; quindi, posto $f(x_1, x_2) = x_2$ si ha

$$E\left[f(Y)f(Z)\right] = 2E\left[X_3^2\right] = 2$$

ma $E\left[f(Y)\right] = E\left[f(Z)\right] = 0$.

iii) Poiché $Z \sim \mathcal{N}_{0,\beta C \beta^*}$ si ha

$$\varphi_Z(\eta_1, \eta_2) = e^{-\frac{1}{2}\left(\eta_1^2 + 4\eta_2^2 - 4\eta_1 \eta_2\right)}.$$

φ_Z non è sommabile altrimenti, per il teorema di inversione, Z sarebbe assolutamente continua.

Esercizio B.68 Siano X, Y v.a. con distribuzione normale standard, ossia $X, Y \sim \mathcal{N}_{0,1}$, e $T \sim \mu := \frac{1}{2}(\delta_{-1} + \delta_1)$. Assumiamo che X, Y e T siano indipendenti.

i) Provare che le v.a.

$$Z := X + Y, \qquad W := X + TY,$$

hanno la stessa legge;

ii) Z e W sono indipendenti?

iii) si determini la CHF congiunta $\varphi_{(Z,W)}$.

Soluzione

i) Il vettore aleatorio (X, Y) ha distribuzione normale standard bidimensionale (essendo, per ipotesi, X, Y indipendenti). Inoltre si ha

$$Z = \alpha \begin{pmatrix} X \\ Y \end{pmatrix}, \qquad \alpha = \begin{pmatrix} 1 & 1 \end{pmatrix}$$

e quindi, indicando con I la matrice identità 2×2, si ha $Z \sim \mathcal{N}_{0,\alpha I \alpha^*} = \mathcal{N}_{0,2}$. Per l'ipotesi di indipendenza, la distribuzione congiunta di X, Y e T è la distribuzione prodotto

$$\mathcal{N}_{0,1} \otimes \mathcal{N}_{0,1} \otimes \mu$$

e quindi per ogni $f \in m\mathscr{B}$ e limitata si ha

$$E\left[f(W)\right] = \int_{\mathbb{R}^3} f(x + ty)\left(\mathscr{N}_{0,1} \otimes \mathscr{N}_{0,1} \otimes \mu\right)(dx, dy, dt) = \quad \text{(per il Teorema di Fubini)}$$

$$= \int_{\mathbb{R}} \left(\int_{\mathbb{R}} \left(\int_{\mathbb{R}} f(x + ty)\mathscr{N}_{0,1}(dx) \right) \mathscr{N}_{0,1}(dy) \right) \mu(dt)$$

$$= \frac{1}{2} \int_{\mathbb{R}} \left(\int_{\mathbb{R}} f(x + y)\mathscr{N}_{0,1}(dx) \right) \mathscr{N}_{0,1}(dy)$$

$$+ \frac{1}{2} \int_{\mathbb{R}} \left(\int_{\mathbb{R}} f(x - y)\mathscr{N}_{0,1}(dx) \right) \mathscr{N}_{0,1}(dy) = \quad \begin{array}{l}\text{(col cambio di variabili} \\ z = -y \text{ nel secondo integrale)}\end{array}$$

$$= \int_{\mathbb{R}^2} f(x + y)\mathscr{N}_{0,1}(dx)\mathscr{N}_{0,1}(dy) = E\left[f(Z)\right].$$

Ne segue che Z e W hanno entrambe distribuzione $\mathscr{N}_{0,2}$.
ii) Poiché

$$\begin{aligned} \operatorname{cov}(Z, W) &= E\left[(X + Y)(X + TY)\right] \\ &= E\left[X^2\right] + E\left[(1 + T)XY\right] + E\left[TY^2\right] = 1 \end{aligned}$$

per l'indipendenza di X, Y, T, allora Z e W non sono indipendenti.
iii) La CHF congiunta è data da

$$\begin{aligned} \varphi_{(Z,W)}(\eta_1, \eta_2) &= E\left[e^{i(\eta_1(X+Y)+\eta_2(X+TY))}\right] \\ &= E\left[e^{i(\eta_1+\eta_2)(X+Y)}\mathbb{1}_{(T=1)}\right] \\ &\quad + E\left[e^{i(\eta_1+\eta_2)X + i(\eta_1-\eta_2)Y}\mathbb{1}_{(T=-1)}\right] = \quad \text{(per l'indipendenza di } X, Y, T) \\ &= \frac{1}{2}\left(E\left[e^{i(\eta_1+\eta_2)(X+Y)}\right] + E\left[e^{i(\eta_1+\eta_2)X}\right]E\left[e^{i(\eta_1-\eta_2)Y}\right]\right) = \quad \begin{array}{l}\text{(poiché } X, Y \sim \mathscr{N}_{0,1} \\ \text{e } X + Y \sim \mathscr{N}_{0,2})\end{array} \\ &= \frac{1}{2}\left(e^{-(\eta_1+\eta_2)^2} + e^{-\eta_1^2-\eta_2^2}\right). \end{aligned}$$

Esercizio B.69 Si consideri la funzione

$$\gamma(x, y) = \frac{1}{4}(ax + by + 1)\mathbb{1}_{[-1,1]\times[-1,1]}(x, y), \qquad (x, y) \in \mathbb{R}^2.$$

Determinare:

i) per quali $a, b \geq 0$, la funzione γ è una densità;
ii) la densità di X e Y supponendo che γ sia densità di (X, Y);
iii) per quali $a, b \geq 0$ le v.a. X e Y sono indipendenti.

Soluzione

i) γ è una funzione misurabile con

$$\iint_{\mathbb{R}^2} \gamma(x,y)dxdy = 1$$

per ogni $a,b \geq 0$. Inoltre, poiché $a,b \geq 0$, si ha

$$\gamma(x,y) \geq \gamma(-1,-1) = -a - b + 1, \qquad (x,y) \in [-1,1] \times [-1,1]$$

e quindi $\gamma \geq 0$ se $a + b \leq 1$.

ii)

$$\gamma_X(x) = \int_{-1}^{1} \gamma(x,y)dy = \frac{ax+1}{2} \mathbb{1}_{[-1,1]}(x),$$

$$\gamma_Y(y) = \int_{-1}^{1} \gamma(x,y)dx = \frac{by+1}{2} \mathbb{1}_{[-1,1]}(y).$$

iii) (X,Y) sono indipendenti se e solo se $\gamma(x,y) = \gamma_X(x)\gamma_Y(y)$ ossia

$$(ax+1)(by+1) = ax + by + 1$$

ossia $abxy = 0$ ossia $a = 0$ oppure $b = 0$.

Esercizio B.70 Sia $X = (X_1, X_2, X_3) \sim \mathcal{N}_{0,C}$ con

$$C = \begin{pmatrix} 2 & 1 & -1 \\ 1 & 1 & 0 \\ -1 & 0 & 1 \end{pmatrix}.$$

Si determini per quali $a \in \mathbb{R}$:

i) $Y := (aX_1 + X_2, X_3)$ è una v.a. assolutamente continua;
ii) $aX_1 + X_2$ e X_3 sono indipendenti;
iii) la funzione caratteristica φ_Y è una funzione sommabile su $\mathbb{R}^2$.

Soluzione

i) Poiché

$$Y = \alpha X, \qquad \alpha = \begin{pmatrix} a & 1 & 0 \\ 0 & 0 & 1 \end{pmatrix},$$

si ha $Y \sim \mathcal{N}_{0,\alpha C\alpha^*}$ con

$$\alpha C\alpha^* = \begin{pmatrix} 1 + 2a + 2a^2 & -a \\ -a & 1 \end{pmatrix}, \qquad \det(\alpha C\alpha^*) = (1+a)^2.$$

Solo per $a = -1$ la matrice $\alpha C\alpha^*$ è singolare e per tale valore di a la v.a. Y non è assolutamente continua.

ii) data l'espressione della matrice di covarianza $\alpha C\alpha^*$, si ha che $aX_1 + X_2$ e X_3 sono scorrelate (e quindi indipendenti) se $a = 0$.

iii) Poiché $Y \sim \mathcal{N}_{0,\alpha C\alpha^*}$ si ha

$$\varphi_Y(\eta) = e^{-\frac{1}{2}\langle C\alpha^*\eta,\alpha^*\eta\rangle}.$$

φ_Y non è sommabile se $a = -1$ altrimenti, per il teorema di inversione, Y sarebbe assolutamente continua.

Esercizio B.71 Siano $X \sim \mathcal{N}_{\mu,\sigma^2}$ e $Y \sim Be_p$, con $0 < p < 1$, v.a. indipendenti. Posto $Z = X^Y$, si determini:

i) $E[Z]$;
ii) la CDF di Z e se Z è assolutamente continua;
iii) la CHF di Z e utilizzarla per calcolare $E[Z^2]$.

Soluzione

i) Per l'indipendenza, si ha

$$E[Z] = \iint_{\mathbb{R}^2} x^y \mathcal{N}_{\mu,\sigma^2} \otimes Be_p(dx,dy) = \qquad \text{(per il Teorema di Fubini)}$$

$$= p\int_{\mathbb{R}} x\mathcal{N}_{\mu,\sigma^2}(dx) + (1-p)\int_{\mathbb{R}} \mathcal{N}_{\mu,\sigma^2}(dx) = p\mu + (1-p).$$

ii) Si ha

$$F_Z(z) = P(Z \le z) = P((Z \le z)\cap(Y=1))$$
$$+ P((Z \le z)\cap(Y=0)) = \qquad \text{(per l'indipendenza di } X \text{ e } Y)$$
$$= P(X \le z)P(Y=1) + P(1 \le z)P(Y=0) = pF_X(z) + (1-p)\mathbb{1}_{[1,+\infty[}(z$$

Poiché F_Z ha un salto in $z = 1$ di ampiezza $1-p$, la v.a. Z non è assolutamente continua.

iii) Si ha

$$\varphi_Z(\eta) = E\left[e^{i\eta Z}\right] = pE\left[e^{i\eta X}\right] + (1-p)E\left[e^{i\eta}\right] = p\varphi_X(\eta) + (1-p)e^{i\eta},$$
$$\varphi_X(\eta) = e^{i\mu\eta - \frac{\sigma^2\eta^2}{2}}.$$

Per il Teorema 3.5.20 si ha

$$E\left[Z^2\right] = -\partial^2_\eta \varphi_Z(\eta)|_{\eta=0} = p(\mu^2 + \sigma^2) + (1 - p).$$

Esercizio B.72

i) Per quali valori di $a, b \in \mathbb{R}$ la funzione

$$\gamma(x) = (2ax + b)\mathbb{1}_{[0,1]}(x), \qquad x \in \mathbb{R},$$

è una densità?

ii) Si consideri una successione di v.a. $(X_n)_{n \in \mathbb{N}}$ i.i.d. con densità γ con $b = 0$. Si determini la CDF di $\sqrt{n}X_1$ e di

$$Y_n = \min\{\sqrt{n}X_1, \ldots, \sqrt{n}X_n\}.$$

iii) Si provi che $(Y_n)_{n \in \mathbb{N}}$ converge debolmente e si determini la densità della v.a. limite.

Soluzione

i) Deve essere

$$1 = \int_{\mathbb{R}} \gamma(x)dx = \int_0^1 (2ax + b)dx = a + b$$

da cui $b = 1 - a$. Inoltre γ deve essere non-negativa: se $a \geq 0$ allora il minimo di γ è assunto per $x = 0$ e si ha la condizione $1 - a \geq 0$; se $a < 0$ allora il minimo di γ è assunto per $x = 1$ e si ha la condizione $a + 1 \geq 0$. In definitiva, per $|a| \leq 1$ e $b = 1 - a$, γ è una densità.

ii) Si ha

$$P(\sqrt{n}X_1 \leq x) = \begin{cases} 0 & \text{se } x < 0, \\ \int_0^{\frac{x}{\sqrt{n}}} 2y\,dy = \frac{x^2}{n} & \text{se } 0 \leq x < \sqrt{n}, \\ 1 & \text{se } x \geq \sqrt{n}. \end{cases}$$

Per la Proposizione 3.6.9, si ha

$$F_{Y_n}(x) = 1 - (1 - F_{\sqrt{n}X_1}(x))^n = \begin{cases} 0 & \text{se } x < 0, \\ 1 - \left(1 - \frac{x^2}{n}\right)^n & \text{se } 0 \leq x < \sqrt{n}, \\ 1 & \text{se } x \geq \sqrt{n}. \end{cases}$$

iii) Si ha

$$\lim_{n \to \infty} F_{Y_n}(x) = F_Y(x) := \begin{cases} 0 & \text{se } x < 0, \\ 1 - e^{-x^2} & \text{se } x \geq 0, \end{cases}$$

e quindi per il Teorema 4.3.3 $Y_n \xrightarrow{d} Y$ per $n \to \infty$ con Y che ha densità $\gamma_Y(x) = F'_Y(x) = 2xe^{-x^2}\mathbb{1}_{[0,+\infty[}(x)$.

Esercizio B.73 Siano X e Y v.a. con densità congiunta

$$\gamma_{(X,Y)}(x, y) = \frac{e^{-y|x|}}{\log 4}\mathbb{1}_{[1,2]}(y), \qquad (x, y) \in \mathbb{R}^2.$$

i) Si calcolino le densità marginali.
ii) Le v.a. $Z := e^X$ e $W := e^Y$ sono indipendenti?
iii) Si calcoli $E[Y \mid X > 0]$.

Soluzione

i) Si ha

$$\gamma_X(x) = \int_{\mathbb{R}} \gamma_{(X,Y)}(x, y)dy = \frac{e^{-|x|} - e^{-2|x|}}{|x| \log 4},$$

$$\gamma_Y(y) = \int_{\mathbb{R}} \gamma_{(X,Y)}(x, y)dx = \frac{1}{y \log 2}\mathbb{1}_{]1,2]}(y).$$

ii) Se Z e W fossero indipendenti allora lo sarebbero anche $X = \log Z$ e $Y = \log W$. Tuttavia X e Y non sono indipendenti poiché la densità congiunta non è uguale al prodotto delle marginali.

iii) Per simmetria $P(X > 0) = \frac{1}{2}$ e si ha

$$E[Y \mid X > 0] = \frac{1}{P(X > 0)} \int_{(X>0)} Y dP = 2 \int_1^2 \frac{y}{\log 4} \int_0^{+\infty} e^{-y|x|}dx\,dy = \frac{1}{\log 2}.$$

Esercizio B.74 Se $(X, Y) \sim \mathcal{N}_{\mu,C}$ con $\mu = (0, 0)$ e $C = \begin{pmatrix} 1 & 0 \\ 0 & 2 \end{pmatrix}$. Determinare:

i) la legge di (Y, X);
ii) la legge e la CHF di (X, X). È una v.a. assolutamente continua? È vero che

$$\lim_{|(\eta_1,\eta_2)| \to +\infty} \varphi_{(X,X)}(\eta_1, \eta_2) = 0?$$

iii) (Y, X) e (X, X) sono indipendenti?

Soluzione

i) Poiché $\begin{pmatrix} Y \\ X \end{pmatrix} = \alpha \begin{pmatrix} X \\ Y \end{pmatrix}$ con $\alpha = \begin{pmatrix} 0 & 1 \\ 1 & 0 \end{pmatrix}$, si ha $(X,Y) \in \mathcal{N}_{(0,0),C_1}$ con $C_1 = \alpha C \alpha^* = \begin{pmatrix} 2 & 0 \\ 0 & 1 \end{pmatrix}$.

ii) In modo analogo si mostra che $(X,X) \in \mathcal{N}_{(0,0),C_2}$ con $C_2 = \begin{pmatrix} 1 & 1 \\ 1 & 1 \end{pmatrix}$. In questo caso la matrice di covarianza è degenere e (X,X) non è assolutamente continua. Si ha

$$\varphi_{(X,X)}(\eta_1,\eta_2) = e^{-\frac{1}{2}\left(\eta_1^2 + 2\eta_1\eta_2 + \eta_2^2\right)}$$

e $\varphi_{(X,X)}(\eta_1,-\eta_1) = 1$ per ogni $\eta_1 \in \mathbb{R}$ (da cui segue che $\varphi_{(X,X)}$ non tende a 0 all'infinito).

iii) Se (Y,X) e (X,X) fossero indipendenti allora lo sarebbero anche le loro seconde componenti che sono entrambe uguali a X.

Esercizio B.75 Indichiamo con

$$\Gamma(y) = \frac{1}{\sqrt{2\pi}} e^{-\frac{y^2}{2}}, \qquad y \in \mathbb{R},$$

la Gaussiana standard.

i) Verificare che la funzione

$$\gamma(x,y) = \mathbb{1}_H(x,y), \qquad H := \{(x,y) \in \mathbb{R}^2 \mid 0 \le x \le \Gamma(y)\}$$

è una densità.

ii) Siano X, Y variabili aleatorie con densità congiunta γ. Determinare le densità marginali γ_X e γ_Y. X e Y sono indipendenti?

iii) Ricordando la formula (5.3.6) per la densità condizionata

$$\gamma_{X|Y}(x,y) := \frac{\gamma(x,y)}{\gamma_Y(y)}, \qquad x \in \mathbb{R}, \ y \in (\gamma_Y > 0),$$

si calcoli $\gamma_{X|Y}$ e il valore atteso condizionato $E\left[X^n \mid Y\right]$ con $n \in \mathbb{N}$.

Soluzione

i) γ è una funzione misurabile, non-negativa e

$$\iint_{\mathbb{R}^2} \gamma(x,y)\,dx\,dy = \int_{\mathbb{R}} \int_0^{\Gamma(y)} dx\,dy = \int_{\mathbb{R}} \Gamma(y)\,dy = 1.$$

ii) Si ha

$$\gamma_X(x) = \int_{\mathbb{R}} \gamma(x,y)dy = 2\sqrt{-2\log\left(x\sqrt{2\pi}\right)}\mathbb{1}_{]0,\frac{1}{\sqrt{2\pi}}]}(x),$$

$$\gamma_Y(y) = \int_{\mathbb{R}} \gamma(x,y)dx = \Gamma(y).$$

X e Y non sono indipendenti poiché la densità congiunta non è il prodotto delle marginali.

iii) Si ha

$$\gamma_{X|Y}(x,y) = \frac{1}{\Gamma(y)}\mathbb{1}_H(x,y)$$

e

$$E[X^n \mid Y] = \int_{\mathbb{R}} x^n \gamma_{X|Y}(x,y) = \frac{1}{\Gamma(y)}\int_0^{\Gamma(y)} x^n dx = \frac{1}{n+1}\Gamma^n(y).$$

B.3   Successioni di variabili aleatorie

Esercizio B.76   Sia $(X_n)_{n\in\mathbb{N}}$ una successione di v.a. con distribuzione $X_n \sim \left(1 - \frac{1}{n}\right)\delta_0 + \frac{1}{n}\delta_n$.

i) Si calcoli media, varianza e CHF di X_n.
ii) Si calcoli la CHF di $Z_n := \frac{X_n - 1}{\sqrt{n-1}}$ e si deduca che $Z_n \xrightarrow{d} 0$ per il Teorema di continuità di Lévy.
iii) Vale anche $Z_n \xrightarrow{L^2} 0$?
iv) Vale anche $Z_n \xrightarrow{P} 0$?

Soluzione

i) Si ha

$$E[X_n] = 0 \cdot \left(1 - \frac{1}{n}\right) + n \cdot \frac{1}{n} = 1, \qquad \mathrm{var}(X_n) = E\left[(X_n - 1)^2\right] = n - 1.$$

Inoltre

$$\varphi_{X_n}(\eta) = E\left[e^{i\eta X_n}\right] = 1 - \frac{1}{n} + \frac{1}{n}e^{i\eta n}.$$

ii) Si ha

$$\varphi_{Z_n}(\eta) = e^{-i\frac{\eta}{\sqrt{n-1}}} E\left[e^{i\frac{\eta}{\sqrt{n-1}}X_n}\right]$$

$$= e^{-i\frac{\eta}{\sqrt{n-1}}} \varphi_{X_n}\left(\frac{\eta}{\sqrt{n-1}}\right)$$

$$= e^{-i\frac{\eta}{\sqrt{n-1}}}\left(1 - \frac{1}{n} + \frac{1}{n}e^{in\frac{\eta}{\sqrt{n-1}}}\right) \xrightarrow[n\to\infty]{} 1.$$

Ora la funzione costante 1 è la CHF della Delta di Dirac centrata in zero, da cui la tesi.

iii) Si ha

$$\|Z_n\|_2^2 = E\left[Z_n^2\right] = \frac{1}{n-1}\mathrm{var}(X_n) = 1$$

e quindi non si ha convergenza in $L^2(\Omega, P)$.

iv) Si ha convergenza in probabilità per il punto vi) del Teorema 4.1.9.

Esercizio B.77 Sia $(X_n)_{n\in\mathbb{N}}$ una successione di variabili aleatorie i.i.d. con distribuzione $\mathrm{Unif}_{[0,\lambda]}$, con $\lambda > 0$. Si determini:

i)   la CDF della v.a. nX_1 per $n \in \mathbb{N}$;
ii) la CDF della v.a.

$$Y_n := \min\{nX_1, \dots, nX_n\},$$

per $n \in \mathbb{N}$;

iii) il limite in legge di $(Y_n)_{n\in\mathbb{N}}$, riconoscendo di quale distribuzione notevole si tratta.

Soluzione

i)   Si ha

$$F_{nX_1}(x) = P\left(X_1 \le \frac{x}{n}\right) = \begin{cases} 0 & \text{se } x \le 0, \\ \frac{x}{\lambda n} & \text{se } 0 < x < \lambda n, \\ 1 & \text{se } x \ge \lambda n. \end{cases}$$

ii) Per la Proposizione 3.6.9, si ha

$$F_{Y_n}(x) = 1 - (1 - F_{nX_1}(x))^n = \begin{cases} 0 & \text{se } x \le 0, \\ 1 - \left(1 - \frac{x}{\lambda n}\right)^n & \text{se } 0 < x < \lambda n, \\ 1 & \text{se } x \ge \lambda n. \end{cases}$$

iii) Si ha

$$\lim_{n\to\infty} F_{Y_n}(x) = \begin{cases} 0 & \text{se } x \le 0, \\ 1 - e^{-\frac{x}{\lambda}} & \text{se } x > 0, \end{cases}$$

e quindi per il Teorema 4.3.3 $Y_n \xrightarrow{d} Y \sim \text{Exp}_{\frac{1}{\lambda}}$ per $n \to \infty$.

Esercizio B.78 Siano X e $(X_n)_{n\in\mathbb{N}}$ rispettivamente una v.a. e una successione di v.a. definite su uno spazio di probabilità $(\Omega, \mathcal{F}, P)$ e tali che $(X, X_n) \sim \text{Unif}_{[-1,1]\times[-1-\frac{1}{n},1+\frac{1}{n}]}$ per ogni $n \in \mathbb{N}$.

i)   Per ogni $n \in \mathbb{N}$, determinare la distribuzione di X_n. Le v.a. X e X_n sono indipendenti?
ii) Calcolare $E[X]$, $E[X_n]$, $\text{var}(X)$ e $\text{var}(X_n)$;
iii) X_n converge a X in $L^2(\Omega, P)$?
iv) $X_n \xrightarrow{d} X$?
v) $X_n \xrightarrow{P} X$?

Soluzione

i)   Integrando la densità congiunta si vede che $X_n \sim \text{Unif}_{[-1-\frac{1}{n},1+\frac{1}{n}]}$. La densità congiunta è il prodotto delle densità marginali e quindi le X e X_n sono indipendenti.
ii) È noto che $E[X] = E[X_n] = 0$, $\text{var}(X) = \frac{1}{3}$ e $\text{var}(X_n) = \frac{1}{3}\left(1 + \frac{1}{n}\right)^2$.
iii) Si ha

$$E\left[(X - X_n)^2\right] = E\left[X^2\right] + E\left[X_n^2\right] - 2E[XX_n] = \quad \text{(per l'indipendenza)}$$

$$= \text{var}(X) + \text{var}(X_n) = \frac{1}{3} + \frac{1}{3}\left(1 + \frac{1}{n}\right)^2$$

e quindi non c'è convergenza in $L^2(\Omega, P)$.

iv) Data l'espressione della CHF uniforme, si ha che

$$\varphi_{X_n}(\eta) = \frac{e^{i\eta\left(1+\frac{1}{n}\right)} - e^{-i\eta\left(1+\frac{1}{n}\right)}}{2i\eta\left(1 + \frac{1}{n}\right)}$$

converge puntualmente a φ_X per $n \to \infty$. In alternativa, senza usare l'espressione esplicita delle CHF, basta semplicemente notare che

$$\lim_{n\to\infty} \varphi_{X_n}(\eta) = \lim_{n\to\infty} \int_{-1}^{1} e^{i\eta y} \gamma_{X_n}(y)dy = \frac{1}{2}\int_{-1}^{1} e^{i\eta y}dy = \varphi_X(\eta).$$

per il Teorema della convergenza dominata. In ogni caso, per il Teorema di continuità di Lévy si ha che $X_n \xrightarrow{d} X$.

v) X_n non converge in probabilità a X, poiché per ogni $0 < \varepsilon < 1$

$$P(|X - X_n| \geq \varepsilon) = \iint\limits_{|x-y|>\varepsilon} \gamma_{(X,X_n)}(x, y)dxdy$$

non tende a zero per $n \to \infty$.

Esercizio B.79 Sia $(X_n)_{n \in \mathbb{N}}$ una successione di variabili aleatorie tali che $X_n \sim \text{Exp}_{\frac{1}{n^\alpha}}$ con $0 < \alpha \leq 1$.

i) Posto $Y_n = \frac{X_n - 1}{n}$, per ogni $0 < \alpha < 1$ si studi la convergenza della successione $(Y_n)_{n \in \mathbb{N}}$ in L^2;

ii) per $\alpha = 1$, la successione $(Y_n)_{n \in \mathbb{N}}$ converge in distribuzione? In caso affermativo, si determini il limite.

Soluzione

i) Si ha

$$E\left[Y_n^2\right] = \frac{1}{n^2} \int\limits_0^{+\infty} (t-1)^2 e^{-\frac{t}{n^\alpha}} \frac{dt}{n^\alpha} = \qquad \text{(col cambio di variabili } \tau = \frac{t}{n^\alpha})$$

$$= \frac{n^{2\alpha}}{n^2} \int\limits_0^{+\infty} (\tau - n^{-\alpha})^2 e^{-\tau} d\tau = \frac{2n^{2a} - 2n^\alpha + 1}{n^2}$$

che tende a zero per $n \to \infty$. Più semplicemente, senza calcolare esplicitamente l'integrale, si ha

$$0 \leq \frac{n^{2\alpha}}{n^2} \int\limits_0^{+\infty} (\tau - n^{-\alpha})^2 e^{-\tau} d\tau \leq \frac{c}{n^{2-2\alpha}} \longrightarrow 0, \qquad c = \int\limits_0^{+\infty} (\tau + 1)^2 e^{-\tau} d\tau.$$

ii) Si ha

$$\varphi_{X_n}(\eta) = \frac{1}{1 - i\eta n^\alpha}$$

da cui, per $\alpha = 1$,

$$\varphi_{Y_n}(\eta) = e^{-\frac{i\eta}{n}} \varphi_{X_n}\left(\frac{\eta}{n}\right) = \frac{e^{-\frac{i\eta}{n}}}{1 - i\eta} \longrightarrow \frac{1}{1 - i\eta}.$$

Dunque per $\alpha = 1$ si ha $Y_n \xrightarrow{d} Y \sim \text{Exp}_1$.

Esercizio B.80 Data $X \in \mathcal{N}_{0,1}$, si consideri la successione

$$X_n = \frac{1}{n} - \sqrt{1 + \frac{1}{n}} X, \qquad n \in \mathbb{N}.$$

Stabilire se:

i) $X_n \xrightarrow[n \to \infty]{d} X$;

ii) $X_n \xrightarrow[n \to \infty]{L^2} X$;

iii) $X_n \xrightarrow[n \to \infty]{\text{q.c.}} X$.

Soluzione

i) Si ha $X_n \sim \mathcal{N}_{\frac{1}{n}, 1 + \frac{1}{n}}$. Poiché

$$\varphi_{X_n}(\eta) = e^{i \frac{\eta}{n} - \frac{\eta^2}{2}\left(1 + \frac{1}{n}\right)} \xrightarrow[n \to \infty]{} e^{-\frac{\eta^2}{2}} = \varphi_X(\eta),$$

per il Teorema di continuità di Lévy si ha che $X_n \xrightarrow{d} X$.

ii) Si ha

$$E\left[(X_n - X)^2\right] = E\left[\left(\frac{1}{n} - \left(\sqrt{1 + \frac{1}{n}} + 1\right) X\right)^2\right]$$

$$= \frac{1}{n^2} + \left(\sqrt{1 + \frac{1}{n}} + 1\right)^2 E\left[X^2\right] \xrightarrow[n \to \infty]{} 4$$

e quindi non c'è convergenza in L^2.

iii) Per ogni $\omega \in \Omega$ si ha

$$X_n(\omega) \xrightarrow[n \to \infty]{} -X(\omega)$$

e quindi non c'è convergenza q.c.: X_n converge a X solo sull'evento trascurabile $(X = 0)$.

Esercizio B.81 Sia $(X_n)_{n \in \mathbb{N}}$ una successione di variabili aleatorie con $X_n \sim$ $\text{Unif}_{[0,n]}$.

i) Si studi la convergenza puntuale della successione delle funzioni caratteristiche φ_{X_n} e si stabilisca se $(X_n)_{n \in \mathbb{N}}$ converge debolmente;

ii) $(X_n)_{n \in \mathbb{N}}$ converge q.c.?

Soluzione

i) Si ha

$$\varphi_{X_n}(\eta) = E\left[e^{i\eta X_n}\right] = \begin{cases} 1 & \text{se } \eta = 0, \\ \frac{e^{i\eta n}-1}{i\eta n} & \text{altrimenti.} \end{cases}$$

Si noti che φ_{X_n} è una funzione continua poiché, per ogni $n \in \mathbb{N}$, si ha

$$\lim_{\eta \to 0} \frac{e^{i\eta n}-1}{i\eta n} = 1.$$

Allora

$$\lim_{n \to \infty} \varphi_{X_n}(\eta) = \begin{cases} 1 & \text{se } \eta = 0, \\ 0 & \text{altrimenti.} \end{cases}$$

che non è continua in $\eta = 0$. Dunque per il Teorema 4.3.8 di continuità di Lévy, la successione $(X_n)_{n \in \mathbb{N}}$ non converge debolmente.

ii) Poiché $(X_n)_{n \in \mathbb{N}}$ non converge debolmente, per il Teorema 4.1.9, non si ha neppure la convergenza q.c.

Esercizio B.82 Si consideri la funzione

$$F_p(x) := \left(1 - \frac{p}{p-1+e^x}\right) \mathbb{1}_{\mathbb{R}_{\geq 0}}(x), \qquad x \in \mathbb{R}.$$

i) Si provi che F_p è una funzione di ripartizione per ogni $p \geq 0$ e non lo è per $p < 0$;

ii) sia μ_p la distribuzione con CDF F_p: per quali p, μ_p è assolutamente continua?

iii) si studi la convergenza debole di μ_{p_n} con $p_n \longrightarrow 0^+$ e con $p_n \longrightarrow 1$ e si riconoscano le distribuzioni limite.

Soluzione Calcoliamo la derivata

$$F_p'(x) = \frac{pe^x}{(p-1+e^x)^2} \mathbb{1}_{\mathbb{R}_{\geq 0}}(x)$$

da cui si vede che F_p è monotona crescente per $p \geq 0$ e descrescente per $p < 0$. F_p con $p = 0$ è la CDF della delta di Dirac centrata in zero. Se $p > 0$ allora F_p è una funzione assolutamente continua su $\mathbb{R}$:

$$F_p(x) = \int_0^x F_p'(y)dy, \qquad x \in \mathbb{R}.$$

Infine $F_p(x) \equiv 0$ per $x < 0$ e

$$\lim_{x \to \infty} F_p(x) = 1.$$

Applichiamo il Teorema 4.3.3: per $p_n \longrightarrow 0^+$, si ha

$$F_p(x) \longrightarrow F_0(x), \qquad x \in \mathbb{R} \setminus \{0\}$$

con 0 unico punto di discontinuità di F_0: quindi μ_{p_n} converge debolmente alla delta di Dirac centrata in zero. Se $p_n \longrightarrow 1$, allora

$$F_p(x) \longrightarrow F_1(x) = 1 - e^{-x}, \qquad x \in \mathbb{R}$$

e quindi μ_{p_n} converge debolmente a Exp_1.

Esercizio B.83 Sia $(X_n)_{n \in \mathbb{N}}$ una successione di v.a. con distribuzione

$$X_n \sim \mu_n := \frac{1}{2n}\left(\delta_{-\sqrt{n}} + \delta_{\sqrt{n}}\right) + \left(1 - \frac{1}{n}\right)\mathrm{Unif}_{[-\frac{1}{n}, \frac{1}{n}]}, \qquad n \in \mathbb{N}.$$

i)   Si calcoli media e varianza di X_n.
ii) Si calcoli la CHF di X_n e si deduca che $X_n \xrightarrow{d} 0$.
iii) Vale anche $X_n \xrightarrow{L^2} 0$?

Soluzione

i)   Si ha

$$E[X_n] = 0,$$

$$\mathrm{var}(X_n) = \int_{\mathbb{R}} x^2 \mu_n(dx) = 1 + \left(1 - \frac{1}{n}\right)\frac{n}{2}\int_{-\frac{1}{n}}^{\frac{1}{n}} x^2 dx = 1 + \frac{1}{3n^2}\left(1 - \frac{1}{n}\right).$$

ii) Ricordando l'espressione della CHF uniforme si ha

$$\varphi_{X_n}(\eta) = \frac{1}{2n}\left(e^{i\eta\sqrt{n}} + e^{-i\eta\sqrt{n}}\right) + \left(1 - \frac{1}{n}\right)\frac{e^{i\frac{\eta}{n}} - e^{-i\frac{\eta}{n}}}{i\eta\frac{2}{n}} \xrightarrow[n \to \infty]{} 1.$$

Ora la funzione costante 1 è la CHF della Delta di Dirac centrata in zero, da cui la tesi per il Teorema di continuità di Lévy.

iii) Non si ha convergenza in $L^2(\Omega, P)$ poiché, per quanto visto al punto i),

$$\|X_n\|_{L^2(\Omega, P)}^2 = \mathrm{var}(X_n) \xrightarrow[n \to \infty]{} 1.$$

Appendice C: Tavole riassuntive delle principali distribuzioni

Nome	Simbolo	Funzione di distribuzione $\bar{\mu}(k)$	Attesa	Varianza	Funzione caratteristica
Delta di Dirac	δ_{x_0}	$\mathbb{1}_{\{x_0\}}(k)$	x_0	0	$e^{ix_0\eta}$

Proprietà: vedi Esempi 2.4.12, 2.4.25, 3.2.15

Nome	Simbolo	Funzione di distribuzione $\bar{\mu}(k)$	Attesa	Varianza	Funzione caratteristica
Bernoulli	Be_p	$\begin{cases} p & \text{se } k=1 \\ 1-p & \text{se } k=0 \end{cases}$	p	$p(1-p)$	$1 + p(e^{i\eta}-1)$

Proprietà: vedi Proposizione 3.6.3, Esempi 2.4.17, 3.2.17 e Esercizio 3.1.18

Uniforme	Unif_n	$\dfrac{1}{n}\mathbb{1}_{I_n}(k)$	$\dfrac{n+1}{2}$	$\dfrac{n^2-1}{12}$	$\dfrac{e^{i\eta}(e^{in\eta}-1)}{n(e^{i\eta}-1)}$

Proprietà: vedi Esempio 2.4.17

Binomiale	$\text{Bin}_{n,p}$	$\dbinom{n}{k}p^k(1-p)^{n-k},$ $0 \le k \le n$	np	$np(1-p)$	$(1+p(e^{i\eta}-1))^n$

Proprietà: vedi Esempi 2.2.20, 2.4.17, 3.1.20

Poisson	Poisson_λ	$\dfrac{e^{-\lambda}\lambda^k}{k!},$ $k \in \mathbb{N}_0$	λ	λ	$e^{\lambda(e^{i\eta}-1)}$

Proprietà: vedi Esempi 2.4.17, 3.1.22, 3.2.17, 3.6.5 e (3.2.13)

Geometrica	Geom_p	$p(1-p)^{k-1},$ $k \in \mathbb{N}$	$\dfrac{1}{p}$	$\dfrac{1-p}{p^2}$	$\dfrac{p}{e^{-i\eta}-1+p}$

Proprietà: vedi Esempio 3.1.24 e (3.1.10)

Ipergeometrica	$\text{Iper}_{n,b,N}$	$\dfrac{\binom{b}{k}\binom{N-b}{n-k}}{\binom{N}{n}},$ $0 \le k \le n \wedge b$	$\dfrac{bn}{N}$	$\dfrac{bn(N-b)(N-n)}{N^2(N-1)}$	

Proprietà: vedi Esempi 2.2.22, 3.1.28

Nome	Simbolo	Densità: $\gamma(x) =$	Attesa	Varianza	Funzione caratteristica
Uniforme su $[a,b]$	$\text{Unif}_{[a,b]}$	$\dfrac{1}{b-a}\mathbb{1}_{[a,b]}(x)$	$\dfrac{a+b}{2}$	$\dfrac{(b-a)^2}{12}$	$\dfrac{e^{ib\eta}-e^{ia\eta}}{i\eta(b-a)}$

Proprietà: vedi Esempi 2.4.22, 3.3.34 e (2.4.13)

Esponenziale	Exp_λ	$\lambda e^{-\lambda x}\mathbb{1}_{\mathbb{R}_{\geq 0}}$	$\dfrac{1}{\lambda}$	$\dfrac{1}{\lambda^2}$	$\dfrac{\lambda}{\lambda - i\eta}$

Proprietà: vedi Esempi 2.4.22, 3.6.10 e (2.4.8), (3.1.14), (3.1.10), (3.2.14)

Normale reale	$\mathscr{N}_{\mu,\sigma^2}$	$\dfrac{1}{\sqrt{2\pi\sigma^2}}e^{-\frac{1}{2}(\frac{x-\mu}{\sigma})^2}$	μ	σ^2	$e^{i\mu\eta-\frac{\sigma^2\eta^2}{2}}$

Proprietà: vedi Esempi 2.4.22, 3.1.33, 3.1.37 e (2.4.8), (3.2.30), (3.6.7)

Gamma	$\Gamma_{\alpha,\lambda}$	$\dfrac{\lambda^\alpha e^{-\lambda x}}{\Gamma(\alpha)x^{1-\alpha}}\mathbb{1}_{\mathbb{R}>0}(x)$	$\dfrac{\alpha}{\lambda}$	$\dfrac{\alpha}{\lambda^2}$	$\left(\dfrac{\lambda}{\lambda-i\eta}\right)^\alpha$

Proprietà: vedi Lemma 3.1.36, Esempi 3.2.30, 3.1.37 e (3.1.14)

Chi-quadro a n gradi	$\chi^2(n) = \Gamma_{\frac{n}{2},\frac{1}{2}}$	$\dfrac{1}{2^{\frac{n}{2}}\Gamma\left(\frac{n}{2}\right)}\dfrac{e^{-\frac{x}{2}}}{x^{1-\frac{n}{2}}}\mathbb{1}_{\mathbb{R}>0}(x)$	n	$2n$	$(1-2i\eta)^{-\frac{n}{2}}$

Proprietà: vedi Esempio 3.1.37 e Esercizio 3.6.7

Bibliografia

1. Baldi, P.: Introduzione alla probabilità con elementi di statistica, 2ª ed. McGraw-Hill (2012)
2. Baldi, P.: Stochastic Calculus. Universitext. Springer, Cham (2017)
3. Bass, R. F.: Probabilistic Techniques in Analysis. Probability and Its Applications, Springer, New York (1995)
4. Bass, R. F.: Stochastic Processes. Cambridge Series in Statistical and Probabilistic Mathematics, vol. 33. Cambridge University Press, Cambridge (2011)
5. Bass, R. F.: Real Analysis for Graduate Students (2013). Disponibile su http://bass.math.uconn.edu/real.html
6. Baudoin, F.: Diffusion Processes and Stochastic Calculus., EMS Textbooks in Mathematics. European Mathematical Society (EMS), Zürich (2014)
7. Bauer, H.: Probability Theory. De Gruyter Studies in Mathematics, vol. 23. Walter de Gruyter, Berlin (1996). Translated from the fourth (1991) German edition by Robert B. Burckel and revised by the author
8. Biagini, F., Campanino, M.: Elements of Probability and Statistics. Unitext – La Matematica per il 3+2, vol. 98. Springer, Cham (2016). Translated from the 2006 Italian original
9. Billingsley, P.: Probability and Measure, 3ª ed. Wiley Series in Probability and Mathematical Statistics. John Wiley & Sons, New York (1995)
10. Billingsley, P.: Convergence of Probability Measures, 2ª ed. Wiley Series in Probability and Statistics. John Wiley & Sons, New York (1999)
11. Caravenna, F., Dai Pra, P.: Probabilità – Un'introduzione Attraverso Modelli e Applicazioni. Springer (2013)
12. Costantini, D.: Introduzione alla Probabilità, Testi e Manuali della Scienza Contemporanea. Serie di Logica Matematica. Bollati Boringhieri (1977)
13. Dieudonné, J.: Sur le Théorème de Lebesgue-Nikodym, III. Ann. Univ. Grenoble. Sect. Sci. Math. Phys. (N.S.) **23**, 25–53 (1948)
14. Doob, J. L.: Stochastic Processes, John Wiley & Sons, New York; Chapman & Hall, London (1953)
15. Durrett, R.: Stochastic Calculus. Probability and Stochastics Series, CRC Press, Boca Raton, FL (1996)
16. Durrett, R.: Probability: Theory and Examples, 4ª ed. Cambridge University Press, Cambridge (2010). Disponibile su https://services.math.duke.edu/~rtd/
17. D'Urso, V., Giusberti, F.: Esperimenti di Psicologia, 2ª ed. Zanichelli (2000)
18. Faden, A. M.: The existence of regular conditional probabilities: necessary and sufficient conditions. Ann. Probab. **13**, 288–298 (1985)
19. Feller, W.: An Introduction to Probability Theory and Its Applications, Vol. II, 2ª ed. John Wiley & Sons, New York, London, Sydney (1971)

20. Friedman, A.: Stochastic Differential Equations and Applications, Dover, Mineola, NY (2006). Reprint of the 1975 and 1976 original published in two volumes
21. Glasserman, P.: Monte Carlo Methods in Financial Engineering. Stochastic Modelling and Applied Probability, vol. 53. Springer, New York (2004)
22. Glasserman, P., Yu, B.: Number of paths versus number of basis functions in American option pricing. Ann. Appl. Probab. **14**, 2090–2119 (2004)
23. Goodfellow, I., Bengio, Y., Courville, A.: Deep Learning, MIT Press (2016). Disponibile su http://www.deeplearningbook.org
24. Halmos, P. R.: Measure Theory, D. Van Nostrand, New York, NY (1950)
25. Jacod, J., Protter, P.: Probability Essentials. Universitext. Springer-Verlag, Berlin (2000)
26. Kallenberg, O.: Foundations of Modern Probability, 2ª ed. Probability and Its Applications. Springer, New York (2002)
27. Karatzas, I. Shreve, S. E.: Brownian Motion and Stochastic Calculus, 2ª ed. Graduate Texts in Mathematics, vol. 113. Springer, New York (1991)
28. Klenke, A.: Probability Theory, 2ª ed. Universitext. Springer, London (2014)
29. Lanconelli, E.: Lezioni di Analisi Matematica 1, Pitagora Editrice, Bologna (1994)
30. Lanconelli, E.: Lezioni di Analisi Matematica 2, Pitagora Editrice, Bologna (1995)
31. Lanconelli, E.: Lezioni di Analisi Matematica 2 – Seconda Parte. Pitagora Editrice, Bologna (1997)
32. Letta, G.: Probabilità Elementare. Compendio di Teorie. Problemi Risolti. Zanichelli (1993)
33. Mumford, D.: The dawning of the age of stochasticity, Atti Accad. Naz. Lincei Cl. Sci. Fis. Mat. Natur. Rend. Lincei (9) Mat. Appl., 107–125 (2000). Mathematics towards the third millennium (Rome, 1999)
34. Neveu, J.: Mathematical Foundations of the Calculus of Probability. Holden-Day., San Francisco, CA, London, Amsterdam (1965). Translated by Amiel Feinstein
35. Oksendal, B.: Stochastic Differential Equations, 5ª ed. Universitext. Springer, Berlin (1998)
36. Pascucci, A.: PDE and Martingale Methods in Option Pricing. Bocconi & Springer Series, vol. 2. Springer, Milan; Bocconi University Press, Milan (2011)
37. Paulos, J. A.: A Mathematician Reads the Newspaper. Basic Books, New York (2013). Paperback edition of the 1995 original with a new preface
38. Pintacuda, N.: Probabilità. Zanichelli (1995)
39. Rasmussen, C. E., Williams, C. K. I.: Gaussian Processes for Machine Learning. MIT Press (2006). Disponibile su http://www.gaussianprocess.org/gpml/
40. Riesz, F. Sz.-Nagy, B.: Functional Analysis. Frederick Ungar, New York (1955). Translated by Leo F. Boron
41. Rudin, W.: Real and Complex Analysis, 3ª ed. McGraw-Hill, New York (1987)
42. Salsburg, D.: The Lady Tasting Tea: How Statistics Revolutionized Science in the Twentieth Century. Henry Holt (2002)
43. Shiryaev, A. N.: Probability 1, 3ª ed. Graduate Texts in Mathematics, vol. 95. Springer, New York (2016). Translated from the fourth (2007) Russian edition by R. P. Boas and D. M. Chibisov
44. Sinai, Y. G.: Probability Theory. Springer Textbook. Springer, Berlin (1992). Translated from the Russian and with a preface by D. Haughton
45. Stroock, D. W.: Partial Differential Equations for Probabilists. Cambridge Studies in Advanced Mathematics, vol. 112. Cambridge University Press, Cambridge (2012). Paperback edition of the 2008 original
46. Stroock, D. W., Varadhan, S. R. S.: Multidimensional Diffusion Processes. Classics in Mathematics, Springer, Berlin (2006). Reprint of the 1997 edition
47. Vitali, G.: Sul Problema Della Misura dei Gruppi di Punti di Una Retta. Tip, Gamberini e Parmeggiani, Bologna (1905)
48. Williams, D.: Probability with Martingales. Cambridge Mathematical Textbooks. Cambridge University Press, Cambridge (1991)

Indice analitico

A

algebra, 18

σ-algebra, 12

  di Borel, 65

  generata

    da insiemi, 64

    da una v.a., 105

arg max, 9

arg min, 9

assenza di memoria, 116, 118

assoluta continuità

  dell'integrale, 134

assolutamente continua

  distribuzione, 71

  funzione, 80, 279

attesa, 127

  condizionata, 173, 232, 240, 242

    funzione, 237, 247

B

$\mathscr{B}_d$, 65

$b\mathscr{F}$, 104

bC, 138, 202

Bernstein, 213

Berry-Esseen, 229

Borel-Cantelli, 56

C

Cantor, 82

CDF, 74

  condizionata, 173

  congiunta, 154

  del massimo, 199

  di v.a., 110

  marginale, 155

CHF, 177

  congiunta, 186

  marginale, 186

Cholesky, 151

coefficiente

  di correlazione, 150

combinazioni, 31

completamento, 64

convergenza

  debole, 202

    di distribuzioni, 202

  in L^p, 201

  in probabilità, 201

  puntuale, 201

  q.c., 108

convoluzione, 194

correlazione, 150

  campionaria, 154

covarianza, 149

  campionaria, 152

criterio di Sylvester, 156

D

decomposizione di Cholesky, 151

delta di Dirac, 67

densità

  condizionata, 173, 256, 257

  congiunta, 154

  marginale, 155

derivata di Radon-Nikodym, 271

deviazione standard, 140

differenza simmetrica, 64

disposizioni

  con ripetizione, 28

semplici, 29
distribuzione, 63
  χ^2, 123
  $\chi^2(n)$, 198
  assolutamente continua, 71
  binomiale, 36, 70, 113
    approssimazione, 223, 228
  chi-quadro, 123, 198
  condizionata, 173, 232
    funzione, 237, 255
    versione regolare, 252, 253
  congiunta, 154
  del massimo, 199
  delta di Dirac, 67, 223
  di Bernoulli, 69
  di Cauchy, 180
  di Poisson, 70, 114, 223
  discreta, 68
  esponenziale, 73, 222
  Gamma, 121, 122, 198
  geometrica, 70, 116, 222
  ipergeometrica, 37, 118
  log-normale, 126
  marginale, 155
  normale, 73, 120, 223
    bidimensionale, 156, 170
    multidimensionale, 187
    standard, 73
  uniforme
    discreta, 69
    multidimensionale, 73, 119
Disuguaglianza
  di Cauchy-Schwarz, 148, 150
  di Chebyschev, 204
  di Hölder, 147
  di Jensen, 144
    condizionata, 244
  di Markov, 204
  di Minkowski, 148
  triangolare, 133
Doob, 158

E
erf, 76
esito, 14
esperimento aleatorio, 12
evento, 14

F
famiglia
  ∩-chiusa, 13
  ∪-chiusa, 13
  σ-∩-chiusa, 13
  σ-∪-chiusa, 13
  di prove ripetute e indipendenti, 57
  monotona
    di funzioni, 270
    di insiemi, 267
fenomeno aleatorio, 12
formula
  binomiale, 35
  della probabilità totale, 48, 234, 243, 254, 258
  di Bayes, 51, 261
  di moltiplicazione, 50
  di Newton, 35
Fourier, 178
freezing, 244, 246
funzione
  a variazione limitata, 280
  assolutamente continua, 80, 279
  caratteristica, 177
  di distribuzione, 69
    congiunta, 154
    marginale, 155
  di ripartizione, 74, 84
    congiunta, 154
    marginale, 155
  di Vitali, 82
  errore (erf), 76
  Gamma di Eulero, 121
  indicatrice, 9
  integrabile, 132
  semplice, 127
  sommabile, 132

G
Gamma di Eulero, 121
grafico di dispersione, 152

I
i.i.d., 208
indipendenza
  di eventi, 52
  di v.a., 157
insieme
  di Cantor, 82
  quasi certo, 17
  trascurabile, 17
integrale astratto, 131, 132
intensità, 235
  stocastica, 235

intervallo di confidenza, 228

J
Jensen, 144, 244

L
legge, 109
    condizionata, 232
    dei grandi numeri, 225
legge debole
    dei grandi numeri, 208
legge forte
    dei grandi numeri, 209
Lemma
    di Borel-Cantelli, 56
    di Fatou, 132
        condizionato, 244
    di freezing, 244, 246
LSMC, 249
Lévy, 220

M
$m\mathcal{F}$, 104
$m\mathcal{F}^+$, 104
matrice
    definita positiva, 156
    di correlazione, 151
    di covarianza, 150
    semi-definita positiva, 151
media, 135, 138
    aritmetica
        normalizzata, 226
    campionaria, 152
media aritmetica, 209, 225
memoria, 116, 118
metodo Monte Carlo, 212, 228
minimi quadrati, 248
misura, 13, 19
    di probabilità, 14
    esterna, 94
    finita, 14
    σ-finita, 14
    prodotto, 162
modello binomiale, 196
momento, 191
Monte Carlo, 212
    Least Square, 249

N
$\mathcal{N}$, 17

P
parte positiva, 9
permutazioni, 31
polinomi di Bernstein, 213
pre-misura, 92
probabilità, 14
    condizionata, 45, 232
        funzione, 237
        versione regolare, 251
    uniforme, 16
procedura standard, 138
processo
    uniformemente integrabile, 282
processo stocastico, 282
prodotto scalare, 9
proprietà
    della torre, 244
    di assenza di memoria, 116
proprietà quasi certa, 108
prove ripetute e indipendenti, 57

Q
q.c., 9, 108
q.o., 9
quasi certamente, 108

R
Radon-Nikodym, 271
regressione, 150
retta di regressione, 150, 152
roulette, 210

S
semianello, 93
somma di variabili aleatorie, 194
spazio
    campionario, 14
    di probabilità, 14
        completo, 18, 108
        discreto, 14
    misurabile, 12
    polacco, 252
strategia del raddoppio, 210
Sylvester, 156

T
Teorema
    centrale del limite, 227
    del calcolo della media, 139, 234, 253
    della convergenza dominata, 134
        condizionato, 244
    di Beppo-Levi, 131
        condizionato, 244
    di Berry-Esseen, 229
    di Carathéodory, 79, 92
    di continuità di Lévy, 220
    di convergenza di Vitali, 282
    di Doob, 158
    di Fubini, 163
    di Helly, 218
    di inversione, 183
    di Radon-Nikodym, 271
    di rappresentazione di Riesz, 272
tightness, 218
trasformata di Fourier, 178

U
uguaglianza
    in legge, 111
    q.c., 108
uniforme integrabilità, 282

V
v.a., 9, 104
    assolutamente continua, 110
valore atteso, 135, 138
variabile aleatoria, 104
    assolutamente continua, 110
varianza, 140, 149
    campionaria, 152
versione regolare della distribuzione
    condizionata, 253
Vitali, 22, 282

Printed in the United States
By Bookmasters